ELEMENTOS DE HIDROLOGIA APLICADA

Blucher

Antenor Rodrigues Barbosa Júnior

ELEMENTOS DE HIDROLOGIA APLICADA

Elementos de hidrologia aplicada

© 2022 Antenor Rodrigues Barbosa Júnior
Editora Edgard Blücher Ltda.

Publisher Edgard Blücher

Editor Eduardo Blücher

Coordenação editorial Jonatas Eliakim

Produção editorial Lidiane Pedroso Gonçalves

Preparação de texto Ana Lúcia dos Santos

Diagramação Taís do Lago

Revisão de texto Ana Maria Fiorini

Capa Leandro Cunha

Imagem da capa iStockphoto

Blucher

Rua Pedroso Alvarenga, 1245, 4° andar
04531-934 – São Paulo – SP – Brasil
Tel 55 11 3078-5366
contato@blucher.com.br
www.blucher.com.br

Segundo o Novo Acordo Ortográfico, conforme 6. ed. do *Vocabulário Ortográfico da Língua Portuguesa*, Academia Brasileira de Letras, julho de 2021.

Dados Internacionais de Catalogação na Publicação (CIP)
Angélica Ilacqua CRB-8/7057

Barbosa Júnior, Antenor Rodrigues
Elementos de hidrologia aplicada / Antenor Rodrigues Barbosa Júnior. -- São Paulo : Blucher, 2022.
430 p.

Bibliografia
ISBN 978-65-5506-080-5 (impresso)
ISBN 978-65-5506-081-2 (eletrônico)

1. Hidrologia 2. Ciclo hidrológico 3. Balanço hidrológico I. Título

22-0719 CDD 551.48

Índices para catálogo sistemático:
1. Hidrologia

APRESENTAÇÃO

Este texto compõe um curso de hidrologia aplicada voltado para estudantes e profissionais das engenharias civil, ambiental, sanitária e urbana, e áreas afins. Concebido originalmente para atender aos currículos dos cursos de graduação em engenharia civil e ambiental da centenária Escola de Minas da Universidade Federal de Ouro Preto (EM/UFOP), passou por adições, a fim de contemplar as necessidades de engenheiros, especialistas e estudantes de outros cursos, bem como para servir àqueles que ingressam em programas de pós-graduação sem a base necessária para a absorção de parte dos conhecimentos do vasto campo da hidrologia e da engenharia de recursos hídricos, de modo geral.

Organizado em onze capítulos, o seu todo forma um curso de aproximadamente 75 horas de aulas de preleção e exercícios. Além dos conceitos de hidrologia, cada capítulo contém um conjunto de exemplos ilustrativos, além de uma série de exercícios propostos, para permitir que o estudante exercite e desenvolva, fora da sala de aula, as habilidades necessárias, empregando os fundamentos teóricos transmitidos ao longo do curso. As respostas a esses exercícios são fornecidas após cada enunciado, permitindo a verificação dos resultados.

O Capítulo 1, de introdução ao curso, traz uma abordagem sobre a importância da água, acompanhada de uma apresentação geral da hidrologia, definindo e situando essa ciência nos diversos campos da engenharia de recursos hídricos. É feita, em seguida, a apresentação do ciclo hidrológico e da modelagem matemática genérica do balanço hídrico, e são dados exemplos de aplicação da formulação envolvendo os componentes do ciclo hidrológico.

Antes de avançar nos estudos de cada uma das fases do ciclo hidrológico, o Capítulo 2 conceitua a bacia hidrográfica, por ser ela a unidade hidrológica normalmente utilizada nas aplicações do balanço hídrico voltadas para a solução de inúmeros problemas da engenharia de recursos hídricos, como aqueles que envolvem a análise da disponibilidade da água, a recarga dos aquíferos ou o tratamento de questões relacionadas a cheias e inundações em áreas urbanas e rurais. São apresentados os métodos de caracterização fisiográfica da bacia e definidos os vários e importantes parâmetros físicos que exercem influência sobre os componentes do ciclo hidrológico.

O Capítulo 3 trata da precipitação, iniciando os estudos das fases do ciclo hidrológico. A partir de uma exposição sucinta das formas de precipitação, esse capítulo desenvolve-se com a caracterização dos dados de chuva e a apresentação dos métodos de medição, análise e tratamento estatístico dessa grandeza hidrológica. Descrevem-se, ainda, os procedimentos de utilização dos dados pontuais de precipitação em uma área ou bacia e a análise das relações entre a intensidade, a duração e a frequência, com particular ênfase na análise das chuvas intensas. A análise de frequência dos dados de chuva é apenas superficialmente abordada nesse capítulo, sendo a complementação relativa ao uso de leis de probabilidade feita no Capítulo 7, para considerar, no conjunto, o uso de ferramentas matemáticas para as variáveis hidrológicas chuva e vazão.

O Capítulo 4 trata da infiltração da água no solo. O conhecimento dos parâmetros de infiltração, além de essencial em projetos de irrigação, é determinante na avaliação do escoamento superficial gerado pela precipitação, que é o componente do ciclo hidrólogico responsável pelos processos de erosão e inundação. Nesse capítulo, são apresentados os conceitos, os métodos de quantificação direta e alguns dos mais importantes modelos matemáticos empregados na estimativa da infiltração da água no solo.

Dando sequência ao estudo dos componentes do ciclo hidrológico, o Capítulo 5 aborda os fenômenos da evaporação e da evapotranspiração, que constituem os processos pelos quais a água de chuva armazenada no solo e em rios, lagos e mares retorna à atmosfera. Os conceitos fundamentais, mecanismos físicos e os métodos de quantificação direta e indireta das grandezas características desses fenômenos são apresentados.

O Capítulo 6, intitulado "Escoamento superficial", é o mais extenso do curso por ser dedicado aos métodos e procedimentos que visam à quantificação da vazão de dimensionamento de diferentes estruturas hidráulicas, com particular ênfase nas estruturas de drenagem. Nesse capítulo, as grandezas fundamentais e os fatores que influenciam o escoamento superficial gerado pelas chuvas são apresentados e discutidos. Os conceitos de precipitação efetiva e coeficiente de escoamento superficial (*runoff*) são apresentados a partir da análise e decomposição da hidrógrafa. Ênfase especial é dada aos métodos de estimativa do escoamento superficial a partir dos dados de chuva, que permitem a obtenção das vazões críticas de projetos, como o método racional e o método do hidrograma unitário, além de alguns dos mais importantes métodos de sintetização do hidrograma unitário de uma bacia hidrográfica. O capítulo inclui, ainda, uma breve exposição sobre o modo de geração do hietograma da chuva efetiva crítica de projeto.

No Capítulo 7 são apresentados os modelos ou leis de probabilidade normalmente empregados em estudos de drenagem quando se dispõe da série histórica de vazão, que permite prever a vazão da cheia crítica ou de projeto com base na descrição das frequências de ocorrência dos eventos extremos de vazão. Também são apresentados os mais importantes métodos probabilísticos de aplicação em hidrologia, que servem para a obteção da vazão crítica ou de projeto por extrapolação dos dados históricos.

O Capítulo 8 segue com o estudo das vazões, tratando, em particular, das frequências de excedência que permitem a obtenção da curva de permanência ou duração das vazões nos cursos d'água naturais, que, na gestão dos recursos hídricos na bacia hidrográfica, pode ser utilizada para a obtenção de uma dada vazão de referência, na fixação da vazão mínima utilizada para fins de outorga em alguns estados brasileiros ou na estimativa da potência de geração da hidroeletricidade.

O estudo das vazões prossegue no Capítulo 9. Na primeira parte deste, trata-se do estudo da regularização da vazão por meio da construção de reservatórios de acumulação em cursos d'água naturais, em que o cálculo do volume do reservatório é feito pela aplicação da equação do balanço hídrico e, também, pela construção do diagrama de Rippl. Na segunda parte, estuda-se a propagação de cheias em dois tipos de sistemas hidráulicos: primeiro, em um reservatório; e, em seguida, em um rio, empregando-se, no último caso, o método de Muskingum.

O Capítulo 10 contém o estudo das vazões mínimas, residuais ou ecológicas que necessitam ser garantidas na calha de um rio para que a água exerça aquelas funções fundamentais para a estabilidade e o suporte dos ecossistemas aquáticos. A análise de frequência das vazões de estiagem em cursos d'água naturais é desenvolvida para permitir a quantificação das vazões mínimas de diferentes recorrências. Particular ênfase é dada à obtenção da vazão mínima de 7 dias de duração e 10 anos de recorrência pelo seu importante uso como vazão de referência em processos de outorga.

O Capítuto 11 trata da água subterrânea e da sua obtenção para fins de aproveitamento doméstico, uso industrial ou mesmo para irrigação. É feita uma breve exposição em torno dos conceitos fundamentais de armazenamento e escoamento da água subterrânea, seguida da conceituação dos aquíferos, suas propriedades e parâmetros que caracterizam a relação solo-água. Com a apresentação dos modelos matemáticos clássicos de bombeamento de poços freáticos e artesianos, são desenvolvidas noções de hidráulica de poços.

SOBRE O AUTOR

Antenor Rodrigues Barbosa Júnior é graduado em Engenharia Civil pela Escola de Minas da Universidade Federal de Ouro Preto (UFOP, 1981). Possui mestrado em Engenharia Civil (1988) e doutorado em Engenharia Hidráulica e Saneamento pela Universidade de São Paulo (USP, 1997). Foi professor titular do Departamento de Engenharia Civil da Escola de Minas (1982–2017), vice-reitor (2005–2009 e 2009–2013), integrante das equipes de criação dos Programas de Pós-Graudação em Engenharia Ambiental e em Sustentabilidade Socioeconômica Ambiental, e coordenador de cursos de gradução e pós-gradução da UFOP. Tem experiência na área de recursos hídricos, com ênfase em engenharia hidráulica e sanitária, atuando na gradução e pós-gradução nos campos da hidrologia, hidrologia ambiental, simulação da qualidade da água e emprego de traçadores ambientalmente neutros. Atuou também como secretário municipal de Meio Ambiente de Ouro Preto, Minas Gerais (2017–2020).

AGRADECIMENTOS

Sinceros agradecimentos são dispensados aos professores Gilberto Queiroz da Silva, Maria Luiza Teófilo Gandini, Carlos Eduardo Ferraz de Melo e Paulo Damasceno de Carvalho, do Departamento de Engenharia Civil da Escola de Minas da UFOP, pelas trocas de ideias e informações e importantes contribuições oferecidas ao longo do tempo em que este texto foi sendo produzido. O meu muito obrigado, ainda, à designer Ana Carolina de M. R. Barbosa pelo auxílio na produção das figuras que ilustram o texto.

CONTEÚDO

CAPÍTULO 1
INTRODUÇÃO

1.1 ÁGUA: IMPORTÂNCIA E DISTRIBUIÇÃO

A água, líquido precioso e bem comum de toda a humanidade, é um recurso natural de grande valor econômico, ambiental e social, fundamental à sobrevivência e ao bem-estar do homem e dos ecossistemas. Pela sua abundância, isto é, pelo fato de 70% da superfície terrestre serem cobertos por água, há a falsa impressão de que ela é um recurso infinito.

O volume total de água presente no globo terrestre é de, aproximadamente, 1,4 milhão de quilômetros cúbicos, dos quais em torno de 97,5% encontram-se nos oceanos. Portanto, 2,5% são de água doce, cuja maior parte, todavia, encontra-se na forma de gelo nas calotas polares e nos cumes de montanhas, restando uma pequena porcentagem de águas superficiais e subterrâneas para as atividades humanas. Em termos aproximados, do volume total de água doce, quase 70% apresentam-se na forma de gelo; perto de 30% estão nos aquíferos (água subterrânea); algo próximo a 0,5% corresponde às águas que formam os rios e lagos; e 0,9% – o restante – está distribuído na atmosfera, em reservatórios de água, na forma de vapor. A Figura 1.1 procura ilustrar a distribuição quantitativa da água no globo terrestre.

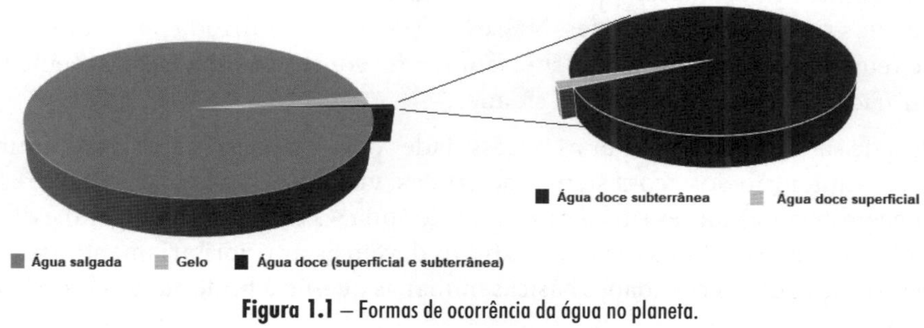

Figura 1.1 – Formas de ocorrência da água no planeta.

Devido ao crescimento populacional acelerado e ao desenvolvimento industrial e tecnológico, as fontes disponíveis de água doce estão cada vez mais comprometidas. O desmatamento e a impermeabilização do solo, o assoreamento dos rios e lagos, a poluição dos mananciais e o uso inadequado da água na irrigação têm sido as principais causas de comprometimento das fontes de água doce no planeta. Atualmente, em torno de 1,5 bilhão de pessoas carece de água potável no mundo. E o consumo humano de água, segundo diversos estudos, duplica a cada 25 anos, aproximadamente. Como consequência desse cenário, a água doce progressivamente vem se tornando escassa, aumentando-se cada vez mais o seu valor econômico e a concorrência por ela.

Segundo estimativas da Organização das Nações Unidas para a Educação, a Ciência e a Cultura (UNESCO, 2012), se o atual ritmo de crescimento demográfico mundial for mantido e se não for estabelecida uma exploração sustentável da água do planeta, o consumo humano neste século poderá chegar a 90% de toda a água doce disponível, o que significa que restarão apenas 10% para os outros seres vivos.

A utilização da água, recurso natural, bem econômico e social e parte integrante do ecossistema, tem sido determinada pela sua quantidade e qualidade. Em termos médios globais, 67% da água utilizada pelo homem são para fins agrícolas, 23%, para fins industriais e 10%, para abastecimento público (Figura 1.2). Nos países mais desenvolvidos, ocorre uma inversão dos números relativos aos usos na agricultura e na indústria.

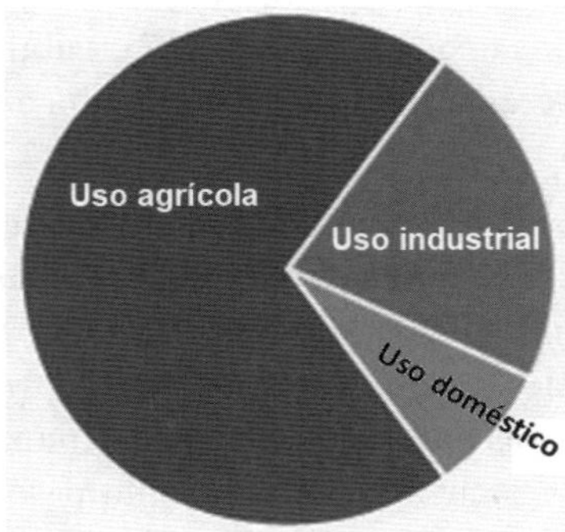

Figura 1.2 – Consumo médio global de água no planeta.

Atualmente, embora sejam crescentes as preocupações com o uso sustentável da água para o futuro do planeta, há um flagrante descompasso com a realidade, especialmente em países pouco desenvolvidos, onde há um desperdício desenfreado, aliado à poluição dos rios, lagos e nascentes. Nesses países, a água utilizada pelo homem quase sempre retorna ao meio ambiente sem tratamento, contribuindo decisivamente para a contaminação dos rios próximos às cidades.

A fim de satisfazer e conciliar as necessidades de água para as atividades humanas e para a manutenção dos ecossistemas aquáticos, visando à perenidade desse recurso, devem-se proteger as fontes e os mananciais de água. O entendimento geral é de que o desenvolvimento e o uso dos recursos hídricos devem estar prioritariamente associados tanto à satisfação das necessidades básicas humanas quanto à proteção dos ecossistemas, e, ainda, de que à água deve ser atribuído valor econômico, o que significa que os usuários devem pagar tarifas adequadas em função da natureza e modalidade do uso.

Em nosso país, a despeito dos esforços de conscientização da necessidade de o homem empreender o enfrentamento do problema da escassez e da contaminação da água, pode-se dizer que os resultados práticos ainda não são satisfatórios. Com exceção das regiões em que a água é naturalmente escassa, como ocorre no Nordeste brasileiro, em muitos lugares, a população aparentemente ainda não se deu conta de que é finita a disponibilidade desse recurso fundamental para a vida no planeta.

Quando o assunto é disponibilidade de água doce, o Brasil é um país privilegiado, pois em torno de 12% dessas reservas mundiais estão no território brasileiro (BRASIL, 2009). Contudo, de acordo com a mesma fonte, em nosso país, a distribuição dessa água é bastante irregular. Praticamente 68% dela encontram-se na região Norte, onde vivem aproximadamente 7% de toda a população do país. Já a região Sudeste, onde se encontram 43% da população, ou seja, a maior concentração, dispõe de apenas 6% dos recursos hídricos nacionais. No Nordeste, onde vivem 29% da população, os recursos hídricos atingem pouco mais de 3%; na região Sul, que abrange 15% da população brasileira, os recursos hídricos disponíveis atingem 7% do total nacional, enquanto o Centro-Oeste, que abriga pouco mais de 6% da população brasileira, dispõe de quase 16% dos recursos hídricos nacionais. Por esse quadro, conclui-se que apenas 30% dos recursos hídricos brasileiros estão disponíveis para 93% da população. A Figura 1.3 procura ilustrar os números apresentados.

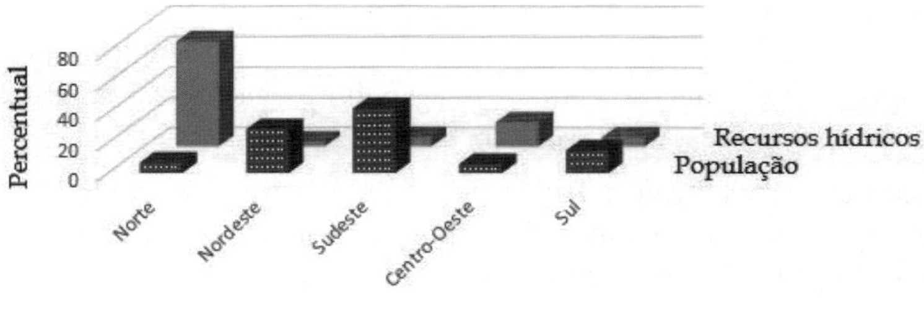

Figura 1.3 – Distribuição dos recursos hídricos por regiões do Brasil.

No Brasil, a água doce está cada vez mais ameaçada em quantidade e qualidade em face do crescimento populacional, do desenvolvimento industrial e tecnológico e das formas de ocupação e uso desordenado do solo, que vêm acompanhados dos problemas causados pela poluição, erosão, desertificação e contaminação dos lençóis d'água subterrâneos. Soma-se a isso o problema da distribuição da água tratada nos centros urbanos, onde, em média, de 40% a 60% de todo o volume são perdidos no percurso entre a captação e os pontos de consumo, havendo, assim, desperdício.

1.2 HIDROLOGIA, ENGENHARIA DE RECURSOS HÍDRICOS E APLICAÇÕES

Hidrologia é uma ciência interdisciplinar que se desenvolveu significativamente ao longo do tempo em face do aumento do uso da água, dos crescentes problemas decorrentes da ação antrópica nas bacias hidrográficas e dos impactos produzidos sobre o meio ambiente.

O Conselho Federal para Ciência e Tecnologia dos Estados Unidos da América (U. S. Federal Council for Science and Technology) deu uma definição para a hidrologia como ciência que tem sido amplamente aceita: traduzindo a definição do mencionado Conselho (conforme JONES *et al.*, 1963, p. 3), a hidrologia é a

> ciência que trata da água na Terra, da sua ocorrência, circulação e distribuição, das suas propriedades físicas e químicas e das suas relações com o meio ambiente, incluindo suas relações com a vida.

A hidrologia, ou ciência hidrológica, é bastante abrangente e pode ser subdividida em diferentes áreas de conhecimento associadas, a saber:

- hidrometeorologia, que estuda a água na atmosfera;
- limnologia, voltada para o estudo dos lagos e reservatórios;
- potamologia, que estuda os rios;
- glaciologia, que estuda a água superficial, particularmente quando esta se apresenta sob a forma de gelo;
- hidrogeologia, que é especificamente voltada para o estudo das águas na crosta terrestre, com ocorrência subterrânea.

Considerados o alcance da definição apresentada para a ciência hidrológica e a abrangência das subáreas do conhecimento enunciadas, pode-se prever com relativa facilidade a variedade de profissionais que potencial e frequentemente podem atuar nos diversos campos da hidrologia: engenheiros, agrônomos, geólogos, geógrafos, biólogos, químicos, matemáticos e estatísticos, entre outros.

Um pouco mais específica é a utilização da hidrologia na engenharia de recursos hídricos, por vezes também denominada engenharia hidrológica. Nesse caso, conforme Tucci (1993, p. 25-26), a hidrologia pode ser entendida como a

> [...] área do conhecimento que estuda o comportamento físico da ocorrência e o aproveitamento da água na bacia hidrográfica, quantificando os recursos hídricos no tempo e no espaço e avaliando o impacto da modificação da bacia hidrográfica sobre o comportamento dos processos hidrológicos.

Dessa visão, surge uma nova subdivisão da hidrologia, representada pelas especializações nas seguintes subáreas da engenharia de recursos hídricos:

- hidrometeorologia (já definida anteriormente);
- geomorfologia de bacias hidrográficas, que estuda as características do relevo da bacia hidrográfica para melhor interpretar os seus efeitos sobre o escoamento;
- escoamento superficial, que estuda o movimento da água sobre a superfície do terreno da bacia hidrográfica;

- interceptação, que avalia a interceptação da água de chuva pela cobertura vegetal e outros obstáculos na bacia hidrográfica rural ou urbana;
- infiltração e escoamento em meio não saturado, que cuida da observação e previsão da infiltração da água no solo e do escoamento no meio não saturado;
- escoamento em meio saturado, que abrange o estudo do comportamento do fluxo em aquíferos;
- evaporação e evapotranspiração, que estuda e avalia as perdas de água por evaporação de superfícies livres, como lagos e reservatórios, e pela transpiração das árvores e outros vegetais;
- escoamento em rios e canais, que envolve a análise do escoamento em cursos de águas naturais e em condutos construídos pelo homem, normalmente tratados como escoamentos unidimensionais;
- fluxo dinâmico em reservatórios, lagos e estuários, que estuda o escoamento turbulento em meios de características multidimensionais;
- produção e transporte de sedimentos, que se ocupa da quantificação da erosão do solo e do transporte do sedimento na superfície da bacia e nos rios, decorrentes de condições naturais e do uso do solo na bacia hidrográfica;
- qualidade da água e meio ambiente, que abrange a quantificação de parâmetros físicos, químicos e biológicos da água e visa à interação dos diversos usos e à avaliação dos impactos sobre o meio ambiente aquático.

Assim, considerada a amplitude das aplicações da hidrologia na engenharia de recursos hídricos, pode-se dizer que esse ramo da ciência está voltado para a solução dos problemas que abrangem a utilização dos recursos hídricos e a ocupação da bacia hidrográfica, bem como a preservação do meio ambiente.

Na utilização dos recursos hídricos, são relevantes os aspectos relacionados à disponibilidade hídrica, à necessidade de regularização de vazão etc., dentro de um contexto que requer ações de planejamento, operação e gerenciamento desses recursos.

Já os problemas decorrentes da ocupação da bacia pelo homem são vistos sob dois ângulos: de um lado, em decorrência da urbanização, analisa-se o impacto do meio sobre a população (enchentes, por exemplo); de outro, analisa-se o impacto sobre o meio ambiente provocado pelo uso do solo pelo homem. Nesse último caso, as ações devem ser planejadas de modo a compatibilizar o desenvolvimento com a preservação do meio ambiente, isto é, assegurando-se a preservação da biodiversidade e dos ecossistemas naturais, dentro do moderno conceito de *sustentabilidade*.

A título de ilustração, enumera-se a seguir um conjunto de exemplos de campos de atuação na engenharia e de problemas correlacionados, conforme exposto por Villela e Mattos (1975), em que a hidrologia tem influência direta tanto nos projetos quanto no planejamento do uso dos recursos hídricos.

i) Abastecimento de água:

- escolha das fontes para uso doméstico ou industrial.

ii) Projeto e construção de obras hidráulicas:

- fixação das dimensões hidráulicas de obras de arte (pontes, bueiros etc.);
- barragens (localização e escolha do tipo de barragem, da fundação e do extravasor e dimensionamento da barragem);
- estabelecimento do método construtivo.

iii) Drenagem:

- estudo das características do lençol freático;
- exame das condições de alimentação e de escoamento natural do lençol (precipitações, bacia de contribuição e nível d'água de rios e ribeirões).

iv) Irrigação:

- problema da escolha do manancial;
- estudo de evaporação e infiltração.

v) Regularização de cursos d'água e controle de inundações:

- estudo das variações de vazão;
- previsão de vazões máximas;
- exame das oscilações de nível e das áreas de inundação.

vi) Controle da poluição:

- análise da capacidade de autodepuração dos corpos d'água receptores de efluentes de sistemas de esgotos (vazões mínimas dos cursos d'água, capacidade de reaeração e velocidade do escoamento).

vii) Controle de erosão:

- análise da intensidade e da frequência das precipitações máximas;
- determinação do coeficiente de escoamento superficial;
- estudo da ação erosiva das águas e da proteção por meio de vegetação e outros recursos.

viii) Navegação:

- obtenção de dados e estudos sobre construção e manutenção de canais navegáveis.

ix) Geração de energia (aproveitamento hidrelétrico):

- previsão das vazões máximas, mínimas e médias dos cursos d'água para o estudo econômico e o dimensionamento das instalações de aproveitamento;
- verificação da necessidade de reservatório de acumulação;
- determinação dos elementos necessários ao projeto e construção do reservatório de acumulação (bacias hidrográficas, volumes armazenáveis, perdas por evaporação e infiltração).

x) Operação de sistemas hidráulicos complexos.

xi) Recreação e preservação do meio ambiente.

xii) Preservação e desenvolvimento da vida aquática.

1.3 O CICLO HIDROLÓGICO

Na natureza, a água encontra-se em permanente movimento, em um ciclo interior às três unidades principais que compõem o nosso planeta: a atmosfera (camada gasosa que circunda a Terra), a hidrosfera (constituída pelas águas oceânicas e continentais) e a litosfera ou crosta terrestre (camada sólida mais externa constituída por rochas e solos). A dinâmica das transformações e a circulação nas referidas unidades formam um grande, complexo e intrínseco ciclo chamado *ciclo hidrológico*.

O ciclo hidrológico refere-se à troca contínua de água na hidrosfera, entre a atmosfera e a água do solo, águas superficiais, subterrâneas e das plantas. Ele representa o caminho percorrido pela água nos seus três estados físicos (sólido, líquido e gasoso), conforme ilustra a Figura 1.4.

Por conveniência e para facilitar a apresentação, introduz-se a consideração de que o ciclo hidrológico tem origem na evaporação da água dos oceanos, lagos e rios e das superfícies úmidas expostas à atmosfera. Dependendo das condições climáticas e da combinação de outros fatores físicos, o vapor d'água concentra-se nas camadas mais altas, formando as nuvens, que se modelam e se movimentam em função do deslocamento das massas de ar (vento). Sob determinadas condições físicas, surgem gotículas de água que, por efeito da ação da força da gravidade, precipitam-se das nuvens. Essa precipitação pode ocorrer na forma de chuva, granizo ou neve. Em nosso país, pela sua importância e pela magnitude frente às outras ocorrências, somente a precipitação na forma de chuva costuma ser considerada.[1]

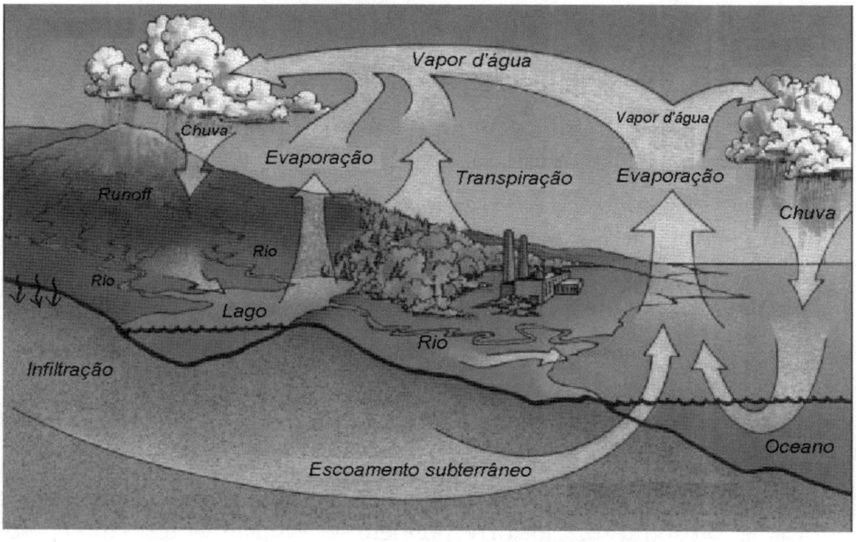

Figura 1.4 – O ciclo hidrológico (LEMOS, 2015, p. 68).

[1] Por essa razão, no restante do texto, será empregado o termo *precipitação* como sinônimo de "chuva".

Acompanhando o que ocorre com a água da chuva que cai em um dado local, há as seguintes formas de repartição:

i) Uma porção, conhecida como interceptação, é retida pela copa das árvores, arbustos e outras plantas e diferentes obstáculos, como telhados de construções etc., de onde, por fim, evapora.

ii) O excesso, isto é, o que supera a capacidade de interceptação, soma-se à parcela da chuva que atinge diretamente o solo.

iii) Da água da chuva que atinge o solo, uma fração infiltra-se no terreno; outra parte, após excedida a capacidade de infiltração do solo, formará poças ou pequenos armazenamentos nas depressões do terreno. Essa água de armazenagem superficial estará sujeita à evaporação.

iv) Superada a capacidade de armazenamento nas depressões do terreno, o restante da água escoará em direção às partes baixas, formando o escoamento superficial.

v) Da parcela da *água de infiltração*, parte vai ocupar a zona das raízes e será utilizada pelas plantas. Dessa água utilizada pelos vegetais, parte retorna à atmosfera pelo processo de transpiração.

vi) Outra parte da *água de infiltração* escoa através dos espaços intergranulares e, saturando o solo, vai recarregar os aquíferos, ou, escoando em direção às camadas mais profundas, vai formar os armazenamentos subterrâneos mais profundos.

vii) A água que escoa superficialmente sob a ação da gravidade termina por se juntar aos cursos d'água naturais, como procura representar o esquema da Figura 1.5. Relativamente ao total precipitado, a parcela da água de precipitação que escoa pela superfície do terreno (*overland flow*) é chamada de *precipitação efetiva* ou *precipitação excedente*. Sob o ponto de vista do escoamento, é também conhecida como *escoamento superficial direto* ou *runoff*. Alguma evaporação também ocorre desse escoamento superficial direto.

viii) O destino final de todos os cursos d'água naturais são os lagos, mares e oceanos, que, com mais intensidade, estão sujeitos à evaporação.

ix) A evaporação, junto com a transpiração, leva a umidade (água na forma de vapor) de volta à atmosfera, resultando na formação das nuvens. Em condições favoráveis, terá origem uma nova precipitação, repetindo-se o ciclo descrito a partir do passo (i).

Os fatores que impulsionam e mantêm o ciclo hidrológico são a energia térmica solar (fonte de energia de todo o processo), a ação dos ventos (que transportam o vapor d'água) e a ação da gravidade (principal força atuante).

Importa, ainda, destacar que o ciclo hidrológico só pode ser visto como fechado em nível global, o que significa que o total evapotranspirado em uma região, isto é, a soma da evaporação e transpiração, não corresponderá necessariamente ao total precipitado em um dado intervalo de tempo.

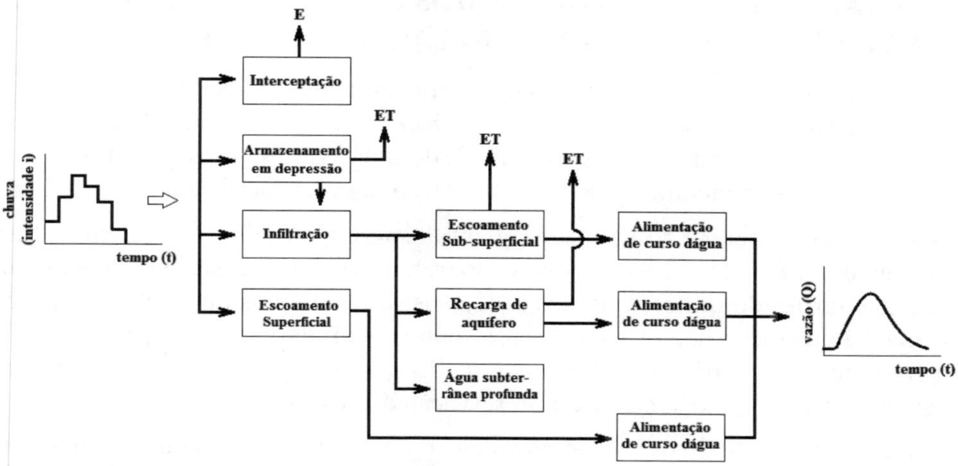

Figura 1.5 – Representação esquemática do caminho das águas de chuva até a alimentação de um curso d'água natural (adaptada de VIESSMAN; LEWIS, 1995, p. 7).

Como anteriormente descrito, as águas da chuva infiltradas constituirão a umidade do solo e o armazenamento nos reservatórios subterrâneos. Esses armazenamentos, que fluem lenta e continuamente sob a ação da gravidade, terminam aflorarando por pontos de descarga subterrânea, como fontes de encosta, ou vão abastecer os corpos d'água superficiais (riachos, rios, lagos etc.), constituindo o que se denomina *descarga* ou *escoamento de base*. É exatamente devido a esse escoamento de base, ou escoamento básico, que se garante a perenização dos rios.

De todo o exposto, pode-se concluir, ainda, que quanto maiores forem a retenção na cobertura vegetal, o armazenamento superficial e a infiltração das águas de chuva, menores serão os volumes excedentes disponíveis para se produzir o escoamento superficial. Em consequência, especialmente no caso das chuvas intensas, menores serão as chances de incidência de enchentes e inundações. Tudo dependerá da quantidade de chuva, da capacidade de retenção superficial, das taxas de infiltração características do solo e da ocorrência de chuvas antecedentes (teor de umidade preexistente no solo).

Complementarmente, quanto maior a oportunidade de as águas de chuva se infiltrarem, maior será a recarga dos reservatórios subterrâneos, aspecto significativo que fortalecerá o suprimento dos corpos de água durante os períodos de estiagem.

O conceito do ciclo hidrológico e a influência relativa de cada um dos seus componentes têm se mostrado importantes também no desenvolvimento de estratégias de gerenciamento da qualidade da água, pois os contaminantes podem ser introduzidos nos corpos d'água a partir das várias fases do ciclo, quando surgem, carreados pela água, diluídos ou concentrados.

Todos esses conceitos e ocorrências serão novamente abordados ao longo do livro, estudando-se, sob o ponto de vista de interesse da engenharia, cada uma das fases do ciclo hidrológico. A boa compreensão do ciclo hidrológico certamente facilitará a assimilação dos modelos e formulações que são desenvolvidos nos capítulos seguintes.

1.4 AVALIAÇÃO QUANTITATIVA DOS COMPONENTES DO CICLO HIDROLÓGICO: A EQUAÇÃO DO BALANÇO HÍDRICO

Os projetos em recursos hídricos são, essencialmente, exercícios que envolvem a quantificação das fases ou dos componentes do ciclo hidrológico visando, principalmente, a conhecer a relação demanda-disponibilidade de água. Nesses projetos, consideram-se como fontes de suprimento, fundamentalmente, as águas superficiais e subterrâneas.

As técnicas de medir e avaliar dados quantitativos em recursos hídricos constituem os elementos básicos da hidrologia, que serão tratados ao longo deste livro. No presente capítulo, é fornecido um resumo dos processos fundamentais que contribuem para a formação dos escoamentos superficial e subterrâneo. Para o engenheiro, um bom entendimento desses processos facilita a análise e o planejamento tanto para o uso adequado quanto para o controle e a preservação dos recursos hídricos.

Em termos quantitativos, o ciclo hidrológico pode ser representado por uma equação de balanço hídrico, que expressa o princípio da conservação da massa, conhecida como *equação da continuidade*.

A equação do balanço hídrico, dependendo dos propósitos para os quais é escrita, pode admitir a subdivisão, a consolidação, ou a eliminação de um ou outro termo. Em geral, a equação do balanço hídrico é empregada para:

a) um determinado intervalo de tempo, que pode ser alguns minutos, horas ou dias, ou um período mais longo, como um mês ou um ano;

b) uma pequena área de drenagem natural ou artificialmente limitada, ou uma bacia hidrográfica ou um corpo d'água, como um lago ou reservatório, ou, ainda, um lençol subterrâneo;

c) uma região da atmosfera (fase vapor, acima da superfície terrestre).

São mais comuns três tipos aplicações da equação do balanço hídrico:

1. equação do balanço hídrico para bacias hidrográficas (grandes áreas de drenagem);
2. equação do balanço hídrico para corpos d'água, como rios, lagos e reservatórios;
3. equação do balanço hídrico para o escoamento superficial direto (*runoff*).

Nos primeiros dois casos, são consideradas as quantidades acima e abaixo da superfície da terra. Em sua forma geral, a equação é escrita para um volume de controle adequadamente escolhido e para dado intervalo de tempo, como:

[Quantidade que entra no vol. de controle] – [Quantidade que sai do vol. de controle] = [Variação da quantidade acumulada no interior do vol. de controle]

ou

$$[P + R_{in} + G_{in}] - [E + T + R_{out} + G_{out}] = \Delta S, \qquad (1.\ 1)$$

em que:

P = precipitação;

R = escoamento superficial;

G = escoamento subterrâneo;

E = evaporação;

T = transpiração;

ΔS = variação do armazenamento no interior do volume de controle;

e os índices "in" e "out" referem-se às quantidades que entram e saem, respectivamente, do volume de controle. Nessa forma de apresentação em que a infiltração no terreno não comparece no equacionamento, a superfície superior do volume de controle está acima da superfície do terreno, e a inferior está no interior do solo.

Na Equação (1.1), genericamente escrita, seus componentes podem ter dimensão de volume $[L^3]$ ou comprimento [L]. Para as quantidades representadas por alturas, dividem-se os volumes por uma área de referência adequadamente escolhida. Os componentes podem ser escritos, ainda, na forma de taxas, o que exige que as quantidades sejam divididas por uma escala adequada de tempo, obtendo-se as grandezas com as dimensões de volume por tempo, $[L^3T^{-1}]$, ou altura por tempo, $[LT^{-1}]$.

1.4.1 EQUAÇÃO DO BALANÇO HÍDRICO PARA GRANDES BACIAS HIDROGRÁFICAS EM INTERVALOS DE LONGA DURAÇÃO

Em uma bacia de grande área de drenagem, a equação do balanço é usada na avaliação quantitativa das demandas e/ou disponibilidades hídricas, visando à concretização de grandes projetos que envolvem variados tipos de usos, ou para fins de gestão do controle e preservação dos recursos hídricos. Nos casos em que o balanço hídrico é realizado para um longo intervalo de tempo, que contém vários ciclos anuais, os valores dos componentes envolvidos geralmente se referem a um ano médio. Assim, para uma bacia de grandes dimensões e para um longo intervalo de tempo de análise, em termos médios, as variações anuais do armazenamento, que podem ser positivas e negativas, tendem a equilibrar-se, o que permite que o termo médio ΔS da Equação (1.1) seja desprezado. Ainda no caso de grandes bacias, as trocas de água subterrânea com as bacias vizinhas, chamadas de *fugas*, ocorrem em um sentido e outro, o que permite que o termo de variação média também seja anulado, isto é, $G_{in} \cong G_{out}$. Além disso, desde que não haja transposição de água de uma bacia para outra, o único *input* na bacia em estudo é a precipitação, pois não pode haver escoamento superficial através da linha de contorno (divisor) da bacia: portanto, $R_{in} = 0$. Assim, com todas essas considerações, para uma bacia de grandes dimensões e para um longo tempo de análise (média de vários anos), a Equação (1.1) reduz-se a:

$$P - E - T = R_{out}. \tag{1.2}$$

As grandezas da Equação (1.2) podem ser escritas em termos de volumes $[L^3]$, alturas [L] ou taxas, na forma de volumes por unidade de tempo $[L^3T^{-1}]$ ou alturas por unidade de tempo $[LT^{-1}]$.

A Equação (1.2) pode ser ainda reescrita como

$$P - ET = R_{out}, \tag{1.3}$$

em que "ET" representa a evapotranspiração, isto é, soma dos processos de evaporação das superfícies líquidas e da umidade do solo e de transpiração dos vegetais. "R_{out}", que representa a quantidade escoada pela seção de saída da bacia (seção exutória), é normalmente conhecida na forma de vazão (Q) ou vazão específica (vazão por unidade de área da bacia, q = Q/A), mas pode ser escrita em termos do volume de saída da bacia (Vol_s) ou da altura de lâmina d'água escoada (h_s) correspondente.

EXEMPLO 1.1

A bacia do rio São Francisco, um dos mais importantes cursos d'água do Brasil, chamado de "rio da integração nacional", possui aproximadamente 640.000 km^2 de área de drenagem. Sabendo-se que a vazão média de longo período[2] na foz do rio São Francisco é de 3.000 m^3/s e que a precipitação média anual em toda a bacia é de 1.040 mm, pede-se:

a) calcular a altura média da lâmina d'água anualmente escoada na foz do rio São Francisco, em milímetros;

b) estimar a evapotranspiração média anual na bacia do rio São Francisco.

Solução:

a) Se a vazão média anual na foz do rio São Francisco é Q = 3.000 m^3/s, então, em um ano, o volume total escoado será:

$Vol_s = Q \times \Delta t = 3.000\ (m^3/s) \times 365\ dias \times 86.400\ (s/dia) = 9{,}4608 \times 10^{10}\ m^3$.

Se a área de drenagem é $A = 640.000\ km^2 = 6{,}4 \times 10^{11}\ m^2$, então, a altura média escoada na foz do rio São Francisco será

$h_s = Vol/A = 9{,}4608 \times 10^{10}(m^3)/\ 6{,}4 \times 1.011(m^2) = 0{,}148\ m \Rightarrow h_s = 148\ mm$.

b) Da Equação (1.3):

$P - ET = R_{out}$, ou $P - ET = h_s$.

Para as grandezas escritas em termos de alturas, com $R_{out} = h_s$,

$ET = P - h_s = 1.040 - 148 \Rightarrow ET = 892\ mm$.

[2] A vazão média de longo período (ou de longo termo) corresponde à média das vazões médias anuais, tomada de vários anos de observação.

1.4.2 EQUAÇÃO DO BALANÇO HÍDRICO PARA CORPOS D'ÁGUA EM CURTOS INTERVALOS DE TEMPO

No caso de reservatórios, lagos e rios, a equação do balanço hídrico pode ser usada, por exemplo, em análises que envolvem as operações diárias de uma estrutura, para se preverem as consequências das condições hidrológicas sobre ela.

O curto intervalo de tempo empregado nas análises exige, nesse caso, que o termo de variação do armazenamento (ΔS) seja necessariamente considerado. Contudo, o termo de evaporação geralmente é muito pequeno e pode ser desprezado. Assim, se não ocorrer uma chuva no período de análise, a equação do balanço hídrico poderá ser escrita como

$$R_{in} + G_{in} - R_{out} - G_{out} = \Delta S.$$

No caso de um curto trecho de rio em que as trocas subterrâneas possam ser desprezadas,

$$R_{in} - R_{out} = \Delta S.$$

Ou, em termos de taxas volumétricas,

$$Q_{in} - Q_{out} = \frac{\Delta S}{\Delta t}, \tag{1.4}$$

em que Q_{in} e Q_{out} são, respectivamente, as vazões de entrada e saída no volume de controle, e $\Delta S/\Delta t$ representa a variação do armazenamento volumétrico no interior do trecho do rio (volume de controle) no intervalo Δt.

EXEMPLO 1.2

Em um dado instante, o armazenamento em um trecho de rio é de 68.200 m^3. No mesmo instante, a vazão de entrada no referido trecho é de 10,6 m^3/s, e a de saída é de 15,9 m^3/s. Decorridas duas horas, as vazões de entrada e saída são, respectivamente, 17,0 m^3/s e 19,1 m^3/s. Determine:

a) a variação do armazenamento no trecho da calha do rio durante as duas horas;

b) o volume armazenado no trecho ao final das duas horas.

Sugestão: admitir variação temporal linear das vazões de entrada e saída no trecho.

Solução:

a) Em termos de volumes, a equação do balanço hídrico (Equação 1.4) se escreve:

$$Q_{in}\Delta t - Q_{out}\Delta t = \Delta S\,.$$

EXEMPLO 1.2 *(continuação)*

Para uma variação temporal linear da vazão de entrada, o volume admitido em duas horas no volume de controle é calculado como

$$Q_{in} \cdot \Delta t = \frac{(17{,}0 + 10{,}6)}{2} \times 2 \times 3.600 = 99.360 m^3,$$

que é numericamente igual à área sob a linha de variação da vazão de entrada no trecho (área do trapézio), conforme ilustrado na Figura 1.6.

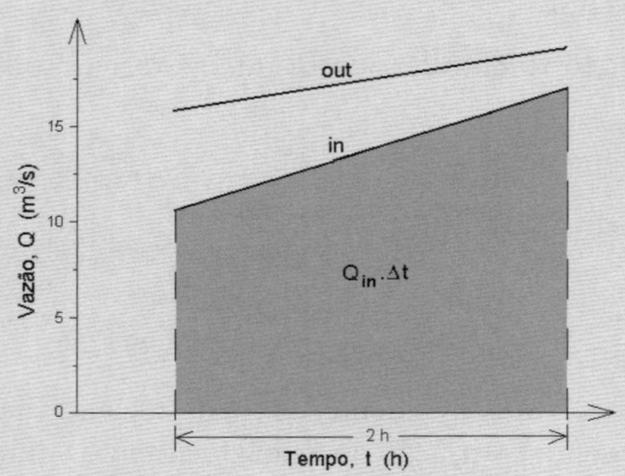

Figura 1.6 – Comportamento das vazões de entrada e saída em um trecho de rio.

De maneira análoga, o volume de saída pode ser obtido pelo cálculo da área sob a linha de variação da vazão de saída do trecho:

$$Q_{out} \cdot \Delta t = \frac{(19{,}0 + 15{,}9)}{2} \times 2 \times 3.600 = 126.000 \text{ m}^3.$$

Assim, da Equação (1.4), a variação do armazenamento no transcurso de duas horas será:

$$\Delta S = 99.360 - 126.000 \rightarrow \Delta S = -26.640 \text{ m}^3.$$

b) Como $\Delta S = S_{final} - S_{inicial} = S_{2h} - S_0$, então

$$S_{final} = S_{2h} = S_0 + \Delta S = 68.200 - 26.640 \Rightarrow S_{2h} = 41.560 \text{ m}^3.$$

1.4.3 EQUAÇÃO DO BALANÇO HÍDRICO PARA O ESCOAMENTO SUPERFICIAL DIRETO EM UMA BACIA DURANTE UMA CHUVA INTENSA

Para determinar o escoamento superficial direto (*runoff*) devido a uma chuva intensa em uma bacia, deve-se considerar a equação do balanço hídrico escrita para o volume de controle adequadamente representado junto à superfície do solo da bacia. A equação, escrita para um curto intervalo de tempo, em termos de alturas médias, é da forma

$$P - Int - E - T - R - I - S_D = 0, \qquad (1.5)$$

em que "P" é a precipitação; "Int" é a chamada interceptação, isto é, a parcela da água de chuva que é interceptada pela vegetação e outros obstáculos; "E" é a evaporação; "T" é a transpiração; "R" é o escoamento superficial direto (também chamado de *runoff* e de precipitação efetiva); "I" é a infiltração (parcela da água que deixa o volume de controle por infiltração no solo); e "S_D" representa o armazenamento da água nas depressões do terreno da bacia.

Durante a chuva, as perdas por evaporação e transpiração poderão ser desprezadas. E, para uma chuva intensa, a interceptação e o armazenamento nas depressões do terreno também poderão ser ignorados, caso não se exija uma quantificação exata, o que permite reescrever a Equação (1.5) na forma reduzida:

$$R = P - I, \qquad (1.6)$$

que mostra que o escoamento superficial direto pode ser aproximadamente obtido da diferença entre a altura da chuva caída e a altura da lâmina infiltrada. Semelhante tipo de modelo será empregado no Capítulo 4, que trata da infiltração da água no solo.

Observação: para o caso do tempo de análise superior à duração da chuva intensa, os termos de evaporação e transpiração nos componentes do ciclo hidrológico (Equação 1.5) não poderão ser desprezados. Em geral, nesse caso, as magnitudes dos componentes do balanço empregados na equação são valores médios calculados para o período de análise, que pode ser diário, semanal, mensal ou anual. A depender da magnitude da precipitação em relação ao potencial de evapotranspiração (soma da evaporação e transpiração), o teor de umidade do solo poderá aumentar ou diminuir no intervalo de análise, e o equacionamento deverá levar em conta a variação da umidade do solo.

1.4.4 DIFICULDADES PARA SOLUÇÃO DE PROBLEMAS PRÁTICOS E FONTES DE ERRO NOS COMPONENTES DO BALANÇO HÍDRICO

Na solução de problemas práticos que envolvem a aplicação da equação do balanço hídrico, defronta-se com certas dificuldades relacionadas à incapacidade de se medir ou estimar adequadamente alguns dos componentes do ciclo hidrológico que entram na equação do balanço. A quantificação dos componentes do ciclo hidrológico que entram no cálculo do balanço hídrico sempre envolve erros que advêm dos processos de medida e/ou técnicas de interpretação.

As precipitações são medidas em estações pluviométricas com o emprego de pluviômetros e pluviógrafos. As vazões podem ser medidas com vertedores, calhas ou métodos que empregam medidores de velocidade (molinetes hidrométricos) e área em estações fluviométricas distribuídas nos cursos d'água naturais da área de interesse. Em geral, se as técnicas forem bem empregadas, essas medições serão suficientemente precisas (acurácia de 95% ou mais).

A infiltração pode ser determinada localmente com o emprego de infiltrômetros, ou estimada a partir de dados de precipitação e vazão. Todavia, estimativas regionais de umidade e infiltração da água no solo são, em geral, muito grosseiras.

A quantidade de água subterrânea armazenada no solo e a taxa de sua movimentação são difíceis de serem precisamente determinadas, ou nem sempre estão disponíveis. Por isso, o conhecimento da geologia da região torna-se essencial para estimativas de água subterrânea.

A quantificação da evaporação e da transpiração também é extremamente difícil no atual estágio de desenvolvimento da ciência hidrológica. A maioria das estimativas é obtida usando-se tanques de evaporação ou métodos baseados no balanço de energia e na transferência de massa, ou relações empíricas.

Em geral, os únicos componentes extensivamente observados por meio de redes de monitoramento (estações hidrológicas de medição) são a precipitação e a vazão. A evaporação raramente é monitorada; os dados de infiltração costumam ser limitados a bacias experimentais, e as variações dos armazenamentos subterrâneos são normalmente obtidas a partir de observações de variações de níveis d'água e de umidade do solo. Além disso, é comum o uso de fórmulas empíricas para o cálculo da evaporação, da infiltração e do armazenamento. A duração do tempo de análise também é importante: erros introduzidos nas quantidades médias diminuem com o aumento do tempo considerado.

De todo modo, a equação do balanço hídrico é uma ferramenta extremamente útil, empregada de diferentes maneiras para estimar a magnitude e a distribuição temporal das variáveis hidrológicas. Os exemplos apresentados neste capítulo são apenas introdutórios, e outros serão fornecidos ao longo de todo o texto.

A título de ilustração, a Tabela 1.1 traz algumas estimativas de erros associados a determinações mensais e anuais de três componentes do ciclo hidrológico, de acordo com as metodologias adotadas.

Em decorrência dos erros de medida ou de estimativa dos componentes do ciclo hidrológico, em geral a equação do balanço hídrico resulta não equilibrada: ela poderá conter um termo de incerteza, ou resíduo. Quando um componente é estimado por meio de uma fórmula empírica, o erro de previsão da fórmula é somado ao termo de resíduo da equação do balanço hídrico.

Tabela 1.1 – Erro percentual nos componentes do ciclo hidrológico obtido segundo metodologias usuais

Componente	Tipo ou fonte de erro	Erro percentual	
		Estimativa mensal	Estimativa anual
Precipitação			
	Equipamento de observação	2%	2%
	Altura de colocação do medidor	5%	5%
	Média na área	15%	10%
	Densidade de medidores	20%	13%
Vazão			
	Molinete hidrométrico	5%	5%
	Curva-chave	30%	20%
	Modificação da seção fluviométrica	5%	5%
	Regionalização de vazão	---	70%
Evaporação			
	Balanço de energia	---	10%
	Tanque classe A	10%	10%
	Tanque para o coeficiente do lago	50%	15%
	Média na área	15%	15%

Fonte: GUPTA, 1989, p. 59.

Exercícios

1.1. Estima-se que 60% da precipitação anual em uma bacia hidrográfica de 24,67 km² de área sejam evapotranspirados. Se a vazão média anual na desembocadura (foz) do rio principal é de 70,8 L/s, qual a precipitação anual na bacia?

R: P = 226,3 mm.

1.2. Em um trecho de rio, a vazão de entrada em um dado instante é de 9,91 m³/s, e a vazão de saída é de 8,07 m³/s. Decorridos 90 minutos, as vazões de entrada e saída no trecho são de 7,08 m³/s e 5,66 m³/s, respectivamente. Calcular a variação do armazenamento em 90 minutos.

R: $\Delta S = 8.802\ m^3$.

1.3. As perdas por evaporação em um reservatório são de 185 mil metros cúbicos de água por dia. Se o reservatório tem superfície de área constante de 2,02 km² e se a diferença entre as vazões de saída e entrada do reservatório é de 1,41 m³/s, qual a variação do nível d'água do reservatório em um dia?

R: $\Delta h = -0{,}152$ m.

1.4. No problema anterior, se, devido a uma chuva, 76 mm de água forem admitidos no reservatório em um dia, qual a variação esperada na profundidade do reservatório?

R: $\Delta h = -0{,}076$ m.

1.5. O reservatório mostrado na bacia hidrográfica da Figura 1.7 foi construído em uma região em que a precipitação anual média é de 610 mm, e a evaporação normal anual é de 1.524 mm. A área média da superfície do reservatório (área do espelho d'água) é de 12 km^2, e a área da bacia hidrográfica em que o reservatório está inserido é de 242 km^2. Como informação adicional, tem-se que apenas 20% do total precipitado escoam-se pela superfície do terreno, em direção ao reservatório. Posto isso, pede-se:

a) calcular a vazão média de saída do reservatório, em m^3/s;

b) quantificar o aumento ou redução da vazão, em consequência da construção do reservatório.

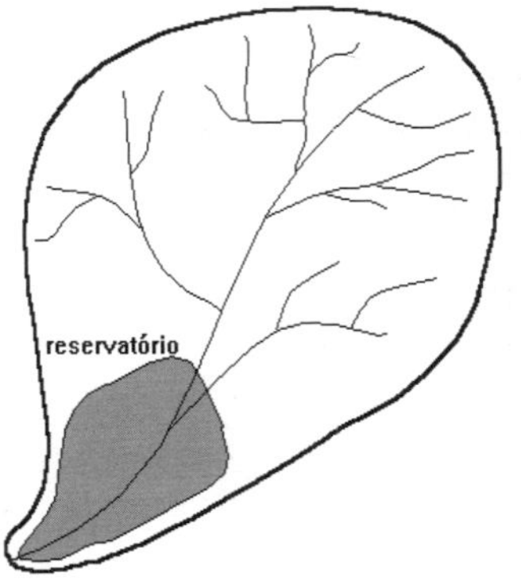

Figura 1.7 – Bacia hidrográfica e reservatório do Exercício 1.5.

R: a) Q = 0,542 m^3/s; b) Q = 0,936 m^3/s (redução de 0,394 m^3/s, em consequência da construção do reservatório).

1.6. O sistema de abastecimento de água de uma cidade deverá utilizar como manancial um curso d'água natural. Sabe-se que a área de drenagem, relativa à seção de captação, é igual a 100 km^2, e que, na bacia, a precipitação média anual é de 1.200 mm, enquanto as perdas por evapotranspiração são estimadas em 800 mm/ano. Sabendo-se, ainda, que o consumo médio previsto é de 50 mil m^3/dia, verifique se o manancial tem capacidade para abastecer a cidade.

R: Q_{rio} (sem captação) = 1,268 m^3/s = 109.589 m^3/dia > Consumo médio diário $\Rightarrow$ O manancial é suficiente para abastecer a cidade.

1.7. A evaporação anual de um lago com superfície (área do espelho d'água) de 15 km^2 é de 1.500 mm. Determinar a variação do nível do lago durante um ano se, nesse período, a precipitação foi de 950 mm, e a contribuição dos tributários foi de 10m^3/s. Sabe-se, também, que, naquele ano, foi retirada do lago uma descarga média de 5 m^3/s para a irrigação de culturas e a manutenção da vazão ecológica, além de uma captação de 165×10^6 m^3 para refrigeração de uma unidade industrial (desprezar a variação da área do espelho d'água).

R: Δh = – 1,038 m.

1.8. O total anual precipitado em uma bacia hidrográfica de 1.010 km^2 de área de drenagem é de 1.725 mm, em média (média de vários anos). Sabendo-se que a evapotranspiração média anual é de 600 mm, qual a vazão média anual, em m^3/s, na foz do curso d'água principal dessa bacia? E qual o deflúvio anual, em mm?

R: $Q = 36{,}03\ m^3/s$; $h_S = Q \cdot \Delta t/A = 1.125$ mm.

1.9. Uma barragem é construída na parte média da bacia hidrográfica da questão anterior, formando um espelho d'água de aproximadamente 60 km^2. Sabendo-se que a área de drenagem relativa à seção da barragem é de 600 km^2 e que a evaporação média direta no lago é de 5 mm/dia, qual a redução percentual esperada da vazão na foz do curso d'água principal?

R: $\Delta Q/Q = 6{,}47\%$.

1.10. Em uma bacia hidrográfica de área $A = 360\ km^2$, o total anual precipitado é 1.420 mm, e a vazão média anual na seção exutória é de 11,35 m^3/s.

a) Com base nas informações disponíveis e fazendo claramente as considerações necessárias, estimar a evapotranspiração anual na bacia.

b) Se for construído um reservatório no curso d'água principal da bacia e se este inundar 10% da área total da bacia, qual será a variação percentual da vazão média na seção exutória, sabendo-se que a evaporação da superfície da água no local é de 1.240 mm/ano?

R: a) ET = 426 mm; b) $\Delta Q/Q = -\ 8{,}2\%$.

1.11. O sistema de abastecimento de água de uma cidade de 250 mil habitantes deverá utilizar como manancial um curso d'água natural cuja área de drenagem, relativa à seção de captação, é de 100 km^2. A precipitação média anual na região é de 1.200 mm, e as perdas anuais por evapotranspiração são estimadas em 800 mm. Sabendo-se que o consumo médio é de 200 L/(hab·dia) e que a vazão residual (vazão mínima ou ecológica) estipulada pelo órgão ambiental é de 0,5 m^3/s, verifique se esse manancial tem capacidade para abastecer a cidade.

R: $Q = 0{,}690\ m^3/s$ (maior que $Q_{mín}$) $\Rightarrow$ O manancial tem capacidade para abastecer a cidade.

CAPÍTULO 2
BACIA HIDROGRÁFICA

2.1 GENERALIDADES

O ciclo hidrológico, em nível global, é fechado, isto é, a quantidade de água existente no planeta Terra é constante. Todavia, em função do interesse prático, os balanços hídricos se aplicam, em nível regional ou local, em unidades hidrológicas, que são tratadas como sistemas abertos.

Na prática, os estudos envolvendo os problemas das enchentes e inundações, assim como as questões que abrangem a disponibilidade hídrica, a análise da viabilidade do aproveitamento da água para abastecimento, irrigação, geração de energia etc. requerem a adoção da *bacia hidrográfica* como unidade hidrológica, principalmente pela simplicidade que oferece à aplicação dos equacionamentos e interpretação dos resultados.

2.1.1 DEFINIÇÃO

A bacia hidrográfica é definida pela *área topográfica drenada por um curso d'água, ou um sistema conectado de cursos d'água, de modo que toda a vazão efluente seja descarregada através de uma saída simples.* Em outras palavras, a bacia hidrográfica é o sistema físico que coleta a água proveniente da precipitação e a faz convergir para uma seção de saída, denominada *seção exutória*, *foz* ou *desembocadura*.[1]

Nas aplicações da equação do balanço hídrico em que o volume de controle é a bacia hidrográfica, o volume de água precipitado será a quantidade de entrada, enquanto a quantidade de saída será dada pelo volume de água escoado através da seção exutória somado ao volume de água equivalente às perdas intermediárias, decorrentes da

[1] No Brasil, a bacia hidrográfica é a unidade territorial que fundamenta a implementação da Política Nacional de Recursos Hídricos e a atuação do Sistema Nacional de Gerenciamento de Recursos Hídricos, em consonância com o estabelecido na Lei Federal 9.433/1997, conhecida como Lei das Águas.

evaporação e transpiração. Ainda, a depender da aplicação que se faz, as quantidades infiltradas poderão ser tratadas como perdas (saídas) ou incorporadas no termo de armazenamento.

2.2 CONTORNO OU DIVISOR DE ÁGUA DA BACIA HIDROGRÁFICA

O contorno ou divisor de uma bacia hidrográfica é definido pela linha de cumeada (pontos de cota máxima entre bacias), que faz a divisão das precipitações que caem em bacias vizinhas.[2] Esse divisor, que é dito topográfico, é uma linha rígida de contorno da bacia, cortada pelo curso d'água principal somente na sua seção de saída (foz).

A bacia hidrográfica, conforme a sua definição, está limitada em sua parte baixa pela seção exutória do curso d'água principal, o qual deságua em outro curso d'água ou em um reservatório, baía, lago ou oceano. Dentro de uma bacia maior, poderão ser definidas sub-bacias de cursos d'água menores. Uma sub-bacia estará limitada a jusante pela seção do seu curso d'água principal imediatamente anterior à confluência com outro curso d'água.

A Figura 2.1 mostra uma bacia hidrográfica em planta, na qual são identificados os cursos d'água principal e tributários, e a foz (seção exutória), bem como o divisor topográfico da bacia.

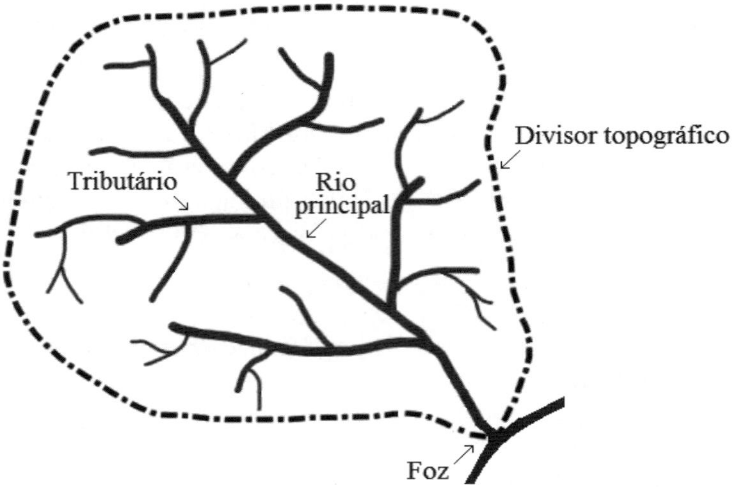

Figura 2.1 – Representação esquemática da bacia hidrográfica em planta.

Uma bacia hidrográfica sempre diz respeito a uma determinada secção de referência, que pode ou não coincidir com a foz do respectivo rio. Isso porque, em muitos problemas de engenharia, o interesse pode não estar na totalidade da bacia hidrográfica, mas, sim, em uma bacia correspondente a um trecho do rio a montante de determinada secção,

2 No interior de uma bacia hidrográfica, podem existir picos isolados de cotas superiores às da linha de cumeada.

que pode ser uma estação fluviométrica, um barramento, uma estação de captação de água etc.

Além do divisor de água topográfico, a bacia compreende, ainda, um divisor de água freático ou subterrâneo. Ou seja, em uma bacia hidrográfica existem dois divisores de água: o divisor topográfico, condicionado pela topografia, que limita a área da qual provém o deflúvio superficial direto (*runoff*); e o divisor freático, determinado pela estrutura geológica, que estabelece os limites dos reservatórios de água subterrânea, de onde é derivado o escoamento de base da bacia.[3] Em geral, os divisores freático e topográfico não são coincidentes, como ilustra a Figura 2.2, o que significa que poderão ocorrer fugas subterrâneas da água recolhida superficialmente por uma bacia para a sua vizinha. Contudo, uma vez que essas fugas ocorrem nos dois sentidos, sempre haverá compensações, de modo que, na prática, nas aplicações da equação do balanço hídrico, essas fugas acabam sendo desprezadas.

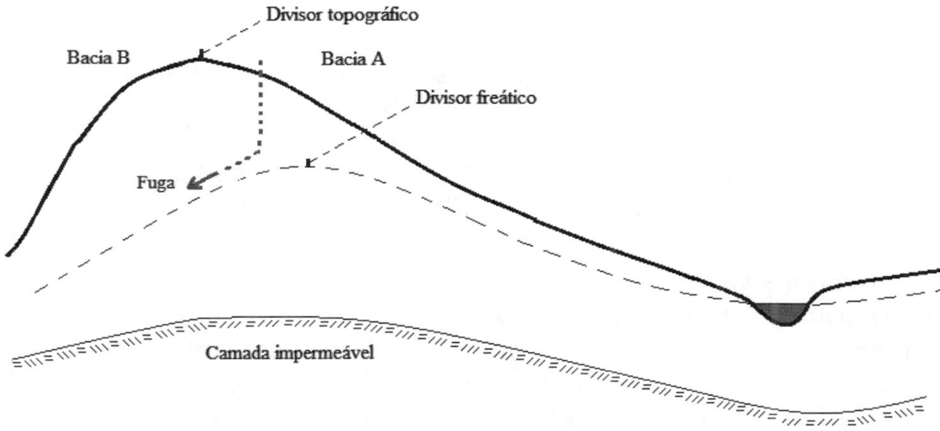

Figura 2.2 – Divisores topográfico e freático da bacia hidrográfica.

2.2.1 TRAÇADO DO CONTORNO DA BACIA EM MAPA TOPOGRÁFICO

O contorno topográfico de uma bacia hidrográfica corresponde a uma linha traçada pelos pontos altos cotados da bacia. Tal linha corta perpendicularmente as curvas de nível e não cruza nenhum curso d'água, exceto o curso d'água principal na seção que define o limite de jusante da bacia.

Para o traçado do contorno da bacia, emprega-se uma carta topográfica contendo o sistema de drenagem, em escala e com curvas de nível adequadamente representadas.

---

3 Os escoamentos através de uma seção de um curso d'água são resultantes das águas de precipitação, que escoam superficialmente em direção ao corpo d'água (escoamento superficial direto), somadas às águas de contribuições naturais subterrâneas (escoamento de base). Durante os períodos de estiagem, a perenidade dos cursos d'água é garantida pelo escoamento de base e, em consequência, nestes períodos ocorre o rebaixamento do lençol freático. Métodos de separação dos escoamentos superficial e de base são estudados no Capítulo 6.

O processo se inicia na seção de referência do curso d'água principal (em geral, na foz), seguindo uma linha de cumeada (chamada de *linha de festo em cartografia*), que envolve o curso de água. Como já observado, a linha sendo traçada nunca deve cortar o curso de água (a não ser na secção de referência). Seguindo pelos pontos de máxima cota circundantes do curso de água, sempre será possível traçar uma linha de festo ou cumeada entre dois talvegues (linha de reunião das águas). Essas duas linhas, talvegue e cumeada, podem ser facilmente identificadas na carta com base nas curvas de nível. Para isso, deve-se notar que, quando as curvas de nível de menor cota envolvem as de maior cota, a linha que atravessa a convexidade que elas formam quando mudam de direção é uma linha de cumeada; de modo contrário, quando as curvas de nível de maior cota envolvem as de menor cota, a linha que atravessa a convexidade por elas formadas quando mudam de direção é um talvegue. A título de exemplo, a Figura 2.3 mostra o traçado do divisor topográfico de uma bacia hipotética.

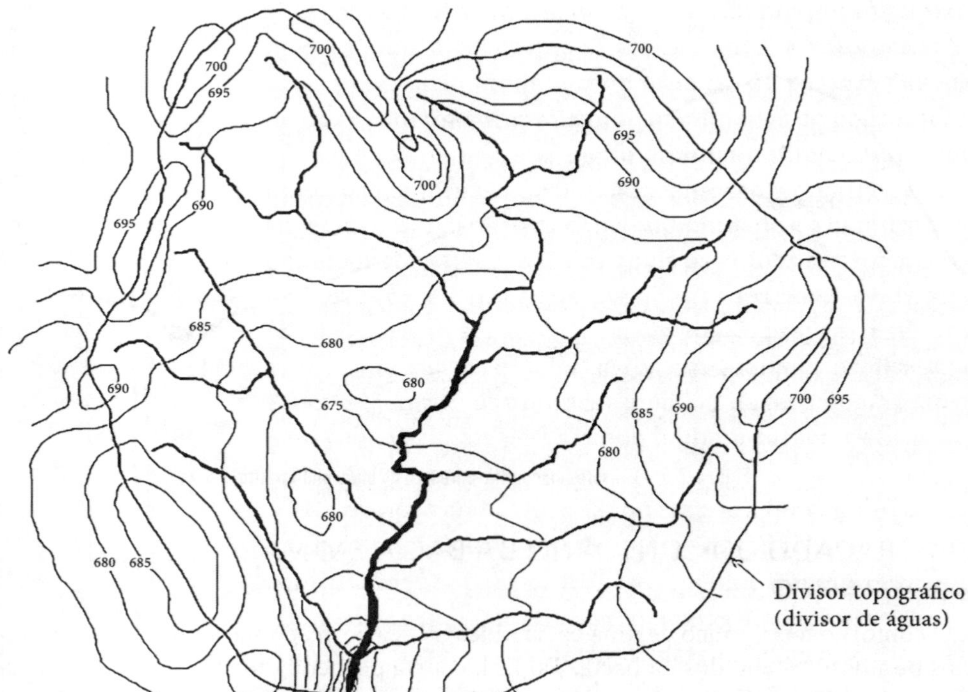

Figura 2.3 – Traçado do divisor topográfico de uma bacia hidrográfica (LEMOS, 2015, p. 69).

2.3 CARACTERIZAÇÃO DA BACIA HIDROGRÁFICA

As características climáticas de uma região são capazes de determinar o escoamento superficial de uma bacia hidrográfica, mas duas bacias hidrográficas sujeitas às mesmas condições climáticas podem apresentar diferentes escoamentos superficiais. Essas diferenças se devem às características dos cursos d'água naturais e aos aspectos físicos das áreas por eles drenadas. Por exemplo, uma bacia, por ser mais íngreme que a outra, produzirá maiores picos de vazão de escoamento superficial. Por isso, no estudo do comportamento hidrológico de uma bacia hidrográfica, as suas características físicas revestem-se de especial importância pela estreita correspondência entre estas e o regime hidrológico da bacia.

O conhecimento das características físicas de uma bacia hidrográfica constitui uma possibilidade bastante conveniente de se conhecer a variação espacial das grandezas físicas que definem o seu regime hidrológico. Na prática, a caracterização física de uma bacia hidrográfica possibilita o estabelecimento de relações matemáticas entre as variáveis que expressam essas características e aquelas que traduzem os dados hidrológicos conhecidos. Uma vez estabelecidas as relações matemáticas entre as variáveis hidrológicas e as características físicas de uma bacia, chamadas de *equações de regionalização*, pode-se fazer a obtenção indireta das variáveis hidrológicas em seções ou locais de interesse nos quais faltem dados (ausência de medições), ou em regiões onde, por fatores de ordem física ou econômica, não seja possível a instalação de estações hidrométricas.

Na sequência deste capítulo, apresentam-se alguns procedimentos de caracterização física das bacias hidrográficas.

2.3.1 ÁREA DE DRENAGEM DA BACIA HIDROGRÁFICA

A área de drenagem da bacia hidrográfica, ou, simplesmente, área da bacia hidrográfica, representada por "A", é a *área plana projetada verticalmente (projeção sobre o plano horizontal)*, limitada pelos divisores topográficos da bacia. É um dado fundamental para definir a potencialidade hídrica de uma bacia hidrográfica, uma vez que a multiplicação do seu valor pela altura da lâmina d'água precipitada define o volume de água recolhido pela bacia. Constitui-se, ainda, em elemento básico para o cálculo de outras características físicas desta.

A área da bacia hidrográfica é determinada em mapas topográficos. Para a sua obtenção, é preciso, em primeiro lugar, delinear o contorno da bacia, ou seja, estabelecer o traçado da linha de separação entre bacias vizinhas. Delimitada a bacia, a área pode ser determinada com o uso do planímetro, ou, quando se dispõe de mapa digitalizado, pode ser calculada eletronicamente (cálculo computacional). Alternativamente ao uso do planímetro, embora mais laborioso, pode-se calcular a área da bacia hidrográfica por meio do "método das quadrículas". Para isso, sobre o mapa topográfico em que se delimitou a bacia, superpõe-se uma grade quadriculada em escala conhecida e contam-se as quadrículas interiores aos limites da bacia. Multiplicando-se o número de quadrículas pela área de cada uma delas, obtém-se a área da bacia hidrográfica.

As áreas das grandes bacias são normalmente medidas em quilômetros quadrados (km^2), enquanto bacias menores costumam ser medidas em hectares (ha) (lembrando-se que um hectare é igual a um hectômetro quadrado: $1\ ha = 1\ hm^2 = 10^4\ m^2$; e $1\ km^2 = 100\ ha = 10^6\ m^2$).

2.3.2 CARACTERÍSTICAS DE FORMA DA BACIA HIDROGRÁFICA

As bacias de grandes rios têm, normalmente, a forma de uma pera ou de um leque, enquanto as pequenas bacias assumem formas variadas. Dentre as bacias de mesma área, as arredondadas são mais suscetíveis a inundações nas suas partes baixas que as alongadas.

A forma da bacia tem, portanto, particular importância na análise dos riscos de inundações em suas partes baixas. Por sua vez, tais riscos estão associados ao conceito de tempo de concentração, t_c, que é o intervalo de tempo transcorrido desde o início da precipitação, até que toda a área da bacia contribua para a vazão na seção de saída (ou para a vazão na seção em estudo). Dito de outra forma, o tempo de concentração corresponde ao intervalo de tempo que a partícula de água de chuva que cai no ponto mais remoto da bacia leva para atingir, escoando superficialmente, a seção em estudo.[4]

Os índices de forma normalmente utilizados para caracterizar as bacias hidrográficas são o coeficiente de compacidade e o fator de forma ou índice de conformação.

a) Coeficiente de compacidade

O *coeficiente de compacidade*, k_c, também conhecido como *índice de Gravelius*, é um indicador da suscetibilidade de ocorrência de inundações nas partes baixas da bacia hidrográfica. Matematicamente, esse índice é definido pela relação entre o perímetro da bacia e o perímetro do círculo de igual área. Assim, sendo A a área da bacia hidrográfica e r o raio do círculo de mesma área, ter-se-á:

$$A = \pi r^2 \quad \Rightarrow \quad r = \sqrt{\frac{A}{\pi}}.$$

Indicando-se por Per o perímetro da bacia hidrográfica, da definição de coeficiente de compacidade tem-se:

$$k_c = \frac{Per}{2\pi r} \quad \Rightarrow \quad k_c = \frac{Per}{2\pi\sqrt{A/\pi}},$$

ou

$$k_c \cong 0,28\frac{Per}{\sqrt{A}}. \tag{2.1}$$

O coeficiente de compacidade de bacias hidrográficas é um número sempre superior à unidade, uma vez que o círculo é a figura geométrica de menor perímetro para uma dada área A. Bacias que apresentam k_c próximos de 1, portanto, são mais compactas: elas tendem a concentrar o escoamento e, por consequência, são mais suscetíveis a inundações.

A título de exemplo, a bacia do rio do Carmo (Figura 2.4), que, com o rio Piranga, forma o rio Doce, tem 2.280 km^2 de área de drenagem e 319 km de

[4] Métodos de obtenção do tempo de concentração de uma bacia (ou de uma simples área de drenagem) são vistos no estudo do escoamento superficial, no Capítulo 6.

perímetro. O coeficiente de compacidade dessa bacia é igual a 1,87, que é um índice relativamente alto.

b) Fator de forma

O fator de forma de uma bacia hidrográfica, k_f, é definido pela relação entre a largura média da bacia e o seu comprimento axial.

O comprimento axial da bacia hidrográfica, L, é igual ao comprimento do curso d'água principal mais a distância da sua nascente ao divisor topográfico. A largura média da bacia, ℓ, é obtida dividindo-se a área da bacia pelo seu comprimento axial, isto é:

$$\ell = \frac{A}{L}.$$

Assim, a expressão matemática do fator de forma resulta em

$$k_f = \ell / L = A/L^2. \tag{2.2}$$

Bacias alongadas apresentam pequenos valores do fator de forma e são menos suscetíveis a inundações, uma vez que se torna menos provável que uma chuva intensa cubra toda a sua extensão.

A bacia do rio do Carmo, do exemplo anterior (Figura 2.4), tem características de uma bacia alongada: ela tem 132,3 km de comprimento axial e 17,2 km de largura média, o que resulta no fator de forma $k_f = 0{,}13$. Esse valor do fator de forma da bacia do rio do Carmo, combinado com aquele do coeficiente de compacidade, sugere que a forma dessa bacia a torna pouco propensa a inundações.

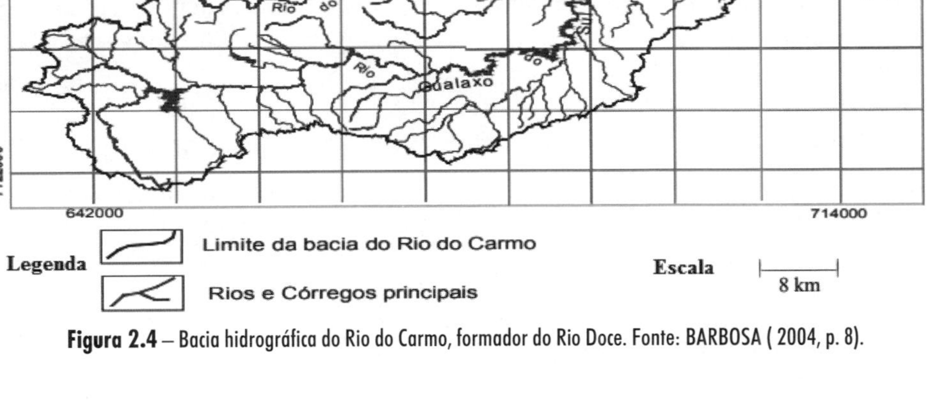

Figura 2.4 – Bacia hidrográfica do Rio do Carmo, formador do Rio Doce. Fonte: BARBOSA (2004, p. 8).

2.3.3 SISTEMA DE DRENAGEM

O sistema de drenagem de uma bacia hidrográfica é constituído pelo curso d'água principal mais os tributários (Figura 2.5). O sistema inclui todos os cursos d'água, sejam eles perenes, intermitentes ou efêmeros.

Figura 2.5 – Bacia hidrográfica e sistema de drenagem.

Os cursos d'água perenes são aqueles nos quais a água está sempre fluindo em suas calhas. Nestes, o lençol subterrâneo assegura uma alimentação contínua, mantendo uma lâmina d'água permanente em escoamento no leito do rio. Já os cursos d'água intermitentes mantêm o escoamento apenas durante as estações chuvosas e secam nas estiagens. Por fim, os efêmeros são aqueles cursos d'água que só se formam durante ou imediatamente após os períodos de chuva. Os cursos d'água efêmeros conduzem somente as águas do escoamento superficial direto que chegam à sua calha.

As características da rede de drenagem de uma bacia hidrográfica podem ser razoavelmente descritas por alguns índices e grandezas, como a ordem do curso d'água principal, a densidade de drenagem, o percurso médio do escoamento superficial e a sinuosidade, que são definidos adiante.

2.3.3.1 Ramificações e desenvolvimento do sistema de drenagem

O estudo das ramificações e do desenvolvimento do sistema de drenagem de uma bacia hidrográfica fornece um indicativo da maior ou menor velocidade com que a água deixa a bacia.

a) Ordem do curso d'água

A ordem do curso d'água principal de uma bacia hidrográfica reflete o grau de ramificação do seu sistema de drenagem. Essa ordem é um número inteiro estabelecido de acordo com diferentes critérios.

Segundo o critério proposto por Horton (1945) e modificado por Strahler (1964), a ordem do curso d'água principal de uma bacia hidrográfica é obtida como segue:

i) as pequenas correntes formadoras, isto é, os pequenos canais da cabeceira da bacia que não têm tributários, têm ordem 1;

ii) quando dois canais de mesma ordem se encontram, o canal formado terá a ordem imediatamente superior: dois canais de ordem 1 formam um terceiro de ordem 2, dois canais de ordem 2 formam um de ordem 3, e assim por diante;

iii) da junção de dois canais de ordens diferentes resulta um terceiro, cuja ordem será igual à maior dentre os formadores.

EXEMPLO 2.1

Aplicando o critério de Horton modificado por Strahler, determinar a ordem do curso d'água principal da bacia hidrográfica mostrada na Figura 2.6.

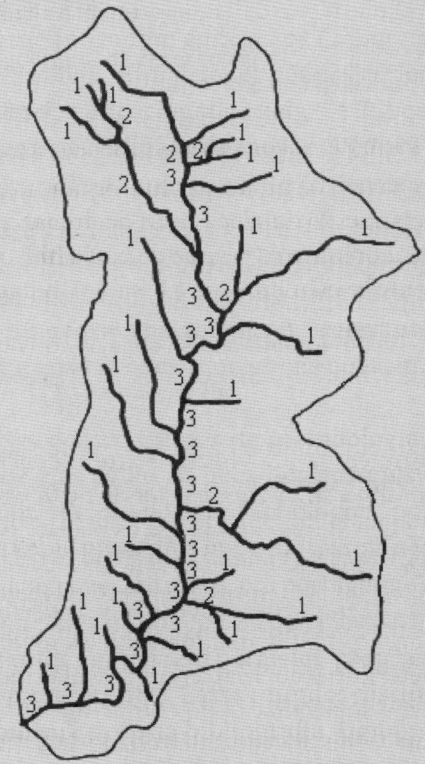

Figura 2.6 – Bacia hidrográfica do problema-exemplo 2.1

EXEMPLO 2.1 *(continuação)*

Solução:

O critério de Horton-Strahler estabelece que as correntes formadoras têm ordem 1. Assim, o primeiro passo é lançar na planta da figura o número 1 ao lado de cada corrente formadora (cabeceiras dos cursos d'água afluentes). Em seguida, acompanhando o sentido da corrente, deve-se lançar o número 2 junto aos cursos d'água formados por duas correntes de ordem 1. Assim, ter-se-ão, já identificados, até esta fase, os cursos d'água de ordens 1 e 2. O próximo passo é lançar a ordem dos cursos d'água formados pelas correntes já identificadas: no caso da junção de cursos d'água de ordens diferentes (1 e 2, no caso), a corrente formada terá ordem 2 (maior ordem entre os formadores); no caso da junção de dois cursos d'água de ordem 2, a corrente formada terá ordem 3. Prossegue-se da mesma forma, isto é, atribuindo a maior ordem ao curso d'água formado por aqueles de ordens diferentes, e atribuindo a ordem imediatamente acima no caso do curso d'água formado por aqueles de mesma ordem. A Figura 2.6 traz o resultado da aplicação do método de Horton-Strahler e mostra que o curso d'água principal, neste problema-exemplo, é de ordem 3.

b) Densidade de drenagem

A densidade de drenagem de uma bacia hidrográfica, λ_d, dá uma boa indicação do grau de desenvolvimento do seu sistema de drenagem. É obtida dividindo-se o comprimento total dos cursos d'água da bacia hidrográfica, incluindo-se os perenes, intermitentes e efêmeros, pela área de drenagem. Em uma representação matemática,

$$\lambda_d = \frac{\sum L_i}{A}. \qquad (2.3)$$

Os valores desse índice para as bacias naturais encontram-se, geralmente, compreendidos em uma faixa que se estende de 0,5 km^{-1} a 3,5 km^{-1}. O limite inferior dessa faixa de valores caracteriza as bacias com drenagem pobre, enquanto o limite superior corresponde a bacias excepcionalmente bem drenadas.

É importante destacar, ainda, que a densidade de drenagem que se obtém com o emprego da Equação (2.3) depende muito da escala do mapa topográfico utilizado na sua determinação. Mapas com escalas reduzidas "escondem" detalhes e levam a uma subavaliação do comprimento total dos cursos d'água. Assim, é importante fornecer, com a densidade de drenagem, a escala do mapa empregado na sua determinação.

Como exemplo, a bacia do rio do Carmo (Figura 2.4) é muito bem drenada e apresenta densidade de drenagem $\lambda_d = 2{,}43$ km^{-1}, determinada com base em um mapa topográfico na escala 1:50.000.

2.3.3.2 Percurso médio do escoamento superficial

O percurso médio do escoamento superficial, ℓ_{es}, é uma medida indicativa da distância média que a água de chuva teria de escoar sobre os terrenos da bacia caso o escoamento superficial se desse em linha reta desde o seu ponto de queda até o leito do curso d'água mais próximo.

Para a obtenção de ℓ_{es}, a bacia em estudo é transformada em uma bacia retangular de mesma área, com o lado maior do retângulo tendo comprimento igual à soma dos comprimentos de todos os cursos d'água da bacia. Nesta bacia retangular, o curso d'água é representado de modo centralizado (Figura 2.7):

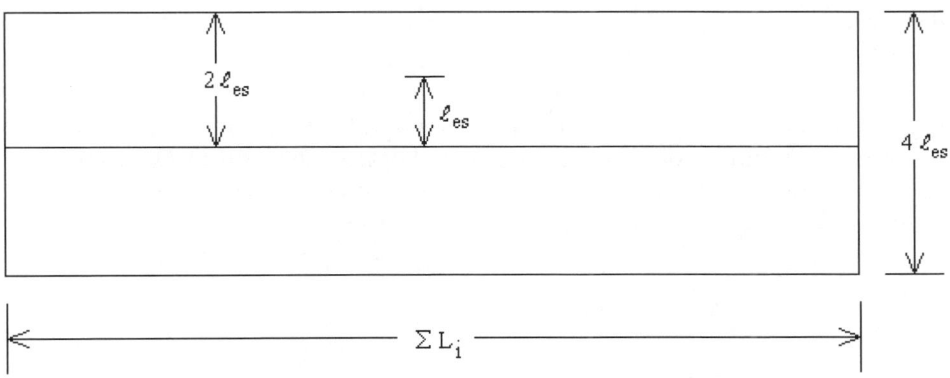

Figura 2.7 – Transformação da bacia natural em bacia retangular para a obtenção do percurso médio do escoamento superficial.

Da definição do retângulo equivalente e de acordo com a Figura 2.6,

$$A = \sum L_i \times 4\ell_{es} \Rightarrow \ell_{es} = \frac{A}{4\sum L_i} \qquad (2.4)$$

ou,

$$\ell_{es} = \frac{1}{4\lambda_d}. \qquad (2.5)$$

Para a bacia do rio do Carmo, da Figura 2.4, o percurso médio do escoamento superficial, obtido com base em determinações feitas em mapa topográfico na escala 1:50.000, e considerando-se apenas os cursos d'água perenes, é $\ell_{es} \cong 103$ m. Isso significa que, caminhando em linha reta nessa bacia, encontrar-se-ia, em média, um curso d'água natural a cada 103 m.

2.3.3.3 Sinuosidade do curso d'água

A sinuosidade de um curso d'água, *sin*, também chamada de *índice de sinuosidade* ou *coeficiente de sinuosidade*, é um fator controlador da velocidade do escoamento. A sinuosidade é um adimensional que serve para definir o grau de formação de meandros no leito de um rio, que é, então, usado para estabelecer os tipos geomorfológicos de rios. Existem diferentes métodos de obtenção da sinuosidade, que se distinguem conforme os parâmetros geotopográficos específicos que são considerados.

A sinuosidade total de um rio é definida pela razão entre o seu comprimento, medido ao longo da linha média do seu leito, e a menor distância entre os seus extremos. Também se pode dizer que essa quantidade adimensional é obtida pela razão entre o comprimento do percurso real e o comprimento do caminho mais curto (ou distância em linha reta da cabeceira à foz), conforme ilustrado na Figura 2.8a. Assim, matematicamente, a sinuosidade total de um curso d'água é definida por:

$$sin = \frac{L}{L_{AB}}. \tag{2.6}$$

Horacio (2014) descreveu ainda seis outras diferentes formas de definição do índice de sinuosidade, que consideram parâmetros geotopográficos específicos. O autor concluiu que o método da sinuosidade hidráulica, medida pelo quociente entre o comprimento do rio e a extensão média do vale, seria mais preciso do que levar em conta as mudanças de direção entre vales, como ilustrado na Figura 2.8b.

Para o cálculo da sinuosidade, deve-se dispor de uma carta topográfica da área de estudo em escala adequada (>1/10.000).

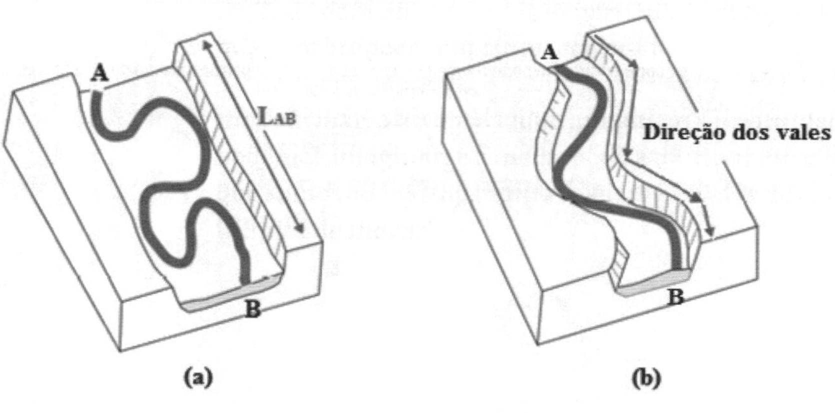

Figura 2.8 – Elementos para o cálculo da sinuosidade total de um curso d'água.

A sinuosidade varia de 1, caso em que o curso d'água é completamente retificado, até o valor infinito, caso em que, hipoteticamente, o curso d'água formaria um *loop*, isto é, um circuito fechado, situação na qual o comprimento do "caminho mais curto" seria nulo.

Em rios, embora não haja uma uniformidade em relação à classificação do grau de sinuosidade, um modo muito utilizado considera os quatro seguintes limites:

sin < 1,05: praticamente retilíneo;

1,05 ≤ *sin* < 1,25: baixa sinuosidade;

1,25 ≤ *sin* < 1,50: sinuosidade moderada;

sin ≥ 1,50: muito sinuoso.

2.3.4 CARACTERÍSTICAS FÍSICAS DA BACIA HIDROGRÁFICA

Em uma bacia hidrográfica, a velocidade do escoamento superficial é controlada, em grande medida, pela declividade do terreno. Já a altitude exerce influência sobre alguns fatores hidrometeorológicos, como a temperatura, a precipitação e a evaporação, e intervém no deflúvio médio da bacia. Essas e outras influências das características físicas da bacia hidrográfica sugerem que o seu relevo deve ser bem conhecido, para melhor entendimento do seu comportamento hidrológico.

2.3.4.1 Declividade da bacia

A declividade da bacia hidrográfica é importante fator a influenciar a velocidade do escoamento superficial, que determina o tempo de concentração e define a magnitude dos picos de enchente. Além disso, a velocidade do escoamento superficial condiciona a maior ou menor oportunidade de infiltração da água de chuva e afeta a suscetibilidade dos solos à erosão.

A obtenção da declividade de uma bacia hidrográfica pode ser feita por meio de amostragem estatística das declividades normais às curvas de nível, medidas em um grande número de pontos localizados aleatoriamente no mapa topográfico. Esse método, batizado de "método das quadrículas associadas a um vetor" (VILLELA; MATTOS, 1975, p. 18), consiste em lançar sobre o mapa topográfico da bacia uma malha quadriculada, traçada em papel transparente, em escala conhecida, e, pelos pontos de interseção da malha (vértices), construir vetores normais às curvas de nível mais próximas, orientados no sentido do escoamento. Para obter a declividade associada a cada vértice da malha, d_i, mede-se, em planta, a menor distância entre curvas de nível sucessivas, Δx_i, e calcula-se

$$d_i = \frac{\Delta z}{\Delta x_i}, \qquad (2.7)$$

sendo Δz a diferença de elevação entre as curvas de nível.

Uma forma de representar as declividades dos terrenos de uma bacia hidrográfica consiste em fazer a construção de um gráfico das declividades pontuais em função da frequência acumulada das suas ocorrências. Para isso, após a determinação das declividades pelo "método das quadrículas associadas a um vetor", procede-se da seguinte forma:

i) classificam-se as declividades em ordem decrescente;

ii) em função do número desejado de pontos de plotagem, define-se o tamanho do intervalo de classe;

iii) contam-se as observações dentro de cada intervalo de classe;

iv) converte-se a contagem do passo anterior em frequência relativa;

v) faz-se a contagem das frequências acumuladas.

O gráfico é construído lançando-se os pares de valores das frequências acumuladas em função do limite inferior do intervalo de classe correspondente. Finalmente, no gráfico, traça-se uma linha suave pelos pontos plotados.[5]

EXEMPLO 2.2

Construir a curva de declividades da bacia do rio Capivari, afluente da margem direita do rio Araçuaí (bacia do rio Jequitinhonha), com base no conjunto de 417 declividades pontuais obtidas pelo "método das quadrículas associadas a um vetor", dados na Tabela 2.1. Observar que, nesta tabela, os dados já se apresentam classificados em ordem decrescente. Obter, ainda, as declividades média e mediana da bacia do rio Capivari.

Tabela 2.1 – Declividades da bacia do rio Capivari, em m/m, obtidas pelo método das quadrículas associadas a um vetor, para o problema-exemplo 2.2

0,727	0,253	0,177	0,139	0,117	0,096	0,082	0,066	0,048	0,029	0,000	0,000
0,587	0,250	0,176	0,138	0,116	0,096	0,082	0,066	0,048	0,028	0,000	0,000
0,564	0,248	0,173	0,138	0,115	0,096	0,081	0,065	0,048	0,028	0,000	0,000
0,554	0,243	0,173	0,137	0,115	0,095	0,081	0,065	0,047	0,028	0,000	0,000
0,508	0,241	0,167	0,137	0,114	0,095	0,080	0,064	0,047	0,027	0,000	0,000
0,483	0,241	0,167	0,137	0,114	0,094	0,080	0,064	0,046	0,027	0,000	0,000
0,474	0,236	0,164	0,135	0,113	0,094	0,079	0,062	0,046	0,027	0,000	0,000
0,434	0,232	0,162	0,135	0,113	0,093	0,079	0,062	0,046	0,027	0,000	0,000
0,429	0,232	0,161	0,133	0,111	0,093	0,079	0,062	0,046	0,027	0,000	0,000
0,385	0,230	0,161	0,132	0,111	0,092	0,078	0,062	0,045	0,027	0,000	0,000
0,380	0,224	0,160	0,131	0,111	0,092	0,077	0,061	0,045	0,027	0,000	0,000
0,372	0,221	0,160	0,130	0,111	0,091	0,077	0,061	0,045	0,026	0,000	0,000
0,371	0,221	0,160	0,130	0,110	0,091	0,077	0,061	0,042	0,026	0,000	0,000
0,369	0,219	0,158	0,129	0,109	0,091	0,077	0,061	0,041	0,026	0,000	0,000
0,366	0,218	0,157	0,129	0,108	0,090	0,076	0,061	0,041	0,025	0,000	0,000
0,365	0,218	0,157	0,128	0,108	0,090	0,076	0,061	0,041	0,024	0,000	0,000
0,363	0,216	0,156	0,128	0,107	0,090	0,074	0,060	0,040	0,024	0,000	0,000
0,361	0,216	0,156	0,126	0,105	0,090	0,074	0,059	0,039	0,023	0,000	0,000

[5] Nos dias atuais, a determinação da declividade de uma bacia hidrográfica é bastante facilitada pelo uso de recursos dos Sistemas de Informação Geográfica (SIG). Com as ferramentas do SIG, permite-se a obtenção do modelo digital do terreno (MDT), a partir do qual se pode determinar um valor de declividade associado a cada uma das malhas constituintes do MDT.

EXEMPLO 2.2 *(continuação)*

0,349	0,216	0,156	0,126	0,105	0,090	0,073	0,059	0,038	0,023	0,000	0,000
0,349	0,212	0,154	0,124	0,105	0,089	0,072	0,059	0,038	0,022	0,000	0,000
0,322	0,211	0,152	0,124	0,105	0,088	0,072	0,058	0,037	0,021	0,000	0,000
0,320	0,209	0,152	0,122	0,104	0,088	0,072	0,058	0,037	0,021	0,000	
0,318	0,209	0,151	0,122	0,102	0,088	0,071	0,057	0,036	0,021	0,000	
0,316	0,208	0,149	0,122	0,102	0,088	0,071	0,055	0,036	0,020	0,000	
0,307	0,205	0,147	0,121	0,100	0,087	0,071	0,054	0,035	0,020	0,000	
0,281	0,205	0,146	0,121	0,100	0,086	0,071	0,053	0,035	0,017	0,000	
0,281	0,204	0,146	0,121	0,100	0,086	0,070	0,053	0,034	0,016	0,000	
0,281	0,201	0,145	0,121	0,100	0,086	0,070	0,053	0,034	0,012	0,000	
0,280	0,200	0,145	0,120	0,099	0,085	0,069	0,052	0,034	0,000	0,000	
0,273	0,196	0,145	0,120	0,099	0,085	0,069	0,051	0,033	0,000	0,000	
0,271	0,189	0,143	0,119	0,099	0,084	0,069	0,050	0,033	0,000	0,000	
0,269	0,187	0,142	0,118	0,099	0,084	0,068	0,049	0,032	0,000	0,000	
0,267	0,186	0,141	0,118	0,098	0,084	0,068	0,049	0,032	0,000	0,000	
0,261	0,185	0,140	0,118	0,098	0,083	0,067	0,049	0,031	0,000	0,000	
0,259	0,184	0,139	0,118	0,096	0,083	0,066	0,049	0,030	0,000	0,000	
0,254	0,184	0,139	0,117	0,096	0,082	0,066	0,049	0,029	0,000	0,000	

Solução:

Antes da contagem das frequências, define-se o tamanho do intervalo de classe. Para isso, faz-se:

Intervalo de classe = (maior declividade – menor declividade) ÷ número de intervalos.

Com os dados da Tabela 2.1, desejando-se obter 10 pontos de plotagem, calcula-se:

Intervalo de classe = (0,727 – 0,000) ÷ 10 = 0,0727.

Constrói-se, então, a Tabela 2.2, com a contagem das observações e o cálculo das frequências relativa e acumulada nos intervalos correspondentes.

A curva de declividades é construída lançando-se, em gráfico, os limites inferiores das declividades da primeira coluna da Tabela 2.2 em função das frequências acumuladas correspondentes. Para o problema-exemplo 2.2, esse gráfico é representado na Figura 2.5.[6]

---

[6] Quando as declividades incluem várias ordens de grandeza, pode ser necessário empregar uma escala logarítmica nas ordenadas do gráfico da Figura 2.9.

EXEMPLO 2.2 *(continuação)*

- Obtenção da declividade mediana da bacia:

Do gráfico da Figura 2.9, tem-se que a declividade mediana, d_{med}, isto é, a declividade correspondente à frequência de 50%, é $d_{med} \cong 0{,}084$, ou $d_{med} \cong 8{,}4\%$.

Esse resultado significa que 50% das declividades na bacia têm valores superiores (ou inferiores) a 0,084.

- Obtenção da declividade média da bacia:

A declividade média, $\bar{d}_i$, pode ser estimada segundo a expressão

$$\bar{d} = \sum_{i=1}^{n} \left(f_i \cdot \bar{d}_i \right), \tag{2.8}$$

em que $\bar{d}_i$ representa o valor médio da declividade do i-ésimo intervalo de classe, f_i é a frequência relativa correspondente e n é o número de intervalos de classe. Para realizar o cálculo, constrói-se a Tabela 2.3 com os dados do problema-exemplo 2.2. Com a Equação (2.8), a declividade média é calculada somando-se os elementos da última coluna da Tabela 2.3:

$\bar{d} \cong 0{,}113.$

Observação: a declividade média da bacia poderia, ainda, ser obtida dividindo-se a área sob a curva do gráfico da Figura 2.9 por 100%. Na prática, tal área poderia ser obtida de forma aproximada empregando-se o "método dos trapézios".

Tabela 2.2 – Análise de frequência das declividades da bacia do rio Capivari

Intervalo de classe das declividades	Contagem	Frequência relativa, f_i	Frequência relativa, f_i (%)	Frequência acumulada, F_i (%)
[0,7270; 0,6543[	1	0,00240	0,240	0,24
[0,6543; 0,5816[	1	0,00240	0,240	0,48
[0,5816; 0,5089[	2	0,00480	0,480	0,96
[0,5089; 0,4362[	3	0,00719	0,719	1,68
[0,4362; 0,3635[	9	0,02158	2,158	3,84
[0,3635; 0,2908[	9	0,02158	2,158	6,00
[0,2908; 0,2181[	25	0,05995	5,995	11,99
[0,2181; 0,1454[	49	0,11751	11,751	23,74
[0,1454; 0,0727[	136	0,32614	32,614	56,35
[0,0727; 0,0000[	182	0,43645	43,645	100,00
Soma =	417	1,00000	100,000	---

EXEMPLO 2.2 *(continuação)*

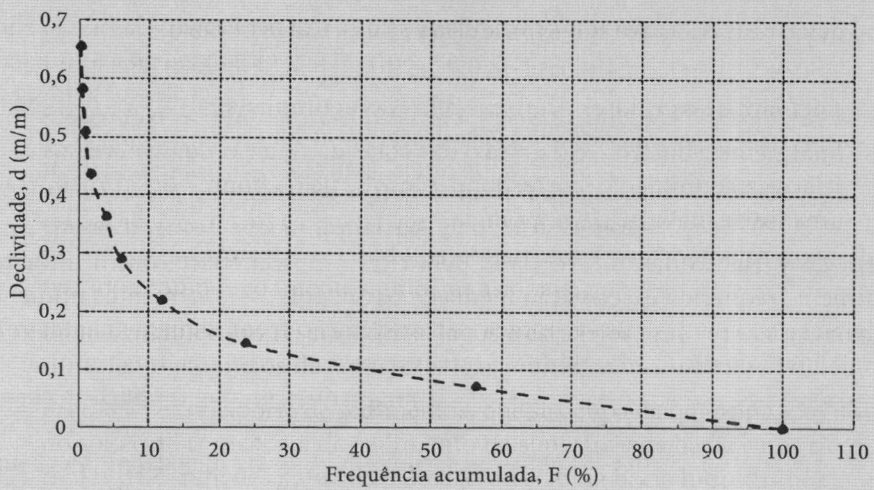

Figura 2.9 – Representação gráfica da distribuição de frequência das declividades da bacia do rio Capivari.

Tabela 2.3 – Elementos para o cálculo da declividade média da bacia do rio Capivari com base na Equação (2.8)

Intervalo de classe das declividades	Declividade média, $\overline{d}_i$	Frequência relativa, f_i	$f_i \times d_i$
[0,7270; 0,6543[	0,69065	0,00240	0,001656
[0,6543; 0,5816[	0,61795	0,00240	0,001482
[0,5816; 0,5089[	0,54525	0,00480	0,002615
[0,5089; 0,4362[	0,47255	0,00719	0,003400
[0,4362; 0,3635[	0,39985	0,02158	0,008630
[0,3635; 0,2908[	0,32715	0,02158	0,007061
[0,2908; 0,2181[	0,25445	0,05995	0,015255
[0,2181; 0,1454[	0,18175	0,11751	0,021357
[0,1454; 0,0727[	0,10905	0,32614	0,035565
[0,0727; 0,0000[	0,03635	0,43645	0,015865
Soma =		1,00000	0,113

2.3.4.2 Curva hipsométrica

A curva hipsométrica é uma forma de se fazer a representação gráfica do relevo médio da bacia hidrográfica. Ela fornece uma visualização da variação das elevações dos terrenos da bacia com relação ao nível do mar. A sua construção gráfica pode ser feita em termos da porcentagem da área de drenagem da bacia hidrográfica que se encontra acima (ou abaixo) das várias elevações.

Para a construção de uma curva hipsométrica, procede-se da seguinte maneira:

i) delimitada a bacia hidrográfica no mapa, obtêm-se, por planimetria (ou eletronicamente, em caso de mapa digitalizado), as áreas entre as curvas de nível consecutivas;

ii) determina-se a área total e calculam-se os valores relativos das áreas entre as curvas de nível;

iii) calculam-se os valores das áreas relativas acumuladas;

iv) finalmente, constrói-se o gráfico das cotas das curvas de nível *versus* as áreas relativas acumuladas correspondentes. E, pelos pontos do gráfico, traça-se uma linha suave de concordância.

Além da variação da altitude dada pela curva hipsométrica, outra informação normalmente requerida é a elevação média da bacia, pois esses elementos influenciam a precipitação e as perdas por evaporação e transpiração e, consequentemente, influenciam o deflúvio médio.[7]

EXEMPLO 2.3

Na Tabela 2.4, são fornecidas as áreas compreendidas entre as curvas de nível consecutivas da bacia do rio Capivari, afluente do rio Araçuaí, no Vale do Rio Jequitinhonha, estado de Minas Gerais. Essas áreas foram determinadas por planimetria, a partir de mapa topográfico fornecido pelo IBGE, em escala 1:100.000, com as curvas de nível espaçadas de 50 em 50 metros. Com base nos dados da Tabela 2.4, pede-se:

a) construir a curva hipsométrica da bacia do rio Capivari;

b) obter os valores das cotas correspondentes às alturas mediana e média nessa bacia.

Tabela 2.4 – Elementos para a representação do relevo da bacia do rio Capivari

Cotas (m)	A_i (km²)	Cotas (m)	A_i (km²)
1.150 - 1.100	9,07	750 - 700	72,35
1.100 - 1.050	11,20	700 - 650	60,32
1.050 - 1.000	36,70	650 - 600	51,22
1.000 - 950	69,83	600 - 550	31,50
950 - 900	124,66	550 - 500	17,80
900 - 850	162,34	500 - 450	12,05
850 - 800	96,74	450 - 400	5,27
800 - 750	100,07	400 - 350	0,44
		área $A = \Sigma A_i$ =	861,56

[7] Com os recursos de cartografia digital e com ferramentas dos Sistemas de Informação Geográfica (SIG), é possível obter as cartas hipsométricas das bacias hidrográficas com relativa facilidade. Nessas cartas (mapas), representam-se classes de altitudes do terreno, distribuídas pelas áreas que elas ocupam na bacia.

EXEMPLO 2.3 *(continuação)*

Solução:

Com base nos procedimentos sugeridos no item 2.3.4.2, constrói-se a Tabela 2.5, na qual se reproduzem as duas primeiras colunas da Tabela 2.4 e representam-se os resultados dos cálculos das áreas relativas e áreas relativas acumuladas (3ª e 4ª colunas).

A curva hipsométrica é, então, construída lançando-se, nas abscissas, os valores das áreas relativas acumuladas da 4ª coluna da Tabela 2.5, em função das cotas correspondentes (limites inferiores da 1ª coluna da Tabela 2.5), nas ordenadas, e traçando-se uma linha suave pelos pontos plotados. Essa curva, para a bacia hidrográfica do rio Capivari do problema-exemplo 2.3, é mostrada na Figura 2.10.

- Obtenção da elevação mediana da bacia:

A elevação mediana, z_{med}, é prontamente obtida do gráfico da Figura 2.10, a partir da leitura da cota correspondente à área relativa acumulada de 50%. Dessa figura, resulta:

$z_{med} \cong 840$ m,

o que indica que 50% da área de drenagem da bacia encontram-se acima (e abaixo) da cota 840 m.

- Obtenção da elevação média da bacia:

A elevação média, $\overline{z}$, pode ser estimada pela média ponderada:

$$\overline{z} = \frac{1}{A}\sum\left(A_i \cdot \overline{z}_i\right), \tag{2.9}$$

em que A_i é a área compreendida entre duas curvas de nível consecutivas, e $\overline{z}_i$ é a média aritmética das cotas dessas curvas de nível. Para facilitar os cálculos, os valores de $\overline{z}_i$ são lançados na coluna 5 da Tabela 2.5, e os produtos de A_i vezes $\overline{z}_i$ são calculados e postos na coluna 6. Assim, com base na Equação (2.9), obtém-se:

$$\overline{z} = \frac{1}{A}\sum\left(A_i \cdot \overline{z}_i\right) = \frac{703.436{,}50}{861{,}56} = 816{,}5 \text{ m.}$$

Observação: alternativamente, a elevação média da bacia poderia ser calculada dividindo-se a área sob a curva hipsométrica da Figura 2.10 por 100%. Na prática, tal área poderia ser obtida de forma aproximada empregando-se o “método dos trapézios”.

EXEMPLO 2.3 *(continuação)*

Tabela 2.5 – Elementos para a representação gráfica do relevo da bacia hidrográfica do rio Capivari e para o cálculo das altitudes média e mediana da bacia

Cotas (m)	A_i (km^2)	Áreas relativas, $A_i/A \times 100$ (%)	Áreas relativas acumuladas (%)	Cotas médias (m)	Cotas médias $\times A_i$
1.150 – 1.100	9,07	1,05	1,05	1.125,0	10.203,75
1.100 – 1.050	11,20	1,30	2,35	1.075,0	12.040,00
1.050 – 1.000	36,70	4,26	6,61	1.025,0	37.617,50
1.000 – 950	69,83	8,11	14,72	975,0	68.084,25
950 – 900	124,66	14,47	29,19	925,0	115.310,50
900 – 850	162,34	18,84	48,03	875,0	142.047,50
850 – 800	96,74	11,23	59,26	825,0	79.810,50
800 – 750	100,07	11,61	70,87	775,0	77.554,25
750 – 700	72,35	8,40	79,27	725,0	52.453,75
700 – 650	60,32	7,00	86,27	675,0	40.716,00
650 – 600	51,22	5,95	92,22	625,0	32.012,50
600 – 550	31,50	3,66	95,87	575,0	18.112,50
550 – 500	17,80	2,07	97,94	525,0	9.345,00
500 – 450	12,05	1,40	99,34	475,0	5.723,75
450 – 400	5,27	0,61	99,95	425,0	2.239,75
400 – 350	0,44	0,05	100,00	375,0	165,00
Soma =	861,56	100,00	---	---	703.436,50

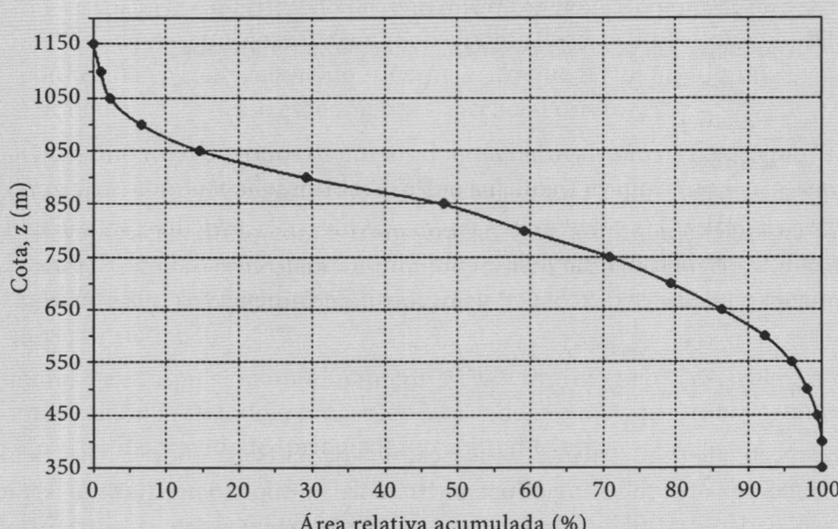

Figura 2.10 – Curva hipsométrica da bacia do rio Capivari, do problema-exemplo 2.3.

2.3.4.3 Retângulo equivalente

O retângulo equivalente é uma representação simplificada da bacia hidrográfica, que serve para avaliar a influência do relevo da bacia sobre o escoamento superficial. De um retângulo equivalente podem-se obter as mesmas inferências de uma curva hipsométrica.

A construção do retângulo equivalente é feita de modo que:

i) a área do retângulo seja igual à área de drenagem da bacia hidrográfica natural, na escala escolhida para o desenho (retângulo equivalente e bacia hidrográfica natural têm mesma área A);

ii) o perímetro do retângulo seja igual ao perímetro da bacia natural (retângulo e bacia hidrográfica têm mesmo perímetro Per); além disso,

iii) a bacia hidrográfica natural e o retângulo equivalente devem apresentar o mesmo coeficiente de compacidade, k_c.

Os lados do retângulo podem ser determinados em função da área de drenagem da bacia hidrográfica e do seu coeficiente de compacidade. Para isso, escrevem-se as equações:

$$A = L \times \ell \tag{2.10}$$

e

$$Per = 2\,(L + \ell). \tag{2.11}$$

Como, da Equação (2.1),

$$k_c = 0{,}28\frac{Per}{\sqrt{A}} \quad \Rightarrow \quad 2\,(L+\ell) = \frac{k_c\sqrt{A}}{0{,}28}. \tag{2.12}$$

Das equações (2.10) e (2.12),

$$L^2 - \frac{k_c\sqrt{A}}{0{,}56}L + A = 0 \quad \Rightarrow \quad L = \frac{k_c\sqrt{A}}{1{,}12} \pm \sqrt{\left(\frac{k_c\sqrt{A}}{1{,}12}\right)^2 - A}$$

ou

$$L = \frac{k_c\sqrt{A}}{1{,}12}\left[1 + \sqrt{1 - \left(\frac{1{,}12}{k_c}\right)^2}\right] \tag{2.13}$$

e

$$\ell = \frac{k_c\sqrt{A}}{1{,}12}\left[1 - \sqrt{1 - \left(\frac{1{,}12}{k_c}\right)^2}\right]. \tag{2.14}$$

No interior do retângulo equivalente são, ainda, traçadas as curvas de nível na forma de segmentos de reta paralelos ao seu lado menor. Esse traçado é feito de modo a respeitar a hipsometria da bacia hidrográfica, o que significa que, na escala do desenho, as áreas compreendidas entre duas curvas de nível devem ter correspondência com aquelas da bacia real (Figura 2.11).

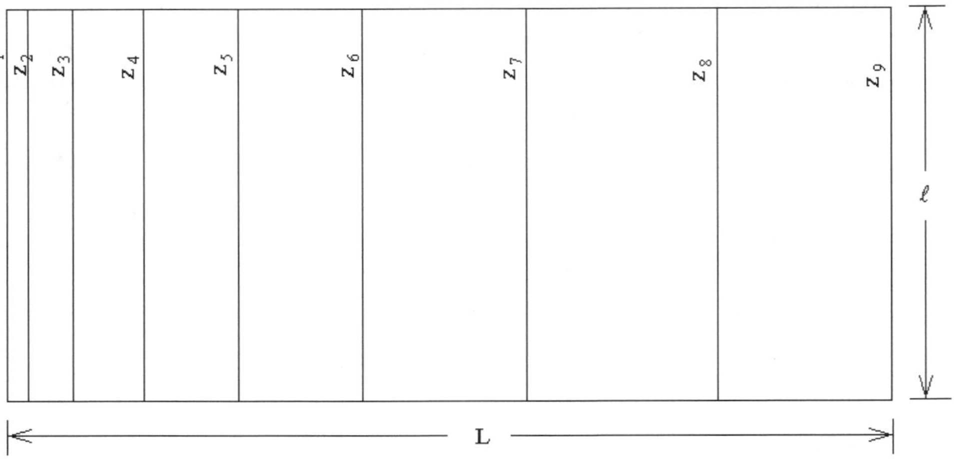

Figura 2.11 – Retângulo equivalente de uma bacia hidrográfica hipotética – no desenho, z_i indica a cota da i-ésima curva de nível.

2.3.4.4 Declividade do leito ou álveo do curso d'água principal

O rio principal de uma bacia hidrográfica é normalmente considerado como aquele que drena a maior área dentro da bacia.[8] O seu comprimento, aqui indicado por L, é medido no mapa topográfico com o uso do curvímetro (ou determinado eletronicamente em mapa digitalizado).

A declividade do rio principal oferece uma medida representativa do seu relevo e é muito utilizada em estudos hidrológicos. A velocidade do escoamento em um curso d'água natural depende da declividade da calha fluvial ou álveo: quanto maior a declividade, maior a velocidade do escoamento.

A declividade do álveo pode ser obtida de diferentes modos. Para rios que apresentam um perfil longitudinal razoavelmente uniforme, a *declividade entre extremos*, S_1, é uma boa estimativa. Ela é obtida dividindo-se a diferença entre as cotas máxima (cabeceira) e mínima (foz) do perfil pelo comprimento do rio:

$$S_1 = \frac{z_{cabeceira} - z_{foz}}{L}. \quad (2.15)$$

As unidades de medida da declividade de um rio são, normalmente, m/m ou m/km.

[8] Por razões históricas, o curso d'água principal é, às vezes, considerado o de maior comprimento.

Existem, ainda, outras medidas mais representativas da declividade de um rio. Uma possibilidade é o *método da declividade* S_{10-85}, pelo qual a declividade é obtida a partir das altitudes a 10% e 85% do comprimento do rio, medido a partir da sua foz (desprezam-se os trechos equivalentes a 10% junto à foz e 15% próximos à cabeceira). Para a avaliação das altitudes, os dois pontos são marcados no mapa topográfico, e suas cotas são determinadas por interpolação, a partir das curvas de nível disponíveis. Avaliadas as duas altitudes, a diferença de cotas é dividida pelo comprimento equivalente a 75% da extensão do rio principal:

$$S_{10-85} = \frac{z_{85\%} - z_{10\%}}{075 \cdot L}. \tag{2.16}$$

Para ilustração, na Figura 2.12 representam-se o perfil longitudinal do curso d'água (linha espessa) e as linhas de declividades S_1 e S_{10-85}.

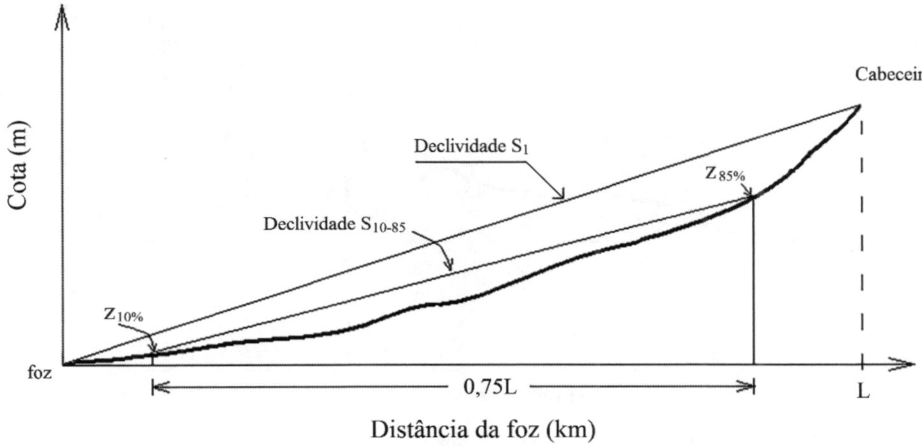

Figura 2.12 – Perfil longitudinal e elementos para a determinação da declividade do rio.

Um valor médio mais representativo da declividade do curso d'água consiste em traçar no gráfico do perfil longitudinal uma linha de declividade S_2 tal que a área compreendida entre esta linha e o eixo das abscissas seja igual à área compreendida entre a curva do perfil natural e o mesmo eixo. A área sob a linha sinuosa do perfil natural pode ser determinada diretamente por métodos gráficos ou analiticamente, somando-se as áreas dos elementos trapezoidais, conforme indicado na Figura 2.13. Designando-se a área abaixo da linha do perfil natural por A_p,

$$A_p = \frac{(z_1 + z_{foz}) \cdot (x_1) + (z_2 + z_1) \cdot (x_2 - x_1) + \cdots + (z_{cabeceira} + z_n)(L - x_n)}{2}, \tag{2.17}$$

em que z_{foz} e $z_{cabeceira}$ são as elevações do álveo na foz e na cabeceira do curso d'água, e z_1, z_2, ... z_n são as cotas dos pontos intermediários que distam x_1, x_2, ... x_n da foz, respectivamente. A declividade S_2 pode ser encontrada igualando-se a área do perfil natural, A_p, com a área desconhecida do trapézio definido pela linha de declividade S_2, conforme mostrado na Figura 2.13:

$$A_p = \frac{1}{2}\left[z_{foz} + \left(z_{foz} + S_2 \cdot L\right)\right] \cdot L$$

ou

$$\frac{2A_p}{L} = 2z_{foz} + S_2 \cdot L$$

de onde

$$S_2 = \frac{2}{L}\left(\frac{A_p}{L} - z_{foz}\right). \quad (2.18)$$

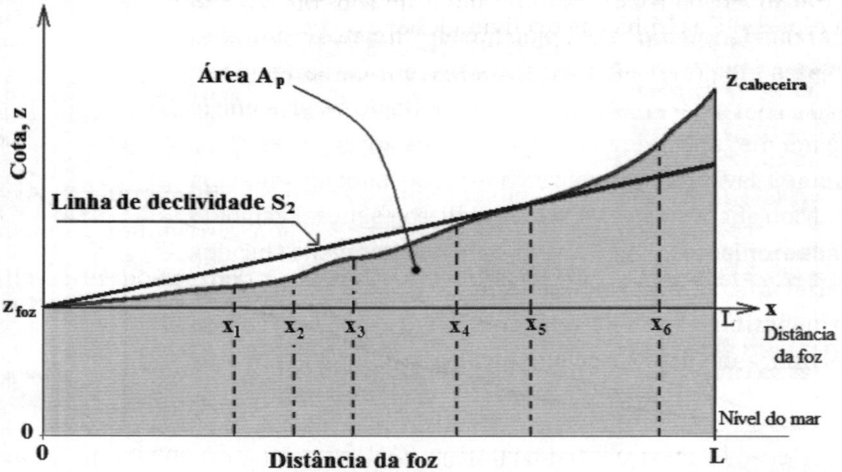

Figura 2.13 – Perfil longitudinal do rio principal e elementos para a obtenção da declividade média S_2.

Outro índice representativo da declividade média do curso d'água é a *declividade equivalente constante*, S_3, que se obtém a partir da consideração de que o tempo total de percurso da água no canal natural é igual ao tempo de percurso da água em um canal hipotético de declividade constante S_3 (VILLELLA; MATTOS, 1979, p. 22).

Para obter o tempo total de percurso da água no canal natural, este deve ser subdividido em um grande número de trechos retilíneos, de modo que o tempo total seja igual à soma dos tempos de percurso em cada um destes trechos. Admitindo-se válida a equação de Chèzy para o movimento uniforme da água em canal, tem-se para o i-ésimo trecho do canal natural:

$$V_i = C\sqrt{R_{H_i} \cdot S_i} = K_i \cdot \sqrt{S_i} = \frac{L_i}{t_i} \quad (2.19)$$

em que:

V_i = velocidade no trecho;

S_i = declividade do trecho;

C = coeficiente de rugosidade de Chèzy;

R_{H_i} = raio hidráulico.

$K_i = C\sqrt{R_{Hi}}$;

L_i = comprimento do trecho; e

t_i = tempo de percurso no trecho.

Da Equação (2.19), o tempo total de percurso T é então obtido da soma dos tempos de percurso nos diferentes trechos:

$$T = \Sigma\, t_i = \sum\left(\frac{L_i}{K_i\sqrt{S_i}}\right). \tag{2.20}$$

Analogamente, para o canal de declividade equivalente constante S_3,

$$T = \frac{L}{V} = \frac{L}{C\sqrt{R_H \cdot S_3}} = \frac{L}{K\sqrt{S_3}}, \tag{2.21}$$

em que $L = \Sigma\, L_i$ = comprimento do canal.

Identificando as Equações (2.20) e (2.21), e desconsiderando os efeitos de rugosidade e de forma do canal ($K_i = K$), tem-se

$$\frac{L}{\sqrt{S_3}} = \sum\left(\frac{L_i}{\sqrt{S_i}}\right);$$

ou,

$$S_3 = \frac{L^2}{\left[\sum\left(\frac{L_i}{\sqrt{S_i}}\right)\right]^2}. \tag{2.22}$$

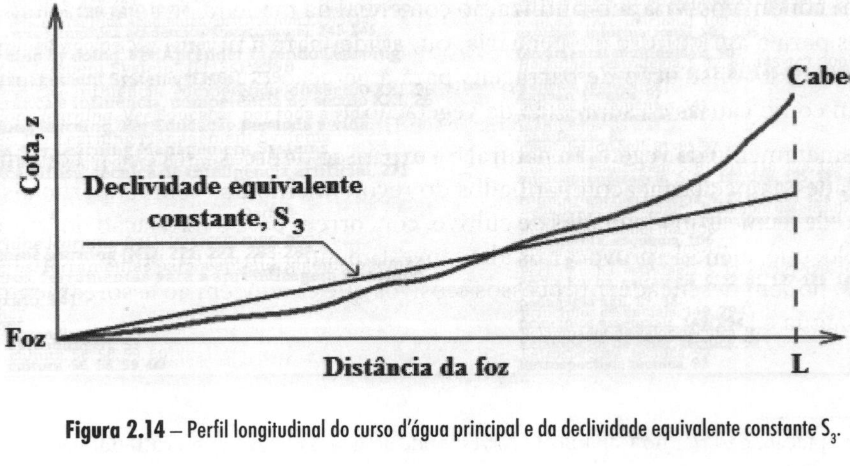

Figura 2.14 – Perfil longitudinal do curso d'água principal e da declividade equivalente constante S_3.

2.3.5 COBERTURA VEGETAL E CAMADA SUPERFICIAL DO SOLO

A cobertura vegetal da bacia hidrográfica exerce importante influência sobre a parcela da água da chuva que se transforma em escoamento superficial e sobre a velocidade com que esse escoamento atinge a rede de drenagem natural. Quanto maior a área com cobertura vegetal, maior será a quantidade de água de interceptação na bacia,[9] que também reduz o volume do escoamento superficial. Além disso, os vegetais, por meio do sistema radicular, retiram a água do solo e a devolvem para a atmosfera pela transpiração.

A vegetação influencia, ainda, o processo de infiltração, atenuando a ação de compactação da água da chuva sobre o solo e permitindo a formação de uma camada de matéria orgânica em decomposição, que propicia a atividade de escavação de insetos e outros animais e que também facilita a infiltração. Além disso, as raízes modificam a estrutura do solo, provocando fissuras que, com a redução da velocidade do escoamento superficial, também favorecem a infiltração. Por isso, quando uma bacia é parcialmente urbanizada ou sofre desmatamento, tem-se como consequência um aumento do escoamento superficial, em decorrência das menores perdas por interceptação, transpiração e infiltração. Com o desmatamento, o escoamento superficial se faz de forma mais rápida sobre um terreno menos permeável e menos rugoso, o que intensifica o processo de erosão e de carreamento de sólidos às calhas fluviais, aos lagos e reservatórios, acelerando o assoreamento. O maior volume do escoamento superficial e o menor tempo de resposta da bacia resultam no aumento das vazões de pico, que, com a redução da calha natural do rio, provocam frequentes inundações.

O tipo de solo e o estado de compactação da camada superficial também têm importante efeito sobre a parcela da água de infiltração. As características de permeabilidade e de porosidade do solo estão intimamente relacionadas com a percolação e os volumes de água de armazenamento, respectivamente. Solos arenosos propiciam maior infiltração e percolação, e reduzem o escoamento superficial. Já os solos siltosos ou argilosos, bem como os solos compactados superficialmente, produzem maior escoamento superficial.

A remoção total ou parcial da vegetação em determinada área geralmente ocorre para fins econômicos, visando à utilização comercial da madeira ou ao aproveitamento dos solos para a agricultura e a pecuária, ou, ainda, para a urbanização. A atividade mineradora e a construção de barragens para a geração de energia elétrica também aparecem como causas da supressão da vegetação.

O desmatamento da vegetação natural e a expansão de áreas agrícolas ou destinadas às atividades da pecuária, acompanhados do revolvimento dos solos superficiais e da aplicação de técnicas inadequadas de cultivo, concorrem para a lixiviação dos nutrientes do solo, que, além de provocar os altos investimentos em fertilizantes e defensivos agrícolas, podem desencadear processos erosivos que conduzem ao assoreamento dos cursos d'água e lagos.

---

9 A interceptação, descrita no Capítulo 1, corresponde à água da chuva que fica retida nas folhagens e troncos.

Em razão do exposto, conclui-se que a manutenção das áreas de vegetação naturais em uma bacia hidrográfica, por favorecer a infiltração, contribui significativamente para a preservação dos recursos hídricos e, mais que isso, auxilia na preservação da paisagem e na proteção da biodiversidade, além de conferir estabilidade geológica, facilitar o fluxo gênico de fauna e flora, proteger o solo e assegurar o bem-estar das populações humanas. O desafio dos dias atuais é, assim, fazer uso dos recursos naturais de modo sustentável, o que exige a adoção de medidas de conservação, com a reabilitação dos processos ecológicos e a promoção da conservação da biodiversidade, incluídos aí o abrigo e a proteção da fauna silvestre e da flora nativa.

Exercícios

2.1. Discorrer brevemente sobre o ciclo da água na natureza, enunciando suas fases básicas, a fonte de energia e a principal força atuante.

2.2. Definir bacia hidrográfica e descrever como se demarcam seus limites e se determina sua área.

2.3. O desmatamento em uma bacia hidrográfica pode ser causa de assoreamento dos rios? E pode ser causa de inundações? Justifique.

2.4. A bacia do rio Maracujá, no distrito de Cachoeira do Campo, município de Ouro Preto-MG, tem 144,34 km^2 de área de drenagem e perímetro (comprimento do divisor de águas) de 67,13 km. Sabendo-se que o rio Maracujá, desde a sua nascente até a desembocadura na margem esquerda do rio das Velhas, mede 26,02 km de extensão, pede-se:

a) calcular o coeficiente de compacidade da bacia;

b) calcular o fator de forma da bacia.

c) A bacia do rio Maracujá é suscetível a enchentes em sua parte baixa. Por quê? Que razões você apontaria para justificar as inundações verificadas na área urbana do distrito?

R: a) k_c = 1,56; **b)** k_f = 0,21.

2.5. Na Tabela 2.6, encontram-se representadas as áreas compreendidas entre curvas de nível consecutivas, referidas a uma determinada bacia hidrográfica. Essas áreas foram obtidas por planimetria a partir de um mapa topográfico em escala 1:50.000 (curvas de nível de 20 em 20 metros). Sabendo-se que a bacia hidrográfica tem 76 km de perímetro e que o curso d'água principal mede 25 km de extensão, pede-se:

Tabela 2.6 – Áreas compreendidas entre curvas de nível do problema 2.5

Cotas (m)	Área (km^2)
1.000 – 980	3,0
980 – 960	3,5
960 – 940	4,2
940 – 920	5,0

920 -900	10,0
900 - 880	58,8
880 - 860	53,5
860 - 840	30,0
840 - 820	20,0
820 - 800	12,0

a) calcular a altitude média da bacia hidrográfica;

b) fazer a representação gráfica do relevo médio da bacia hidrográfica (*i.e.*, construir a curva hipsométrica) e representar nesta as altitudes média e mediana;

c) calcular o coeficiente de compacidade e o fator de forma da bacia;

d) construir o retângulo equivalente desta bacia (traçado em escala, com representação das curvas de nível paralelamente ao lado menor do retângulo, respeitando a hipsometria da bacia).

R: a) $\overline{z} = 874,01$ m; **c)** $k_c = 1,50$; $k_f = 0,32$.

2.6. Para o cálculo da declividade de um curso d'água natural, é dado o seu perfil longitudinal, conforme a Tabela 2.7.

a) Com base nessa tabela, calcular a declividade entre extremos, S_1, e a declividade $S_{10\text{-}85}$;

b) calcular a declividade média, S_2, definida de modo tal que se tenha sob a linha de inclinação S_2 área idêntica à que se encontra sob a curva "cota do leito *versus* distância";

c) calcular a declividade equivalente constante, S_3, definida a partir da suposição de que o tempo de percurso de uma partícula de água no canal natural é igual àquele no canal de declividade S_3.

Tabela 2.7 – Elevações do leito do curso d'água natural em função da distância à foz

Distância medida a partir da foz (km)	0,00	5,00	10,00	15,00	20,00
Elevação em relação ao nível do mar (m)	900	910	930	960	1.000

R: a) $S_1 = 5,0$ m/km; $S_{10\text{-}85} \cong 4,73$ m/km; **b)** $S_2 = 3,75$ m/km; **c)** $S_3 = 4,127$ m/km.

2.7. Para o estudo das características fisiográficas de duas bacias hidrográficas, foram efetuados os levantamentos topográficos que produziram os resultados mostrados na Tabela 2.8. Com base nos elementos desta tabela, pede-se: calcular a densidade de drenagem, λ_d, o coeficiente de compacidade, k_c, e o fator de forma da bacia hidrográfica, k_f. Fazer, ainda, uma interpretação dos resultados.

Tabela 2.8 – Parâmetros físicos de caracterização de duas bacias hidrográficas (exercício 2.7)

Parâmetro	Bacia A	Bacia B
Área de drenagem (km^2)	320	450
Perímetro da bacia hidrográfica (km)	71	120
Comprimento do rio principal (km)	22	63
Comprimento total dos cursos d'água na bacia (km)	112	315

R: Bacia A: λ_d = 0,35 km^{-1}; k_c = 1,11; k_f = 0,66; Bacia B: λ_d = 0,70 km^{-1}; k_c = 1,58; k_f = 0,11.

2.8. Na Figura 2.15, encontra-se representado o retângulo equivalente de uma bacia hidrográfica. Com base nas propriedades desse retângulo e considerando a escala do desenho, pede-se:

a) construir a curva hipsométrica da bacia;

b) calcular as altitudes média e mediana da bacia;

c) calcular o coeficiente de compacidade da bacia.

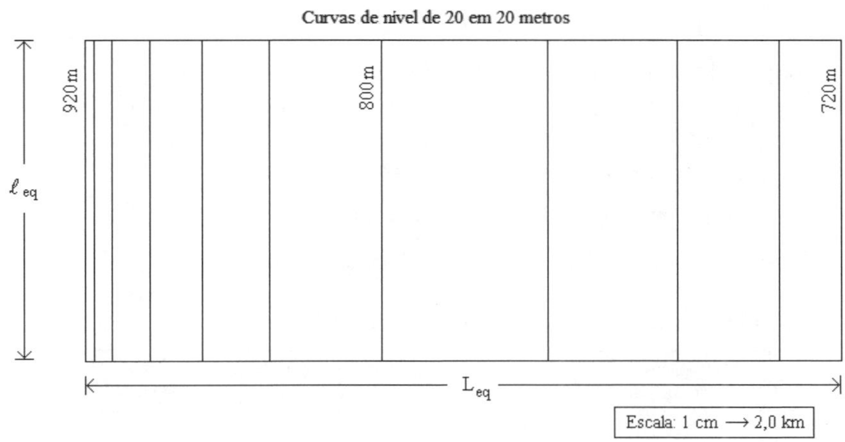

Figura 2.15 – Retângulo equivalente para o exercício 2.7.

R: b) $\bar{z}$ = 795 m; $z_{mediana}$ = 792 m; **c)** k_c = 1,22.

2.9. Utilizando o critério de Horton-Strahler, estabelecer a ordem do curso d'água principal da bacia representada na Figura 2.16.

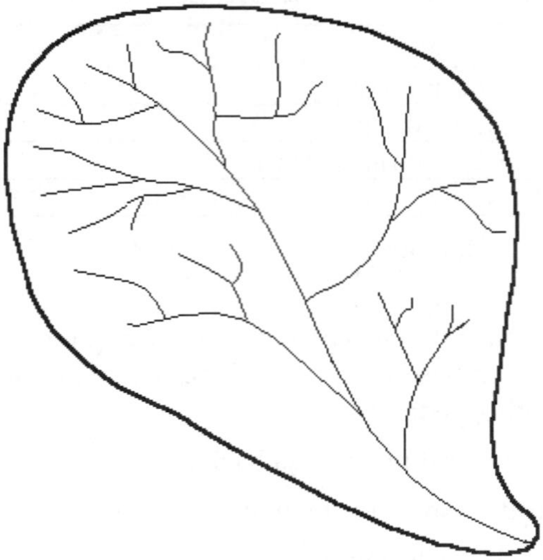

Figura 2.16 – Bacia hidrográfica e sistema de drenagem para o exercício 2.8.

R: Ordem 4.

2.10. A partir de um mapa topográfico e utilizando o "método das quadrículas associadas a um vetor", obteve-se, para uma dada bacia hidrográfica, a amostragem estatística das declividades normais às curvas de nível, mostrada na Tabela 2.9. Com base nos dados dessa tabela, pede-se:

a) construir a curva de declividades da bacia;

b) determinar as declividades média e mediana da bacia.

Tabela 2.9 – Frequência de ocorrência das declividades em uma bacia hidrográfica (exercício 2.10)

Declividade (m/m) Intervalo de classe	Número de ocorrências Frequência (absoluta)
]0,0100 – 0,0090]	15
]0,0090 – 0,0080]	12
]0,0080 – 0,0070]	17
]0,0070 – 0,0060]	10
]0,0060 – 0,0050]	33
]0,0050 – 0,0040]	58
]0,0040 – 0,0030]	85
]0,0030 – 0,0020]	120
]0,0020 – 0,0010]	98
]0,0010 – 0,0000]	123

R: b) $\overline{d} = 0{,}0295$ m/m; $d_{mediana} = 0{,}0025$ m/m.

CAPÍTULO 3
PRECIPITAÇÃO

3.1 REGIME HIDROLÓGICO E PRECIPITAÇÃO: ASPECTOS GERAIS

O regime hidrológico e a produção de água em uma região[1] são determinados por fatores de natureza climática ou hidrometeorológica (precipitação, evaporação, temperatura, umidade do ar, vento etc.) e por suas características físicas, geológicas e topográficas. Temperatura, umidade e vento são importantes pela influência que exercem na precipitação e, principalmente, na evaporação. A topografia é importante pela sua influência na precipitação, além de determinar a ocorrência de lagos e pântanos, e influir, com o solo e a vegetação, na definição da velocidade do escoamento superficial. As características geológicas, além de influenciarem a topografia, definem o local do armazenamento (superficial ou subterrâneo) da água proveniente da precipitação.

Para o hidrologista, a precipitação corresponde à água proveniente do vapor d'água da atmosfera que se deposita na superfície da terra sob diferentes formas, como chuva, granizo, neve, neblina, orvalho ou geada. Neste capítulo, trata-se a precipitação sob a forma de chuva, por ser incomum a ocorrência de neve no Brasil e pelo fato de que as demais formas pouco contribuem em termos quantitativos para o regime hidrológico de uma região.

A importância do estudo da precipitação, da sua distribuição e dos modos de ocorrência está no fato de ela se constituir no principal[2] *input* na aplicação do balanço hídrico em uma dada região hidrológica.

---

1 A região de que se fala é normalmente uma bacia hidrográfica.

2 Também bastante importante é a evaporação, por ser responsável diretamente pela redução do escoamento superficial.

3.2 FORMAÇÃO E TIPOS DE PRECIPITAÇÕES

A atmosfera, camada gasosa que envolve a Terra, é constituída de uma mistura complexa de gases que varia em função do tempo, da situação geográfica, da altitude e da estação do ano. De maneira simples, pode-se considerar:

atmosfera = ar seco + vapor d'água + partículas sólidas em suspensão.

A composição média do ar seco é de 78% de nitrogênio, 21% de oxigênio, mais 0,93% de argônio, 0,03% de dióxido de carbono e o restante de neônio, hélio, criptônio, xenônio, ozônio, hidrogênio, radônio e outros gases. A composição do vapor d'água na atmosfera varia de região para região, estando entre 0% nas regiões desérticas e 4% em regiões de florestas tropicais. As partículas sólidas em suspensão (aerossóis) têm origem no solo (sais de origem orgânica e inorgânica), em explosões vulcânicas, na combustão de gás, carvão e petróleo, na queima de meteoros na atmosfera etc.

Do ponto de vista hidrológico, a atmosfera pode ser considerada como um vasto reservatório e um sistema de transporte e distribuição do vapor d'água, em que se realizam transformações à custa do calor recebido do Sol.

Apresentam-se a seguir os modos de formação e os tipos de precipitação. Nessa apresentação, feita de uma maneira muito sintética, não são fornecidos pormenores acerca do mecanismo de formação, nem discutidas as razões de suas variações, pois isso exigiria um maior aprofundamento nos estudos da atmosfera, da radiação solar, dos campos de temperatura e pressão, bem como dos ventos e da evolução da situação meteorológica.

3.2.1 FORMAÇÃO

A formação das precipitações está ligada à *ascensão de massas de ar úmido*. Essa ascensão provoca um resfriamento dinâmico, ou adiabático, que pode fazer o vapor atingir o seu ponto de saturação, também chamado *nível de condensação* – o ar expande nas zonas de menor pressão. A partir do nível de condensação, em condições favoráveis e com a existência *de núcleos higroscópios*,[3] o vapor d'água condensa-se, formando minúsculas gotas em torno desses núcleos. Enquanto as gotas não possuírem peso suficiente para vencer a resistência do ar, elas ficarão mantidas em suspensão, na forma de nuvens e nevoeiros. Somente quando atingem tamanho suficiente para vencer a resistência do ar, elas se deslocam em direção ao solo. Dentre os processos de crescimento das gotas mais importantes estão os mecanismos de coalescência[4] e de difusão do vapor.

3.2.2 TIPOS

As precipitações são classificadas de acordo com as condições que produzem o movimento vertical (ascensão) do ar. Essas condições são criadas em função de fatores como

---

[3] Gelo, poeira e outras partículas formam núcleos higroscópios.

[4] Fenômeno de crescimento de uma gotícula de líquido pela incorporação em sua massa de outras gotículas com as quais entra em contato.

convecção térmica, relevo e *ação frontal de massas de ar*. Assim, há três tipos principais de precipitação, que são: a) precipitações convectivas; b) precipitações orográficas; e c) precipitações ciclônicas (ou frontais).

a) Precipitações convectivas

O aquecimento desigual da superfície terrestre provoca o aparecimento de camadas de ar com densidades diferentes, o que gera uma estratificação térmica da atmosfera em equilíbrio instável. Se esse equilíbrio é quebrado por qualquer motivo (vento, superaquecimento etc.), ocorre uma ascensão brusca e violenta do ar menos denso, capaz de atingir grandes altitudes (Figura 3.1).

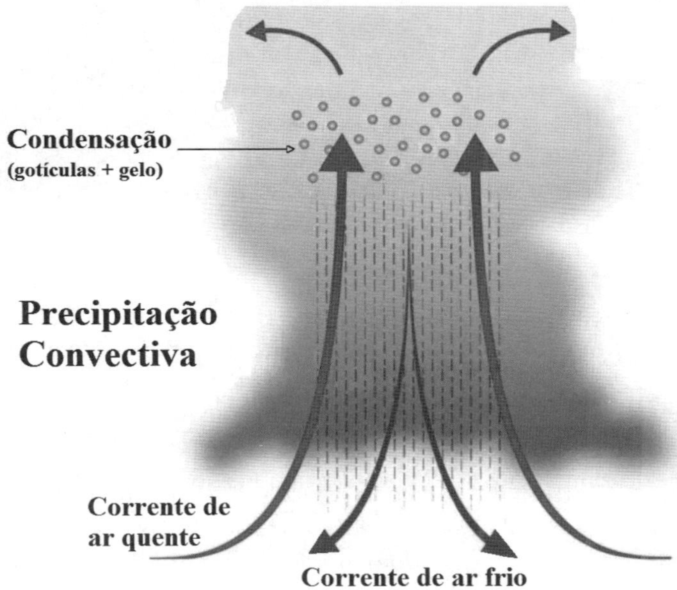

Figura 3.1 – Chuva convectiva: esquema representativo do deslocamento do ar úmido aquecido, condensação e chuva.

As precipitações convectivas, típicas de regiões tropicais, caracterizam-se por ser de *grande intensidade* e *curta duração*, concentrando-se em *pequenas áreas*. São, por isso, importantes em projetos desenvolvidos em pequenas bacias e na análise de problemas de drenagem, de maneira geral (cálculo de bueiros, galerias de águas pluviais etc.), envolvendo problemas de controle da erosão.

b) Precipitações orográficas

As precipitações orográficas resultam da ascensão mecânica de correntes de ar úmido horizontais sobre barreiras naturais, como montanhas. Quando os ventos quentes e úmidos, que geralmente sopram do oceano para o continente, encontram uma barreira montanhosa, elevam-se e resfriam-se adiabaticamente, havendo condensação do vapor, formação de nuvens e ocorrência de chuvas. Essas chuvas são de *pequena intensidade*, *grande duração* e cobrem *pequenas áreas*. Se os ventos conseguem ultrapassar a barreira montanhosa, do lado oposto projeta-se uma sombra pluviométrica, dando lugar às áreas secas ou semiáridas, causadas pelo ar seco, já que a umidade foi descarregada na encosta oposta (Figura 3.2).

Figura 3.2 – Esquema ilustrativo das chuvas orográficas.

c) Precipitações ciclônicas ou frontais

As precipitações ciclônicas ou frontais são aquelas que ocorrem ao longo da superfície de descontinuidade que separa duas massas de ar de temperatura e umidade diferentes. Essas massas de ar têm movimento da região de alta pressão para a região de baixa pressão causado pelo aquecimento desigual da superfície terrestre.

A precipitação frontal resulta da ascensão do ar quente sobre o ar frio na zona de contato das duas massas de ar de características diferentes. É decorrente de uma frente quente, quando o ar frio é substituído por ar mais quente, ou de uma frente fria, quando o ar quente é empurrado e substituído pelo ar frio (Figura 3.3).

As precipitações ciclônicas são de *longa duração* e apresentam *intensidades de baixa a moderada*, espalhando-se por *grandes áreas*. São responsáveis pela produção de grandes volumes de água e interessam mais nos projetos de hidrelétricas, de controle de cheias e de navegação.

Figura 3.3 – Esquema ilustrativo de chuvas frontais causadas por frente fria e frente quente típica.

3.3 GRANDEZAS E MEDIDAS DAS PRECIPITAÇÕES

As grandezas que caracterizam as precipitações são a *altura pluviométrica*, a *intensidade*, a *duração* e a *frequência* da precipitação.

A altura pluviométrica, normalmente representada pelas letras h ou P, é a medida da altura da lâmina de água de chuva acumulada sobre uma superfície plana, horizontal e impermeável. Essa altura é, normalmente, expressa em milímetros e determinada pelo uso de aparelhos denominados *pluviômetros*.

As medidas realizadas nos pluviômetros são periódicas, feitas em geral em intervalos de 24 horas, às 7 horas da manhã, mais comumente. O recipiente do pluviômetro deve apresentar um volume suficiente para conter as maiores precipitações dentro do intervalo de tempo definido para as observações. Esquematicamente, representa-se o pluviômetro na Figura 3.4.

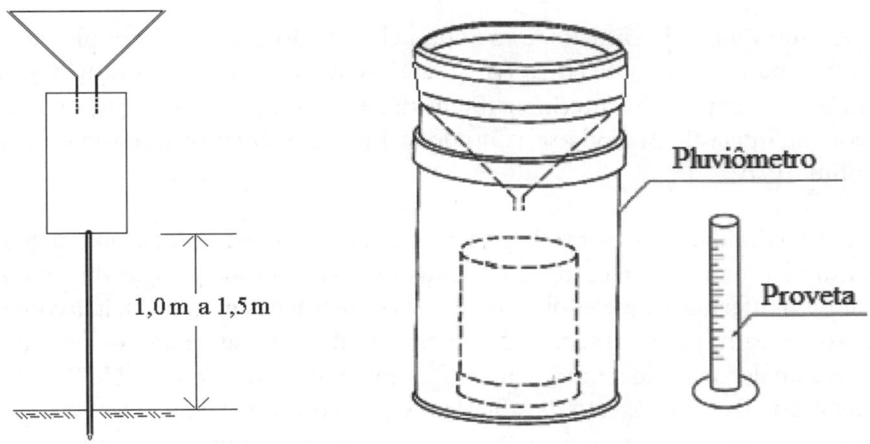

(a) (b)

Figura 3.4 – Representações esquemáticas: (a) posição do pluviômetro; (b) recipiente coletor e proveta.

Acima do recipiente do pluviômetro é colocado um funil com um anel receptor biselado, que define a área de interceptação. O anel deve ficar bem horizontal.

Em princípio, a altura pluviométrica fornecida pelo aparelho não depende da área de interceptação. Contudo, deve-se ter cuidado para não se enganar no cálculo da lâmina precipitada, que pode ser obtida de: $P = 10 \times Vol/A$, em que P é a precipitação acumulada em mm, Vol é o volume recolhido em cm^3 (ou mL) e A é a área de interceptação do anel em cm^2.

Existem provetas que são calibradas diretamente em milímetros, para medir o volume de água coletado. A precisão de todas as medições de precipitação é o décimo de milímetro.

No Brasil, há vários tipos de pluviômetros em operação, sendo os mais comuns: a) o tipo *Ville de Paris*, mostrado na Figura 3.5 (superfície receptora de 400 cm^2), geralmente empregado pelas agências federais, como o Departamento Nacional de Águas e Energia Elétrica (DNAEE); b) o tipo *Paulista* (superfície receptora de 500 cm^2, usado pelas agências estaduais, como DAEE/SP; c) e o tipo *Casella* (superfície receptora de 200 cm^2), utilizado por entidades privadas. Na verdade, a área da superfície receptora não é normalizada, variando, de aparelho para aparelho, entre 100 cm^2 e 1.000 cm^2.

Figura 3.5 – Pluviômetro tipo *Ville de Paris*.

A *intensidade da chuva*, i, é medida pela relação entre a altura pluviométrica e a duração da precipitação: $i = \Delta P / \Delta t$. Geralmente, é expressa em mm/h, mm/min ou mm/dia. Na expressão anterior, a intensidade da precipitação corresponde a um valor médio no intervalo Δt. Pode-se, contudo, definir também uma intensidade instantânea: $i = \lim_{\Delta t \to 0} \Delta P / \Delta t = dP/dt$.

A variabilidade temporal dos eventos chuvosos torna necessário o uso de equipamento automático, que permite medir as intensidades das chuvas durante intervalos de tempo inferiores àqueles obtidos com as observações manuais feitas com os pluviômetros. Assim, para a intensidade da chuva, utilizam-se aparelhos que registram as alturas no decorrer do tempo, sendo estes chamados *pluviógrafos*. No Brasil, o modelo mais usado é o pluviógrafo de sifão (em geral, com superfície receptora de 200 cm^2), cujo esquema de operação é mostrado na Figura 3.6 e, também, nas Figuras 3.7 e 3.8. Existem, ainda, o pluviógrafo de cubas basculantes (esquema mostrado na Figura 3.9), o pluviógrafo de balança etc.

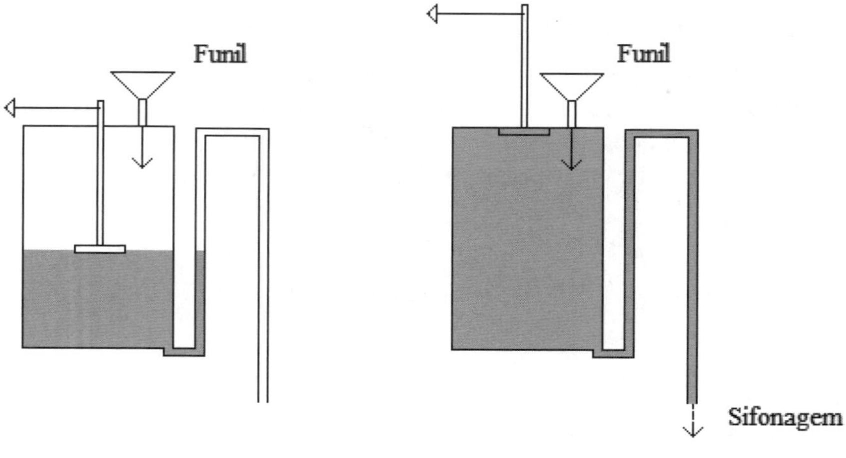

Figura 3.6 – Princípio de funcionamento do pluviógrafo equipado com boia e sifão adaptada de TUCCI *et al.*, 1993, p. 493).

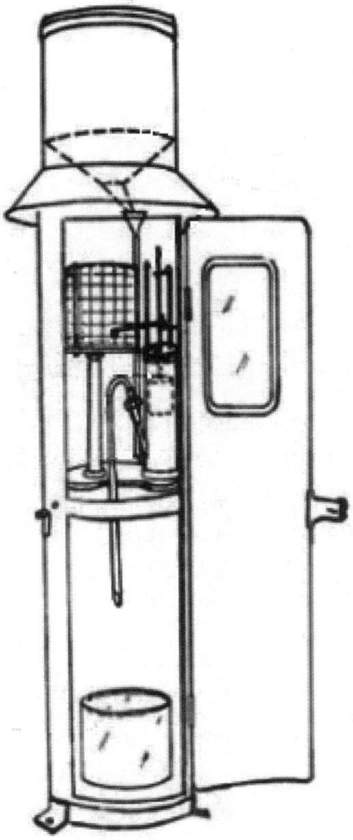

Figura 3.7 – Figura esquemática do pluviógrafo tipo sifão em operação.

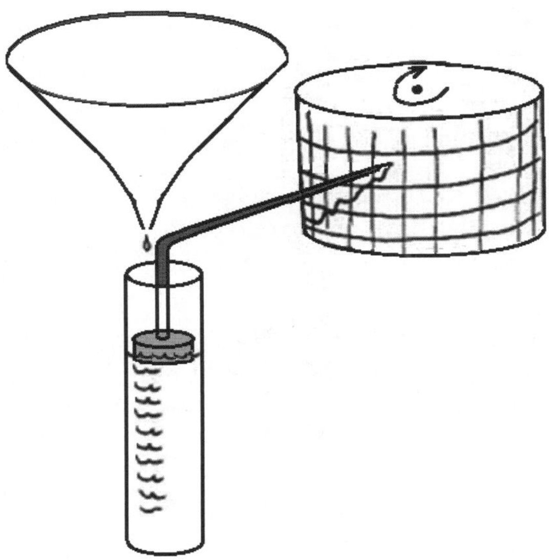

Figura 3.8 – Representação esquemática do registrador do pluviógrafo.

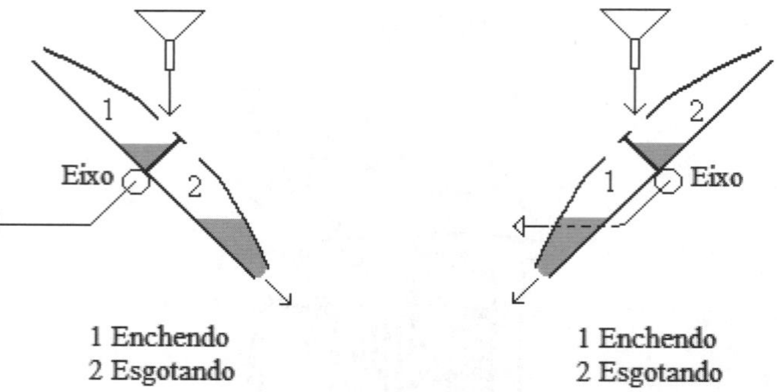

Figura 3.9 – Princípio de funcionamento do pluviógrafo de cubas basculantes adaptada de TUCCI *et al.*, 1993, p. 493).

Ao registro contínuo da precipitação dá-se o nome de *pluviograma*, ou registro pluviográfico. Na Figura 3.10, apresenta-se um pluviograma típico. Com ele, quantifica-se a altura pluviométrica, assim como a intensidade da chuva nos intervalos de tempo considerados dentro da sua duração. Em geral, com a resolução dos pluviógrafos mecânicos convencionais, é possível extrair informações da precipitação em intervalos de tempo superiores a 5 minutos.

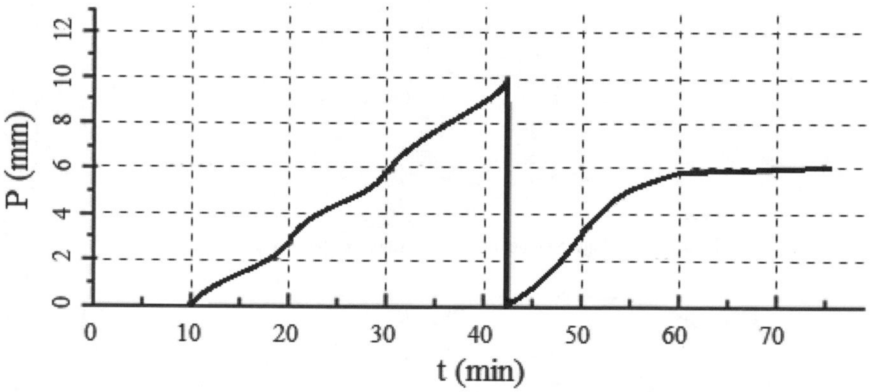

Figura 3.10 – Pluviograma típico correspondente a uma dada chuva.

A título de exemplo, constrói-se a Tabela 3.1 para os valores das alturas pluviométricas e das intensidades de chuva obtidos do pluviograma da Figura 3.10, para cada intervalo de tempo considerado. Com os valores levantados, pode-se, ainda, construir o hietograma da chuva, tomando-se intervalos de tempo, no caso, de duração igual a 10 minutos. Para a chuva do exemplo, tem-se que a sua duração total é de, aproximadamente, 50 minutos, e o total precipitado (altura acumulada) é de 15,7 mm. A intensidade pluviométrica média é obtida dividindo-se o total precipitado pela duração da chuva: no exemplo, $i_{méd} = 15{,}7 \times (60/50) = 18{,}8$ mm/h. A Figura 3.11 apresenta o hietograma citado.

Em resumo, existem os pluviômetros para medidas diárias e os pluviógrafos para medidas contínuas no tempo.[5] O *pluviômetro* é o aparelho totalizador, que marca a

[5] O radar também é utilizado para medida de precipitação, sendo capaz de fornecer a informação no tempo e no espaço.

altura de chuva total acumulada em um dado período de tempo. É mais utilizado para totalizar a precipitação diária, requerendo que o operador more nas proximidades do aparelho. O *pluviógrafo* é o aparelho que registra automaticamente as variações da precipitação ao longo do tempo. Pode ser gráfico (como na Figura 3.8) ou digital e é visitado periodicamente por um observador ou uma equipe que, normalmente, controla uma rede de aparelhos. Os locais onde são instalados os pluviógrafos e/ou pluviômetros são denominados *postos pluviométricos*.

Tabela 3.1 – Altura pluviométrica e intensidade da chuva de 10 min, conforme pluviograma da Figura 3.10

Tempo, t (min)	Altura Pluviométrica, P (mm)	Acumulado em intervalos de 10 min (mm)	Intensidade de chuva, i (mm/h)
0	0,0		
		0,0	0,0
10	0,0		
		2,7	16,2
20	2,7		
		3,2	19,2
30	5,9		
		2,8	16,8
40	8,7		
		4,5	27,0
50	13,2		
		2,5	15,0
60	15,7		
		0,0	0,0
70	15,7		

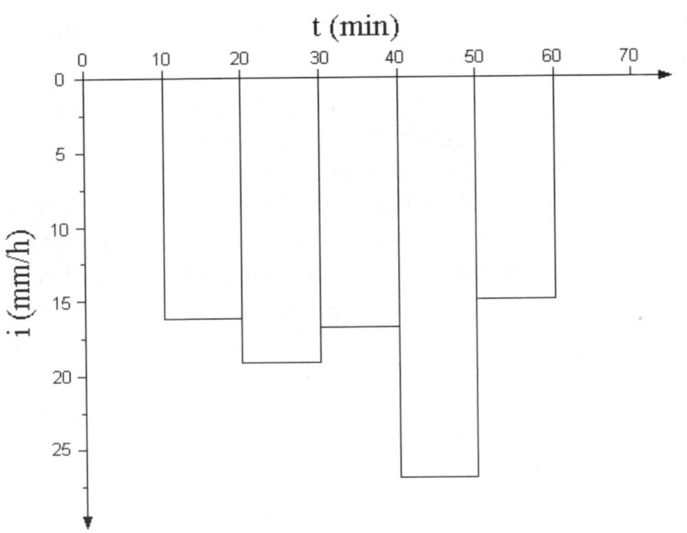

Figura 3.11 – Hietograma das chuvas de 10 min, construído com base na análise do pluviograma da Figura 3.10.

A *duração da precipitação*, que aqui será denotada por Δt ou t_d, constitui-se também em importante grandeza para caracterizar as chuvas. Ela corresponde ao período de tempo durante o qual a chuva cai. As unidades normalmente utilizadas para a duração da precipitação são o minuto ou a hora.

A precipitação é um fenômeno do tipo aleatório. Por isso, a *frequência* com que ocorrem determinadas precipitações deve ser conhecida para uso em projetos associados ao aproveitamento dos recursos hídricos ou de controle do impacto causado por chuvas intensas. Sobre a duração e a frequência das precipitações, muito será discorrido ao longo do presente curso.

3.4 ANÁLISE DE DADOS PLUVIOMÉTRICOS

O objetivo de um posto pluviométrico é produzir uma série ininterrupta de precipitações ao longo dos anos ou permitir o estudo da variação das intensidades no decorrer das tormentas. Em qualquer caso, pode haver intervalos sem informações (falhas) ou com algum tipo de anomalia nas anotações, decorrentes de problemas com os aparelhos de registro e/ou ausência do operador na estação de medição. Por isso, os dados coletados devem ser submetidos a uma *análise preliminar.*

Essa análise, portanto, antecede o processamento de dados pluviométricos. Ela consiste na detecção de erros grosseiros nas observações, originados normalmente de: i) registros em dias que não existem (30 de fevereiro ou 31 de abril, por exemplo); ii) registros de quantidades absurdas; iii) erros de transcrição (preenchimento errado da caderneta de campo) etc. Somente após a identificação e correção desses erros é que os dados estarão prontos para o tratamento estatístico.

3.4.1 PREENCHIMENTO DE FALHAS

Após a análise preliminar dos dados, é possível que a série apresente falhas ou lacunas. Contudo, considerando a necessidade de se trabalhar com séries contínuas, essas falhas deverão ser preenchidas.

Um método simples para a estimativa do valor de correção da falha é o chamado *método de ponderação regional*, geralmente utilizado para o preenchimento de séries mensais ou anuais de precipitações. O método toma por base os registros pluviométricos em três ou mais estações climaticamente homogêneas (com um mínimo de dez anos de dados), localizadas o mais próximo possível da estação que apresenta falha. Assim, por exemplo, para um posto Y que apresente falha nos dados de precipitação, esta poderá ser preenchida com base na equação:

$$P_Y = \frac{\overline{P}_Y}{3}\left(\frac{P_{X_1}}{\overline{P}_{X_1}} + \frac{P_{X_2}}{\overline{P}_{X_2}} + \frac{P_{X_3}}{\overline{P}_{X_3}}\right) \tag{3.1}$$

em que:

P_Y é a precipitação a ser estimada (em geral, um valor mensal ou anual)[6] para o posto Y;

P_{X_1}, P_{X_2} e P_{X_3} são as precipitações correspondentes ao mesmo período que se deseja preencher, observadas, respectivamente, nas estações vizinhas X_1, X_2 e X_3;

$\overline{P}_Y$ é a precipitação média do posto Y; e

$\overline{P}_{X_1}$, $\overline{P}_{X_2}$ e $\overline{P}_{X_3}$ são as precipitações médias em cada uma das três estações circunvizinhas.

Um método mais aprimorado de preenchimento de falhas consiste em utilizar regressões lineares, simples ou múltiplas. Na regressão linear simples, as precipitações do posto com falha e de um posto vizinho são correlacionadas. As estimativas dos dois parâmetros da equação de regressão podem ser obtidas gráfica ou numericamente por meio do critério de mínimos quadrados. No primeiro caso, em um gráfico cartesiano ortogonal são lançados os pares de valores correspondentes aos dois postos envolvidos e traçada a reta com melhor aderência à nuvem de pontos, que, necessariamente, deve passar pelo ponto definido pelos valores médios das duas variáveis envolvidas.

Uma variação do procedimento de cálculo é conhecida como *método de ponderação regional baseado nas correlações com as estações vizinhas*. Nesse caso, são efetuadas análises de regressões lineares entre os dados do posto pluviométrico com falha a ser preenchida (posto Y) e de cada um dos postos vizinhos (X_1, X_2, ...). Para cada uma das regressões lineares realizadas entre Y e X_i, obtém-se o coeficiente de correlação, r_{YX_i} ($r \leq 1$). Para o posto Y, a equação de preenchimento da falha em seus registros será:

$$P_Y = \frac{r_{YX_1} P_{X_1} + r_{YX_2} P_{X_2} + r_{YX_3} P_{X_3}}{r_{YX_1} + r_{YX_2} + r_{YX_3}}, \tag{3.2}$$

em que os índices r_{YX_1}, r_{YX_2} e r_{YX_3} representam, respectivamente, os coeficientes de correlação das chuvas de Y e X_1, Y e X_2, e Y e X_3, que são os pesos das informações de cada estação levados em consideração no cálculo.

Para o preenchimento de falhas de valores diários de precipitação não se deve utilizar essa metodologia, pois os resultados podem ser muito ruins. Em geral, principalmente para os eventos de frequências médias e pequenas, os valores diários são de difícil preenchimento devido à grande variação espacial e temporal da precipitação.

3.4.2 ANÁLISE DE CONSISTÊNCIA DE SÉRIES PLUVIOMÉTRICAS – DUPLA MASSA

Após o preenchimento da série pluviométrica, é necessário analisar a sua consistência dentro de uma visão regional, isto é, deve-se checar ou comprovar a *homogeneidade dos dados* disponíveis em um posto pluviométrico com relação aos dados de postos vizinhos. Para esse fim, é prática comum no Brasil utilizar o método da *análise de dupla massa*, originalmente desenvolvido pelo U. S. Geological Survey, que é considerado um

[6] O método aplica-se somente para períodos grandes (uma quinzena, um mês ou um ano).

procedimento adequado de checagem para séries pluviométricas mensais, sazonais e anuais. Após a análise de dupla massa, pode ser necessário ajustar (corrigir) os dados originalmente inconsistentes.

O método consiste em construir uma curva duplo-acumulativa em um gráfico cartesiano, relacionando os totais anuais (sazonais ou mensais) acumulados do posto em que vai ser checada a consistência (nas ordenadas) e as médias dos totais anuais (sazonais ou mensais) acumulados de vários postos vizinhos (nas abscissas). Todos os postos deverão pertencer a uma mesma região considerada hipoteticamente homogênea do ponto de vista meteorológico. Caso uma ou mais estações não pertençam à mesma região climática, fatores meteorológicos afetarão os resultados da análise, gerando uma falta de consistência não detectável pelos motivos anteriormente descritos.

Se os valores do posto a consistir forem proporcionais aos observados na base de comparação (valores médios das estações vizinhas), os pontos se alinharão segundo uma única reta, como ilustra o exemplo mostrado na Figura 3.12. E a declividade da reta determinará o fator de proporcionalidade entre ambas as séries.

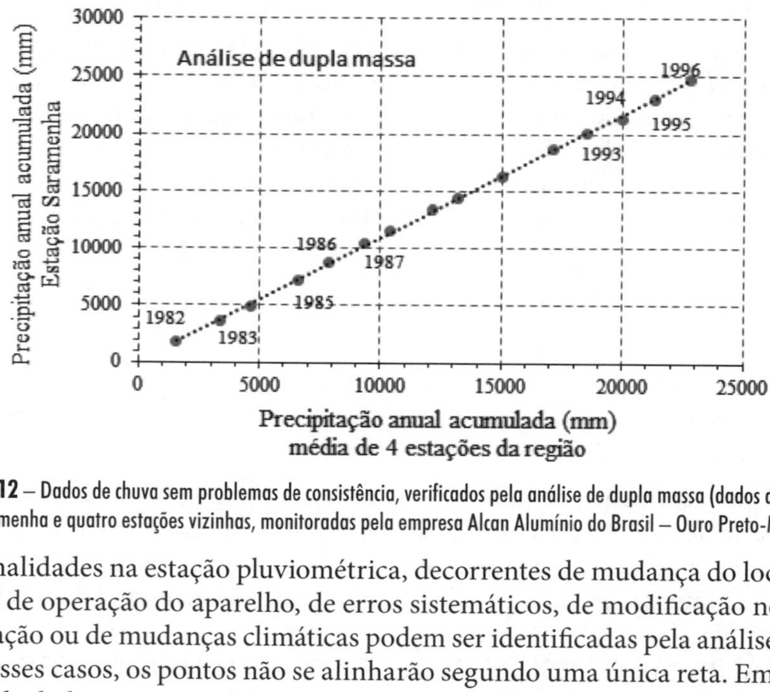

Figura 3.12 – Dados de chuva sem problemas de consistência, verificados pela análise de dupla massa (dados da Estação Saramenha e quatro estações vizinhas, monitoradas pela empresa Alcan Alumínio do Brasil – Ouro Preto-MG).

Anormalidades na estação pluviométrica, decorrentes de mudança do local ou das condições de operação do aparelho, de erros sistemáticos, de modificação no método de observação ou de mudanças climáticas podem ser identificadas pela análise de dupla massa. Nesses casos, os pontos não se alinharão segundo uma única reta. Em algumas situações de dados *inconsistidos*, a técnica de análise de dupla massa poderá permitir o ajuste (correção) daqueles dados.

Discutem-se, a seguir, alguns casos típicos relativos à aplicação da análise de dupla massa em que são identificados, por diferentes razões, problemas de consistência dos dados.

a) Mudança de declividade determinando duas retas

Existem situações em que a análise de dupla massa exibe uma mudança na declividade, fazendo surgir duas retas na construção gráfica, como ilustrado na Figura 3.13. Esse é um caso típico causado, por exemplo, pela presença de erros sistemáticos nos registros da estação em que se checa a consistência (indicada por X na Figura 3.13), ou pela mudança das condições de observação do aparelho, ou mesmo devido a alterações climáticas provocadas pela construção de grandes reservatórios artificiais no local.

Na Figura 3.13, nota-se que os dados inconsistidos da estação X exibem uma mudança na declividade a partir do ano de 1991. Ou seja, há uma quebra no ponto B, permitindo identificar a partir de quando a inconsistência passa a ocorrer. Se a declividade da linha AB é m_1 e a da linha BC é m_2, o ajuste dos dados inconsistidos deverá ser feito com base na razão das declividades dos dois segmentos de reta.

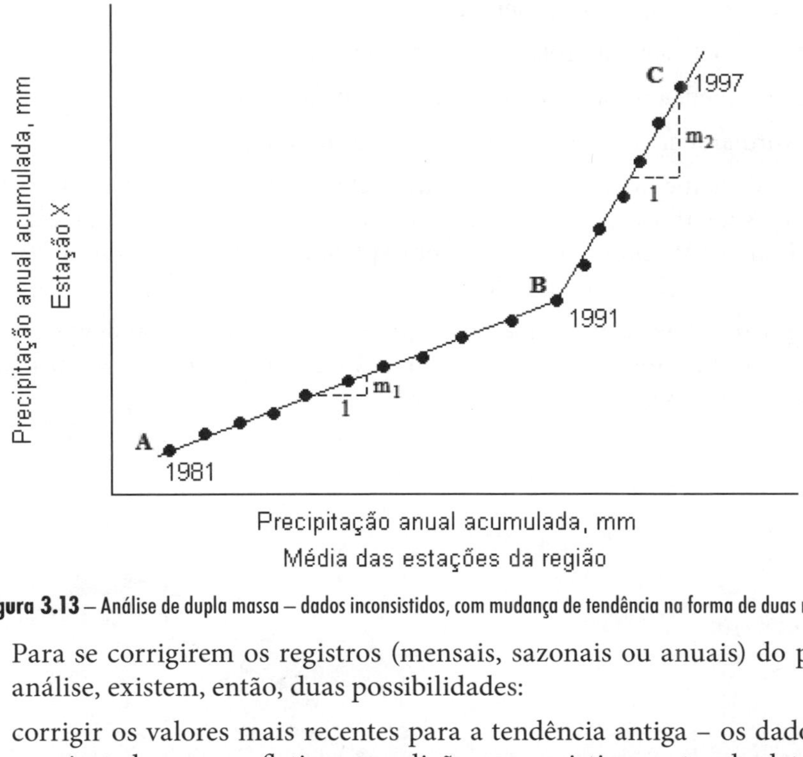

Figura 3.13 – Análise de dupla massa – dados inconsistidos, com mudança de tendência na forma de duas retas.

Para se corrigirem os registros (mensais, sazonais ou anuais) do posto sob análise, existem, então, duas possibilidades:

i) corrigir os valores mais recentes para a tendência antiga – os dados devem ser ajustados para refletir as condições que existiam antes da data em que se verifica a mudança de declividade. Para isso, multiplica-se cada valor de precipitação da estação sendo testada, referido ao período correspondente ao segmento BC, pela razão m_1/m_2;

ii) corrigir os valores mais antigos para a tendência atual – neste caso, os dados devem ser ajustados para refletir as condições posteriores à mudança da declividade. Multiplica-se, então, cada valor da precipitação da estação X, referido ao período correspondente ao segmento AB, pela razão m_2/m_1.

A escolha da alternativa de correção dependerá das causas que provocaram a mudança da declividade. Conforme o caso, os valores inconsistidos poderão ser corrigidos de acordo com a expressão

$$P_X = \frac{m_1}{m_2} P_0 \qquad (3.3a)$$

ou

$$P_X = \frac{m_2}{m_1} P_0 \qquad (3.3b)$$

em que:

P_x = precipitação ajustada à tendência desejada (valor procurado);

P_0 = precipitação mensal, sazonal ou anual registrada na estação X (valor inconsistido), que deve ser ajustada;

m_1 = coeficiente angular da reta de tendência antiga; e

m_2 = coeficiente angular da reta de tendência atual.

b) Alinhamento dos pontos segundo retas paralelas

O alinhamento dos pontos segundo retas paralelas caracteriza a existência de erros de transcrição de um ou mais dados. Pode, ainda, decorrer da presença de anos extremos em uma das séries plotadas. A Figura 3.14 é construída para a visualização deste tipo de caso.

A ocorrência de alinhamentos segundo duas ou mais retas aproximadamente horizontais (ou verticais) pode ser a evidência da comparação de postos com diferentes regimes pluviométricos.

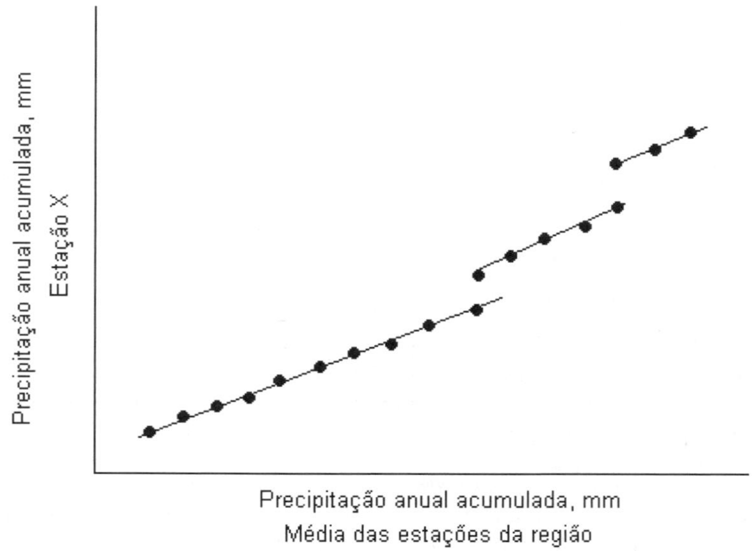

Figura 3.14 – Exemplo de situação característica de presença de erros de transcrição.

c) Distribuição errática dos pontos

A distribuição errática dos pontos é, geralmente, resultado da comparação de postos com diferentes regimes pluviométricos, sendo incorreta qualquer associação que se deseje fazer entre os dados dos postos plotados.

Uma vez finalizada a análise de consistência, pode ser necessária a revisão dos valores previamente preenchidos. O preenchimento das séries é uma tarefa que deve ser efetuada antes da análise de consistência, para evitar distorções no gráfico de dupla massa. Quando, nesse gráfico, forem observadas modificações de tendências, o preenchimento deverá ser revisado.

EXEMPLO 3.1

Os totais anuais precipitados em cinco estações pluviométricos nos anos de 1995 a 2010 são fornecidos na Tabela 3.2. Com base nesses registros, verificar a consistência dos dados da estação A. Em caso de inconsistência, ajustar os registros.

Tabela 3.2 – Totais anuais precipitados em cinco estações pluviométricas

ano	Precipitação anual na estação (mm)				
	A	B	C	D	E
1995	667,5	759,2	623,6	928,6	807,7
1996	570,5	627,4	832,9	782,8	804,2
1997	681,0	853,4	821,7	980,7	853,7
1998	601,0	811,3	660,1	703,8	841,0
1999	482,6	738,1	746,3	916,9	641,1
2000	1.186,4	744,0	1.267,0	1.082,5	1.128,5
2001	939,5	784,6	972,3	814,3	977,6
2002	616,5	546,4	665,2	601,0	809,8
2003	950,5	659,1	734,1	846,8	922,5
2004	773,4	844,6	624,3	977,9	912,1
2005	870,2	636,5	719,3	802,1	663,2
2006	770,6	896,9	795,8	896,4	932,2
2007	1.029,5	1.028,7	879,3	791,2	935,7
2008	952,0	834,9	1.013,0	844,8	1.011,2
2009	1.026,7	792,7	972,6	1.009,1	960,4
2010	698,5	700,0	653,3	648,7	753,4

Fonte: adaptada de acordo com GUPTA, 1989, p. 63-64.

Solução:

Para a realização dos cálculos necessários à construção da curva de dupla massa, é construída a Tabela 3.3. As seis primeiras colunas reproduzem os dados desse problema-exemplo (dados da Tabela 3.2). A média dos totais anuais precipitados nas estações B, C, D e E, utilizadas como base de comparação, é calculada e lançada na coluna (7) da Tabela 3.3. E na coluna (8), são apresentados os valores acumulados da coluna anterior. Na coluna (9), são lançados os valores acumulados dos totais anuais precipitados na estação A.

EXEMPLO 3.1 *(continuação)*

Tabela 3.3 – Precipitações anuais para a análise de dupla-massa

(1)	(2)	(3)	(4)	(5)	(6)	(7)	(8)	(9)
Ano	Total anual precipitado (mm)					Média das estações B, C, D, E	Média acumulada de B, C, D, E	Precipitação acumulada estação A
	Estação							
	A	B	C	D	E			
1995	667,5	759,2	623,6	928,6	807,7	779,8	779,8	667,5
1996	570,5	627,4	832,9	782,8	804,2	761,8	1.541,6	1.238,0
1997	681,0	853,4	821,7	980,7	853,7	877,4	2.419,0	1.919,0
1998	601,0	811,3	660,1	703,8	841,0	754,1	3.173,0	2.519,9
1999	482,6	738,1	746,3	916,9	641,1	760,6	**3.933,6**	**3.002,5**
2000	1.186,4	744,0	1.267,0	1.082,5	1.128,5	1.055,5	4.989,1	4.189,0
2001	939,5	784,6	972,3	814,3	977,6	887,2	5.876,4	5.128,5
2002	616,5	546,4	665,2	601,0	809,8	655,6	6.531,9	5.745,0
2003	950,5	659,1	734,1	846,8	922,5	790,6	7.322,6	6.695,4
2004	773,4	844,6	624,3	977,9	912,1	839,7	8.162,3	7.468,9
2005	870,2	636,5	719,3	802,1	663,2	705,3	8.867,6	8.339,1
2006	770,6	896,9	795,8	896,4	932,2	880,3	9.747,9	9.109,7
2007	1.029,5	1.028,7	879,3	791,2	935,7	908,7	1.0656,6	10.139,2
2008	952,0	834,9	1.013,0	844,8	1.011,2	926,0	1.1582,6	11.091,2
2009	1.026,7	792,7	972,6	1.009,1	960,4	933,7	1.2516,3	12.117,8
2010	698,5	700,0	653,3	648,7	753,4	688,8	1.3205,1	12.816,3

Para verificar a consistência dos dados da estação A, constrói-se o gráfico da Figura 3.15, tendo, nas ordenadas, os valores acumulados dos totais anuais precipitados na estação A (coluna 9 da Tabela 3.3) e, nas abscissas, os valores acumulados das médias dos totais anuais precipitados nas estações B, C, D e E (coluna 8 da Tabela 3.3). Com base na construção gráfica, há uma mudança de declividade na linha a partir do ano de 1999, sugerindo que os dados da estação A não estão consistidos.

EXEMPLO 3.1 *(continuação)*

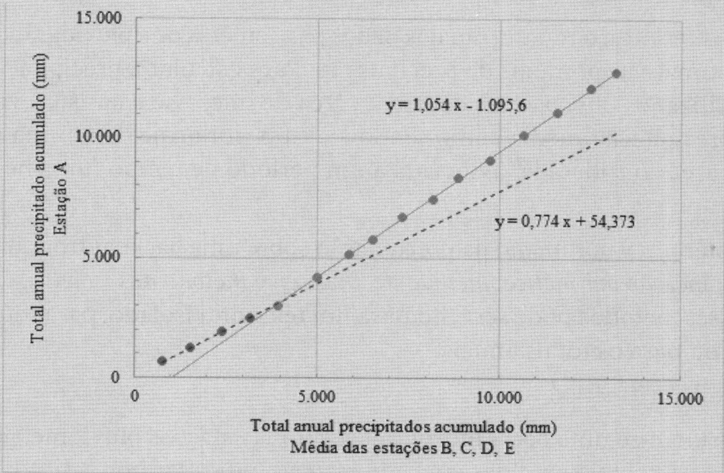

Figura 3.15 – Curva de dupla massa para a checagem da consistência da estação A (problema-exemplo 3.1).

Para ajustar os dados da estação A à tendência desejada, deve-se calcular os coeficientes angulares das retas. Pelo método dos mínimos quadrados, o coeficiente angular da linha de tendência antiga é $m_1 = 0,774$; e, para a linha de tendência mais recente, é $m_2 = 1,054$. Admitindo-se que se deseja corrigir os dados da estação A no período de 1995 a 1998 (isto é, para a correção dos valores para a tendência atual), calcula-se a razão entre os coeficientes da Equação (3.3b),

$$\frac{m_2}{m_1} = \frac{1,054}{0,774} = 1,36,$$

e multiplica-se o resultado por cada um dos valores dos totais anuais precipitados da estação A do período a ser consistido. Os resultados encontram-se lançados na Tabela 3.4.

Tabela 3.4 – Totais anuais precipitados da estação A – valores ajustados para a tendência atual

Ano	Estação A	
	P registrada (mm)	P corrigida (mm)
1995	667,5	907,8
1996	570,5	775,9
1997	681,0	926,1
1998	601,0	817,3
1999 – 2010	Mantêm-se os valores registrados	

3.5 PRECIPITAÇÃO MÉDIA SOBRE UMA BACIA

Para aplicar o balanço hídrico sobre uma bacia, ou para determinar os valores extremos das chuvas na região, o hidrologista está mais interessado em conhecer a precipitação que cobre toda uma área, e não exatamente os valores pontuais.

Nos itens anteriores, o tratamento dos dados pluviométricos e pluviográficos visaram a produzir estimativas pontuais da precipitação. Para calcular a precipitação média, é necessário utilizar as observações dentro da área de interesse e nas suas vizinhanças. Aceita-se a precipitação média como sendo a altura uniforme da lâmina d'água que cobre toda a área considerada, associada a um período de tempo (uma hora, um dia, um mês, um ano etc.).

Para se obter um valor médio da precipitação sobre uma bacia hidrográfica, existem três métodos: *método aritmético*, *método de Thiessen* e *método das isoietas*. O cálculo da média por esses métodos pode ser feito para um temporal isolado, para totais mensais precipitados ou para os totais anuais.

a) Método aritmético

Considere-se uma bacia hidrográfica com N estações pluviométricas, com as alturas de chuva medidas em cada estação indicadas por P_i (i = 1, 2, 3, ..., N). A precipitação média na bacia, $\overline{P}$, pode ser obtida tomando-se a média aritmética dos valores indicados:

$$\overline{P} = \frac{1}{N}\sum_{i=1}^{N} P_i \qquad (3.4)$$

A Sociedade Americana de Engenheiros Civis (American Society of Civil Enginners – ASCE) recomenda o uso desse método para bacias menores que 5.000 km^2 quando: 1) a distribuição dos aparelhos na bacia for densa e uniforme; e 2) a área for plana ou de relevo muito suave (para evitar erro devido a influências orográficas). Sugere ainda que as medidas individuais de cada aparelho pouco variem da média, para maior confiabilidade. Quando esses requerimentos não forem atendidos, é recomendável o uso de outro método.

b) Método de Thiessen

No método de Thiessen, para cada estação, define-se uma **área de influência** dentro da bacia. Assim, para o posto pluviométrico i tem-se a área A_i, tal que $\sum A_i = A$ (igual à área de drenagem da bacia hidrográfica). A precipitação média é então calculada atribuindo-se um peso a cada altura em cada uma das estações, peso este representado pela área de influência. Portanto,

$$\overline{P} = \frac{1}{A}\sum_{i=1}^{N} (P_i \times A_i) \qquad (3.5)$$

As áreas de influência são determinadas no mapa topográfico da bacia, contendo as estações, unindo-se os postos adjacentes por segmentos de reta (realizando triangulações) e, em seguida, traçando-se as mediatrizes desses segmentos, formando polígonos. Os lados dos polígonos (e/ou o divisor da bacia) são os limites dentro da bacia das áreas de influência das estações (Figura 3.16). O método de Thiessen pode ser utilizado mesmo para uma distribuição não uniforme dos aparelhos e dá bons resultados em terrenos levemente acidentados; facilita o cálculo automatizado, já que, uma vez conhecida a rede de pluviômetros, os valores de A_i permanecem constantes, mudando apenas as precipitações P_i.

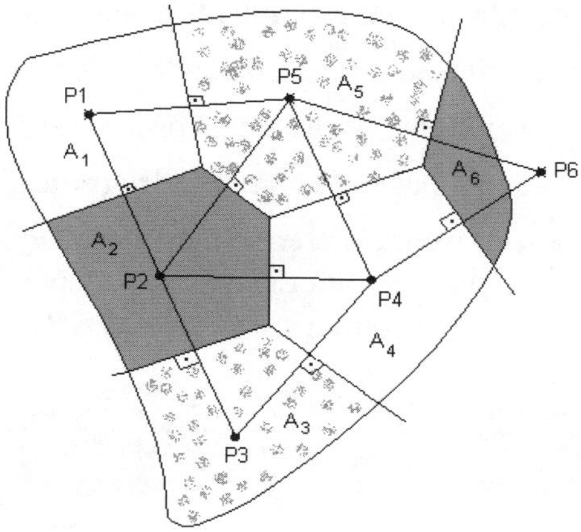

Figura 3.16 – Triangulações do método de Thiessen.

Para a medida de A_i, utiliza-se o planímetro, ou o *método das quadrículas*. Embora mais preciso do que o aritmético, o método de Thiessen também apresenta limitações, pois não considera as influências orográficas.

c) Método das isoietas

No método das isoietas, em vez de pontos isolados de precipitação, utilizam-se as curvas de igual precipitação (isoietas). O traçado dessas curvas é extremamente simples, semelhante ao traçado de curvas de nível, em que a altura de chuva substitui a cota do terreno (Figura 3.17).

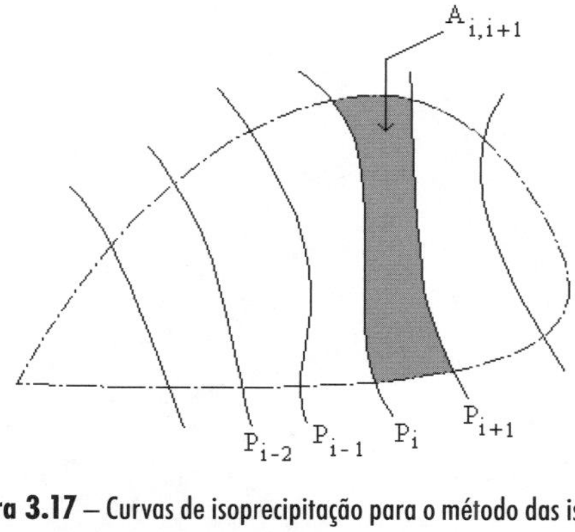

Figura 3.17 – Curvas de isoprecipitação para o método das isoietas.

Pelo método das isoietas, a precipitação média sobre uma área é calculada multiplicando-se a precipitação média entre isoietas sucessivas (normalmente fazendo-se a média dos valores de duas isoietas) pela área entre as isoietas, totalizando-se esse produto e dividindo-se pela área total, ou seja:

$$\overline{P} = \frac{1}{A}\sum\left[\frac{1}{2}\left(P_i + P_{i+1}\right)\cdot A_{i,i+1}\right], \tag{3.6}$$

sendo:

P_i = valor da precipitação correspondente à isoieta de ordem i;

P_{i+1} = valor da precipitação para a isoieta de ordem i+1;

$A_{i,i+1}$ = área entre as isoietas de ordem i e ordem i+1;

$A = \Sigma A_{i,i+1}$ = área de drenagem da bacia hidrográfica.

O método das isoietas é o mais preciso para a avaliação da precipitação média em uma área. A precisão do método, contudo, depende fortemente da habilidade do analista em traçar o mapa das isoietas.

EXEMPLO 3.2

Em uma bacia hidrográfica existem 7 estações pluviométricas distribuídas em sua área de drenagem, conforme mostrado na Figura 3.18. Nessa mesma figura, são indicados ainda os valores de precipitação observados em cada estação e devidos a uma chuva intensa (tormenta). Determinar o valor médio da chuva intensa na bacia:

a) pelo método da média aritmética;

b) pelo método de Thiessen.

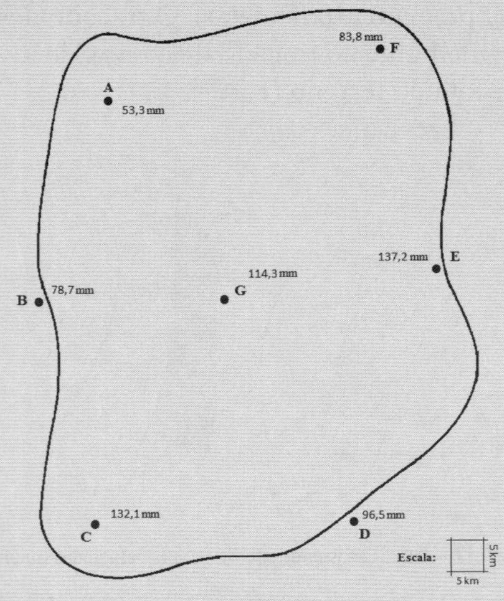

Figura 3.18 – Contorno topográfico da bacia hidrográfica, localização das estações pluviométricas e valores das chuvas máximas diárias em cada uma das estações (problema-exemplo 3.2).

EXEMPLO 3.2 *(continuação)*

Solução:

a) Pela média aritmética, o cálculo da precipitação média na bacia é feito com a Equação (3.4):

$$\overline{P} = \frac{1}{N}\sum_{i=1}^{N=7} P_i = \frac{1}{7}(53{,}3 + 78{,}7 + 132{,}1 + 96{,}5 + 137{,}2 + 83{,}8 + 114{,}3) = 99{,}4 \text{ mm.}$$

b) Para a obtenção da precipitação média pelo método de Thiessen, reproduz-se na Figura 3.19 o mapa dado no problema, superposto por uma malha quadriculada com as dimensões definidas pela escala do desenho (lado de cada quadrícula igual a 5 km). Nessa figura, as estações pluviométricas são interligadas por segmentos de reta (linhas pontilhadas), e, em seguida, são traçadas as mediatrizes destes segmentos. Tais mediatrizes formam polígonos que envolvem cada estação, e cada polígono representa a área de influência de cada estação, que entra como peso no cálculo da média ponderada. Para as estações vizinhas e externas à bacia (estações B, D e E), a linha do contorno topográfico limita os polígonos. A área de cada polígono é obtida pelo método das quadrículas: multiplica-se o número de quadrículas interiores ao polígono pela área de cada quadrícula (no caso, a área da quadrícula é igual a 5 × 5 = 25 km²). A Tabela 3.5 traz um resumo dos resultados obtidos por esses procedimentos.

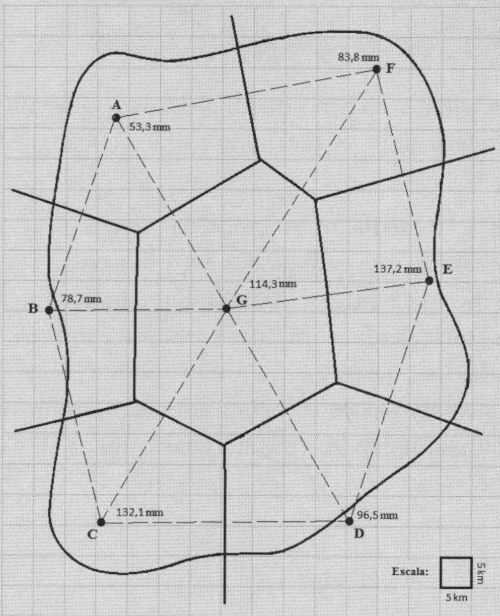

Figura 3.19 – Método dos polígonos de Thiessen para a precipitação média espacial na bacia (problema-exemplo 3.2).

EXEMPLO 3.2 *(continuação)*

Tabela 3.5 – Cálculo da precipitação média pelo método dos polígonos de Thiessen

(1)	(2)	(3)	(4)	(5)
Estação	Precipitação observada (mm)	Número de quadrículas	Área do polígono (km^2)	Precipitação × área col. (2) × col. (4) ($mm \cdot km^2$)
A	53,3	29,0	725	38.671,5
B	78,7	12,0	300	23.622,0
C	132,1	26,0	650	85.852,0
D	96,5	24,0	600	57.912,0
E	137,2	29,0	725	99.441,0
F	83,8	27,0	675	56.578,5
G	114,3	47,0	1.175	134.302,5
		Soma =	4.850	496.379,5

Finalmente, o cálculo da precipitação média pelo método dos polígonos de Thiessen é realizado pela Equação (3.5):

$$\overline{P} = \frac{1}{A}\sum_{i=1}^{i=7}\left(P_i \times A_i\right) = \frac{496.379,5}{4.850} = 102,3 \text{ mm.}$$

EXEMPLO 3.3

As curvas de isoprecipitação na bacia do problema-exemplo anterior são mostradas na Figura 3.20. Com base nesta figura, obter a precipitação média pelo método das isoietas.

Para obter a precipitação média pelo método das isoietas, constrói-se a Tabela 3.6. Na coluna (1), são identificados os intervalos entre as isoietas sucessivas; e, na coluna (2), lançam-se os números de quadrículas contidas em cada intervalo. As áreas entre as isoietas sucessivas são calculadas multiplicando-se o número de quadrículas pela área unitária de cada uma delas (25 km^2), e os resultados são lançados na coluna (3). Na coluna (4), dispõem-se os valores das precipitações médias entre isoietas sucessivas. E, na coluna (5), faz-se o produto das colunas (3) e (4).

EXEMPLO 3.3 *(continuação)*

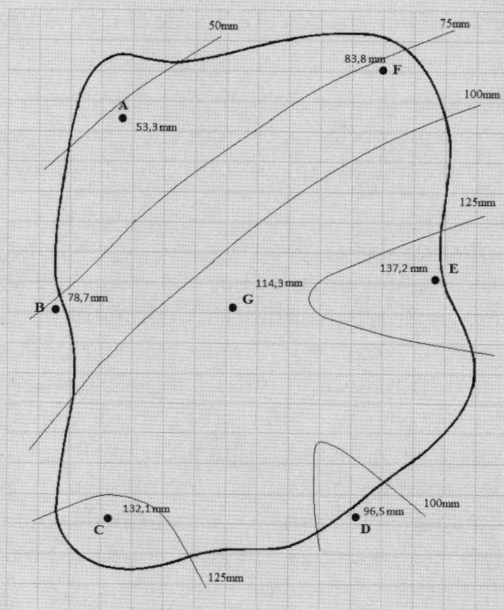

Figura 3.20 – Contorno topográfico da bacia hidrográfica, localização das estações pluviométricas e curvas de isoprecipitação (isoietas) para o cálculo da precipitação média na área (problema-exemplo 3.3).

Tabela 3.6 – Cálculo da precipitação média pelo método das isoietas

(1)	(2)	(3)	(4)	(5)
Isoieta (mm)	**Número de quadrículas**	**Área (km²)**	**$P_{média}$ entre isoietas (mm)**	**$P_{média}$ × Área col. (4) × col. (3)**
< 50	4	100	50,0	5.000,0
50 a 75	32	800	62,5	50.000,0
75 a 100	41	1.025	87,5	89.687,5
100 a 125	98	2.450	112,5	275.625,0
> 125	19	475	125,0	59.375,0
Soma =	194	4.850		479.687,5

Finalmente, calcula-se a precipitação média por meio da Equação (3.6), dividindo-se a soma da coluna (5) pela área da bacia:

$$\overline{P} = \frac{1}{A}\sum\left[\frac{1}{2}\left(P_i + P_{i+1}\right)\cdot A_{i,i+1}\right] = \frac{1}{4.850}479.687{,}5 = 98{,}8 \text{ mm}.$$

3.6 ANÁLISE DE FREQUÊNCIA

Embora não se possa prever exatamente o comportamento futuro dos eventos hidrológicos, o uso de leis de probabilidade ajustadas aos eventos passados permite estabelecer os prováveis valores das variáveis hidrológicas. Para isso, emprega-se a análise estatística das séries históricas dos eventos de chuva ou vazão para as projeções para um tempo mais dilatado.

Nesta seção, o estudo da análise de frequência é feito apenas para a precipitação.[7] Sendo a chuva um processo aleatório, os estudos estatísticos permitem estimar com que frequência ela ocorrerá com dada magnitude, isto é, produzem as probabilidades teóricas de sua repetição.

O conhecimento estatístico das características das precipitações desperta grande interesse de ordem técnica na engenharia. Por sua frequente aplicação nos projetos associados ao aproveitamento de recursos hídricos, é importante conhecer a magnitude dos totais anuais precipitados e com que frequência ocorrem. Ademais, as frequências das chuvas máximas de diferentes durações necessitam ser conhecidas para uso em drenagem urbana e em projetos de diferentes tipos de obras. Em muitos modelos matemáticos, as chuvas de determinadas frequências são empregadas na obtenção da magnitude das vazões de enchentes, que são importantes para os projetos de vertedores de barragens, o dimensionamento de canais, a definição das obras de desvio de rios, a determinação das dimensões de galerias de águas pluviais, a fixação da extensão dos vãos de pontes, o cálculo de bueiros etc. Por outro lado, nos projetos de irrigação e de abastecimento de água, também é necessário conhecer a magnitude das estiagens e com que frequência elas adviriam.

Nos projetos de obras hidráulicas, as dimensões das mesmas são determinadas a partir de considerações de ordem econômica. Ao contrário dos projetos estruturais em que se estabelecem coeficientes de segurança para a estrutura, no caso das obras hidráulicas se fixa o grau de risco que se aceita correr de que a obra venha a falhar durante a sua vida útil. Ao risco se associa, portanto, uma probabilidade teórica de falha na operação da obra ou estrutura hidráulica. E quanto menor o risco, maior o custo da obra. Para isso, nos estudos hidrológicos analisam-se estatisticamente as medições realizadas nos postos hidrométricos para se conhecerem as frequências com que ocorrem as chuvas (ou vazões) de variadas magnitudes, a fim de, em seguida, poder-se avaliar as probabilidades teóricas.[8]

O uso de leis de probabilidade em hidrologia requer a obtenção da série de dados hidrológicos a partir dos registros feitos na estação de medição. Com base na série, pode-se determinar as frequências de ocorrência dos eventos de diferentes magnitudes para, então, definir uma relação entre a variável hidrológica e as correspondentes frequências. Nesse procedimento, está implícita a suposição básica de que as observações feitas em um determinado período possam ocorrer em um período futuro de características hidrológicas similares, ou seja, há uma expectativa de repetição do evento.

---

7 O estudo estatístico e a análise de frequência das vazões são feitos no Capítulo 7.

8 Os critérios de fixação do risco são estudados no Capítulo 7.

O tratamento estatístico e a análise de frequência dos dados de chuva são feitos considerando-se três tipos de séries: total, parcial e anual.

No caso de chuvas, a série parcial é composta por todas as alturas pluviométricas superiores a um valor-base tomado como referência, independentemente do ano em que o evento venha a ocorrer. Em geral, recorre-se ao uso das séries parciais somente quando a base de dados é pequena (poucos anos de registro de chuvas).

A série anual, por sua vez, é constituída por um único valor da variável hidrológica de cada ano, ou seja, o número de dados da série anual é igual ao número de anos de registro de chuvas. Se a análise que se faz é de chuvas intensas, emprega-se, por exemplo, a série anual de chuvas máximas diárias que, de cada ano de registro, utiliza a maior altura pluviométrica diária. Já para o caso de totais anuais precipitados, a série anual será constituída por um valor de chuva de cada ano, que é obtido pelo somatório de todas as chuvas diárias do ano.

A série total, de uso menos comum, é composta pelo conjunto de todos os dados observados.

No caso de precipitações, uma definição simples para frequência é dada pelo número de vezes que a chuva de determinada magnitude (altura P_0, ou intensidade i_0, e duração t_d) é igualada ou superada no decorrer de um período de N anos observação. A título de exemplo, suponha-se que as observações em um posto pluviométrico tenham sido feitas durante 40 anos, e que, nesse período, uma chuva de intensidade i_0 tenha sido igualada ou superada 10 vezes. Assim, essa chuva de magnitude (intensidade) i_0 teria a frequência de 10 em 40 anos, ou, em média, ocorreria uma vez a cada quatro anos, o que corresponderia à probabilidade $P\{i \geq i_0\} = 25\%$ de ocorrer em um ano qualquer.[9]

Uma avaliação rápida e suficientemente precisa da frequência com que um evento hidrológico é igualado ou superado costuma ser feita por métodos simples, como o Califórnia e o de Weibull (Kimball). Para tal, os dados da série considerada são preliminarmente classificados em ordem ou *ranking* decrescente, e, a cada valor nessa classificação, é atribuído um número de ordem m (número inteiro, a partir de um). A frequência com que é igualado ou superado o evento de magnitude i_0 e ordem m, $\mathcal{F}(i_0)$, é dada por:

a) no método Califórnia,

$$\mathcal{F}(i_0) = \frac{m}{N} \tag{3.7}$$

e

b) no método de Weibull, também conhecido como método de Kimball,

$$\mathcal{F}(i_0) = \frac{m}{N+1}, \tag{3.8}$$

em que N é o número de anos da série.

[9] $P\{i \geq i_0\}$, também denominada "probabilidade de excedência", significa a probabilidade de se encontrar uma precipitação i de magnitude igual ou superior a i_0.

É importante observar que, por qualquer dos métodos apresentados (Califórnia e Weibull), $\mathcal{F}(i_0)$ representa uma probabilidade de excedência, isto é, $\mathcal{F}(i_0) = P\{i \geq i_0\}$.

Observação: para séries parciais, em que o número de eventos é maior que o número de anos de registros, Beard[10] recomenda adotar $\mathcal{F}(i_0) = (2m-1)/(2n)$.

3.6.1 PERÍODO DE RETORNO

Define-se *período de retorno* ou *intervalo de recorrência*, Tr, como o intervalo de tempo médio, medido em anos, para que o evento hidrológico de magnitude x_0 seja igualado ou superado pelo menos uma vez. No exemplo anterior da estação pluviométrica com 40 anos de registros, caso uma chuva de intensidade i_0 e duração t_d tenha sido igualada ou superada 10 vezes nos 40 anos, então, o período de retorno dessa chuva será

Tr = 40/10 = 4 anos.

Assim, se o evento de magnitude x_0 (chuva intensa ou vazão máxima) ocorre ao menos uma vez em Tr anos, tem-se

$$P\{x \geq x_0\} = \frac{1}{Tr}, \tag{3.9}$$

isto é, o período de retorno, em anos, corresponde ao inverso da probabilidade de excedência da magnitude x_0 da variável hidrológica.

Assim, se no método de Weibull (ou Califórnia) a frequência $\mathcal{F}(x_0)$ é uma boa estimativa da probabilidade teórica P, então, para eventos extremos de máximas,

$$Tr = \frac{1}{\mathcal{F}(x_0)}. \tag{3.10}$$

De fato, para períodos de retorno bem menores que o número de anos de observação, o valor de $\mathcal{F}(x_0)$, definido segundo os métodos de Weibull e Califórnia, poderá fornecer uma boa estimativa do valor real da frequência $\mathcal{F}(x_0)$ ou da probabilidade de excedência $P\{x \geq x_0\}$. Já para grandes períodos de retorno, deverá ser ajustada uma lei de probabilidade teórica, de modo a possibilitar o cálculo mais confiável da frequência ou probabilidade.[11]

3.6.2 FREQUÊNCIA DE TOTAIS PRECIPITADOS

Uma série anual de totais precipitados é composta pelos valores da soma das precipitações diárias de cada ano. Por exemplo, um posto pluviométrico com 40 anos de

---

10 BEARD, L. R. **Statistical Methods in Hydrology**. U.S. Army Engineer District, Corps of Engineers, Sacramento, California, 1962.

11 O conceito e a definição de período de retorno são modificados quando aplicados para eventos hidrológicos de quantidades mínimas, particularmente em estudos das estiagens. Por exemplo, no caso de vazões mínimas, que serão tratadas no Capítulo 10, o período de retorno Tr corresponderá ao tempo médio, em anos, de ocorrência dos eventos de magnitudes x menores do que aquela de referência. Matematicamente, para as mínimas, escreve-se: $F(x_0) = 1/Tr$. Logo, para eventos de mínimas, $Tr = 1/ F(x_0) = 1/ P\{x<x_0\}$.

registros de chuvas diárias terá cerca de 14.610 observações, mas existirão somente 40 valores de totais anuais precipitados compondo a série.

Dada a aleatoriedade implícita na distribuição temporal dos totais anuais precipitados, espera-se que a repartição das suas frequências se ajuste bem a uma distribuição normal de probabilidade (distribuição de Gauss), em conformidade com o teorema do limite central, da teoria de probabilidades. Assim, indicando por x a variável aleatória (no caso, x = total anual precipitado), a função densidade de probabilidade, f(x), se escreve como

$$f(x) = \frac{1}{\sigma\sqrt{2\pi}} exp\left[-\frac{1}{2}\left(\frac{x-\mu}{\sigma}\right)^2\right], \quad (3.11)$$

e, complementarmente, a função de distribuição acumulada é, então, escrita na forma

$$F(x) = \frac{1}{\sigma\sqrt{2\pi}} \int_{-\infty}^{x} exp\left[-\frac{1}{2}\left(\frac{x-\mu}{\sigma}\right)^2\right] dx, \quad (3.12)$$

em que μ e σ representam, respectivamente, as estatísticas média e desvio padrão da população, que poderão ser estimados pela média, $\overline{x}$, e desvio padrão, s, da amostra de dados (série hidrológica). Assim:

- para a estimativa da média populacional μ:

$$\overline{x} = \frac{1}{N}\sum_{i=1}^{N} x_i; \quad (3.13)$$

- para a estimativa do desvio padrão populacional σ:

$$s = \sqrt{\frac{1}{N-1}\sum_{i=1}^{N}\left(x_i - \overline{x}\right)^2}. \quad (3.14)$$

Na Figura 3.21 são representadas as funções f(x) e F(x) da distribuição normal em função da variável aleatória x. Os gráficos mostram como f(x) se associa à frequência acumulada ou probabilidade de ocorrência da variável aleatória; e que F(x) representa uma "probabilidade de não excedência": na figura, é indicado que $F(x_0)$, que é numericamente igual à área sob a curva f(x) *versus* x, corresponde à probabilidade da variável aleatória ser inferior ao valor de referência de magnitude x_0: $F(x_0) = P\{x<x_0\}$.

Para a distribuição acumulada de probabilidade, se $x \to +\infty$, $F(x) \to 1$, pois a integral da Equação (3.12) realizada de $-\infty$ a $+\infty$ corresponde a toda a área sob a curva da função densidade de probabilidade. Ainda, uma vez que f(x) da distribuição normal é simétrica (curva em forma de sino), para $x = \mu$, tem-se que F(x) = 0,5. Ou seja, segundo essa distribuição, a probabilidade de se encontrar um valor da variável aleatória menor do que a média é igual a 50%.

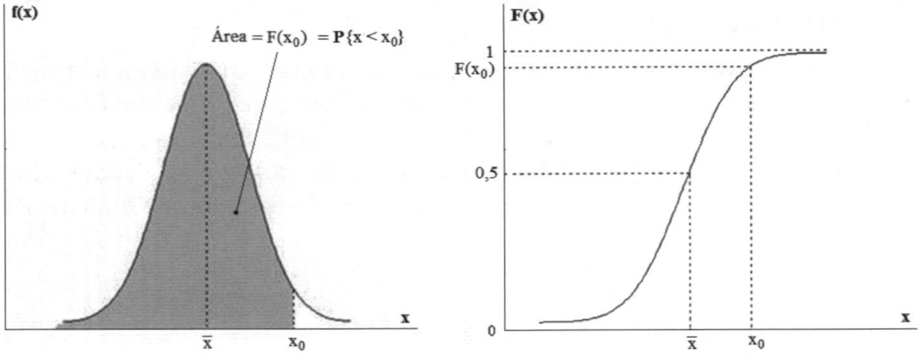

Figura 3.21 – Função densidade de probabilidade e função acumulada da distribuição normal ou de Gauss para a probabilidade de não excedência.

Importante observar que, na análise de frequência feita pelos métodos de Weibull e Califórnia, anteriormente apresentados, as frequências calculadas representam probabilidades de excedência, isto é, $\mathcal{F}(x_0) = P\{x \geq x_0\}$. Assim, como $\mathcal{F}(x_0) = 1 - F(x_0)$, ou $P\{x \geq x_0\} = 1 - P\{x < x_0\}$, logo, da definição de período de retorno para eventos de máximas dada pela Equação (3.9):

$$Tr = \frac{1}{P\{x \geq x_0\}} = \frac{1}{1 - F(x_0)} = \frac{1}{1 - P\{x \leq x_0\}}. \quad (3.15)$$

Ainda, para representar as probabilidades de excedência, a função distribuição normal de probabilidade acumulada é escrita como:

$$\mathcal{F}(x) = 1 - F(x) = \frac{1}{\sigma\sqrt{2\pi}} \int_x^{+\infty} exp\left[-\frac{1}{2}\left(\frac{x-\mu}{\sigma}\right)^2\right] dx, \quad (3.16)$$

ou seja, a integral definida é feita entre os limites x e $+\infty$.

A construção gráfica da Figura 3.22 ilustra o comportamento e significado de $\mathcal{F}(x)$: nota-se que a "curva em S" da distribuição normal da Figura 3.21 tem, agora, a forma de "S invertido".

Nesse caso, para $x \rightarrow +\infty$, $\mathcal{F}(x) \rightarrow 0$, pois a integral da Equação (3.16) se anula; e, para $x \rightarrow -\infty$, $\mathcal{F}(x) \rightarrow 1$, pois a integral corresponderá a toda a área sob a curva da função densidade de probabilidade. Ainda, para $x = \mu$ (ou $x = \bar{x}$), $\mathcal{F}(x) = 0,5$, pois a distribuição normal é simétrica.

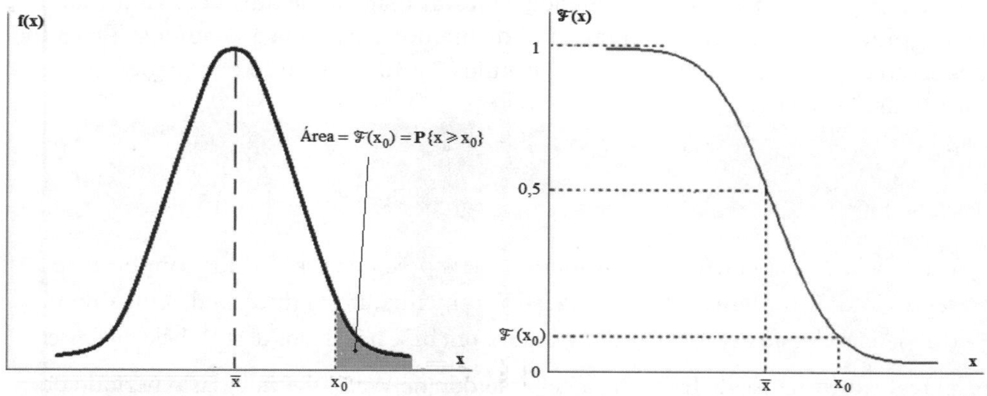

Figura 3.22 – Função densidade de probabilidade e função acumulada da distribuição normal ou de Gauss, para a probabilidade de excedência.

O ajuste de uma série de valores dos totais anuais precipitados segundo uma curva representativa da distribuição normal é muito facilitado pelo uso do papel aritmético de probabilidade. No gráfico construído nesse papel, as alturas das precipitações são lançadas em escala linear, em geral nas abscissas, e as frequências, nas ordenadas, em escala de probabilidade. Esta "distorce" a escala linear, de modo a fazer com que a distribuição normal acumulada se comporte como uma linha reta. Se o gráfico for construído para as frequências representando probabilidades de não excedência, a declividade da reta será positiva. De outro modo, se as frequências representarem probabilidades de excedência (como as obtidas pelos métodos de Weibull e Califórnia), então, a declividade da reta será negativa. No primeiro caso, a reta passará pelos pontos característicos da distribuição normal:

$x = \mu$ e $F(\mu) = 50\%$;

$x = \mu\text{-}\sigma$ e $F(\mu\text{-}\sigma) = 15{,}87\% \cong 16\%$; e

$x = \mu+\sigma$ e $F(\mu+\sigma) = 84{,}13\% \cong 84\%$.

E, no segundo caso,

$x = \mu$ e $\mathcal{F}(\mu) = 50\%$;

$x = \mu\text{-}\sigma$ e $\mathcal{F}(\mu\text{-}\sigma) = 84{,}13\% \cong 84\%$; e

$x = \mu+\sigma$ e $\mathcal{F}(\mu+\sigma) = 15{,}87\% \cong 16\%$.

A escolha dos três pontos facilita sobremaneira o traçado da reta no papel de probabilidade. Um papel de probabilidade típico é apresentado no final deste capítulo, e o seu uso é feito nos exemplos seguintes.

É importante observar que a inferência de índices pluviométricos com base nos parâmetros da distribuição normal só deve ser feita para totais anuais. De maneira geral, os dados hidrológicos têm distribuição assimétrica e requerem a aplicação de outros modelos de probabilidade. Caso a curva teórica de probabilidade não se ajuste bem aos valores empíricos, é recomendável testar o ajuste de outra distribuição, ou o ajuste gráfico pelo traçado de uma curva de melhor aderência aos pontos. Tais situações serão consideradas adiante, nos Capítulos 7 e 10, no estudo das vazões máximas e mínimas, respectivamente.

EXEMPLO 3.4

Na Tabela 3.7, são fornecidos os totais anuais precipitados obtidos com base nos registros diários das chuvas na estação Saramenha, no município de Ouro Preto (MG), referidos ao período de 1982 a 2013. Com base nos dados desta tabela, pede-se:

a) realizar a análise de frequência pelo método de Weibull e calcular o período de retorno de cada chuva da série;

b) construir o gráfico das frequências em função dos totais anuais precipitados na estação Saramenha;

c) repetir a construção gráfica anterior utilizando o papel aritmético de probabilidade e traçar a linha representativa da distribuição normal;

d) estimar o total anual precipitado com 2, 50 e 100 anos de recorrência.

e) Qual o período de retorno do total anual precipitado de 2.000 mm?

f) Qual o período de retorno de uma estiagem produzindo 900 mm de total anual precipitado em Ouro Preto?

Observação: no papel aritmético de probabilidade, a distribuição normal é representada por uma linha reta.

Tabela 3.7 – Totais anuais precipitados – Estação Saramenha (Ouro Preto-MG)

Ano	P (mm)	Ano	P (mm)	Ano	P (mm)
1982	1.750,3	1993	1.485,1	2004	1.767,5
1983	1.896,3	1994	1.314,6	2005	1.808,4
1984	1.347,5	1995	1.615,0	2006	1.593,0
1985	2.134,7	1996	1.754,8	2007	1.027,8
1986	1.685,0	1997	1.713,7	2008	1.708,7
1987	1.581,6	1998	1.492,4	2009	2.060,1
1988	1.172,9	1999	1.314,4	2010	1.613,2
1989	1.833,7	2000	1.630,9	2011	1.857,3
1990	1.007,6	2001	1.461,6	2012	1.459,1
1991	1.898,4	2002	1.854,2	2013	1.207,0
1992	2.316,4	2003	1.468,5		

EXEMPLO 3.4 *(continuação)*

Solução:

a) Para a análise de frequência pelo método de Weibull e a obtenção dos períodos de retorno das chuvas, constrói-se a Tabela 3.8. Nas colunas (1) e (2) são dispostos, respectivamente, os valores da variável hidrológica P, em mm, classificados em ordem decrescente, e o número de ordem do *ranking* correspondente. As frequências das precipitações, como medidas das probabilidades de excedência, são calculadas pela Equação (3.8)

$$\mathcal{F}(P) = \frac{m}{N+1},$$

com N = número de anos da série = 32. Os resultados dos cálculos são lançados na coluna (3) da Tabela (3.8). A coluna (4) traz as frequências da coluna anterior convertidas em porcentagens. Finalmente, na coluna (5), os períodos de retorno, em anos, são obtidos pela recíproca dos valores da coluna (3), segundo a Equação (3.10).

Tabela 3.8 – Frequência dos totais anuais precipitados na estação Saramenha, segundo método de Weibull (problema-exemplo 3.4)

(1)	(2)	(3)	(4)	(5)
P (mm)	m	$\mathcal{F}$	$\mathcal{F}$ (%)	Tr (anos)
2.316,4	1	0,030	3,03	33,00
2.134,7	2	0,061	6,06	16,50
2.060,1	3	0,091	9,09	11,00
1.898,4	4	0,121	12,12	8,25
1.896,3	5	0,152	15,15	6,60
1.857,3	6	0,182	18,18	5,50
1.854,2	7	0,212	21,21	4,71
1.833,7	8	0,242	24,24	4,13
1.808,4	9	0,273	27,27	3,67
1.767,5	10	0,303	30,30	3,30
1.754,8	11	0,333	33,33	3,00
1.750,3	12	0,364	36,36	2,75
1.713,7	13	0,394	39,39	2,54
1.708,7	14	0,424	42,42	2,36
1.685,0	15	0,455	45,45	2,20
1.630,9	16	0,485	48,48	2,06
1.615,0	17	0,515	51,52	1,94
1.613,2	18	0,545	54,55	1,83

EXEMPLO 3.4 *(continuação)*

1.593,0	19	0,576	57,58	1,74
1.581,6	20	0,606	60,61	1,65
1.492,4	21	0,636	63,64	1,57
1.485,1	22	0,667	66,67	1,50
1.468,5	23	0,697	69,70	1,43
1.461,6	24	0,727	72,73	1,38
1.459,1	25	0,758	75,76	1,32
1.347,5	26	0,788	78,79	1,27
1.314,6	27	0,818	81,82	1,22
1.314,4	28	0,848	84,85	1,18
1.207,0	29	0,879	87,88	1,14
1.172,9	30	0,909	90,91	1,10
1.027,8	31	0,939	93,94	1,06
1.007,6	32	0,970	96,97	1,03

b) O gráfico das frequências é representado na Figura 3.23. Na construção gráfica, os valores das frequências, em porcentagem, são lançados nas ordenadas, em função dos valores dos totais anuais precipitados, nas abscissas, tomados, respectivamente, das colunas (4) e (1) da Tabela 3.8. No mesmo gráfico, é traçada a linha contínua representativa da distribuição normal acumulada de probabilidade, definida pela Equação (3.16). Pela boa aderência dos pontos à linha da distribuição normal, conclui-se que o modelo normal de probabilidade descreve razoavelmente bem o comportamento das frequências dos totais anuais precipitados neste exemplo.

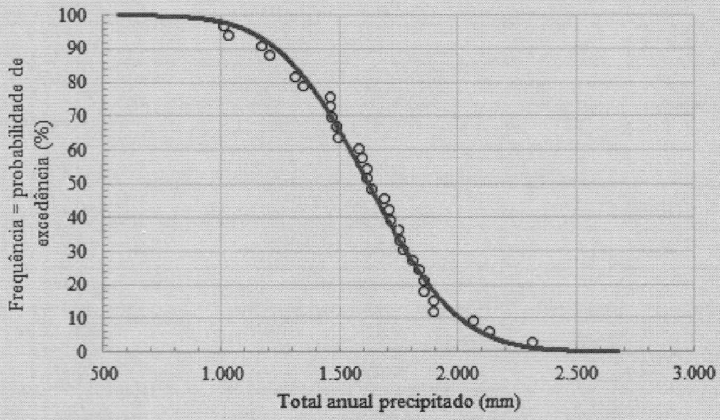

Figura 3.23 – Gráfico das frequências dos totais anuais precipitados (problema-exemplo 3.4).

EXEMPLO 3.4 *(continuação)*

c) O gráfico das frequências é novamente construído, agora em papel aritmético de probabilidade, conforme mostra a Figura 3.24. Neste, a escala das ordenadas (frequências) é distorcida para transformar a curva em "S invertido" da distribuição normal (Figura 3.23) em uma linha reta, e a a reta que representa a distribuição normal passa necessariamente pelos pontos:

$x = \mu$ (média) e $\mathcal{F}(\mu) = 50\%$;

$x = \mu\text{-}\sigma$ (média – desvio padrão) e $\mathcal{F}(\mu\text{-}\sigma) \cong 84\%$; e

$x = \mu\text{+}\sigma$ (média – desvio padrão) e $\mathcal{F}(\mu\text{+}\sigma) \cong 16\%$.

Com os dados do problema, a média e o desvio padrão da população são estimados pela média e pelo desvio padrão da amostra, representada pela série anual de totais anuais precipitados. Indicando por P os valores das chuvas, obtêm-se, então:

$$\text{média} = \mu = \frac{1}{N}\sum_{i=1}^{N} P_i = \frac{1}{32} \cdot 51.831,7 = 1.619,7 \text{ mm; e}$$

$$\text{desvio padrão} = \sigma = \sqrt{\frac{1}{N-1}\sum_{i=1}^{N}\left(P-\mu\right)^2} = \sqrt{\frac{2.835.490,84}{31}} = 302,4 \text{ mm.}$$

Assim, os três pares de pontos têm coordenadas:

$x = \mu = 1.619,7$ mm, $\mathcal{F}(1.619,7) = 50\%$;

$x = \mu\text{-}\sigma = 1.619,7 - 302,4 = 1.317,3$ mm, $\mathcal{F}(1.317,3) = 84\%$;

$x = \mu\text{+}\sigma = 1.619,7 + 302,4 = 1.922,2$ mm, $\mathcal{F}(1.922,2) = 16\%$;

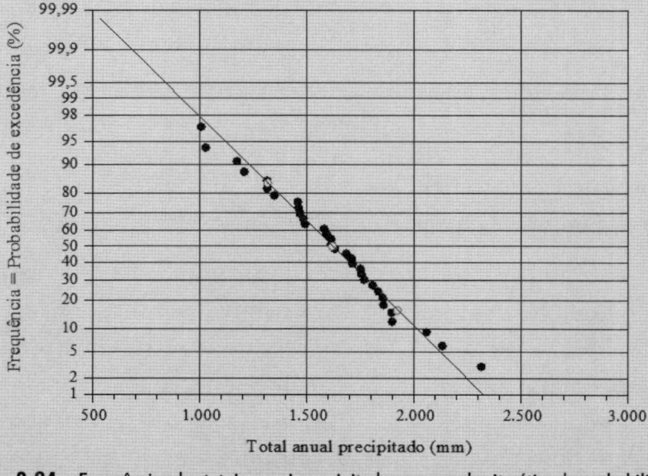

Figura 3.24 – Frequências dos totais anuais precipitados em papel aritmético de probabilidade (problema-exemplo 3.4).

EXEMPLO 3.4 *(continuação)*

d) Para obter os totais anuais precipitados de diferentes recorrências pode-se empregar a construção gráfica da Figura 3.24. Para isso, basta fazer a leitura das chuvas, no eixo das abscissas, correspondentes aos períodos de retorno ou frequências desejadas. Assim:

- Para Tr = 2 anos, $\mathcal{F}(P) = 1/Tr = 1/2 = 0{,}5 \rightarrow 50\%$. Do gráfico da Figura 3.24, para $\mathcal{F}(P) = 50\%$, encontra-se o total anual precipitado P = 1.620 mm, que é um valor muito próximo do esperado, pois, segundo a distribuição normal, para a frequência de 50%, o valor da variável aleatória deve ser igual à média aritmética que, estimada pela média da amostra, é igual a 1.619,7 mm. No caso de pequenos períodos de retorno, outra possibilidade seria obter o valor da chuva de recorrência Tr diretamente da Tabela 3.8. Para Tr = 2 anos, a chuva procurada pode ser encontrada, no caso, por uma interpolação dos dados da tabela:
    - para $\mathcal{F}(P) = 48{,}48\%$, P = 1.630,9 mm
    - para $\mathcal{F}(P) = 51{,}52\%$, P = 1.615,0 mm
    - para $\mathcal{F}(P) = 50\%$, P = ?

Realizando-se as operações, encontra-se P = total anual precipitado ≅ 1.623,0, que é bastante próximo dos resultados anteriores.

No caso de o período de retorno ser bem maior que o tamanho da série, o valor da chuva deverá ser encontrado por uma extrapolação dos dados históricos, situação em que uma construção gráfica com o emprego do modelo de probabilidade adequado será capaz de resolver o problema. Assim, no presente problema:

- para Tr = 50 anos, $\mathcal{F}(P) = 1/Tr = 1/50 = 0{,}02 \rightarrow 2\%$. Do gráfico da Figura 3.24, para $\mathcal{F}(P) = 2\%$, tem-se P ≅ 2.245 mm; e
- para Tr = 100 anos, $\mathcal{F}(P) = 1/Tr = 1/100 = 0{,}01 \rightarrow 1\%$. Novamente, do gráfico da Figura 3.24, para $\mathcal{F}$ P) = 1%, tem-se P ≅ 2.320 mm.

e) Para obter o período de retorno da chuva de magnitude P = 2.000 mm, recorre-se novamente ao gráfico da Figura 3.24. Para a chuva de 2.000 mm, encontra-se, no eixo das ordenadas, $\mathcal{F}(P) \cong 10\%$. Isso significa que existe uma probabilidade de 10% de ocorrer, em um ano qualquer, uma precipitação total anual de magnitude igual ou superior a 2.000 mm. Como $\mathcal{F}(P) = 1/Tr$, tem-se, então, que o período de retorno dessa precipitação é Tr = 1/0,10 = 10 anos.

EXEMPLO 3.4 *(continuação)*

f) Diferentemente do que foi apresentado para eventos hidrológicos de máximas, o período de retorno de eventos hidrológicos de mínimas, como os que ocorrem em períodos de estiagens, corresponderá ao tempo médio, em anos, de ocorrência dos eventos de magnitudes x menores do que aquela de referência. Matematicamente, para as mínimas, escreve-se então: $F(x_0) = 1/Tr$; isto é, para eventos de mínimas, $Tr = 1/ F(x_0) = 1/ P\{x<x_0\}$.

É importante lembrar que o gráfico da Figura 3.24 foi construído para as frequências representando probabilidades de excedência. Empregando-se esse gráfico, tem-se que, para um total anual precipitado de magnitude P = 900 mm, a frequência $\mathcal{F}(P)$ como medida da probabilidade de excedência é aproximadamente igual a 99%. Logo, F(P), ou a probabilidade de não excedência, é igual a 1%. Como para valores mínimos (estiagens) o período de retorno é calculado como o inverso da probabilidade de não excedência, tem-se: Tr = 1/0,01 = 100 anos. Ou seja, a estiagem do problema tem uma probabilidade de ocorrer, em média, uma vez a cada 100 anos.

3.6.3 FREQUÊNCIA DAS CHUVAS MÁXIMAS DIÁRIAS

Para a análise de frequência de eventos extremos de chuva, como chuvas máximas diárias ou de menor duração, é recomendável o uso de dados provenientes de medições feitas com pluviógrafos, que permitem a obtenção da variação das precipitações em diferentes intervalos de tempo (em geral, a partir de cinco minutos). Contudo, no Brasil, as informações normalmente disponíveis são dados de estações pluviométricas, em que são mensuradas apenas as alturas pluviométricas diárias. Assim, dispondo-se de chuvas de um dia (que é a chuva total acumulada, em geral, das 7h da manhã até o mesmo horário do dia seguinte), uma série anual de chuvas máximas diárias será construída com os valores da chuva de um dia de maior magnitude de cada ano de registro.

EXEMPLO 3.5

Na Tabela 3.9, é fornecida a série anual das chuvas máximas diárias, construída a partir dos registros diários das chuvas na estação pluviométrica de Saramenha, no município de Ouro Preto (MG), entre os anos de 1982 a 2014. Com base nos dados desta tabela, pede-se:

a) realizar a análise de frequência pelo método de Weibull e calcular o período de retorno de cada chuva máxima da série;

b) construir o gráfico das frequências das chuvas máximas diárias;

EXEMPLO 3.5 *(continuação)*

c) repetir a construção gráfica anterior em papel de probabilidade e traçar nele a linha representativa da distribuição normal;

d) estimar as chuvas máximas diárias com 2, 50 e 100 anos de recorrência.

e) Qual o período de retorno da chuva intensa diária de 150 mm?

Tabela 3.9 – Série anual das chuvas máximas diárias – Estação Saramenha (Ouro Preto-MG)

Ano	P (mm)	Ano	P (mm)	Ano	P (mm)
1982	85,0	1993	60,8	2004	91,2
1983	59,7	1994	65,7	2005	98,0
1984	124,5	1995	97,9	2006	61,4
1985	72,3	1996	72,3	2007	41,2
1986	73,3	1997	114,2	2008	89,3
1987	65,1	1998	73,5	2009	72,5
1988	97,8	1999	56,6	2010	75,5
1989	103,6	2000	114,3	2011	91,0
1990	52,3	2001	72,5	2012	69,0
1991	115,2	2002	69,7	2013	59,2
1992	106,4	2003	67,3	2014	66,5

Solução:

a) Para a análise de frequência pelo método de Weibull, constrói-se a Tabela 3.10. Nas colunas (1) e (2) dessa tabela, são dispostos, respectivamente, os valores das chuvas classificados em ordem decrescente e o número de ordem correspondente. As frequências (probabilidades de excedência), calculadas pela Equação (3.8),

$$\mathcal{F}(P) = \frac{m}{N+1},$$

com N = número de anos da série = 33, são lançadas na coluna (3). E, na coluna (4), os valores da coluna anterior são convertidos em porcentagens para a construção gráfica posterior. Finalmente, na coluna (5), os períodos de retorno em anos são obtidos pela recíproca dos valores da coluna (3), conforme a Equação (3.10).

EXEMPLO 3.5 *(continuação)*

Tabela 3.10 – Frequência das chuvas máximas diárias na estação Saramenha, segundo o método de Weibull (problema-exemplo 3.5)

(1)	(2)	(3)	(4)	(5)	(6)
P (mm)	m	$\mathcal{F}$	$\mathcal{F}$ (%)	Tr (anos)	y = *log*P
124,5	1	0,029	2,9	34,00	2,0952
115,2	2	0,059	5,9	17,00	2,0615
114,3	3	0,088	8,8	11,33	2,0580
114,2	4	0,118	11,8	8,50	2,0577
106,4	5	0,147	14,7	6,80	2,0269
103,6	6	0,176	17,6	5,67	2,0154
98,0	7	0,206	20,6	4,86	1,9912
97,9	8	0,235	23,5	4,25	1,9908
97,8	9	0,265	26,5	3,78	1,9903
91,2	10	0,294	29,4	3,40	1,9600
91,0	11	0,324	32,4	3,09	1,9590
89,3	12	0,353	35,3	2,83	1,9509
85,0	13	0,382	38,2	2,62	1,9294
75,5	14	0,412	41,2	2,43	1,8779
73,5	15	0,441	44,1	2,27	1,8663
73,3	16	0,471	47,1	2,13	1,8651
72,5	17	0,500	50,0	2,00	1,8603
72,5	18	0,529	52,9	1,89	1,8603
72,3	19	0,559	55,9	1,79	1,8591
72,3	20	0,588	58,8	1,70	1,8591
69,7	21	0,618	61,8	1,62	1,8432
69,0	22	0,647	64,7	1,55	1,8388
67,3	23	0,676	67,6	1,48	1,8280
66,5	24	0,706	70,6	1,42	1,8228
65,7	25	0,735	73,5	1,36	1,8176
65,1	26	0,765	76,5	1,31	1,8136
61,4	27	0,794	79,4	1,26	1,7882
60,8	28	0,824	82,4	1,21	1,7839
59,7	29	0,853	85,3	1,17	1,7760
59,2	30	0,882	88,2	1,13	1,7723
56,6	31	0,912	91,2	1,10	1,7528
52,3	32	0,941	94,1	1,06	1,7185
41,2	33	0,971	97,1	1,03	1,6149

EXEMPLO 3.5 *(continuação)*

b) No caso de eventos extremos, a distribuição normal de probabilidade não é adequada para explicar as variações das frequências da variável hidrológica. Em muitos casos, todavia, essa distribuição explica bem o comportamento da transformada logarítmica da variável, caso em que a distribuição é chamada de log-normal.

Para permitir a construção do gráfico das frequências deste problema-exemplo, foram calculados os logaritmos das chuvas máximas diárias que estão dispostos na coluna (6) da Tabela 3.10. Esses valores foram, então, lançados como abscissas na construção gráfica da Figura 3.25, tendo as frequências como ordenadas. No mesmo gráfico, foi traçada uma linha suave que representa a distribuição normal para a variável transformada (curva em "S invertido"), que é a distribuição log-normal aplicada à variável hidrológica.

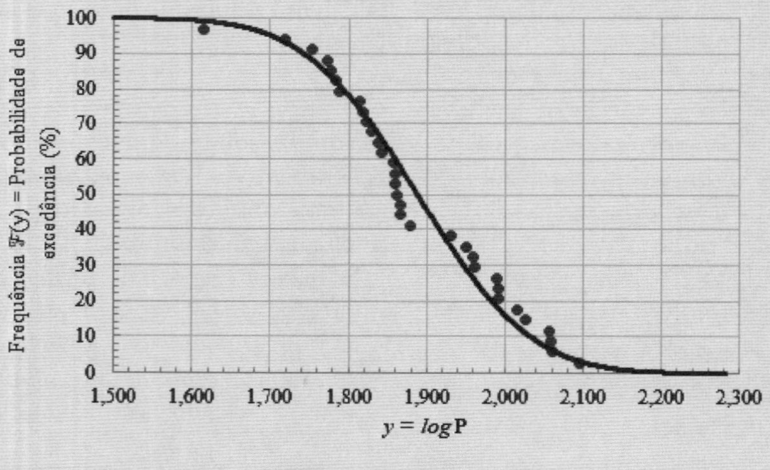

Figura 3.25 – Frequências das chuvas máximas diárias e distribuição normal de probabilidade para os logaritmos das chuvas máximas diárias (problema-exemplo 3.5).

c) O gráfico das frequências foi novamente construído em papel de probabilidade, inicialmente na forma mostrada na Figura 3.26. No gráfico da Figura 3.26, em que as frequências são lançadas nas ordenadas e o logaritmo das chuvas, nas abscissas, o eixo das ordenadas está em escala de probabilidade para transformar a curva em "S invertido" da Figura 3.25 em uma linha reta.

A reta mostrada na figura, que representa a distribuição log-normal para a variável aleatória, ou a distribuição normal para a transformada logarítmica dessa variável, tem por equação:

EXEMPLO 3.5 *(continuação)*

$$\mathcal{F}(y) = \frac{1}{\sigma_y\sqrt{2\pi}}\int_{y}^{+\infty} exp\left[-\frac{1}{2}\left(\frac{y-\mu_y}{\sigma_y}\right)^2\right] dy, \tag{3.17}$$

em que $\mathcal{F}(y)$ é a frequência acumulada das ocorrências dos logaritmos da variável aleatória, e μ_y e σ_y são, respectivamente, a média e o desvio padrão populacional dos logaritmos da variável, que, na prática, são estimados pelas estatísticas da amostra.

No gráfico da Figura 3.26, a linha reta da distribuição passa pelos seguintes pontos característicos:

$y = \mu_y$ e $\mathcal{F}(\mu_y) = 50\%$;

$y = \mu_y - \sigma_y$ e $\mathcal{F}(\mu_y - \sigma_y) \cong 84\%$; e

$y = \mu_y + \sigma_y$ e $\mathcal{F}(\mu_y + \sigma_y) \cong 16\%$.

Com os dados do problema, a média μ_y e o desvio padrão σ_y da população são estimados pela média e pelo desvio padrão dos logaritmos das chuvas máximas diárias, tomados da coluna (6) da Tabela 3.10:

$$\mu_y = \frac{1}{N}\sum_{i=1}^{N} y_i = \frac{1}{N}\sum_{i=1}^{N} log\,P_i = \frac{62,3052}{33} = 1,8880$$

$$\sigma_y = \sqrt{\frac{1}{N-1}\sum_{i=1}^{N}\left(y_i - \mu_y\right)^2} = \sqrt{\frac{1}{N-1}\sum_{i=1}^{N}\left(log\,P_i - \mu_y\right)^2} = \sqrt{\frac{0,409203257}{32}} = 0,1131$$

Assim, podem-se obter os pares de pontos $[P, \mathcal{F}(P)]$, que auxiliam o traçado da reta do gráfico da Figura 3.26:

$y = \mu_y = 1,8880$ e $\mathcal{F}(1,8880) = 50\%$,

$y = \mu_y - s_y = 1,8880 - 0,1131 = 1,7750$ e $\mathcal{F}(1,7750) = 84\%$;

$y = \mu_y + s_y = 1,8880 + 0,1131 = 2,0011$ e $\mathcal{F}(2,0011) = 16\%$.

EXEMPLO 3.5 *(continuação)*

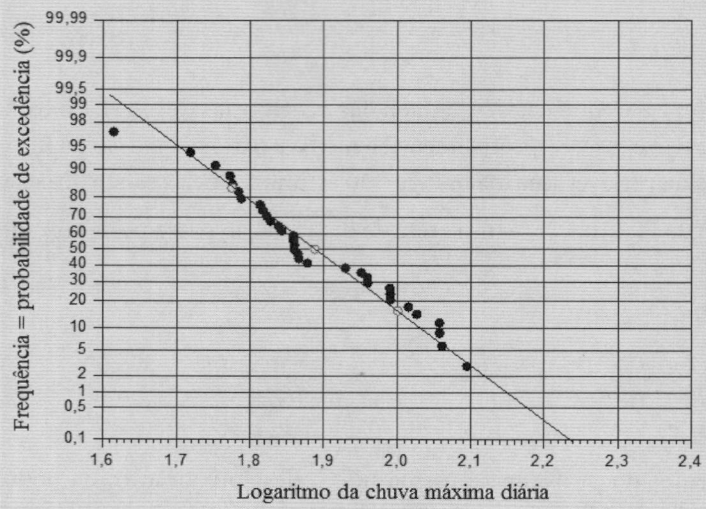

Figura 3.26 – Frequências dos logaritmos das chuvas máximas diárias em papel aritmético de probabilidade (Problema-exemplo 3.5).

Na Figura 3.27, o gráfico das frequências é novamente construído, agora em papel logarítmico de probabilidade. Nele, em que o eixo das ordenadas está em escala de probabilidade, o eixo das abscissas é posto em escala logarítmica para permitir o lançamento direto dos valores das chuvas máximas diárias.

No papel logarítmico de probabilidade, o modelo log-normal se comporta como uma linha reta que, necessariamente, passa pelos pontos:

$P = 10^{\mu_y}$ e $\mathcal{F}(P) = 50\%$,

$P = 10^{\mu_y - \sigma_y}$ e $\mathcal{F}(P) = 84\%$,

$P = 10^{\mu_y + \sigma_y}$ e $\mathcal{F}(P) = 16\%$.

Com a média μ_y e o desvio padrão σ_y já calculados, podem-se obter os pares de pontos [P, $\mathcal{F}$(P)], pelos quais passa a reta da distribuição log-normal traçada na Figura 3.27:

$P = 10^{\mu_y} = 10^{1,8880} \cong 77,3$ mm e $\mathcal{F}(77,3) = 50\%$,

$P = 10^{\mu_y - \sigma_y} = 10^{1,8880\ -\ 0,1131} = 10^{1,7750} \cong 59,6$ mm e $\mathcal{F}(59,6) = 84\%$;

$P = 10^{\mu_y + \sigma_y} = 10^{1,8880\ +\ 0,1131} = 10^{2,0011} \cong 100,3$ mm e $\mathcal{F}(100,3) = 16\%$.

EXEMPLO 3.5 *(continuação)*

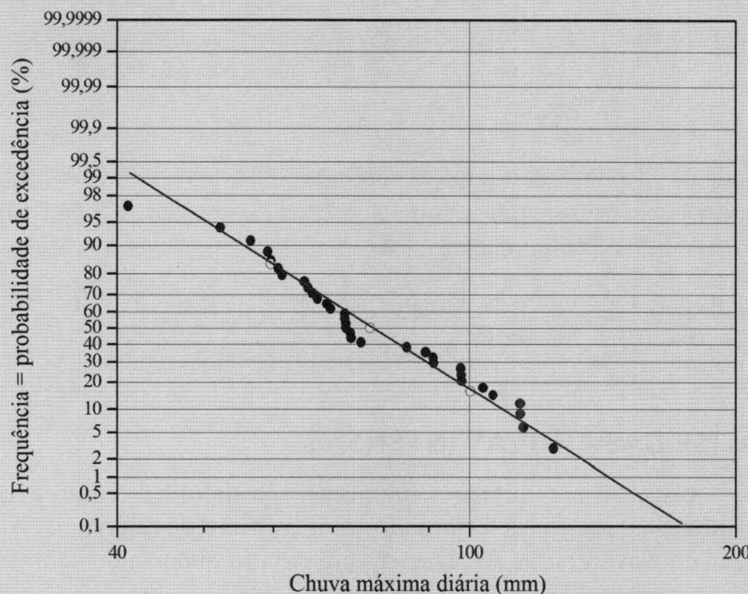

Figura 3.27 – Frequências das chuvas máximas diárias em papel logarítmico de probabilidade (problema-exemplo 3.5).

d) Para obter a chuva máxima diária de uma dada recorrência, pode-se empregar uma construção gráfica, como a da Figura 3.26 ou 3.27. Para isso, poder-se-ia fazer a leitura, no eixo das abscissas do gráfico da Figura 3.26, do logaritmo da chuva correspondente à frequência desejada e, em seguida, obter, pelo cálculo do antilogaritmo, o valor procurado; ou, o que é mais simples, fazer a leitura direta do valor da chuva no eixo das abscissas do gráfico da Figura 3.27.

Para Tr = 2 anos, $\mathcal{F}(P) = 1/Tr = 1/2 = 0{,}5 \rightarrow 50\%$. Assim, do gráfico da Figura 3.27, para $\mathcal{F} = 50\%$, encontra-se a chuva de 77 mm, que é um valor muito próximo do esperado, pois, segundo a distribuição log-normal, para a frequência de 50%, conforme já mostrado, o valor da variável aleatória deve ser igual a 77,3 mm.

No caso de períodos de retorno maiores do que o número de anos da série, o valor da chuva deve ser encontrado por extrapolação dos dados históricos. Com base na construção gráfica, para o modelo de probabilidade log-normal, tem-se:

EXEMPLO 3.5 *(continuação)*

- para Tr = 50 anos, $\mathcal{F}(P) = 1/Tr = 1/50 = 0{,}02 \rightarrow 2\%$. Do gráfico da Figura 3.27, para $\mathcal{F}(P) = 2\%$, tem-se $P \cong 130$ mm; e
- para Tr = 100 anos, $\mathcal{F}(P) = 1/Tr = 1/100 = 0{,}01 \rightarrow 1\%$. Novamente, do gráfico da Figura 3.27, para $\mathcal{F}(P) = 1\%$, tem-se $P \cong 140$ mm.

e) O período de retorno da chuva intensa diária de 150 mm também pode ser encontrado por uma construção gráfica, como aquela da Figura 3.26 ou 3.27. Utilizando, neste caso, o gráfico da Figura 3.26:

- para P = 150 mm $\rightarrow$ *log* P $\cong$ 2,176. Do gráfico, $\mathcal{F}(2{,}176) \cong 0{,}50\% = 0{,}005$. Logo, $Tr = 1/\mathcal{F} \cong 200$ anos.

3.7 ANÁLISE DAS CHUVAS INTENSAS

Chuvas intensas, ou precipitações máximas, são definidas como eventos cujas intensidades ultrapassam um determinado valor mínimo de referência. Além da sua intensidade, as chuvas intensas se caracterizam pela frequência de ocorrência e pela sua distribuição temporal (duração) e espacial.

O conhecimento dessas características das chuvas intensas tem grande importância no tratamento de diversos problemas na engenharia de recursos hídricos, pois permite estimar as vazões de projeto[12] de obras hidráulicas, como vertedores de barragens, galerias de águas pluviais, bueiros, entre outras obras de sistemas de drenagem. A aquisição dessas informações passa, atualmente, por grandes transformações, decorrentes da modernização das tecnologias de obtenção dos dados.[13]

Pode-se afirmar, com base em observações e mesmo intuitivamente, que:

- a relação entre a intensidade (i) e a duração da chuva intensa (t_d) é inversa, isto é:

$$i \propto 1/(c+t_d)^n,$$

  sendo c e n constantes;

- a relação entre a intensidade e a frequência (ou período de retorno) é tal que, para valores máximos (chuvas intensas),

$$i \propto Tr^m,$$

  sendo m constante;

---

[12] Cumpre observar, antecipando o que ainda será visto no Capítulo 7, que, em muitas metodologias, as vazões de projeto são obtidas indiretamente pelo uso de modelos que realizam a transformação da chuva em vazão.

[13] Uso de radares meteorológicos e técnicas de sensoriamento remoto. Essas técnicas, com as redes de telemedição, permitem uma abrangência significativa na caracterização dos dados de precipitação.

- e a relação entre a intensidade e a distribuição espacial da chuva intensa é inversa: quanto maior a área de abrangência, menor a intensidade.

No último caso, para áreas de drenagem de até aproximadamente 25 km² (10 milhas quadradas), segundo o Drainage Criteria Manual de Denver (Estados Unidos), as informações pontuais podem ser utilizadas em cálculos cobrindo a extensão da área dentro do limite citado. Para áreas maiores, recomenda-se a aplicação de fatores de redução em função da área, que consideram também a duração da chuva. Como exemplo de aplicação desses fatores, a Figura 3.28, adaptada de CETESB (1986) e construída com base no trabalho do Serviço Nacional de Meteorologia dos Estados Unidos da América (National Weather Service - NWS), mostra como obter a chuva na área, com base na chuva pontual de durações entre 30 minutos e 24 horas, para diferentes áreas de drenagem.

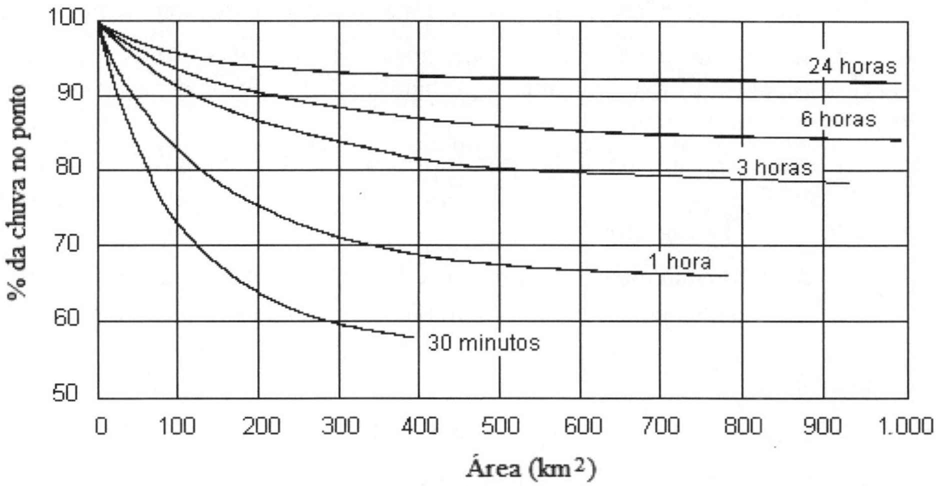

Figura 3.28 – Fator de redução das precipitações máximas pontuais (CETESB, 1986, p. 19).

Os dados para análise de chuvas intensas são obtidos de pluviogramas gerados dos registros de chuvas nas estações pluviométricas. Com base nos pluviogramas, pode-se estabelecer, para diversas durações, as máximas intensidades ocorridas durante uma dada chuva, sem que necessariamente as durações maiores devam incluir as menores. As durações usuais são de 5, 10, 15, 30 e 45 minutos e 1, 2, 3, 6, 12 e 24 horas.

O limite inferior de duração é fixado em 5 minutos porque esse é o menor intervalo em que se pode fazer a leitura da magnitude da precipitação nos registros pluviográficos com precisão adequada. Para durações maiores que 24 horas, podem ser utilizadas observações feitas com pluviômetros.

As durações de chuva mencionadas fornecem informações suficientes para a obtenção de modelos matemáticos ou para definir *curvas de intensidade-duração* da precipitação, para diferentes frequências de ocorrência.

A determinação da relação matemática entre a intensidade, a duração e a frequência ou a construção da curva (chamada "curva i-d-f") deve ser feita com base em observações das chuvas intensas durante um período de tempo suficientemente longo, que seja representativo dos eventos extremos do local.

Na análise estatística da estrutura hidrológica das séries de chuva podem ser seguidos dois enfoques alternativos, que consideram as séries hidrológicas anuais ou parciais. A escolha de um outro tipo de série dependerá do tamanho da amostra disponível e dos objetivos do estudo.

Em geral, a metodologia de séries parciais é utilizada quando o número de anos de registro é relativamente pequeno (menos de 12 anos de registro), e em situações em que os períodos de retorno de interesse são inferiores a 5 anos.

A metodologia de séries anuais, que é a preferível, baseia-se na seleção das maiores precipitações anuais de várias durações escolhidas. Com base nessa série de valores, é utilizada a distribuição de probabilidade aplicável a eventos hidrológicos extremos que melhor se ajusta aos valores, para permitir a extrapolação dos dados históricos.[14]

Para a construção da curva i-d-f, com base nos maiores valores anuais de precipitação, é necessário ajustar uma distribuição probabilidade para cada duração escolhida. A metodologia tem a sequência:

a) para cada duração são obtidas as precipitações máximas anuais (série anual das alturas pluviométricas máximas) com base, preferencialmente, nos registros feitos pelo pluviógrafo;
b) para cada duração mencionada, é ajustada uma distribuição de probabilidade;
c) com base na distribuição de probabilidade, obtêm-se as alturas pluviométricas de diferentes frequências, para as diferentes durações (extrapolação dos dados históricos);
d) dividindo-se a precipitação pela sua duração, obtém-se a intensidade;
e) ajusta-se, então, um modelo matemático, ou constrói-se um gráfico contendo as curvas das intensidades *versus* durações, para diferentes frequências ou intervalos de recorrência. A família das curvas constitui as relações de intensidade-duração-frequência (e o modelo matemático é chamado de "equação i-d-f").

Como exemplo, na Figura 3.29 representa-se a família de curvas de intensidade-duração-frequência (curvas i-d-f) construídas por análise de regressão não linear, a partir dos dados gerados em um posto pluviométrico localizado em Ouro Preto (MG).

[14] Para eventos extremos, testam-se, normalmente, as distribuições de probabilidade de Pearson tipo III, log-Pearson tipo III, Gumbel e log-normal.

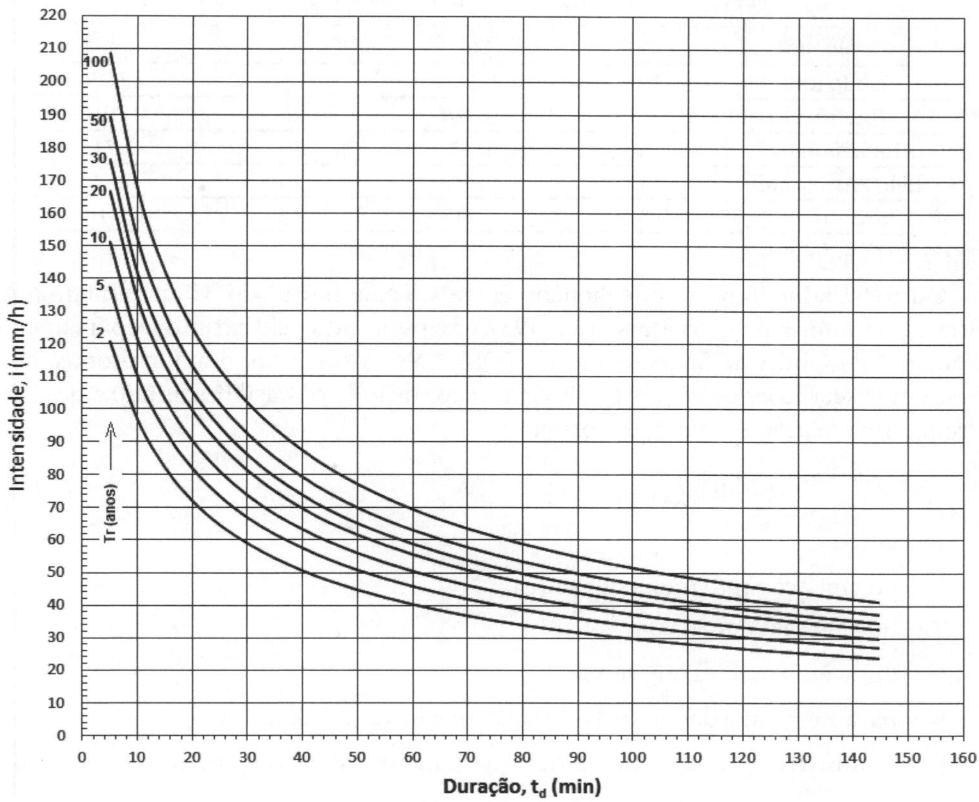

Figura 3.29 – Curvas de intensidade-duração-frequência – Estação Saramenha (Ouro Preto-MG).

Como anteriormente exposto, as curvas também podem ser representadas por meio de equações genéricas, do tipo

$$i = \frac{K \cdot Tr^m}{(c + t_d)^n}, \qquad (3.18)$$

em que:

i = intensidade da chuva, geralmente expressa em mm/h;

Tr = período de retorno, em anos;

t_d = duração da chuva, normalmente em minutos; e

K, c, m, n = parâmetros do ajuste, determinados para cada local.

Na literatura, encontram-se disponíveis várias expressões com a forma da Equação (3.18), determinadas por análise de regressão e válidas para diferentes cidades do país. Na Tabela 3.11, encontram-se listados os valores dos parâmetros da Equação (3.18) para algumas cidades brasileiras.

Tabela 3.11 – Parâmetros de equações de intensidade-duração frequência

Localidade	K	m	c	n
São Paulo	3.462,7	0,172	22	1,025
Curitiba	3.221,1	0,258	26	1,010
Rio de Janeiro	1.239	0,15	20	0,74
Belo Horizonte	1.447,9	0,10	20	0,84
Ouro Preto[15]	555,5	0,140	7,3	0,646

Fonte: adaptada de FENDRICH *et al.*, 1997.

Outro trabalho importante e pioneiro em nosso país, intitulado "Chuvas Intensas no Brasil", de autoria de Otto Pfafstetter (1957), foi publicado pelo extinto Departamento Nacional de Obras de Saneamento (DNOS).[16] Neste trabalho, o autor propôs, com base em observações de 98 postos pluviográficos de todo o Brasil (incluindo o de Ouro Preto), uma relação empírica da forma

$$P = Tr^{\left(\alpha+\beta/Tr^{\gamma}\right)} \cdot \left[a \cdot t_d + b\,log\left(1 + c \cdot t_d\right)\right], \tag{3.19}$$

sendo:

P = precipitação máxima, em mm;

Tr = período de retorno, em anos;

t_d = duração da chuva, em horas;

α = parâmetro que depende da duração da chuva (tabelado);

β = parâmetro que depende da duração da chuva e variável de posto para posto (tabelado); e

γ, a, b e c = constantes para cada posto.

Valores do coeficiente α da Equação (3.19), em função da duração da precipitação, são apresentados na Tabela 3.12. Na Tabela 3.13, para alguns postos espalhados pelo Brasil, apresentam-se os valores dos coeficientes β, a, b e c, conforme Pfafstetter, que adotou $\gamma = 0{,}25$ para todos os postos.

Tabela 3.12 – Valores do coeficiente α de Pfafstetter

Duração	α	Duração	α	Duração	α
5 min	0,108	**4 h**	0,174	**3 dias**	0,160
15 min	0,122	**8 h**	0,176	**4 dias**	0,156
30 min	0,138	**14 h**	0,174	**6 dias**	0,152
1 h	0,156	**24 h**	0,170		
2 h	0,166	**48 h**	0,166		

Fonte: TUCCI, 1993, p. 204.

15 Parâmetros inclusos nesta tabela a partir do tratamento dos dados colhidos no posto pluviométrico da empresa Novelis S.A., antiga Alcan Alumínio do Brasil, no município de Ouro Preto (MG).

16 O conjunto dos dados, na forma de tabelas de altura pluviométrica-intensidade-duração-frequência, é também apresentado em CETESB (1986, capítulo II, a partir da p. 31).

Tabela 3.13 – Valores dos coeficientes β, a, b e c de Pfafstetter para algumas cidades brasileiras

Postos Pluviográficos	β				a	b	c
	5 min	15 min	30 min	1 h – 6 dias			
Belo Horizonte (MG)	0,12	0,12	0,12	0,04	0,6	26	20
Curitiba (PR)	0,16	0,16	0,16	0,08	0,2	25	20
Maceió (AL)	0,00	0,04	0,08	0,20	0,5	29	10
Manaus (AM)	0,04	0,00	0,00	0,04	0,1	33	20
Natal (RN)	-0,08	0,00	0,08	0,12	0,7	23	20
Porto Alegre (RS)	0,00	0,08	0,08	0,08	0,4	22	20
Rio de Janeiro (RJ)	-0,04	0,12	0,12	0,20	0,0	35	10
São Carlos (SP)	-0,04	0,08	0,08	0,12	0,4	29	20

Fonte: TUCCI *et al.*, 1995, p. 205.

Quando as únicas informações disponíveis são de chuvas registradas por pluviômetros, a análise das chuvas intensas poderia, em princípio, ser feita somente para as chuvas de um dia de duração. Pode-se, contudo, fazer a avaliação das chuvas de menores durações a partir das chuvas máximas de um dia, empregando-se os chamados "coeficientes de desagregação". Para esse fim, a literatura apresenta resultados de estudos estatísticos obtidos, inicialmente, para as relações entre as chuvas máximas de um dia (obtidas dos registros do pluviômetro) e as chuvas máximas de 24 horas (obtidas com pluviógrafo), de mesmo período de retorno.[17] Nesses estudos, foi mostrado que, em termos de altura pluviométrica,

$$P_{Tr}^{\,24h} / P_{Tr}^{\,1dia} = 1{,}13 \text{ a } 1{,}15, \quad (3.20)$$

válida para períodos de retorno de 5 a 100 anos.

Relações entre as alturas pluviométricas máximas de diferentes durações são fornecidas na Tabela 3.14, construída com base nos estudos do DNOS (CETESB, 1986, p. 17), complementada pelos estudos de Occhipinti e Santos (1966), válidos para períodos de retorno entre 2 e 100 anos.

Tabela 3.14 – Relações entre chuvas intensas de diferentes durações

Relação entre as durações	Relação entre as alturas pluviométricas ou fator de desagregação
5 min / 30 min	0,34
10 min / 30 min	0,54
15 min / 30 min	0,70
20 min / 30 min	0,81
25 min / 30 min	0,91
30 min / 1 h	0,74
1 h / 24 h	0,42
2 h / 24 h	0,52
4 h / 24 h	0,63
6 h / 24 h	0,72
8 h / 24 h	0,78

[17] Em nosso país, exemplos são encontrados em CETESB (1986) e em Tucci *et al.* (1995), entre outros.

10 h / 24 h	0,82
12 h / 24 h	0,85
24 h / 1 dia	1,14

Salienta-se que as alturas pluviométricas geradas com base na Tabela 3.14 não devem ser vistas como tendo a mesma precisão das que seriam obtidas a partir dos registros de pluviógrafos. Servem, contudo, como estimativa das magnitudes das chuvas intensas de menores durações, quando se dispõem somente de dados diários de chuva obtidos com pluviômetros.

Complementarmente, na Tabela 3.15 são fornecidos valores dos coeficientes de desagregação, que são relações entre as alturas pluviométricas de diferentes durações e a altura pluviométrica da chuva de 24 horas de mesma recorrência.

Tabela 3.15 – Relação entre chuva máxima de duração t_d e chuva máxima de 24 h.

Relação entre durações, t_d/24h	Relação entre alturas pluviométricas, P_{td}/P_{24h}
5 min / 24 h	0,106
10 min / 24 h	0,168
15 min / 24 h	0,218
20 min / 24 h	0,252
25 min / 24 h	0,283
30 min / 24 h	0,311
1 h / 24 h	0,42
2 h / 24 h	0,52
4 h / 24 h	0,63
6 h / 24 h	0,72
8 h / 24 h	0,78
10 h / 24 h	0,82
12 h / 24 h	0,85
24 h / 24 h	1,00

Exercícios

3.1. Descreva sucintamente o princípio de formação das chuvas convectivas, orográficas e frontais.

3.2. Cite três grandezas características das precipitações, suas respectivas dimensões e as unidades usuais.

3.3. Na Figura 3.30, encontra-se representado o pluviograma registrado em uma estação pluviométrica de Ouro Preto (MG) devido a uma chuva intensa. Na Figura 3.29, foram fornecidas as curvas de intensidade-duração-frequência (curvas i-d-f) para as chuvas intensas no local da estação.

a) Com base no pluviograma da Figura 3.30, construir o hietograma da chuva de 10 minutos (curva da intensidade, i, em função do tempo, t) para os 40 minutos de registro.

b) Qual o período de retorno da chuva máxima de 10 minutos encontrada no hietograma do item anterior?

R: $i_{máx} = 120$ mm/h → Tr ≅ 10 anos.

c) Qual a probabilidade de ocorrência de uma chuva intensa de 10 minutos de magnitude igual ou superior àquela considerada no item anterior?

R: $P\{i \geq i_{máx}\} = 10\%$.

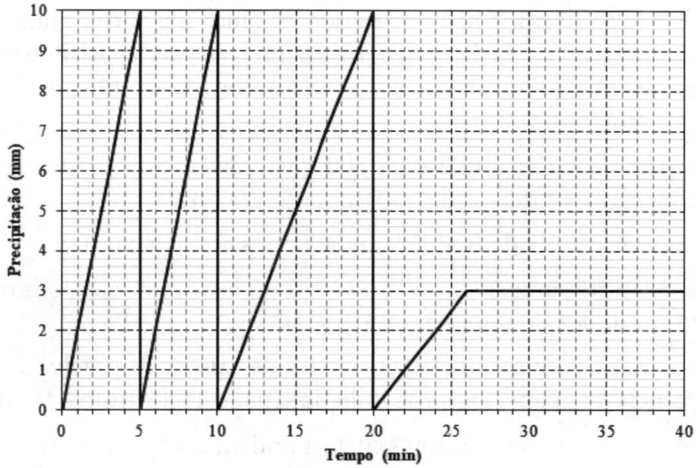

Figura 3.30 – Pluviograma do exercício 3.3.

3.4. Sejam quatro estações pluviométricas, indicadas por A, B, C e D na bacia hidrográfica da Figura 3.31, cujas alturas pluviométricas são conforme a Tabela 3.16.

a) Estime a precipitação média na bacia pelos métodos aritmético e de Thiessen.

b) Informe quais os elementos necessários e como proceder para obter a precipitação média pelo método das isoietas.

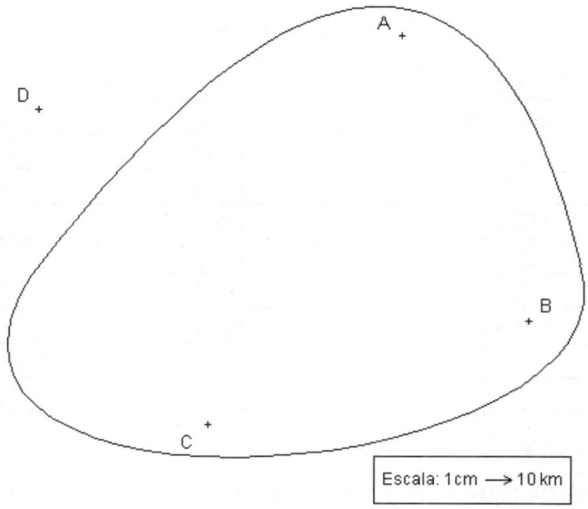

Figura 3.31 – Bacia hidrográfica e posição de quatro postos pluviométricos.

Tabela 3.16 – Precipitações nos postos pluviométricos

Posto pluviométrico	A	B	C	D
Altura pluviométrica, P (mm)	25,0	40,0	36,0	30,0

R: a) $\overline{P} = 32{,}8$ mm (aritmético); $\overline{P} \cong 33{,}2$ mm (Thiessen).

3.5. Nas Tabelas 3.17 e 3.18 são fornecidos os dados das séries anual e parcial das chuvas intensas de um dia, respectivamente, obtidos a partir de registros feitos em um posto pluviométrico, relativos ao período de 1958 a 1973. Com base nesses dados, pede-se:

a) obter, para as séries anual e parcial das Tabelas 3.17 e 3.18, os períodos de retorno correspondentes pelo método de Weibull;

b) construir as curvas de frequência das séries anual e parcial:

b1) para a série parcial, lançando as alturas pluviométricas, P (mm), em função dos períodos de retorno, em papel bi-log;

b2) para a série anual, plotando os pares de valores de precipitação *versus* frequência, em papel log-probabilístico (papel logarítmico de probabilidade);

c) determinar as chuvas máximas correspondentes aos períodos de retorno de 2, 5, 10, 50 e 100 anos, com base nas curvas de frequência construídas no item (b), para as séries anual e parcial.

Tabela 3.17 – Série anual

ano	1958	1959	1960	1961	1962	1963	1964	1965
P (mm)	85,5	95,2	91,7	157,8	87,2	70,4	130,8	65,3
ano	**1966**	**1967**	**1968**	**1969**	**1970**	**1971**	**1972**	**1973**
P (mm)	51,4	118,4	58,2	89,4	74,8	128,5	79,4	98,5

Tabela 3.18 – Série parcial

Ano	P (mm)	Ano	P (mm)
1958	85,5 - 67,8	**1966**	---
1959	95,2 - 68,4	**1967**	118,4 - 71,5
1960	91,7 - 84,0	**1968**	---
1961	157,8 - 70,2	**1969**	89,4 - 80,5
1962	87,2 - 78,4	**1970**	74,8 - 65,8
1963	70,4 - 65,7	**1971**	128,5 - 70,8 - 65,8
1964	130,8 - 65,8	**1972**	79,4 - 66,4
1965	65,3	**1973**	98,5 - 82,7

R: Série anual: P (mm) = 89,1; 118,5; 139,2; 182,0 e 200. Série parcial: P (mm) = 89,5; 115,7; 140,2; 222,1 e 270,7.

3.6. Na Tabela 3.19, são fornecidos os totais anuais referidos a um posto pluviométrico, obtidos no período de 1941 a 1968. Com base nos dados dessa tabela, pede-se:

a) efetuar a análise estatística, calculando a média, o desvio padrão e o coeficiente de variação das alturas pluviométricas;

b) calcular as frequências acumuladas e construir o gráfico de probabilidade, lançando os pares de valores da frequência acumulada *versus* altura pluviométrica em papel aritmético de probabilidade. Traçar, nesse gráfico, a reta que representa a lei normal de probabilidade;

c) obter, com base na distribuição normal de probabilidade, os prováveis totais anuais precipitados com recorrências de 5, 10, 100 e 1.000 anos.

R: a) $\overline{P}$ =1.377,2 mm, s = 287,7 mm, cv = 20,9%; c) P = 1.619 mm; 1.743 mm; 2.044 mm e 2.265 mm.

Tabela 3.19 – Totais anuais precipitados em um posto pluviométrico: anos de 1941 a 1968

Ano	P (mm)	Ano	P (mm)	Ano	P (mm)	Ano	P (mm)
1941	1.066,6	**1948**	1.245,3	**1955**	1.224,5	**1962**	1.673,7
1942	1.489,1	**1949**	1.410,8	**1956**	1.412,3	**1963**	885,9
1943	1.552,2	**1950**	1.559,0	**1957**	1.467,1	**1964**	1.451,0
1944	727,1	**1951**	1.251,5	**1958**	1.567,2	**1965**	1.850,0
1945	1.205,8	**1952**	1.199,2	**1959**	1.105,0	**1966**	1.230,9
1946	1.429,8	**1953**	1.248,8	**1960**	1.833,7	**1967**	1.649,6
1947	2.024,9	**1954**	1.471,0	**1961**	1.136,3	**1968**	1.194,6

3.7. Uma estação pluviométrica X esteve inoperante por vários dias de um determinado mês. Nesse mesmo mês, os totais precipitados em três estações vizinhas A, B e C foram 126 mm, 105 mm e 144 mm, respectivamente. Sabendo-se que as precipitações médias anuais nas estações X, A, B e C são, respectivamente, 1.155 mm, 1.323 mm, 1.104 mm e 1.416 mm, estimar o total precipitado na estação X para o mês que apresentou falhas.

R: P (estação X) = 112,4 mm.

Papel aritmético de probabilidade

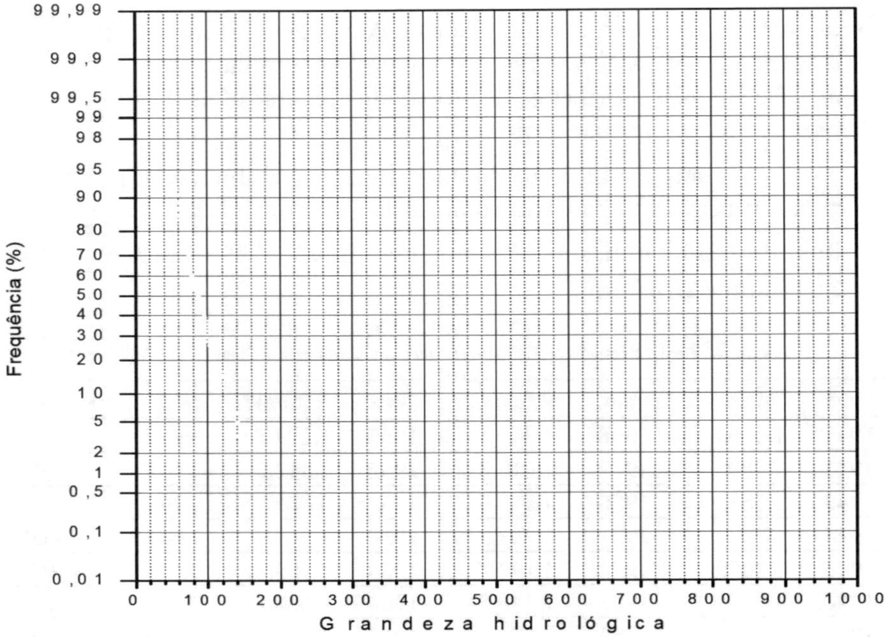

Papel logarítmico de probabilidade

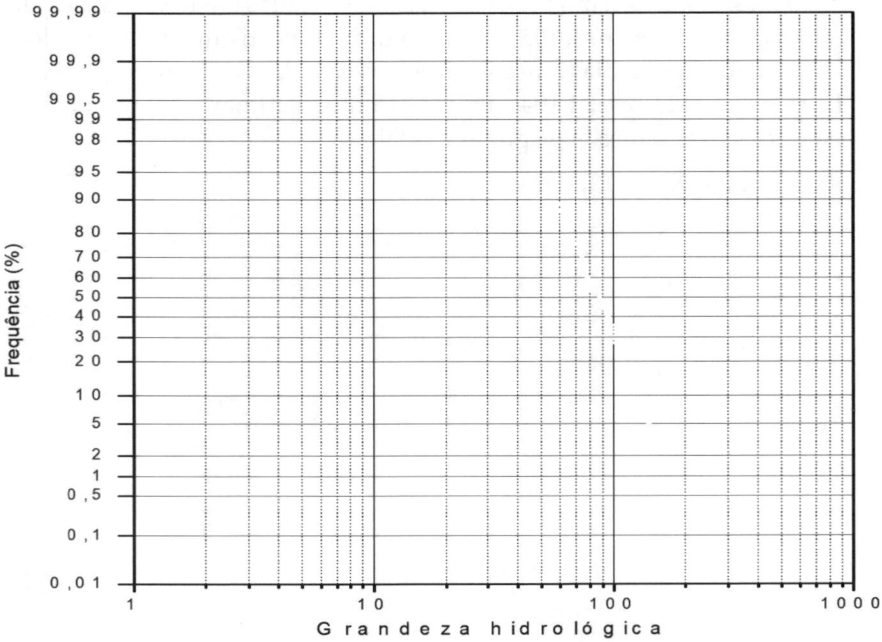

CAPÍTULO 4
INFILTRAÇÃO

4.1 GENERALIDADES

Infiltração é o processo físico da passagem natural da água da superfície para o interior do solo. Tem grande importância no ciclo hidrológico por ser um dos fatores que determinam a recarga dos aquíferos e a disponibilização de água para as culturas, além de influenciar diretamente na ocorrência e na magnitude do escoamento superficial.

No balanço hídrico aplicado a uma bacia hidrográfica, o escoamento superficial direto ou *runoff* (R) devido a uma chuva intensa, que vai alimentar o curso d'água no fundo de vale, é obtido pela subtração da infiltração (I) do total precipitado (P), como indicado pela Equação (1.6):

$R = P - I.$

Portanto, a infiltração tem influência direta na análise do comportamento das vazões ao longo do tempo (análise das hidrógrafas), cujo estudo será complementado no Capítulo 6.

O fenômeno da infiltração é um processo complexo que depende, basicamente, da disponibilidade de água para infiltrar, da natureza do solo, do estado da camada superficial do solo e das quantidades de água e ar inicialmente presentes no interior do solo.

No interior do solo, o espaço disponível para a água se movimentar e se acumular é determinado pelos vazios existentes entre os grãos que compõem a estrutura do solo. O parâmetro capaz de especificar a máxima retenção de água no solo é a *porosidade*, representada por n:

n = (volume de vazios numa amostra de solo) ÷ (volume total da amostra de solo).

Outro fator é o teor de *umidade do solo*, θ:

θ = (volume de água na amostra de solo) ÷ (volume total da amostra de solo),

que será sempre menor ou igual à porosidade.

Já o grau de *saturação do solo*, S, é definido por

S = (volume de água na amostra de solo) ÷ (volume de vazios na amostra de solo),

isto é, $S = \theta/n$.

Os solos naturais, em geral, não estão completamente saturados, mesmo abaixo do nível freático, em razão do aprisionamento do ar durante o processo de avanço da frente de umedecimento. Isso faz com que outra propriedade do solo relacionada à sua capacidade de condução da água - a condutividade hidráulica, K - seja afetada por esse ar residual, situação que será discutida na apresentação dos modelos matemáticos que descrevem o processo de infiltração da água no solo.

4.2 O PROCESSO DA INFILTRAÇÃO – EVOLUÇÃO DO PERFIL DE UMIDADE

À medida que a água infiltra pela superfície do terreno, as camadas superiores do solo vão se umidificando de cima para baixo, alterando gradativamente o perfil de umidade. Enquanto houver suprimento ou aporte superficial de água, o perfil de umidade continuará a evoluir e tenderá à saturação em toda a profundidade, sendo a superfície o primeiro nível a saturar.

Normalmente, a infiltração decorrente das precipitações naturais não é capaz de saturar todo o perfil do solo, restringindo-se, quando consegue, a saturar apenas as camadas próximas à superfície. Em consequência, desenvolve-se um perfil de umidade típico, em que o teor decresce com a profundidade, como ilustrado pela linha cheia da Figura 4.1.

Quando cessa o aporte superficial de água e deixa de haver infiltração, a umidade no interior do solo se redistribui, evoluindo para um perfil inverso em que os menores teores de umidade se distribuem próximos à superfície, enquanto os maiores se mantêm nas camadas mais profundas, como ilustra a linha pontilhada da Figura 4.1.

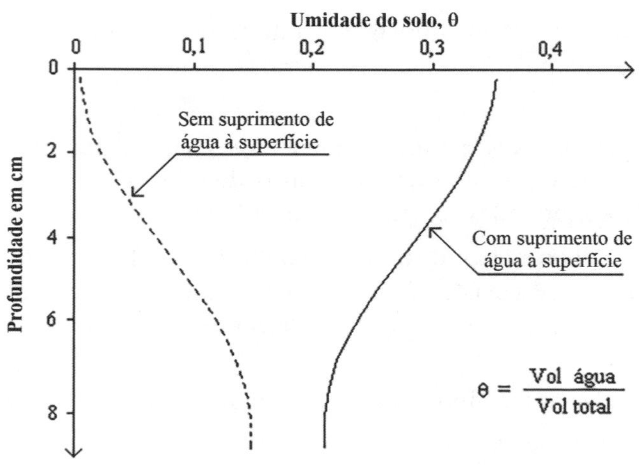

Figura 4.1 – Evolução do perfil de umidade do solo: linha cheia para a condição de suprimento superficial de água (umidade superficial alta); linha pontilhada para ausência de suprimento superficial de água (umidade superficial baixa).

Convém observar que toda a umidade é drenada para as camadas mais profundas do solo, e parte será transferida para a atmosfera pela evapotranspiração.[1] Ainda, nas camadas mais inferiores geralmente está uma zona de saturação do solo, mas a sua influência no fenômeno da infiltração só será significativa se essa zona se situar a uma profundidade relativamente pequena.

4.3 CAPACIDADE DE INFILTRAÇÃO E TAXA REAL DE INFILTRAÇÃO

A capacidade de infiltração, f, é uma grandeza física que mede o potencial que o solo tem de absorver água pela sua superfície. Fisicamente, representa o volume de água que o solo é capaz de absorver, por unidade de área, na unidade de tempo. A grandeza capacidade de infiltração, f, tem, portanto, a dimensão de comprimento por tempo e é medida, em geral, em mm/h, mm/min ou cm/dia.

Deve-se fazer distinção entre os conceitos de *capacidade de infiltração* e *taxa real de infiltração*, dado que esta última só acontece quando há disponibilidade de água para penetrar no solo. As curvas, em função do tempo, da taxa real de infiltração e da capacidade de infiltração de um solo, somente coincidirão se a taxa de contribuição de água superficial, proveniente da precipitação natural ou artificial, tiver intensidade igual ou superior à capacidade de infiltração ($i>f$). Neste caso, na prática, a quantificação da capacidade de infiltração pode ser feita em termos da mensuração da altura da lâmina d'água infiltrada, por unidade de tempo, sob determinadas condições.

Considerado um modelo simples constituído por uma coluna homogênea de solo com um teor de umidade inicial uniforme, há três casos distintos de tratamento do fenômeno da infiltração, a depender da intensidade da chuva, que são apresentados e ilustrados na Figura 4.2.

Caso I: a intensidade da chuva, i, é menor do que a capacidade de infiltração, f, e inferior à condutividade hidráulica saturada do solo, K_s ($i < f$ e $i < K_s$).

Nessa situação, toda água precipitada infiltra no solo, com uma taxa sempre igual à intensidade da chuva, conforme ilustrado pela linha I da Figura 4.2.

Caso II: a intensidade da chuva, i, é inicialmente menor do que a capacidade de infiltração, f, mas superior à condutividade hidráulica saturada ($K_s < i < f$).

Nesse caso, inicialmente, toda a água da precipitação infiltra no solo com uma taxa igual à intensidade da chuva. Enquanto a água infiltra, a capacidade de infiltração passa a decrescer com o tempo devido, principalmente, ao aumento do teor de umidade nas camadas mais próximas à superfície e à consequente redução do gradiente hidráulico entre a superfície e a frente úmida em propagação. Decorrido um determinado tempo, genericamente

[1] A variação do teor de umidade do solo tem particular importância para as plantas, que retiram a umidade do solo e a devolvem para a atmosfera pelo processo da transpiração. Quando se trata da irrigação de culturas, dois parâmetros relacionados ao teor de umidade têm especial importância: o ponto de murcha permanente e a capacidade de campo do solo. Esses conceitos são brevemente apresentados no Anexo deste capítulo.

identificado como $t = t_e$, ocorre o encharcamento da camada superficial do solo (empoçamento da água à superfície) e a capacidade de infiltração iguala-se momentaneamente à intensidade da chuva. Após o instante t_e, a capacidade de infiltração continua a decrescer de forma exponencial com o tempo. Se a chuva persiste, a capacidade de infiltração aproxima-se de um valor mínimo constante, identificado como $f = f_c$, que é aproximadamente igual à condutividade hidráulica saturada, conforme ilustrado pela linha II da Figura 4.2.

Caso III: a intensidade da chuva, i, é superior à capacidade de infiltração, f, desde o início da precipitação (i > f):

Para o caso de i > f, o encharcamento ou empoçamento da água na superfície do terreno ocorre já no início da chuva. Nesse caso, a taxa real de infiltração, que é ilustrada pela linha III da Figura 4.2, sempre coincide com a capacidade de infiltração e é controlada somente por fatores relacionados ao solo.

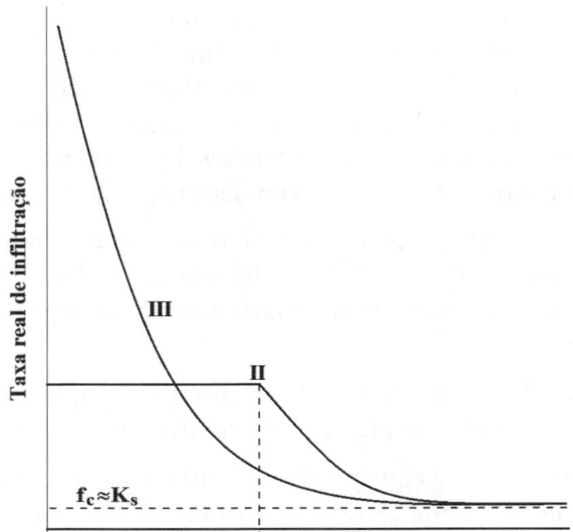

Figura 4.2 – Comportamento da taxa real de infiltração sob diferentes condições de chuva.

O caso II, em que a precipitação atinge o solo com uma intensidade, i, inicialmente inferior à capacidade de infiltração, é novamente ilustrado na Figura 4.3. Nesta figura, em que se representa a chuva de intensidade i constante e duração t_d, com a evolução da capacidade de infiltração da água no solo, em função do tempo, vê-se que, enquanto a intensidade da chuva é inferior ao potencial do solo de absorver água pela sua superfície (i < f), toda a água precipitada infiltra com uma taxa igual à intensidade da chuva (intervalo de duração t_e da figura), isto é:

para $0 < t < t_e \rightarrow$ taxa real de infiltração = i < f.

A Figura 4.3 mostra, ainda, que, decorrido o intervalo de tempo t_e, a capacidade de infiltração iguala-se à intensidade da chuva:

para $t = t_e$, taxa real de infiltração $= i = f = f_0$.

O tempo t_e, identificado pelo ponto M da Figura 4.2, corresponde ao instante em que ocorre o encharcamento da camada superficial do solo. A partir desse instante, a taxa real de infiltração se iguala à capacidade de infiltração, que se torna inferior à intensidade da chuva e passa a decrescer exponencialmente com o tempo, conforme representado pelo ramo MN da curva:

para $t_e < t \leq t_d \rightarrow$ taxa real de infiltração $= f < i$.

Em consequência, a parcela não infiltrada da água da precipitação passa a formar pequenos armazenamentos nas depressões superficiais do terreno e a produzir o escoamento superficial direto (*runoff*) em direção às áreas mais baixas.

Finalmente, para $t > t_d$, cessada a precipitação, a taxa real de infiltração se anula rapidamente, enquanto a capacidade de infiltração começa a crescer, pois a umidade das camadas mais superficiais se redistribui continuamente para as camadas mais profundas, ao mesmo tempo que ocorrerem perdas de umidade do solo por evapotranspiração.

Para o intervalo de tempo correspondente ao ramo MN da curva da figura, em que $i > f$, a equação do balanço hídrico, escrita em termos das alturas de lâminas d'água na forma da Equação (1.6), permite quantificar o escoamento superficial:

$$R = P - I,$$

em que:

R = altura da lâmina d'água total escoada, ou volume escoado, por unidade de área, [L];

P = altura total precipitada, [L];

F = altura da lâmina d'água total infiltrada, ou volume de água infiltrada, por unidade de área, [L].

A equação do balanço hídrico pode, ainda, ser reescrita em termos de taxas, na forma:

$$q_s = i - f$$

em que:

i = intensidade da chuva (altura pluviométrica por unidade de tempo), $[LT^{-1}]$;

f = capacidade de infiltração (altura da lâmina líquida infiltrada por unidade de tempo), $[LT^{-1}]$;

q_s = escoamento superficial direto ou *runoff* (altura de lâmina líquida escoada, por unidade de tempo, ou volume de água escoada por unidade de área superficial, na unidade de tempo), $[LT^{-1}]$.

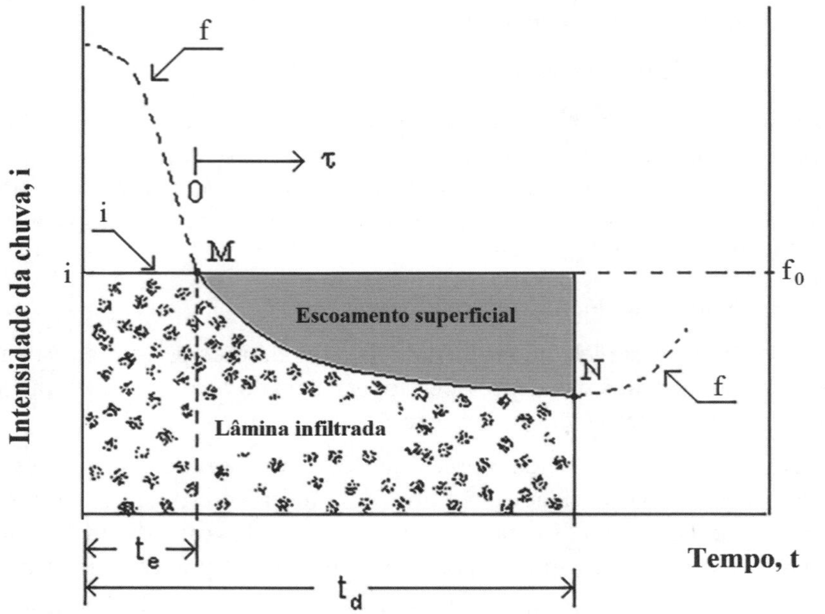

Figura 4.3 – Visualização da variação da capacidade de infiltração com a ocorrência de uma chuva.

4.4 FATORES QUE INTERVÊM NA CAPACIDADE DE INFILTRAÇÃO

Diz-se, em geral, que a capacidade de infiltração depende do teor de umidade do solo, mas são muitos e variados os fatores que intervêm na infiltração da água em um solo. Listam-se, a seguir, cada um deles, com uma explicação sucinta da forma ou do motivo da sua influência.

a) Tipo de solo: a capacidade de infiltração varia diretamente com a porosidade do solo, o tamanho das partículas do solo (distribuição granulométrica) e o estado de fissuração das rochas.

b) Grau de umidade do solo: o solo seco tem maior capacidade de infiltração pelo fato de, à ação gravitacional, somarem-se as forças capilares que favorecem a infiltração. De outro modo, quanto maior for a umidade do solo, menor será a capacidade de infiltração.

c) Compactação pela ação de homens e animais: a compactação da superfície do solo o torna menos permeável, diminuindo a capacidade de infiltração.

d) Ação da precipitação sobre o solo: a ação da chuva sobre o solo tende a diminuir a capacidade de infiltração, pelo efeito da compactação da superfície do terreno, do transporte de material fino, que diminui a porosidade junto à superfície, e do aumento das partículas coloidais, que também diminui os espaços intergranulares.

e) Alteração da macroestrutura do terreno: a capacidade de infiltração pode ser aumentada pela alteração da macroestrutura do solo devido a fenômenos naturais, como escavações de animais, decomposição de raízes de plantas e a ação do sol, e também devido à ação do homem no cultivo da terra (aração).

f) Cobertura vegetal: a presença da cobertura vegetal resulta em um aumento da capacidade de infiltração do solo, pois a parte aérea da vegetação atenua a ação compactadora da chuva, e suas raízes facilitam a atividade de insetos e outros animais no processo de escavação. Ainda, a vegetação dificulta o escoamento superficial e retira a umidade do solo pelo processo da transpiração.

g) Temperatura do solo: a infiltração é um fenômeno de fluxo de água no solo. Assim, sua medida (por meio da capacidade de infiltração) está subordinada à temperatura da água, da qual depende a sua viscosidade. Menores temperaturas provocam o aumento da viscosidade, que aumentam as forças de resistência ao fluxo e reduzem a capacidade de infiltração.

h) Presença de ar: o ar retido temporariamente nos espaços intergranulares retarda a infiltração por fluir em direção contrária à da água.

4.5 MÉTODOS DE QUANTIFICAÇÃO DIRETA DA CAPACIDADE DE INFILTRAÇÃO

A capacidade de infiltração de um solo pode ser medida com o uso de equipamentos denominados *infiltrômetros* que, em geral, são de dois tipos:

a) infiltrômetros de anel metálico, propriamente ditos, que utilizam a aplicação de água por inundação, isto é, mantêm um contínuo aporte de água à superfície do terreno durante o processo de medição;

b) simuladores de chuva, que fazem a aplicação de água por aspersão.

Os infiltrômetros do primeiro tipo são tubos cilíndricos curtos, de diâmetro geralmente compreendido entre 20 e 90 cm, feitos de chapa metálica, que se cravam verticalmente no solo, de modo a sobrar uma pequena altura livre.

Existem duas variações do infiltrômetro de anel metálico, conforme se utiliza um tubo ou dois tubos concêntricos. Quando se utilizam dois tubos, o externo tem a função de prover a quantidade de água necessária ao espalhamento lateral, que ocorre devido aos efeitos da capilaridade. Assim, a infiltração propriamente dita deverá ser medida levando-se em conta a área limitada pelo cilindro interno. Durante o experimento, mantém-se sobre o solo, nos dois compartimentos, uma pequena lâmina de água de 5 a 10 cm (Figura 4.4). Nos ensaios, para se obter o valor de f, divide-se a taxa de aplicação da água pela área da seção transversal do tubo interno.

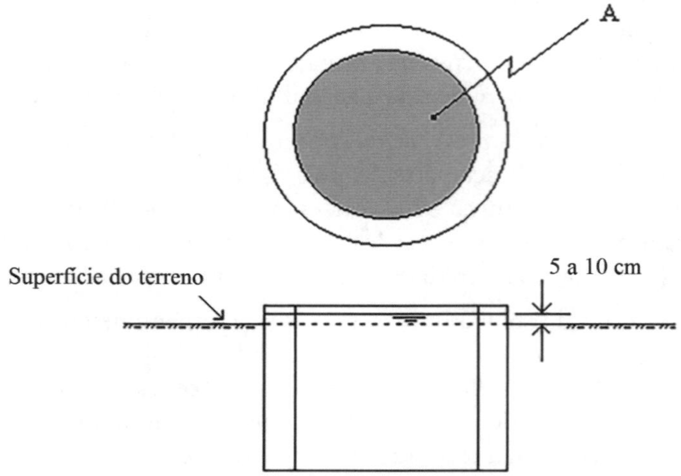

Figura 4.4 – Infiltrômetro de duplo anel.

Na Figura 4.5, é representado o infiltrômetro de anel metálico simples (tubo de 20 cm de diâmetro) em operação. No esquema da figura, para a reposição da água de infiltração, o infiltrômetro é alimentado por um vaso de Mariotte, que permite a adição controlada da água de infiltração, cuja vazão é determinada pela altura h.[2]

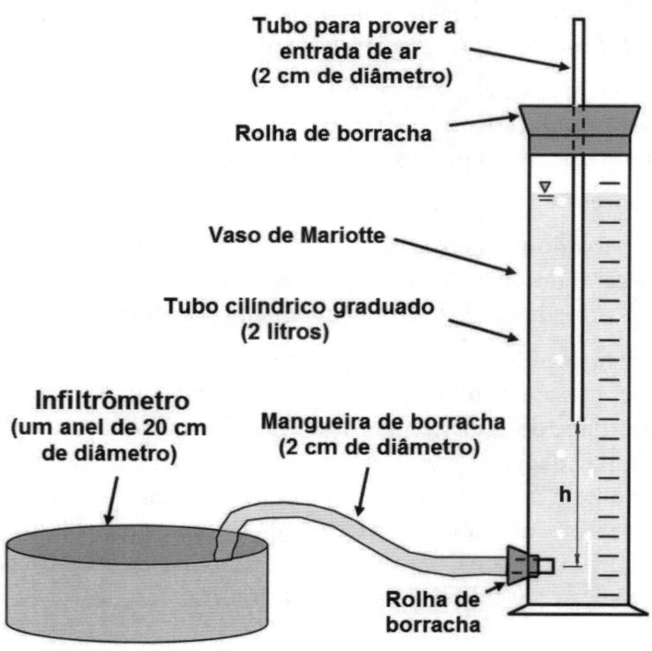

Figura 4.5 – Figura esquemática de um infiltrômetro de anel simples em operação.

[2] No vaso de Mariotte, em que a vazão é controlada pela altura entre a saída do tubo de sucção do vaso e a saída da mangueira, o tubo de sucção permite a entrada do ar, que vai formar uma "atmosfera à pressão constante" na superfície da água interior ao vaso.

Como exemplo, apresenta-se uma planilha de anotações e cálculo (Tabela 4.1) comumente utilizada em ensaios de medida da capacidade de infiltração, f, com o uso de infiltrômetro de anel metálico. Preenchida a planilha e efetuados os cálculos, os resultados obtidos da capacidade de infiltração em função do tempo são lançados em gráfico cartesiano. Para isso, a coluna (4) da Tabela 4.1 é preenchida com os resultados da divisão dos valores da coluna (3) pela área A da seção transversal do infiltrômetro. Por sua vez, a coluna (5) é preenchida dividindo-se os valores obtidos na coluna (4) pelo intervalo de tempo correspondente, em horas.

Tabela 4.1 – Elementos de cálculo da capacidade de infiltração com o uso do infiltrômetro de anel metálico

(1)	(2)	(3)	(4)	(5)
Tempo (min)	Volume lido (cm^3)	Variação do volume (cm^3)	Altura da lâmina (mm)	Capacidade de infiltração (mm/h)
...	...	...	...	...
...	...	...	...	...
...	...	...	...	...
...	...	...	...	...
...	...	...	...	...
...	...	...	...	...

Os principais inconvenientes relacionados ao uso de infiltrômetros de anel metálico, que causam erros de medida, são: i) a ausência do efeito de compactação da chuva; ii) a fuga lateral do ar retido nos vazios do solo para a área externa ao tubo; iii) a deformação da estrutura do solo com a cravação do tubo.

Os infiltrômetros do segundo tipo, chamados de simuladores de chuva, são aparelhos de aplicação da água por aspersão. Nos ensaios, a chuva é simulada com uma com taxa uniforme de intensidade superior a f, exceto para um breve intervalo de tempo inicial necessário para produzir o encharcamento superficial. Normalmente, a aplicação da água por aspersão é feita em áreas retangulares, ou quadradas, medindo de 0,10 m^2 a 40 m^2 de superfície. Essas áreas são circundadas por canaletas que recolhem a água do escoamento superficial. Nos ensaios, registra-se a quantidade de água adicionada e mede-se o escoamento superficial resultante para, mediante a aplicação do balanço hídrico, deduzir-se o valor de f.

4.6 MÉTODOS MATEMÁTICOS DE QUANTIFICAÇÃO DA INFILTRAÇÃO

Diferentes enfoques têm sido adotados para a quantificação da infiltração, muitos deles voltados para a obtenção do escoamento superficial direto (*runoff*) produzido por uma determinada chuva. Esses enfoques são aqui categorizados como de quatro tipos: 1) métodos que fazem uso da curva da capacidade de infiltração; 2) método da função não linear da taxa de perda; 3) método do índice ϕ; e 4) método do SCS.

Entre os métodos que fazem uso da curva da capacidade de infiltração, distinguem-se, por razões históricas e pela relativa simplicidade do equacionamento, os métodos empíricos de Horton, Kostiakov, Philip, Holtan etc. Outro método relativamente simples e de grande aceitação é o de Green-Ampt, que, baseando-se na equação de Darcy, considera a região acima da frente de umedecimento saturada. Os métodos de Horton, Kostiakov e Green-Ampt serão brevemente expostos adiante, como exemplos de equacionamento da infiltração.

O método da função não linear da taxa de perda, desenvolvido pelo Centro de Engenharia Hidrológica dos EUA (Hydrologic Engineering Center – HEC), considera que a relação entre a taxa de infiltração e a intensidade da chuva é não linear. No método do HEC, o termo "perda" é usado para se referir à parcela da precipitação que não gera escoamento superficial direto. E, no equacionamento, ele introduz uma função da taxa de perda que decresce com o aumento da umidade do solo.

O método do índice ϕ é um dos mais simples procedimentos utilizados para a obtenção do volume total do escoamento superficial produzido por uma tormenta, que adota uma taxa de infiltração média em todo o período de ocorrência da chuva, mesmo que esta não tenha intensidade constante.

O método do SCS, desenvolvido pelo Serviço de Conservação do Solo norte americano (Soil Conservation Service), atual National Resource Conservation Service (NRCS) do Departamento de Agricultura dos Estados Unidos, que também usa parâmetros médios no tempo, considera indiretamente a taxa de infiltração a partir das características do solo. No método do SCS, os fatores que influenciam a infiltração são o grupo hidrológico do solo, o tipo de cobertura, as condições hidrológicas e a condição de umidade antecedente.

Os três últimos métodos, que são mais utilizados para a quantificação do *runoff* produzido por chuvas intensas, serão vistos no Capítulo 6, na seção que trata da obtenção da precipitação efetiva.

4.6.1 EQUACIONAMENTO DA INFILTRAÇÃO

Green e Ampt propuseram, em 1911, uma relação para a capacidade de infiltração baseada na equação de Darcy do movimento da água no solo. Mais tarde, dos anos 1930 aos anos 1960, diferentes pesquisadores, como Kostiakov, Horton, Philip e Holtan, formularam relações empíricas para a capacidade de infiltração.

Para solos não saturados, a equação do fluxo da água, estabelecida na forma do volume de água que se move no interior do solo, por unidade de área e na unidade de tempo, é dada pela lei de Darcy, ou extensão da lei de Darcy para solos não saturados, na qual a condutividade hidráulica é uma função do teor de umidade do solo. Quando as equações diferenciais de Darcy e da conservação da massa são combinadas, resultam na expressão conhecida como equação de Richards para a infiltração em solos saturados e não saturados, da forma

$$\frac{\partial \theta}{\partial t} = \frac{\partial}{\partial z}\left(K \frac{\partial h}{\partial \theta} \frac{\partial \theta}{\partial z}\right) - \frac{\partial K}{\partial z} \tag{4.1}$$

em que:

θ = umidade do solo, medida pela relação volume de água ÷ volume total de solo (adimensional);

K = condutividade hidráulica, que varia com o teor de umidade e cujo valor máximo é igual à condutividade hidráulica saturada, K_s, $[LT^{-1}]$;

h = carga piezométrica que, para solo não saturado, é dada pela soma dos efeitos da capilaridade (potencial mátrico do solo) e da ação gravitacional, [L];

z = profundidade medida a partir da superfície do terreno, [L].

Soluções numéricas da equação de Richards têm sido desenvolvidas para diferentes condições iniciais e de contorno. Todavia, em função dos custos envolvidos nas aplicações e em razão da necessidade de obtenção de dados das propriedades dos solos, os métodos numéricos têm sido substituídos, em muitos casos, por modelos mais simples, com resultados satisfatórios para os interesses práticos. Entre esses modelos estão as equações de Horton, Kostiakov e Green-Ampt, que são apresentadas na sequência.

4.6.1.1 Equação de Horton para a capacidade de infiltração

A partir de experimentos de campo, R. E. Horton (1942, p. 575-577) estabeleceu, em 1939, uma relação matemática empírica de três parâmetros para representar o decaimento da infiltração com o tempo, para o caso do solo submetido a uma precipitação com intensidade superior à capacidade de infiltração. O modelo descritivo da capacidade de infiltração, conhecido como equação de Horton, é escrito na forma

$$f = f_c + (f_0 - f_c) \cdot exp\left[-k \cdot (t - t_e)\right], \quad (4.2)$$

ou

$$f = f_c + (f_0 - f_c) \cdot exp\left[-k \cdot \tau\right], \quad (4.2a)$$

em que:

f = capacidade de infiltração no tempo genérico t, $[LT^{-1}]$;

f_0 = capacidade de infiltração no tempo t = 0, $[LT^{-1}]$;

f_c = capacidade de infiltração mínima, ou taxa mínima de infiltração, que é um valor assintótico (valor final de equilíbrio) avaliado em um tempo t suficientemente grande (teoricamente válida para $t \rightarrow \infty$), $[LT^{-1}]$;

k = fator que representa a taxa de decréscimo de f, chamada de constante de Horton, $[T^{-1}]$;

t = tempo contado a partir do início da chuva, [T];

$\tau = t - t_e$ = tempo contado a partir do encharcamento da camada superficial do solo, [T];

t_e = tempo em que ocorre o encharcamento da camada superficial do solo, [T].

As grandezas f, f_0 e f_c são medidas na mesma unidade da intensidade da chuva, normalmente em mm/h. No modelo de Horton, os parâmetros f_0 e k são quantificados empiricamente, a partir de experimentos de campo, pois não podem ser determinados a partir das propriedades do solo. Com base no modelo matemático e nos resultados de ensaios de campo, pode-se também avaliar o valor do parâmetro f_c.

As Equações (4.2) e (4.2a) são válidas para as condições em que a intensidade da chuva é igual ou superior à capacidade de infiltração. Reportando à curva f *versus* t da Figura 4.2, tem-se que o modelo de Horton é válido somente para $t_e \leq t < t_d$, intervalo no qual f assume um comportamento exponencial decrescente, como ilustrado pelo ramo MN da curva da citada figura. Para o intervalo mencionado, a capacidade de infiltração iguala-se à taxa real de infiltração, o que significa que as medições desta última em ensaios de campo produzirão resultados válidos para a primeira.

EXEMPLO 4.1

Um experimento com simulador de chuva foi realizado para a obtenção da equação de Horton da capacidade de infiltração de um determinado solo. A chuva artificial foi produzida com intensidade constante i = 40 mm/h. O excesso escoado superficialmente foi recolhido nas canaletas que circundam a área de teste, de onde foi conduzido para um reservatório, de modo a permitir a determinação dos volumes não infiltrados ao longo do tempo. O resumo dos resultados do teste contendo os volumes recolhidos ao longo do tempo é apresentado na Tabela 4.2.

Tabela 4.2 – Dados do experimento com simulador de chuva

t (min)	0	2	4	6	10	14	18	22	26	30	34	38	42
Vol_s (L)	0	0	0	0	3,71	10,21	18,62	28,53	39,29	50,88	62,91	75,37	88,07

Ajustar a equação de Horton, sabendo-se que o ensaio foi realizado em uma área de teste de 10 m² e que, após um longo tempo, a vazão na canaleta que conduz o excesso ao reservatório manteve-se praticamente constante e igual a 56,1 mL/s.

Solução:

Desprezando-se as perdas por evaporação, a equação do balanço hídrico escrita para a área em questão é da forma:

$$i \cdot \Delta t \cdot A - Q \cdot \Delta t = \Delta Vol_i,$$

ou

$$i - \frac{Q}{A} = \frac{1}{A}\frac{\Delta Vol_i}{\Delta t}. \quad (4.3)$$

O termo do 2º membro da Equação (4.3) representa a taxa real de infiltração, sendo A a área teste e ΔVol_i a variação do volume de água infiltrada no intervalo de tempo Δt.

Fazendo-se $q_s = Q/A$ e $\Delta I = \Delta Vol_i/A$, tem-se

$$i - q_s = \frac{\Delta I}{\Delta t}, \quad (4.4)$$

com ΔI representando a altura da lâmina de água infiltrada no intervalo Δt.

EXEMPLO 4.1 *(continuação)*

Para calcular as taxas reais de infiltração do 2º membro da Equação (4.4), constrói-se a Tabela 4.3. As três primeiras colunas dessa tabela reproduzem os dados do ensaio experimental. Na 6ª coluna, são lançados os valores da vazão na canaleta, calculados com base nos volumes recolhidos (coluna 5) nos intervalos de tempo Δt (coluna 4). Na coluna (7), os valores das vazões são divididos pela área de teste e postos na mesma unidade em que se mede a precipitação. As taxas reais de infiltração da coluna (8) são obtidas substraindo-se os valores da coluna (7) daqueles da coluna (2), de modo a satisfazer a Equação (4.4).

Para obter a capacidade de infiltração, foi preciso identificar o instante t_e em que ocorreu a saturação da camada superficial do solo, pois a taxa real de infiltração, $\Delta I/\Delta t$, só representa a capacidade de infiltração para $t \geq t_e$. Com os dados do problema, considerou-se que o encharcamento da camada superficial do solo ocorreu, aproximadamente, em $t = t_e = 6$ min. Os dados da coluna (10) foram então preenchidos com os valores da coluna (8), para os intervalos de tempo superiores a 6 minutos, quando $f = \Delta I/\Delta t$. A visualização gráfica dos resultados dos cálculos da Tabela 4.3 é feita na Figura 4.6.

Tabela 4.3 – Elementos de cálculo da capacidade de infiltração em teste com simulador de chuva

(1)	(2)	(3)	(4)	(5)	(6)	(7)	(8)	(9)	(10)
t (min)	i (mm/h)	Vol_s (L)	Δt (min)	ΔVol_s (L)	$Q = \Delta Vol_s/\Delta t$ (L/h)	$q_s = Q/A$ (mm/h)	$\Delta I/\Delta t$ (mm/h)	$\tau = t - t_e$ (min)	f (mm/h)
0	40	-	-	-	-	-	-	-	-
2	40	0	2	0	0,00	0,00	40,00	-	
4	40	0	2	0	0,00	0,00	40,00	-	
6	40	0	2	0,00	0,00	0,00	40,00	0	40,00
10	40	3,71	4	3,71	55,65	5,57	34,44	4	34,44
14	40	10,21	4	6,50	97,50	9,75	30,25	8	30,25
18	40	18,62	4	8,41	126,15	12,62	27,39	12	27,39
22	40	28,53	4	9,91	148,65	14,87	25,14	16	25,14
26	40	39,29	4	10,76	161,40	16,14	23,86	20	23,86
30	40	50,88	4	11,59	173,85	17,39	22,62	24	22,62
34	40	62,91	4	12,03	180,45	18,05	21,96	28	21,96
38	40	75,37	4	12,46	186,90	18,69	21,31	32	21,31
42	40	88,07	4	12,70	190,50	19,05	20,95	36	20,95

EXEMPLO 4.1 *(continuação)*

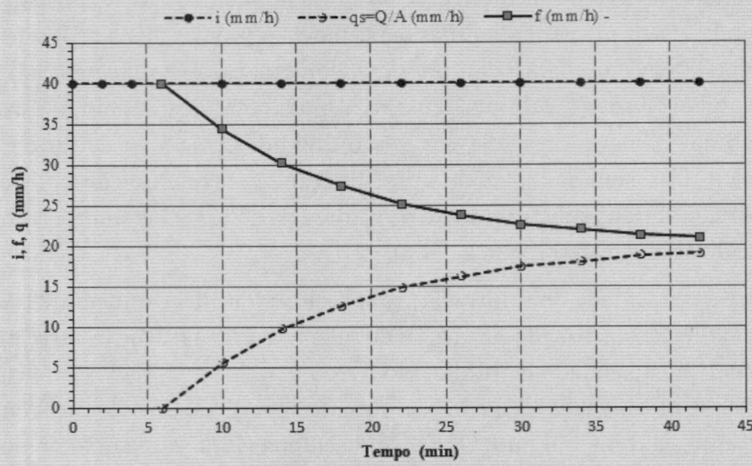

Figura 4.6 – Evolução temporal da intensidade da precipitação, do deflúvio superficial e da capacidade de infiltração.

A equação de Horton deve, então, ser ajustada aos dados das duas últimas colunas da Tabela 4.3, com o uso da Equação (4.2a):

$$f = f_c + (f_0 - f_c)\cdot exp[-k\cdot(t - t_e)] = f_c + (f_0 - f_c)\cdot exp(-k\cdot\tau),$$

em que $\tau = t - t_e$, válida a partir de $\tau = 0$, ou do instante $t = t_e$ em que ocorreu o encharcamento da camada superficial do solo.

- Para $\tau = 0$, da Equação (4.2a), $f = f_0$. Assim, com os da Tabela 4.3, $f_0 = 40$ mm/h.

- Para tempos grandes ($\tau \rightarrow \infty$), da Equação (4.2.1), $f = f_c$. Uma informação adicional fornecida no problema é que, para t (ou τ) grande, Q = 56,1 mL/s. Convertendo essa vazão em deflúvio, tem-se q_s = 20,20 mm/h. Da Equação (4.4), para τ grande, $\Delta I/\Delta t = i - q_s = f_c$ (constante) $\rightarrow f_c = 40 - 20{,}20 = 19{,}80$ mm/h.

Uma vez conhecidos f_0 e f_c, o problema se resume, agora, à obtenção do valor do parâmetro k da equação de Horton. Para isso, a Equação (4.2.1) pode ser rearranjada e escrita na forma linearizável:

$$ln[(f - f_c)/(f_0 - f_c)] = -k\cdot\tau, \quad (4.5)$$

que é do tipo $y = -k\,\tau$. O coeficiente k, que é igual ao coeficiente angular da reta y *versus* τ, pode ser obtido graficamente ou por meio da análise da regressão segundo o método dos mínimos quadrados.

EXEMPLO 4.1 *(continuação)*

Do gráfico da Figura 4.7, com as ordenadas em escala logarítmica, tem-se:

- para t_1 = 15min, $(f - f_c)/(f_0 - f_c) = 0{,}30 \rightarrow y_1 = \mathit{ln}\ 0{,}30$,

e

- para t_2 = 35min, $(f - f_c)/(f_0 - f_c) = 0{,}07 \rightarrow y_2 = \mathit{ln}\ 0{,}07$.

Da Equação (4.5),

$\mathit{ln}\ 0{,}30 = -\ k \cdot 15$

e

$\mathit{ln}\ 0{,}07 = -\ k \cdot 35$

de onde

$\mathit{ln}\ 0{,}30 - \mathit{ln}\ 0{,}07 = \mathit{ln}\ (0{,}30/0{,}07) = k \cdot (35 - 15) \rightarrow k = 0{,}0728\ min^{-1} \cong 4{,}4\ h^{-1}$.

Portanto, a equação de Horton para o solo em questão é:

$$f = 19{,}80 + (40{,}00 - 19{,}80)exp(-4{,}4\tau) \Rightarrow f = 19{,}80 + 20{,}20 exp(-4{,}4\tau),$$

com f em mm/h para τ em h.

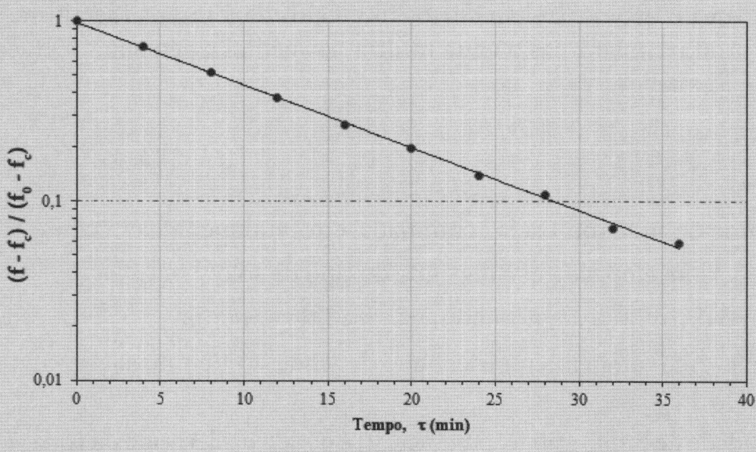

Figura 4.7 – Visualização da evolução da capacidade de infiltração ao longo do tempo e linha de melhor ajuste do modelo de Horton (problema-exemplo 4.1).

EXEMPLO 4.1 *(continuação)*

É importante fazerem-se ainda algumas considerações sobre a aplicabilidade da equação de Horton. De maneira geral, os parâmetros da equação não serão absolutamente os mesmos quando aplicados na previsão da parcela de água de chuva que vai se infiltrar por ocasião de uma futura precipitação, uma vez que dependem da umidade do solo e variam ao longo da infiltração. Por exemplo, o coeficiente f_c, que teoricamente corresponde à condutividade hidráulica saturada, é, na verdade, igual à condutividade hidráulica saturada "aparente" do solo, uma vez que a infiltração é influenciada pelo efeito do ar aprisionado no interior do solo, que dificulta o processo de infiltração (na prática, $f_c<K_s$). Outra questão diz respeito ao coeficiente f_0 da Equação (4.2), que, embora facilmente obtido dos experimentos de campo, não pode ser usado para se prever a parcela da água de chuva que vai infiltrar em uma precipitação futura. Esse coeficiente, segundo Horton, é função de parâmetros como o ponto de murcha e capacidade de campo (ver anexo deste capítulo), mas também varia com o teor de umidade do solo.

4.6.1.2 Equação de Kostiakov

Kostiakov (1932) estabeleceu uma equação empírica capaz de descrever relativamente bem a infiltração que ocorre em curtos intervalos de tempo, para alturas pluviométricas que produzem lâminas d'água infiltradas médias e pequenas. De acordo com a equação de Kostiakov,

$$I = k \cdot t^a, \tag{4.6}$$

em que:

I = lâmina de água infiltrada acumulada, em geral medida em cm;

k = coeficiente empírico que depende do tipo de solo;

t = tempo de infiltração, normalmente medido em min;

a = coeficiente também empírico, que depende do tipo de solo e cujo valor varia entre 0 e 1.

A velocidade de infiltração instantânea, v_i, é obtida da derivada da equação da lâmina d'água infiltrada acumulada, isto é, $v_i = dI/dt$. Assim, a partir da Equação (4.6), tem-se:

$$v_i = \frac{dI}{dt} = k \cdot a \cdot t^{a-1}. \tag{4.7}$$

Como 0 < a < 1, a velocidade de infiltração decresce com o tempo, tendendo para zero em tempos muito grandes.

Uma velocidade média de infiltração no intervalo de tempo T pode ser obtida a partir da Equação (4.7):

$$\overline{v}_i = \frac{1}{T}\int_0^T k \cdot a \cdot t^{a-1} dt,$$

que resulta em

$$\overline{v}_i = k \cdot T^{a-1} \tag{4.8}$$

EXEMPLO 4.2

Em um experimento de infiltração, foram medidas as alturas de lâmina d'água acumulada, I, infiltrada no solo em diferentes tempos, conforme fornecido na Tabela 4.4. Com base nesses dados, obter:

a) os coeficientes k e a da equação de Kostiakov para o solo ensaiado;

b) a velocidade média de infiltração em todo experimento.

Tabela 4.4 – Infiltração medida em função do tempo (problema-exemplo 4.2)

t (min)	I (cm)	t (min)	I (cm)	t (min)	I (cm)
0	0,0	44	9,4	134	24,0
4	1,5	54	11,0	144	25,5
9	2,7	64	12,9	154	26,8
14	3,7	74	14,4	164	28,4
19	4,8	84	16,2	174	30,0
24	5,6	94	17,8	184	31,6
29	6,6	104	19,4	194	33,2
34	7,6	114	20,9	204	34,8
39	8,6	124	22,5	214	36,4

Solução:

a) O modelo de Kostiakov para descrever a infiltração é dado pela Equação (4.6): $I = k \cdot t^a$. Calculando o logaritmo de cada um dos membros dessa equação, tem-se

$$log\, I = log\, k + a\, log\, t,$$

que mostra que o logaritmo da lâmina de água infiltrada varia linearmente com o logaritmo do tempo. Assim, os parâmetros k e a do modelo podem ser obtidos de uma construção gráfica, ou pelo ajuste de regressão numérica pelo método dos mínimos quadrados.

Adotando-se, inicialmente, a construção gráfica de *log* I *versus log* t, o valor do coeficiente k pode ser prontamente obtido da leitura do valor da ordenada na origem. Isto é,

- para $log\, t = 0 \rightarrow log\, I = log\, k$.

EXEMPLO 4.2 *(continuação)*

Já o valor do coeficiente a é obtido a partir do cálculo do coeficiente angular da reta:

$$a = \frac{log\,I_2 - log\,I_1}{log\,t_2 - log\,t_1} = \frac{log\left(I_2/I_1\right)}{log\left(t_2/t_1\right)}.$$

Para a solução do problema, é construído o gráfico da Figura 4.8, no qual são lançados os pares de valores dos logaritmos da lâmina d'água infiltrada, nas ordenadas, em função dos logaritmos do tempo, nas abscissas, calculados com base nos dados da Tabela 4.4.

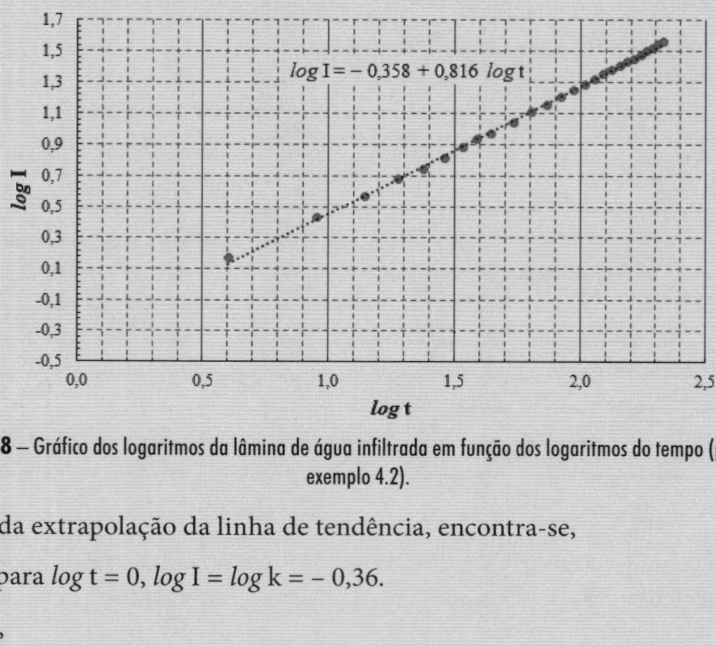

Figura 4.8 – Gráfico dos logaritmos da lâmina de água infiltrada em função dos logaritmos do tempo (problema-exemplo 4.2).

A partir da extrapolação da linha de tendência, encontra-se,

- para $log\,t = 0$, $log\,I = log\,k = -\,0{,}36$.

Portanto,

$k = 10^{-0{,}36} \rightarrow k \cong 0{,}44$.

Ainda,

- para $log\,t_1 = 1 \rightarrow log\,I_1 = 0{,}46$;
- para $log\,t_2 = 2 \rightarrow log\,I_2 = 1{,}27$.

Assim,

$$a = \frac{log\,I_2 - log\,I_1}{log\,t_2 - log\,t_1} = \frac{1{,}27 - 0{,}46}{2-1} \rightarrow a \cong 0{,}81.$$

EXEMPLO 4.2 *(continuação)*

No gráfico da Figura 4.8 é indicada, ainda, a equação da reta de melhor ajuste pelo método dos mínimos quadrados. Nota-se que os valores encontrados a partir da construção gráfica conferem bem com aqueles obtidos por regressão linear.

Com os valores dos coeficientes calculados, a equação de Kostiakov para o solo ensaiado escreve-se como:

$$I = 0,44 \cdot t^{0,81},$$

com I em centímetros, para t em minutos.

Observação: alternativamente, os dados da Tabela 4.4 poderiam ter sido plotados em um gráfico construído em papel *bi-log* para, à semelhança do que foi feito no problema-exemplo anterior, obter os coeficientes da reta.

b) A velocidade média de infiltração, segundo o modelo de Kostiakov, é dada pela Equação (4.8):

$$\overline{v}_i = k \cdot T^{a-1}.$$

No intervalo de medição da infiltração, T = 214min, a velocidade média de infiltração é

$$\overline{v}_i = k \cdot T^{a-1} = 0,44 \cdot (214)^{0,81-1} = 0,44 \times 214^{-0,19} \cong 0,16 \text{ cm/min}.$$

4.6.1.3 Modelo de Green-Ampt

As equações de Horton e de Kostiakov, entre outros modelos empíricos, não permitem prever a capacidade de infiltração para qualquer condição de umidade do perfil de solo quando inicia a precipitação, o que é uma grande limitação na modelagem da infiltração e do escoamento superficial. Para esses casos, pode-se recorrer ao modelo de Green-Ampt.

O modelo de Green-Ampt (GREEN; AMPT, 1911) tem grande aceitação por ser um método simples de aplicação que se baseia na teoria do escoamento em meios porosos saturados, empregando a equação de Darcy, que, por sua vez, é o resultado da solução da equação de Richards para o caso particular do solo saturado. O modelo contém parâmetros com significados físicos que podem ser deduzidos a partir das propriedades do solo.

O modelo de Green-Ampt tem sido empregado com bons resultados para perfis que se tornam densos com a profundidade, perfis em que a condutividade hidráulica aumenta com a profundidade, solos com superfícies parcialmente impermeabilizadas e solos com teores não uniformes de umidade.

Para uma exposição sucinta do modelo, considera-se uma coluna de solo homogêneo de profundidade ilimitada, com teor de umidade inicial uniforme θ_0. Admite-se, ainda, a existência de suprimento superficial de água suficiente para produzir o encharcamento ou empoçamento, representado por uma lâmina de água de espessura L_s, e que seja formada uma frente de umedecimento bem definida (frente saturada, com teor de umidade $\theta = \theta_s$), de espessura L, em forma de pistão, conforme ilustrado na Figura 4.9. À medida que o processo de infiltração evolui, a espessura L da zona úmida cresce.

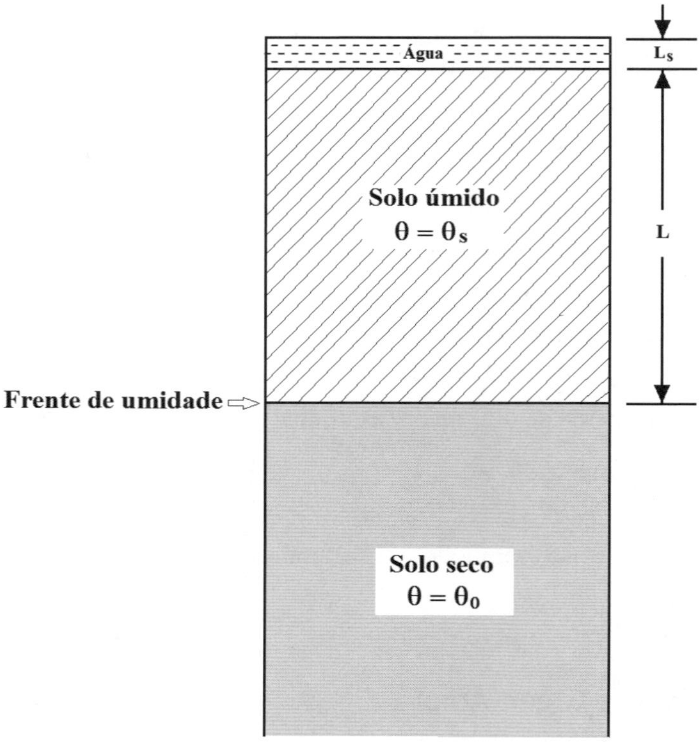

Figura 4.9 – Evolução da frente de umidade do modelo de Green-Ampt.

Para a situação descrita, a equação de Green-Ampt, que deriva da lei de Darcy, descreve a capacidade de infiltração na forma:

$$f = K_s \cdot \left(L_s + L + S_f\right)/L, \tag{4.9}$$

em que:

f = capacidade de infiltração, (LT^{-1});

K_s = condutividade hidráulica saturada, (LT^{-1});

L_s = espessura da lâmina de água superficial (espessura da camada de aporte superficial de água), (L);

S_f = carga de sucção (capilaridade) na frente de umidade, (L);

L = espessura da zona úmida (profundidade da frente de umidade), medida a partir da superfície do terreno, (L).

A quantidade total de água infiltrada (altura da lâmina de infiltração acumulada), I, é calculada em função da profundidade da frente de umedecimento:

$$I=(\theta_s-\theta_0)\cdot L, \tag{4.10}$$

em que $(\theta_s - \theta_0)$ representa o déficit inicial de umidade do solo.

Combinando-se as Equações (4.9) e (4.10), e com a consideração de que a espessura da lâmina de água à superfície é muito pequena ($L_s \approx 0$), a capacidade de infiltração, escrita em termos das propriedades do solo, dos teores de umidade e em função da lâmina d'água infiltrada, assume a forma:

$$f=K_s+\frac{K_s\cdot(\theta_s-\theta_0)\cdot S_f}{I}. \tag{4.11}$$

Com a imposição da condição de suprimento suficiente de água para produzir o encharcamento da camada superficial do solo, mesmo que a lâmina d'água formada superficialmente seja muito rasa, tem-se que a taxa real de infiltração é igual à capacidade de infiltração. Assim, fazendo-se f = dI/dt, a Equação (4.11) é reescrita na forma

$$\frac{dI}{dt}=K_s+\frac{K_s\cdot(\theta_s-\theta_0)\cdot S_f}{I}, \tag{4.11a}$$

que relaciona a quantidade acumulada de água infiltrada ao longo do tempo com as características do meio poroso. Com essa equação, em que K_s e θ_s são constantes para a camada homogênea, pode-se quantificar dI/dt para qualquer condição de θ_0 e I. Assim, diferentemente dos modelos empíricos, a equação de Green-Ampt permite prever a taxa de infiltração para qualquer condição de umidade do perfil do solo quando inicia a precipitação.

A integração da Equação (4.11a) para a condição inicial I = 0 em t = 0 fornece a quantidade de água de infiltração acumulada, I, em função do tempo, na forma da equação transcendente:

$$K_s\cdot t=I-S_f\cdot(\theta_s-\theta_0)\cdot ln\left[1+\frac{I}{S_f(\theta_s-\theta_0)}\right], \tag{4.12}$$

em que o primeiro e o segundo membro têm dimensão de comprimento.

Para o cálculo em bacias hidrográficas, esta última forma da equação de Green-Ampt costuma ser mais conveniente do que a Equação (4.9), pois ela fornece diretamente a lâmina d'água infiltrada acumulada em qualquer tempo, que é a quantidade normalmente desejada na modelagem de sistemas contínuos. Todos os parâmetros da Equação (4.12) são propriedades físicas mensuráveis do sistema solo-água. Todavia, a quantificação da sucção capilar não é tarefa fácil, uma vez que essa quantidade sofre grande variação com o teor de umidade do solo.

Importante ressaltar que, conforme exposto, as Equações (4.9) a (4.12) consideram a existência do suprimento superficial de água em quantidade suficiente para produzir o encharcamento desde t = 0. Isso significa que elas são válidas para o caso de a intensidade da chuva ser superior à capacidade de infiltração ($i \geq f$).

Para o caso de $i < f$, mas impondo-se a condição de $i > K_s$, o efeito do encharcamento superficial não estará presente no equacionamento antes do tempo t_e.[3] Assim, para a chuva de intensidade constante inferior à capacidade de infiltração, devem-se considerar diferentes possibilidades (caso II, discutido na seção 4.3). Essas possibilidades, analisadas a seguir, consideram a taxa real de infiltração dI/dt escrita de três formas:

a) Para intervalos inferiores ao tempo de encharcamento da camada superficial do solo, $t < t_e$:

$$\frac{dI}{dt} = i\,, \tag{4.13}$$

isto é, a taxa real de infiltração é igual à intensidade da chuva, e toda a água precipitada infiltra no terreno.

b) Para $t = t_e$:

$$\frac{dI}{dt} = f = i\,, \tag{4.14}$$

ou seja, a taxa real de infiltração, que ainda é igual à intensidade da chuva, iguala-se à capacidade de infiltração no instante $t = t_e$. Para este caso, com $f = i$ e substituindo-se o termo de sucção S_f por uma sucção média na frente de umidade, S_m, conforme sugerido por Mein e Larson (1971), a altura da lâmina de infiltração acumulada até o tempo de encharcamento da camada superficial do solo poderá ser obtida da Equação (4.11), reescrita aqui na forma

$$F_e = \frac{S_m \cdot (\theta_s - \theta_0)}{i/K_s - 1}, \tag{4.15}$$

em que se fez $I = F_e$ para lembrar que a altura da lâmina d'água fornecida pela equação corresponde ao intervalo de tempo que se estende do início da chuva até o instante $t = t_e$. Como toda a água precipitada infiltra no solo nesse intervalo, pode-se obter o tempo t_e da relação:

$$t_e = \frac{F_e}{i}\,. \tag{4.16}$$

c) Para $t > t_e$, que é a condição empregada na obtenção da Equação (4.11),

$$f = \frac{dI}{dt} = K_s + \frac{K_s \cdot (\theta_s - \theta_0) \cdot S_m}{I}. \tag{4.17}$$

Para obter a lâmina de água infiltrada acumulada, Mein e Larson sugeriram o uso de uma expressão análoga à Equação (4.12), do tipo

---

[3] O instante t_e corresponde ao momento em que começa a haver encharmento da camada superficial do solo atingido pela chuva de intensidade i inferior à capacidade de infiltração. Para $i < f$, deve-se impor a condição $i > K_s$ pois, do contrário, não ocorrerá o encharcamento da camada superficial do solo.

$$K_s \cdot (t - t_e + t'_e) = I - (\theta_s - \theta_i) \cdot S_m \cdot ln \left[1 + \frac{I}{(\theta_s - \theta_i) \cdot S_m}\right], \tag{4.18}$$

em que t'_e é o tempo equivalente para infiltrar a lâmina F_e sob a condição de encharcamento superficial desde o início da chuva, obtido da Equação (4.12) fazendo-se, naquela, $I = F_e$ e $t = t'_e$, que resulta em

$$t'_e = \frac{1}{K_s} \cdot \left[F_e - S_f \cdot (\theta_s - \theta_0)\right] \cdot ln \left[1 + \frac{F_e}{S_f (\theta_s - \theta_0)}\right]. \tag{4.19}$$

Nesse equacionamento, substituiu-se, novamente, S_f por S_m.

Obtida a lâmina d'água infiltrada, desprezando-se as perdas por evaporação, a lâmina de água escoada, também chamada de precipitação efetiva ou *runoff*, poderá ser calculada pela equação do balanço hídrico. Para um dado intervalo de tempo Δt, a equação do balanço aplicada a um volume de controle junto à superfície do solo produz

$$R = i \cdot \Delta t - \Delta I - \Delta S, \tag{4.20}$$

em que:

R = escoamento superficial direto (precipitação efetiva ou *runoff*) no intervalo Δt, [L];

ΔI = paracela da infiltração ocorrida durante Δt, obtida por diferença da infiltração acumulada calculada pela Equação (4.18), [L];

ΔS = variação no armazenamento superficial durante o intervalo Δt, [L].

Algumas observações sobre o modelo de Green-Ampt:

1. As pressuposições do modelo não são plenamente satisfeitas durante a infiltração da água no solo, mesmo em condições de encharcamento superficial. Isso porque, entre outras razões, o teor de umidade inicial nem sempre é uniforme na vertical. Além disso, a saturação pode ocorrer somente em uma estreita camada, não satisfazendo completamente o modelo em pistão anteriormente descrito. Em geral, entre a estreita camada de saturação junto à superfície e a frente de umedecimento, formam-se outras zonas com teores de umidade intermediários. Assim, exceto para a estreita camada que forma a zona de saturação, as condições de θ_s e K_s não são bem satisfeitas. Se a camada não satura devido à presença de ar aprisionado, $K < K_s$ e I, ou L devem ser modificados na Equação (4.10), o que impacta também a Equação (4.11a). Diferentes métodos têm sido utilizados para corrigir o valor de K_s devido ao teor de umidade inferior ao de saturação, alguns, puramente empíricos; outros, com embasamento teórico.

2. Em condições de precipitações naturais ou mesmo simuladas, é comum ocorrerem períodos de alternância de suprimento suficiente de água para produzir o encharmento superficial ($i > f$) por períodos de suprimento insuficiente ($i < f$). Nesse caso, não haverá um único t_e, mas, sim, vários, conforme o número de vezes que um período de aporte insuficiente é sucedido por um período de

aporte suficiente para produzir o encharcamento. Durante os períodos em que $i > f$ (suprimento ou aporte suficiente de água para produzir encharcamento), $dI/dt = f$, isto é, a taxa real de infiltração iguala-se à capacidade de infiltração.

3. Uma das pressuposições do modelo de Green-Ampt é a presença da lâmina de água de espessura L_s acima da superfície do solo. Todavia, na prática, geralmente essa lâmina não se forma com o início da chuva, mas, sim, após decorrido um intervalo de tempo t_e. Além disso, embora o modelo permita o cálculo de t_e, ele assume que a intensidade da chuva é constante até t_e ser atingido, o que dificilmente ocorre de fato. Esta circunstância torna impreciso o cálculo de t_e.
4. Ainda para o caso da chuva de intensidade variável, o modelo de Green-Ampt poderá fornecer bons resultados se as variações da intensidade não forem excessivas e se a chuva contribuir para o prolongamento do perfil de umidade. No entanto, se ocorrerem períodos relativamente longos de chuvas de baixa intensidade (ou de intensidade nula), as previsões do modelo serão menos acuradas devido à redistribuição da umidade do solo.

EXEMPLO 4.3

Uma chuva de 6 mm/h de intensidade cai sobre um solo homogêneo com um teor de umidade inicial uniforme $\theta_0 = 0{,}23$. Sabe-se, ainda, que a carga de sucção média no solo é de 150 mm, a porosidade média é de 48% e a condutividade hidráulica saturada é igual a 1,24 mm/h. Empregar o modelo de Green-Ampt para:

a) estimar o tempo para o encharcamento da camada superficial do solo;

b) construir o gráfico de representação da lâmina d'água acumulada infiltrada em função do tempo, admitindo que a chuva de intensidade constante tem oito horas de duração;

c) obter os valores horários da capacidade de infiltração;

d) determinar o escoamento superficial direto (*runoff*) produzido por essa chuva;

e) construir o gráfico da capacidade de infiltração e do escoamento superficial direto, em função do tempo, para a chuva de intensidade constante.

Sugestão: admitir que o teor de umidade de saturação, θ_s, é igual à porosidade média e que as perdas por interceptação e armazenamento nas depressões do terreno podem ser desprezadas.

Solução:

São dados do problema:

$i = 6$ mm/h; $\theta_0 = 0{,}23$; $\theta_s \cong n = 0{,}48$; $S_m = 150$ mm; $K_s = 1{,}24$ mm/h. O déficit inicial de umidade é $(\theta_s - \theta_0) = 0{,}48 - 0{,}23 = 0{,}25$.

EXEMPLO 4.3 *(continuação)*

a) O tempo, t_e, necessário para o encharcamento da camada superficial do solo, pode ser estimado pelas Equações (4.15) e (4.16). Da equação (4.15):

$$F_e = \frac{S_m \cdot (\theta_s - \theta_0)}{i/K_s - 1} = \frac{150 \times 0,25}{(6/1,24) - 1} = 9,8 \text{ mm}.$$

E, da equação (4.16):

$$t_e = \frac{F_e}{i} = \frac{9,8}{6} \rightarrow t_e = 1,63 \text{ h}.$$

b) Para obter a relação da lâmina d'água infiltrada acumulada (I) com o tempo (t), emprega-se a Equação (4.18):

$$K_s \cdot (t - t_e + t'_e) = I - (\theta_s - \theta_i) \cdot S_m \cdot ln\left[1 + \frac{I}{(\theta_s - \theta_i) \cdot S_m}\right].$$

Para uso nessa equação, t'_e é obtido pela Equação (4.19):

$$t'_e = \frac{1}{K_s}\left[F_e - S_m \cdot (\theta_s - \theta_0)\right] \cdot ln\left[1 + \frac{F_e}{S_m(\theta_s - \theta_0)}\right].$$

Com os dados do problema:

$$t'_e = \frac{1}{1,24}(9,8 - 150 \times 0,25) \cdot ln\left[1 + \frac{9,8}{150 \times 0,25}\right] \quad \rightarrow \quad t'_e = 0,88 \text{ h}.$$

Com t_e e t'_e calculados, tem-se, da Equação (4.18):

$$1,24 \cdot (t - 1,63 + 0,88) = I - 0,25 \times 150 \cdot ln\left[1 + \frac{I}{0,25 \times 150}\right],$$

ou

$$t = 0,75 + 0,81 \cdot I - 30,24\, ln(1 + 0,0267 \cdot I). \qquad (4.21)$$

Assim, a partir da Equação (4.21), com alguns valores selecionados da infiltração I, em mm, obtêm-se os tempos correspondentes, em horas, conforme a Tabela 4.5, que são utilizados para a construção do gráfico da Figura 4.10.

EXEMPLO 4.3 *(continuação)*

Tabela 4.5 – Lâmina d'água infiltrada no tempo, segundo a Equação (4.21)

I (mm)	t (h)	I (mm)	t (h)	I (mm)	t (h)
5,0	1,01	15,0	2,71	25,0	5,54
7,5	1,31	17,5	3,33	27,5	6,38
10,0	1,69	20,0	4,01	30,0	7,26
12,5	2,17	22,5	4,75	32,5	8,18

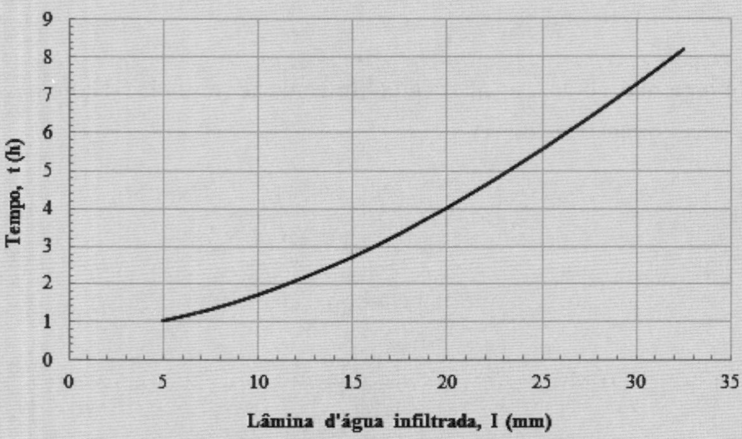

Figura 4.10 – Solução gráfica da infiltração para o problema-exemplo 4.3.

c) Para se obter a expressão da capacidade de infiltração, emprega-se a Equação (4.17), válida para $t \geq t_e = 1{,}63$.

$$f = K_s + \frac{K_s \cdot (\theta_s - \theta_0) \cdot S_m}{I} = 1{,}24 + \frac{1{,}24 \times 0{,}25 \times 150}{I},$$

ou

$$f = 1{,}24 + \frac{46{,}5}{I}. \tag{4.22}$$

Com a Equação (4.22) e os valores de I tomados da Figura 4.10, constrói-se a Tabela 4.6 em que os valores calculados da capacidade de infiltração são dispostos na coluna (3).

d) O escoamento superficial direto, que só ocorre a partir do instante $t = t_e = 1{,}63$ h, pode ser obtido da equação do balanço hídrico $q_s = i - f$. Os valores de q_s assim calculados são lançados na coluna (4) da Tabela 4.6.

EXEMPLO 4.3 *(continuação)*

Tabela 4.6 – Capacidade de infiltração e escoamento superficial, segundo o modelo de Green-Ampt (problema-exemplo 4.3)

(1)	(2)	(3)	(4)
t (h)	I (mm)	f (mm/h)	q_s (mm/h)
1,63	9,8	6,0	0,0
2,0	11,7	5,2	0,8
3,0	16,2	4,1	1,9
4,0	20,0	3,6	2,4
5,0	23,3	3,2	2,8
6,0	26,4	3,0	3,0
7,0	29,3	2,8	3,2
8,0	32,0	2,7	3,3

e) Na Figura 4.11, é apresentado o gráfico da evolução da capacidade de infiltração e do escoamento superficial direto (*runoff*), em função do tempo, para a chuva de 6 mm/h de intensidade, construído com os resultados apresentados nas colunas (3) e (4) da Tabela 4.6, a partir do tempo de encharcamento da camada superficial do solo. Para $t < t_e$, toda água precipitada é infiltrada no solo, e $q_s = 0$.

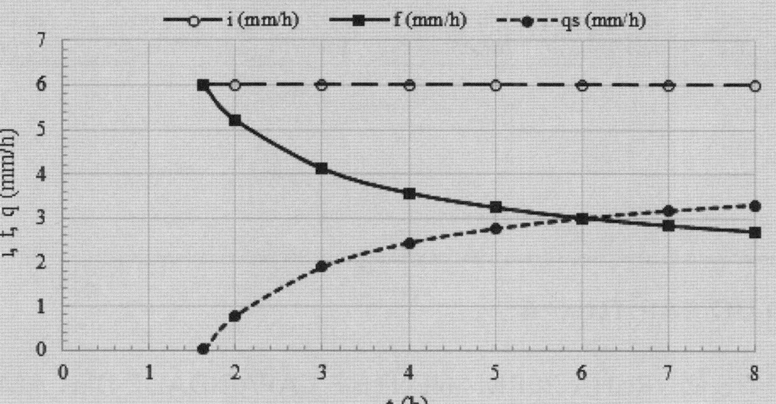

Figura 4.11 – Evolução temporal da capacidade de infiltração e do deflúvio superficial (problema-exemplo 4.3).

4.7 AVALIAÇÃO DA CAPACIDADE DE INFILTRAÇÃO EM UMA BACIA

Para conhecer da capacidade de infiltração média no solo de uma bacia hidrográfica, utiliza-se a equação do balanço hídrico por ocasião de uma chuva. Se forem conhecidos a precipitação e o escoamento superficial, poder-se-á calcular, por diferença, a capacidade de infiltração média na bacia. Nesse procedimento, despreza-se a evapotranspiração durante a chuva. Assim, para uma bacia,

$f = i - Q/A = i - q_s$,

em que:

Q = vazão correspondente ao escoamento superficial, medida na seção exutória da bacia;

A = área de drenagem da bacia hidrográfica.

No equacionamento dado, pelas simplificações feitas, acaba-se por incluir a interceptação e o armazenamento nas depressões do terreno no valor de f calculado. Para pequenas bacias, o erro introduzido é menos significativo do que para grandes bacias.

Para fins de cálculo, pode-se organizar uma planilha de anotações, como a mostrada na Tabela 4.7. Nesta tabela, em que as colunas (1), (2) e (3) trazem os valores medidos, as demais são preenchidas como segue:

coluna (4) = coluna (3) ÷ área da bacia (corrigindo-se as unidades);

coluna (5) = coluna (2) ÷ intervalos correspondentes de tempo (corrigindo-se as unidades);

coluna (6) = coluna (5) – coluna (4).

Tabela 4.7 – Elementos de cálculo da capacidade de infiltração em uma bacia hidrográfica

(1)	(2)	(3)	(4)	(5)	(6)
Tempo, t (min)	Precipitação, P (mm)	Escoamento Superficial, Q (m^3/s)	Escoamento Superficial, q_s (mm/h)	Intensidade da chuva, i (mm/h)	Capacidade de infiltração, f (mm/h)
...	...	...	...	...	...
...	...	...	...	...	...
...	...	...	...	...	...
...	...	...	...	...	...
...	...	...	...	...	...
...	...	...	...	...	...

ANEXO DO CAPÍTULO 4

PONTO DE MURCHA PERMANENTE E CAPACIDADE DE CAMPO DO SOLO

Quando se adotam sistemas de irrigação de culturas, é essencial conhecerem-se dois parâmetros ou atributos relacionados à umidade do solo: o ponto de murcha permanente (PMP) para a lavoura implantada e a capacidade de campo (CC) do solo. Para o bom manejo do sistema de irrigação, exige-se a adequada consideração destes dois atributos: o sistema de irrigação deverá ser acionado antes que teor de umidade do solo atinja o PMP; e, para diminuir as perdas de água e reduzir os custos da irrigação, sem prejuízo da produtividade, o sistema deverá ser desligado no momento que a umidade atinge a CC.

Portanto, a técnica de irrigação deve utilizar uma boa relação entre a quantidade de água disponível no solo e a habilidade da planta em utilizar essa água do solo. A água no solo (umidade) disponível para as culturas deverá estar compreendida no intervalo entre os valores de umidade da capacidade de campo e do ponto de murcha permanente.

Os conceitos de ponto de murcha e capacidade de campo de um solo, que têm particular interesse na área agrícola e que variam de acordo com a classe do solo, são brevemente apresentados a seguir.

Ponto de Murcha Permanente

Quando as plantas de uma lavoura passam a ter à sua disposição menos água do que necessitam, suas folhas começam a murchar. Se houver novo aporte de água (chuva ou irrigação) e se a umidade do solo atingir os parâmetros mínimos necessários para o desenvolvimento ideal das plantas, estas podem recuperar sua turgescência[4] normal. Todavia, se não houver a reposição da umidade, a situação poderá evoluir e se tornar irreversível: as plantas murcham e não mais se recuperam. Ao teor limite de umidade do solo em que isso se dá corresponde o ponto de murcha permanente (PMP).

O PMP representa, portanto, o conteúdo de água do solo no qual as folhas da planta atingem uma condição de murchamento irreversível. Em outras palavras, o PMP é o teor de umidade a partir do qual a planta não consegue mais retirar água do solo. Isso porque a força de adesão da água à partícula de solo aumenta à medida que o teor de umidade diminui. Assim, o murchamento ocorre porque a tensão superficial se torna tão alta que a planta não consegue absorver a água remanescente no solo em quantidade suficiente para atender às suas necessidades fisiológicas, incluída a transpiração.

Por se referir a uma determinada quantidade de água armazenada do solo, o PMP é um atributo do mesmo. Mas cada planta tem o seu PMP, isto é, para cada espécie vegetal, haverá uma condição de umidade do solo na qual ela não mais conseguirá absorver água. Assim, o PMP de um solo para uma dada lavoura não será o mesmo para um outro tipo de plantação.

Capacidade de Campo

A capacidade de campo (CC) corresponde à quantidade máxima de água que um solo pode reter quando a maior parte de seus poros (exceto os poros maiores) estiver cheia de água. Em outras palavras, a CC ocorre quando os microporos do solo estão completamente preenchidos com água. Essa água é normalmente chamada de "solução do solo", já que carrega com ela diversos nutrientes que antes estavam aderidos aos coloides do solo.

Pode-se, ainda, definir a capacidade de campo como o limite superior de retenção hídrica no solo, ou como a máxima quantidade de água que o solo é capaz de reter após o excesso ter sido drenado por gravidade. Assim, um aporte de água acima da

---

[4] Turgescência é o processo pelo qual a célula, tecido ou órgão da planta, ao absorver água, torna-se intumescida por meio do aumento da pressão interna.

CC poderá produzir "perdas" por percolação da água no perfil (camadas do solo) e/ou por escoamento superficial. A CC varia com a textura do solo.

Para melhor entendimento do conceito de CC, considere-se uma chuva, ou uma operação de irrigação, durante a qual a água que chega ao solo e infiltra vai percolando em todas as direções. Primeiramente, essa água vai ocupando os macroporos (vazios) do solo entre os grânulos do material sólido. Em seguida, passa a preencher os microporos dentro dos próprios agregados do solo, anteriormente ocupados pelo ar. A partir daí, mantido o aporte superficial de água, poderá acontecer de o solo não mais dispor de espaço para contê-la; ocorrerá, então, o encharcamento da camada superior do solo e, eventualmente, o escoamento superficial. A esse ponto de umidade limite além do qual ocorre o encharcamento do solo é que se dá o nome de capacidade de campo (CC).

Em outras palavras, a capacidade de campo é atingida quando a matriz do solo, após a saturação e a drenagem gravitacional, retém uma quantidade máxima de água em seus poros. O conceito é muito importante nos estudos de irrigação, pois a água nos poros do solo, chamada de água capilar, representa a água disponível para ser absorvida pelas raízes das plantas.

Essencialmente, a CC depende de duas características: da textura das partículas do solo (areia, silte, argila etc.) e da estrutura do solo, isto é, a forma com que as suas partículas se associam. Tecnicamente, a capacidade de campo se refere ao teor de umidade do solo após o excesso ter sido drenado e o fluxo descendente ter sido reduzido. Em solos permeáveis de textura e estrutura uniformes, essa condição é atingida em um intervalo de dois a três dias após a ocorrência da chuva ou da irrigação.

A capacidade de campo, representada pelo teor de umidade θ_{cc}, pode ser fisicamente definida pelo teor de umidade do solo sob pressão de sucção (carga hidráulica de sucção) igual a –33 kPa. Todavia, a CC não é um valor estático e permanente, mas varia com o tempo, com o tipo de solo e com as condições locais.

Exercícios

4.1. Em um determinado ano, foram coletados os seguintes dados hidrológicos em uma bacia hidrográfica: precipitação total de 850 mm, evapotranspiração total de 420 mm e escoamento superficial (deflúvio superficial) de 225 mm. Sabendo-se que a bacia tem 350 km^2 de área de drenagem, calcule a variação do volume de água de infiltração, em metros cúbicos, desprezando as variações do armazenamento superficial.

R: $\Delta Vol = 71{,}75\ hm^3$.

4.2. Enunciar os principais fatores que afetam a capacidade de infiltração de um solo.

4.3. Traçar, qualitativamente, o gráfico da evolução da *capacidade de infiltração* (f) de um solo em função do tempo de ocorrência de uma chuva de intensidade constante (i > f) e longa duração, identificando os parâmetros da equação de Horton.

4.4. A Figura 4.12 refere-se a um teste de infiltração aplicado em um solo com a utilização de simulador de chuva. Nela são representadas a intensidade i da chuva (intensidade constante) e a capacidade de infiltração f do solo, que obedece a lei de Horton, em função do tempo de teste. O que representam (significado físico), nessa figura:

a) o intervalo t_e?

b) a área identificada como A_1?

c) a área identificada como A_2?

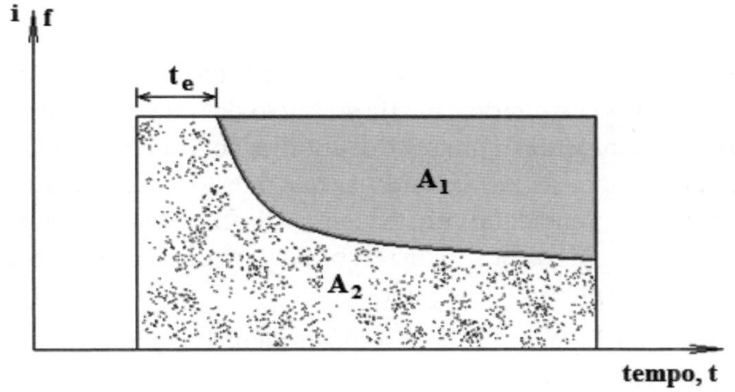

Figura 4.12 – Intensidade da chuva e capacidade de infiltração do solo segundo Horton, para o exercício 4.4.

4.5. Considere os dados de uma chuva e da infiltração de um solo, conforme fornecidos nas Tabelas 4.8 e 4.9, respectivamente. No instante t = 6 min, a intensidade da chuva é alterada de 38 mm/h para 55 mm/h. Com base nesses dados, ajustar a equação de Horton aplicável ao solo em questão.

Tabela 4.8 – Intensidade da chuva para o exercício 4.5

Δt (min)	0–6	6–10	10–14	14–18	18–22	22–26	26–30	30–34	34–38	38–42
i (mm/h)	38	55	55	55	55	55	55	55	55	55

Tabela 4.9 – Lâmina de água infiltrada até o instante t, para o solo do exercício 4.5

t (min)	0	6	10	14	18	22	26	30	34	38	42
I (mm)	0,00	3,80	6,14	8,07	9,90	11,54	13,01	14,43	15,76	17,08	18,38

Observação: I = lâmina d'água infiltrada (acumulada)

R: $f = 17{,}96 + (38{,}00 - 17{,}96) \cdot exp(-4{,}478 \cdot t)$.

4.6. No início de uma chuva sobre uma pequena área de solo, a capacidade de infiltração era de 4,5 mm/h e, durante a chuva, decresceu de forma exponencial, segundo a lei de Horton, até praticamente atingir o equilíbrio no valor de 0,5 mm/h, depois de 10 h. Sabendo-se que um total de 30 mm de água infiltrou no solo durante o intervalo de 10 h, estimar o valor do parâmetro k de Horton.

R: $k \cong 0{,}103\ h^{-1}$.

4.7. Para o estudo da infiltração em um solo, foi realizado um experimento com simulador de chuva em uma área retangular de 4 m por 12,5 m. A duração da chuva foi tal que gerou um escoamento superficial praticamente constante de 0,5 L/s. Sabendo-se que a intensidade da chuva artificial era de 50 mm/h, pede-se:

a) o escoamento superficial e a capacidade de infiltração mínima encontrada no experimento;

b) o valor da constante de Horton, considerando que 10 horas após o início da produção do escoamento superficial a capacidade de infiltração era de 27,2 mm/h.

R: a) $h_s = 36$ mm/h, $f_{mín} = 14$ mm/h; b) $k = 0{,}1h^{-1}$.

4.8. Na Tabela 4.10 são fornecidos os valores de deflúvio superficial, q, em mm/h, em função do tempo t contado a partir do início de uma chuva artificial sobre um solo arenoso submetido a um teste de infiltração. Na Figura 4.13 é representado o gráfico correspondente. Sabendo-se que o teste foi realizado com simulador de chuva com intensidade constante i = 20 mm/h e que, conforme sugerido pela representação gráfica, ocorreu o encharcamento da camada superficial do solo no instante t = 0,2 h, pede-se:

a) representar, na Figura 4.13, o comportamento da capacidade de infiltração em função do tempo;

b) exprimir a equação de Horton para a capacidade de infiltração do solo sob teste.

Tabela 4.10 – Escoamento superficial do teste de infiltração do exercício 4.8

t (min)	0	0,1	0,2	0,3	0,4	0,5	0,6	0,7	0,8	0,9	1,0	1,1	1,2
q (mm/h)	0,00	0,00	0,00	2,31	3,85	4,89	5,59	6,05	6,36	6,57	6,71	6,81	6,87
t (min)	1,3	1,4	1,5	1,6	1,7	1,8	1,9	2	2,1	2,2	2,3	2,4	
q (mm/h)	6,91	6,94	6,96	6,97	6,98	6,99	6,99	6,99	7,00	7,00	7,00	7,00	

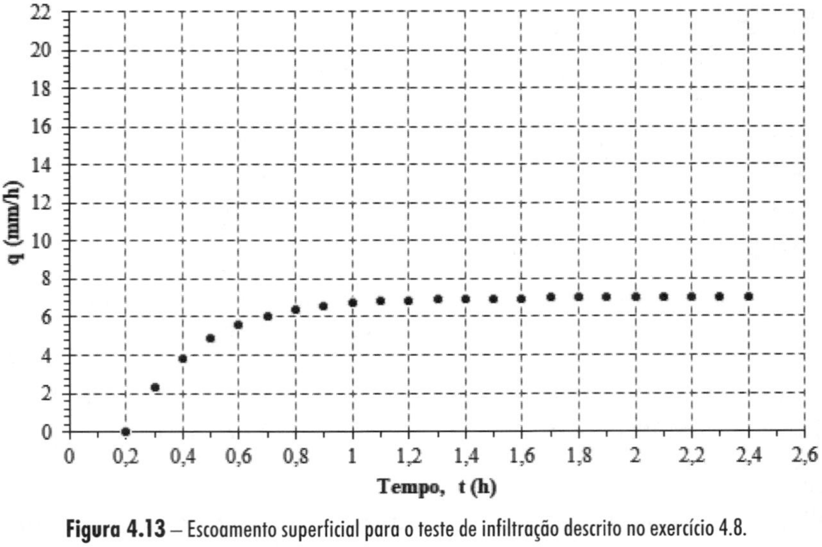

Figura 4.13 – Escoamento superficial para o teste de infiltração descrito no exercício 4.8.

R: $f \cong 13 + 7 \cdot exp[-4(t - 0,2)]$.

4.9. Estime a taxa de infiltração em um solo da região de Ouro Preto, ao final de uma chuva de projeto de 8 h de duração, sabendo-se que a probabilidade de que sua intensidade seja superada em cada ano é de 20%. A respeito do solo em questão, sabe-se que o parâmetro de Horton vale $k = 0,667\ h^{-1}$ e que, após três horas de precipitação, sua capacidade de infiltração cai à metade do valor inicial.

Dado: Tabela 4.11 das chuvas de oito horas, segundo Pfafstetter.

R: $f_8 = 3,98$ mm/h.

Tabela 4.11 – Chuvas de oito horas em Ouro Preto, segundo o modelo proposto por O. Pfafstetter

Tr (anos)	1	2	3	4	5	10	15	20
P (mm)	52	63	67	70	75	87	92	99

Observação: admitir o encharcamento imediato da camada superficial do solo com o início da chuva.

CAPÍTULO 5
EVAPORAÇÃO – EVAPOTRANSPIRAÇÃO

5.1 EVAPORAÇÃO, TRANSPIRAÇÃO E EVAPOTRANSPIRAÇÃO: GENERALIDADES

A *evaporação* é o processo natural pelo qual há transformação da água da superfície do solo e dos cursos d'água, lagos e mares em vapor.

A *transpiração* é a perda de água para a atmosfera em forma de vapor, decorrente de ações físicas e fisiológicas dos vegetais. É a "evaporação" devida à ação fisiológica dos vegetais: nesse processo, a vegetação, através das raízes, retira a água do solo e a transmite à atmosfera por ação de transpiração de suas folhas. O fenômeno depende dos estômatos,[1] da profundidade da zona efetiva das raízes e do tipo de vegetação.

A *evapotranspiração* representa o conjunto das ações de evaporação da água do solo e transpiração dos vegetais.

As informações quantitativas dos processos de evaporação/evapotranspiração são utilizadas na resolução de numerosos problemas que envolvem o manejo das águas, notadamente na agricultura, na previsão de cheias e na construção e operação de reservatórios (cálculos das perdas de água em reservatórios, cálculo da necessidade de irrigação, aplicação de balanços hídricos para a obtenção do rendimento hídrico em bacias hidrográficas, abastecimento urbano etc.).

Da precipitação que cai sobre os continentes, mais da metade retorna à atmosfera por meio da evapotranspiração. Em regiões áridas, há a possibilidade de grande perda de água armazenada em reservatórios, por efeito da evaporação.

---

[1] Pequenas aberturas na epiderme foliar e caulinar que se abrem internamente em um sistema de canais aeríferos, que permitem as trocas gasosas necessárias à vida da planta. O estômato é formado por duas células reniformes, que se afastam ou se aproximam, abrindo ou fechando o ostíolo (abertura do órgão vegetal).

5.2 GRANDEZAS CARACTERÍSTICAS

A evaporação, a transpiração e a evapotranspiração são medidas em termos da altura da coluna de líquido que se transforma em vapor. Essa altura corresponde ao líquido suposto uniformemente distribuído pela área planimétrica em estudo (lago, solo, bacia etc.). A medida é, normalmente, feita em mm.

A intensidade da evaporação, da transpiração ou desses dois fenômenos conjuntos (evapotranspiração) é a medida da velocidade com que se processam as perdas por transformação do líquido em vapor. Ela é expressa, normalmente, em mm/h, mm/dia, mm/mês ou mm/ano.

5.3 FATORES INTERVENIENTES E ALGUNS CONCEITOS BÁSICOS

Na evaporação da água de tanques, reservatórios ou similares, em temperaturas próximas de 20 °C e ao nível do mar, consomem-se aproximadamente 585 cal/g.[2] Essa quantidade representa o calor latente de vaporização da água, que é uma função da temperatura e, também, da pressão, em menor escala. Na natureza, a fonte de energia responsável por esse processo é o Sol.

A evaporação também pode ser controlada pelas condições da superfície a partir da qual ela se processa. Assim, além da radiação solar, outras variáveis exercem influência no processo da evaporação, destacando-se as temperaturas da água e do ar, a pressão de vapor e o vento.

Intensidade da evaporação, umidade relativa do ar e a lei de Dalton

A intensidade da evaporação, segundo a lei de Dalton (1928), é uma função direta da diferença entre a pressão de saturação do vapor d'água no ar atmosférico e a pressão atual do vapor d'água. Essa lei pode ser expressa na forma

$$E = C \times (e_s - e), \qquad (5.1)$$

em que:

E = intensidade da evaporação;

e_s = pressão parcial de vapor saturado à temperatura da superfície evaporante, ou pressão de saturação do vapor d'água, que é uma propriedade física da água (dada na Tabela 5.1, em função da temperatura);

e = pressão parcial do vapor d'água na camada de ar adjacente, normalmente tomada a 2 m acima da superfície evaporante; e

C = coeficiente que leva em conta os fatores que influem na evaporação, normalmente escrito, em alguns modelos, em função da velocidade do vento.

---

[2] Para evaporar, ao nível do mar e à temperatura ambiente próxima de 20 °C, cada grama de água requer, aproximadamente, 585 calorias (2.445 joules). Com o aumento da temperatura ou a redução da pressão (aumento da altitude), diminui-se a energia requerida. Essa quantidade de energia é chamada de calor latente de vaporização da água.

Tabela 5.1 – Pressão de saturação do vapor d'água, e_s, em mbar e em mmHg, em função da temperatura em °C

T	e_s		T	e_s		T	e_s		T	e_s	
°C	mbar	mmHg	°C	mbar	mmHg	°C	mbar	mmHg	°C	mbar	mmHg
0	6,11	4,58	11	13,13	9,85	22	26,46	19,85	33	50,36	37,77
1	6,57	4,93	12	14,03	10,52	23	28,11	21,08	34	53,26	39,95
2	7,05	5,29	13	14,98	11,24	24	29,86	22,40	35	56,30	42,23
3	7,58	5,69	14	15,99	11,99	25	31,70	23,78	36	61,14	45,86
4	8,13	6,10	15	17,06	12,80	26	33,64	25,23	37	62,83	47,12
5	8,72	6,54	16	18,19	13,64	27	35,69	26,77	38	66,34	49,80
6	9,35	7,01	17	19,38	14,54	28	37,84	28,38	39	70,01	52,51
7	10,02	7,52	18	20,65	15,49	29	40,10	30,08	40	73,85	55,39
8	10,72	8,04	19	21,98	16,49	30	42,48	31,86	41	77,88	58,41
9	11,48	8,61	20	23,40	17,55	31	44,97	33,73	42	82,10	61,58
10	12,28	9,21	21	24,88	18,66	32	47,60	35,70	43	86,51	64,88
									44	91,12	68,34

As pressões de vapor presentes na Equação (5.1) são relacionadas entre si por meio do conceito de *umidade relativa*. Por umidade relativa do ar, UR, entende-se a relação percentual entre a quantidade de umidade em um dado espaço e a quantidade de umidade que esse espaço poderia conter se estivesse saturado, isto é,

$$UR = \frac{\rho}{\rho_s} \times 100\%, \tag{5.2}$$

sendo ρ a massa específica do vapor d'água e ρ_s a massa específica do vapor de saturação. Da lei dos gases ideais, $e = \rho R_{H_2O}\, T$ e $e_s = \rho_s\, R_{H_2O}\, T$, de onde

$$UR = \frac{e}{e_s} \times 100\%\,. \tag{5.3}$$

Da combinação das equações (5.1) e (5.3), obtém-se a expressão da intensidade da evaporação em termos da pressão de satuação do vapor d'água, e_s, e da umidade relativa do ar, UR, na forma:

$$E = C \cdot e_s \cdot \left(1 - \frac{UR}{100\%}\right). \tag{5.4}$$

A Equação (5.4) mostra que quanto maior a umidade relativa do ar, menor será a intensidade da evaporação. No limite, para a condição de ar saturado, a evaporação será nula.[3]

Para a medida da umidade relativa do ar são utilizados aparelhos denominados psicrômetros. Um tipo comum de psicrômetro utiliza dois termômetros: um de bulbo seco e outro de bulbo úmido (bulbo envolto em gaze saturada de água). Devido à evaporação resultante, a temperatura do bulbo úmido tende a ser menor do que a temperatura do bulbo seco. A diferença em graus entre as duas leituras dos termômetros,

[3] Para que ocorra evaporação, o ar deve ter "capacidade" para receber as moléculas de água na forma de vapor, ou seja, não deve estar saturado.

chamada depressão do termômetro de bulbo úmido, fornece diretamente a umidade relativa (Tabela 5.2).

Influência da ação do vento

O transporte de vapor d'água para a atmosfera se dá por difusão molecular e, principalmente, pelos turbilhões do movimento turbulento do ar. Em ar parado, a diferença da pressão do vapor diminui rapidamente, praticamente anulando a evaporação.[4] A ação do vento, principalmente, e também a convecção térmica geram a turbulência que afasta o vapor das camadas em contato com a superfície da água. Assim, o vento atua no fenômeno da evaporação renovando o ar em contato com a superfície da água (ou com a vegetação), afastando do local as massas de ar que já tenham grau de umidade elevado. Inexistindo o vento, o processo de evaporação cessaria tão logo o ar junto à superfície evaporante atingisse a saturação, uma vez que estaria esgotada sua capacidade de absorver vapor d'água.

Efeito da temperatura da água e do ar e de outros fatores

Ao aumento da temperatura da água está associado o aumento da energia vibracional das suas moléculas e, consequentemente, o aumento da taxa de escape das moléculas da fase líquida para a fase vapor. Por isso, o aumento da temperatura da água relaciona-se diretamente ao aumento da taxa de evaporação.

A temperatura do ar está relacionada à radiação solar e correlaciona-se positivamente com a evaporação, ou seja, quanto maior a temperatura do ar, maior a evaporação. Assim ocorre porque, com o aumento da temperatura do ar, tem-se o aumento da quantidade de vapor d'água que pode estar presente em um dado volume, quando for atingido o grau de saturação deste.

Outros fatores de menor importância também exercem influência na evaporação. Dentre estes, citam-se a pressão atmosférica e a salinidade da água. No caso da pressão, o aumento da altitude, ou redução da pressão barométrica, tem como consequência um pequeno aumento na evaporação. Já os sais dissolvidos na água reduzem a pressão do vapor da superfície líquida. Por isso, comparativamente, as águas salgadas evaporam menos que as águas doces: a redução é de cerca 1% em cada 1% de sais dissolvidos.

No caso da evaporação da superfície de lagos, a profundidade também exerce influência na evaporação: ao aumento da profundidade corresponde uma maior diferença entre as temperaturas da água e do ar.

A evaporação de uma superfície de solo descoberto é condicionada pela composição, textura e umidade do solo. A existência de vegetação diminui as perdas por evaporação. Essa diminuição, contudo, é compensada pela ação da transpiração vegetal, que pode mesmo aumentar a perda total pelos processos combinados de evaporação e transpiração (evapotranspiração).

---

[4] Na realidade, o processo fica limitado pelo vapor difundido na atmosfera, proveniente da superfície da água.

Tabela 5.2 – Umidade relativa do ar, em %, em função da temperatura e da depressão do termômetro de bulbo úmido, em °C

T_{ar}	UR (%) – Depressão do termômetro de bulbo úmido (°C)																						
°C	0,5	1,0	1,5	2,0	2,5	3,0	3,5	4,0	4,5	5,0	5,5	6,0	6,5	7,0	7,5	8,0	8,5	9,0	9,5	10,0	10,5	11,0	11,5	12,0
0	91	81	72	63	54	46	37	28	21	12	4													
1	92	83	75	66	58	49	41	33	25	17	10													
2	92	84	76	68	60	52	44	37	29	22	14	7												
3	92	84	77	70	62	55	47	40	33	26	19	12	5											
4	93	85	78	71	64	57	50	43	36	29	22	16	9											
5	93	86	79	72	65	58	52	45	39	33	26	20	13	7										
6	93	86	80	73	67	60	54	48	41	35	29	24	17	11	5									
7	93	87	80	74	68	62	56	50	44	38	32	26	21	15	10									
8	94	87	81	75	69	63	57	51	46	40	35	29	24	19	14	8								
9	94	88	82	76	70	64	59	53	48	42	37	32	27	22	17	12	7							
10	94	88	82	77	71	66	60	55	50	44	39	34	29	24	20	15	10	6						
11	94	89	83	78	72	67	61	56	51	46	41	36	32	27	22	18	13	9	5					
12	94	89	84	78	73	68	63	58	53	48	43	39	34	29	25	21	16	12	8					
13	95	89	84	79	74	69	64	59	54	50	45	41	36	32	28	23	19	15	11	7				
14	95	90	85	79	75	70	65	60	56	51	47	42	38	34	30	26	22	18	14	10	6			
15	95	90	85	80	75	71	66	61	57	53	48	44	40	36	32	28	24	20	16	13	9	6		
16	95	90	85	81	76	71	67	63	58	54	50	46	42	38	34	30	26	23	19	15	12	8	5	
17	95	90	86	81	76	72	68	64	60	55	51	47	43	40	36	32	28	25	21	18	14	11	8	
18	95	91	86	82	77	73	69	65	61	57	53	49	45	41	38	34	30	27	23	20	17	14	10	7
19	95	91	87	82	78	74	70	65	62	58	54	50	46	43	39	36	32	29	26	22	19	16	13	10
20	95	91	87	82	78	74	70	66	62	58	55	51	48	44	40	37	34	30	27	24	21	18	15	12
21	96	91	87	83	79	75	71	67	64	60	56	53	49	46	42	39	36	32	29	26	23	20	17	14
22	96	92	87	83	80	76	72	68	64	61	57	54	50	47	44	40	37	34	31	28	25	22	19	16
23	96	92	88	84	80	76	72	69	65	62	58	55	52	48	45	42	39	36	33	30	27	24	21	18
24	96	92	88	84	80	77	73	69	66	62	59	56	53	49	46	43	40	37	34	31	29	26	23	20
25	96	92	88	84	81	77	74	70	67	63	60	57	54	50	47	44	41	39	36	33	30	28	25	22
26	96	92	88	85	81	78	74	71	67	64	61	58	54	51	49	46	43	40	37	34	32	29	26	24
27	96	92	89	85	82	78	75	71	68	65	62	58	56	52	50	47	44	41	38	36	33	30	28	26
28	96	93	89	85	82	78	75	72	69	65	62	59	56	53	51	48	45	42	40	37	34	31	29	27
29	96	93	89	86	82	79	76	72	69	66	63	60	57	54	52	49	46	43	41	38	36	33	31	28
30	96	93	89	86	83	79	76	73	70	67	64	61	58	55	52	50	47	44	42	39	37	35	32	30
31	96	93	90	86	83	80	77	73	70	67	64	61	59	56	53	51	48	45	43	40	38	36	33	31
32	96	93	90	86	83	80	77	74	71	68	65	62	60	57	54	51	49	46	44	41	39	37	35	32
33	97	93	90	87	83	80	77	74	71	68	66	63	60	57	55	52	50	47	45	42	40	38	36	33
34	97	93	90	87	84	81	78	75	72	69	66	63	61	58	56	53	51	48	46	43	41	39	37	34
35	97	94	90	87	84	81	78	75	72	69	67	64	61	59	56	54	51	49	47	44	42	40	38	35
36	97	94	90	87	84	81	78	76	73	70	67	64	62	59	57	54	52	50	48	45	43	41	39	36
37	97	94	90	87	84	82	79	76	73	70	68	65	63	60	58	55	53	51	48	46	44	42	40	37
38	97	94	91	88	84	82	79	76	74	71	68	66	63	61	58	56	54	51	49	47	45	43	41	38
39	97	94	91	88	85	82	79	77	74	71	69	66	64	61	59	57	54	52	50	48	46	44	42	39
40	97	94	91	88	85	82	80	77	74	72	69	67	64	62	59	57	54	53	51	48	46	44	42	40
41	97	94	91	88	86	83	80	77	75	72	69	67	65	62	60	58	55	53	51	49	47	45	43	41
42	97	94	91	88	86	83	80	77	75	73	70	67	65	63	60	58	56	54	52	50	48	46	44	42
43	97	94	91	88	86	83	80	78	75	73	70	68	66	63	61	59	57	54	52	50	48	46	44	43
44	97	94	91	89	86	83	81	78	76	73	71	68	66	64	61	59	57	55	53	51	50	47	45	43

A evapotranspiração, aqui considerada como a perda de água por evaporação do solo e transpiração dos vegetais, é importante para o balanço hídrico de uma bacia hidrográfica.[5]

5.4 MÉTODOS DE QUANTIFICAÇÃO DA EVAPORAÇÃO

Os métodos normalmente utilizados para quantificar a evaporação de um corpo d'água são a medida direta, a aplicação da equação do balanço hídrico e o uso de equações de natureza conceitual, empírica ou semiempírica.

5.4.1 BALANÇO HÍDRICO PARA A EVAPORAÇÃO

A aplicação do balanço hídrico (equação da conservação da massa) para um lago ou reservatório permitirá a obtenção da evaporação se todas as demais variáveis envolvidas no processo forem conhecidas. Para um intervalo de tempo Δt, a equação do balanço aplicada ao corpo d'água escreve-se como

$$i \cdot A + Q_{ent} - Q_{sai} - E \cdot A = \frac{\Delta Vol}{\Delta t}, \tag{5.5}$$

em que Q_{ent} e Q_{sai} são as vazões de entrada e saída do reservatório ou lago, respectivamente, i é a intensidade da chuva que cai diretamente sobre a superfície livre do corpo d'água, E é a intensidade da evaporação, ΔVol é a diferença entre os volumes de água contidos no reservatório ou lago no intervalo Δt ($\Delta Vol = Vol_{t+\Delta t} - Vol_t = Vol_{final} - Vol_{inicial}$) e A é a área do espelho d'água do reservatório ou lago. Rearranjando a Equação (5.5),

$$E = i + \frac{(Q_{ent} - Q_{sai})}{A} - \frac{1}{A}\frac{\Delta Vol}{\Delta t}. \tag{5.6}$$

Para a solução da Equação (5.6), é necessário conhecer a relação entre a área do espelho d'água e o volume armazenado no reservatório ou lago. Normalmente, empregam-se tabelas que correlacionam A e Vol, ou relações entre essas quantidades, que são do tipo $Vol = a \cdot A^b$, com a e b constantes.

O uso prático da Equação (5.6) é, muitas vezes, limitado pela dificuldade de se medir todas as variáveis, principalmente as contribuições diretas que chegam ao reservatório (Q_{ent}), de difícil determinação. De maneira geral, constituem fontes de incerteza a distribuição espacial da precipitação (que vai gerar o *runoff* em direção ao corpo d'água), as relações entre cota, área e volume do reservatório ou lago, as curvas-chave[6] dos extravasores e do rio afluente e as trocas com o lençol d'água subterrâneo (estas últimas não consideradas na Equação 5.6).

[5] A evapotranspiração tem especial importância no balanço hídrico agrícola, sendo determinante no cálculo da necessidade de irrigação, como já mencionado.

[6] As curvas-chave relacionam as vazões com as cotas do nível d'água.

EXEMPLO 5.1

Em uma bacia hidrográfica, o total precipitado do mês de janeiro foi de 154 mm, enquanto a vazão média de água drenada pelo rio principal nesse mesmo período foi de 24 m^3/s. Sabe-se que esse rio drena 75% da bacia total que escoa para um reservatório e que, com base nas operações desse reservatório, a vazão média de saída da bacia no mês de janeiro foi de 49 m^3/s. Tendo-se em conta que os volumes armazenados no início e no final do mencionado mês eram, respectivamente, de 288×10^6 m^3 e 244×10^6 m^3, estimar a evaporação no reservatório com base na equação do balanço hídrico. Dado: relação entre o volume e a área do espelho d'água do reservatório, conforme a tabela a seguir.

Tabela 5.3 – Área do espelho d'água e volume acumulado no reservatório

Área (km^2)	10	30	60	90	110
Volume $\times 10^6$ (m^3)	10	60	155	305	440

Solução:

São dados do problema: i = 154 mm/mês, $Q_{ent} = 24$ $m^3/s + Q_{lat}$, sendo Q_{lat} a contribuição lateral (*runoff*) de entrada direta no lago, $Q_{sai} = 49$ m^3/s, $Vol_{final} = 244 \times 10^6$ m^3 e $Vol_{inicial} = 288 \times 10^6$ m^3.

Para a aplicação da Equação (5.6), é necessário calcular a contribuição lateral, Q_{lat}, e estimar a área do espelho d'água que, por ser variável, será admitida como igual à média dos valores entre os limites do intervalo.

Foi afirmado que o rio principal drena 75% da bacia total; consequentemente, os 25% restantes deverão corresponder à drenagem lateral. Logo, $Q_{lat} = 24 \times 0{,}25/75 = 8$ m^3/s. Portanto, $Q_{ent} = 24 + 8 = 32$ m^3/s.

Para se obter a área média do espelho d'água, é necessário conhecer o comportamento da área A do início ao fim do intervalo. Para isso, pode-se estabelecer um modelo matemático de regressão que relacione os valores de A e Vol da tabela fornecida e tomar o valor médio da função A = f(Vol). Ou, numa aproximação, pode-se simplesmente obter a média aritmética dos valores de A tomados no início e final do intervalo, apoiando-se numa construção gráfica e no traçado de uma linha suave pelos pontos plotados. Neste último caso, é admitido um comportamento praticamente linear de A no intervalo entre Vol = 244×10^6 e 288×10^6 m^3. Para fins de comparação, adotam-se, neste exemplo, os dois procedimentos.

Para isso, na Figura 5.1, além da construção gráfica de A versus Vol, mostra-se também a equação de regressão obtida com os dados da tabela (a linha traçada não representa exatamente a equação de regressão).

EXEMPLO 5.1 *(continuação)*

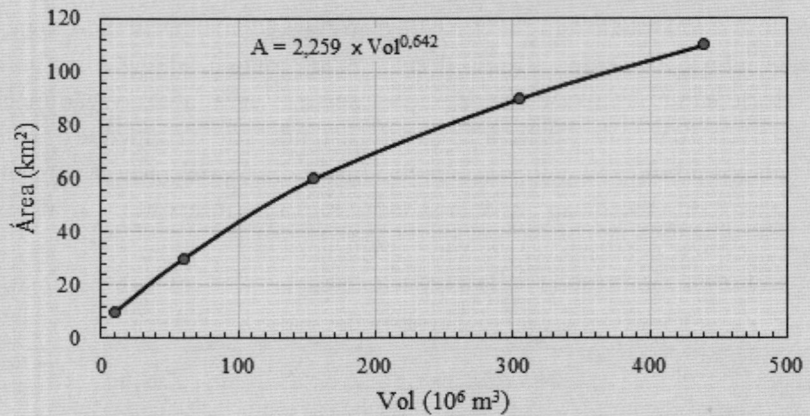

Figura 5.1 – Visualização gráfica da área do espelho d'água, A, em função do volume armazenado, Vol. (Problema-exemplo 5.1).

Da Figura 5.1, para $Vol_{inicial} = 288 \times 10^6\ m^3 \rightarrow A_{inicial} \cong 87\ km^2$; e para $Vol_{final} = 244 \times 10^6\ m^3 \rightarrow A_{final} \cong 80\ km^2$. Assim, numa aproximação, $\bar{A} = \left(A_{inicial} + A_{final}\right)/2 \cong 83,5\ km^2$. Levando-se estes valores à Equação (5.6) e convertendo-se as unidades para obter E em mm/mês, tem-se

$$E = 154 + \frac{(32-49)\times 10^9 \times 31 \times 24 \times 3.600}{83,5 \times 10^6 \times 10^6} - \frac{1}{83,5 \times 10^6 \times 10^6} \times \frac{(244-288)\times 10^6 \times 10^9}{1}$$

$\therefore\ E = 154 - 545,3 + 526,9 \cong 135,6$ mm/mês.

A segunda solução emprega o modelo de regressão, cuja equação, mostrada no gráfico da Figura 5.1, é da forma:

$A = 2,259 \times Vol^{0,642}$,

com A em km^2 e Vol em hm^3 (milhões de metros cúbicos). Com base nessa equação, calcula-se o valor médio de A em função de Vol, dado pela expressão:

$$\bar{A} = \frac{1}{\Delta Vol} \int_{Vol_{inicial}}^{Vol_{final}} \left(2,259 \times Vol^{0,642}\right) dVol = \frac{2,259}{\Delta Vol} \frac{Vol^{1,642}}{1,642} \Bigg|_{Vol_{inicial}}^{Vol_{final}} =$$

$$= \frac{1}{\Delta Vol} \frac{2,259}{1,642} \left(244^{1,642} - 288^{1,642}\right).$$

EXEMPLO 5.1 *(continuação)*

Assim, para $Vol_{inicial} = 288\ hm^3$, $Vol_{final} = 244\ hm^3$ e $\Delta Vol = -44\ hm^3$, obtém-se a área média do espelho d'água de $81{,}4\ km^2$. E, com $\bar{A} = 81{,}4\ km^2$, encontra-se

$$\therefore \quad E = 154 - 559{,}4 + 540{,}6 \cong 135{,}2\ mm/mês,$$

que é sensivelmente igual ao resultado anterior.

5.4.2 MEDIDA DIRETA DA EVAPORAÇÃO

Para a medida direta da evaporação de uma superfície líquida ou do solo, vegetado ou não, existem vários tipos de instrumentos, que visam a fornecer, de maneira aproximada, o valor da grandeza em questão.

Uma descrição geral de cada instrumento tornaria este texto por demais extenso e pouca vantagem ofereceria. Por isso, aqui são descritos sumariamente alguns poucos instrumentos destinados à medida direta da evaporação da superfície da água (na seção 5.5.2, complementa-se com os instrumentos para a evaporação da superfície do solo úmido, para a transpiração e, conjugadamente, para a evapotranspiração).

Os aparelhos destinados à medida direta da evaporação são, genericamente, denominados evaporímetros. Os mais conhecidos são os atmômetros e os tanques de evaporação.

Os atmômetros são instrumentos para a medida da evaporação que se processa em uma superfície porosa. Esses equipamentos dispõem de um recipiente com água que se comunica com a superfície porosa, que, por sua vez, se expõe ao ar. Dentre os mais conhecidos, destacam-se o de *Piché* (papel de filtro como superfície porosa) e o de *Livingstone* (cerâmica porosa). Os atmômetros apresentam baixo custo, fácil instalação e operação; porém, produzem resultados pouco confiáveis: o balanço energético do aparelho difere do balanço da superfície livre de água (e do solo descoberto ou vegetado), pois a energia da evaporação provém da radiação, do transporte de calor sensível e da condução de calor através do recipiente de abastecimento. Além disso, a superfície evaporante deve ser mantida limpa, pois sujeiras afetam significativamente a taxa de evaporação (por isso, são muitas vezes instalados dentro de abrigos).

Os *tanques de evaporação* são recipientes achatados, metálicos, em forma de bandeja e de seção quadrada ou circular, contendo água em seu interior e instalados sobre o solo nas proximidades da massa de água (ou flutuando sobre esta) cuja intensidade de evaporação se quer medir. As características normais de um tanque de evaporação são:

- diâmetro ou lado do quadrado: de 0,90 m a 2,00 m;
- altura do recipiente: de 0,25 m a 1,00 m;
- altura da borda livre do recipiente (sobre o nível de água interno): 5 cm a 10 cm.

O tanque de evaporação mais usado em nível mundial é o *Tanque Classe A*[7], cujo esquema é mostrado na Figura 5.2, que tem forma circular com diâmetro de 1,22 m e altura de 25 cm, e, durante a operação, mantém borda livre variando entre 5,0 e 7,5 cm. A quantidade de água evaporada é medida diariamente por uma ponta limnimétrica, ajustada por parafuso micrométrico, com extremidade em gancho posta em um posto tranquilizador.

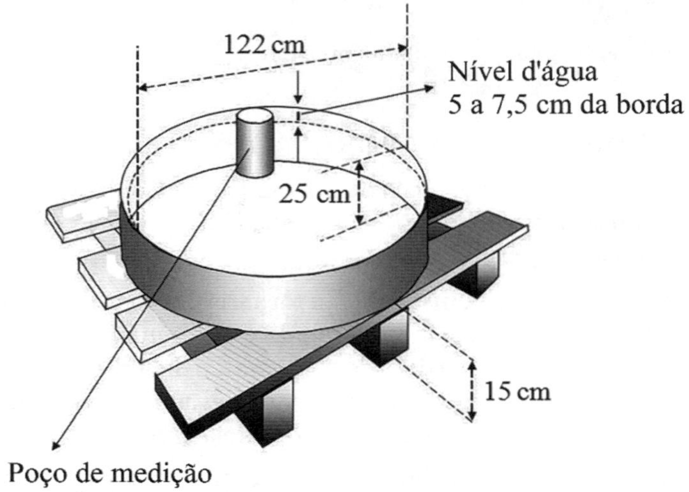

Figura 5.2 – Desenho esquemático do *Tanque Classe A* do U.S. National Weather Service com poço tranquilizador para a medição do nível d'água.

A evaporação medida pelo tanque supera a que ocorre na superfície do reservatório. Esse fato, evidenciado na prática e também comprovado teoricamente, deve-se, sobretudo, à diferença de temperatura da água nos dois casos. Num caso, o pequeno volume de água no evaporímetro e o metal exposto ao sol contribuem para substanciais variações de temperatura da água, à medida que se altera a temperatura do ar e a radiação solar. No outro, a grande massa de água do lago e o efeito estabilizador das correntes de convecção e do solo em volta do reservatório têm como consequência uma amplitude menor na variação das temperaturas. O fator que relaciona a evaporação de um reservatório e do tanque classe A oscila entre 0,6 e 0,8, sendo 0,7 o valor mais utilizado.[8]

Convém observar, ainda, que, em uma estação medidora da evaporação, realiza-se, ao mesmo tempo, a medida das grandezas que têm influência nesse fenômeno. Assim, são incluídos no equipamento da estação: termômetros, anemômetro, psicrômetro e um pluviômetro ou pluviógrafo.

---

7 *Tanque Classe A* utilizado pelo Serviço Meteorológico dos Estados Unidos (U. S. National Weather Service), descrito em Kohler, Norendson e Fox (1955).

8 Em regiões do semiárido, o coeficiente de correção da evaporação medida pelo tanque mais utilizado está em torno de 0,75.

5.4.3 MODELOS MATEMÁTICOS PARA A EVAPORAÇÃO

Além da medição direta e da aplicação da equação do balanço hídrico, formulações matemáticas são utilizadas para quantificar a evaporação. As fórmulas que produzem estimativas para a intensidade da evaporação são modelos de natureza conceitual, empírica ou semiempírica que, normalmente, são obtidos da aplicação das leis de transferência de massa e do balanço de energia.

5.4.3.1 Modelos baseados na transferência de massa para a evaporação

Os modelos de transferência de massa, também chamados modelos aerodinâmicos, baseiam-se na lei de Dalton, definida pela Equação (5.1), em que o coeficiente C é uma função da velocidade do vento e incorpora os efeitos aerodinâmicos do escoamento do vento sobre a superfície líquida.

Na literatura, encontram-se disponíveis várias expressões para a intensidade da evaporação que introduzem o efeito do vento no parâmetro C da Equação (5.1). Algumas das equações válidas para intervalos de tempo superiores a um dia são:

- Fórmula de Sverdrup (1946)

$$E = \frac{0{,}623 \cdot \rho_a \cdot \kappa^2 \cdot U_8}{p \cdot \left[ln\left(800/r\right) \right]^2} \left(e_2 - e_8 \right) \tag{5.7}$$

- Fórmula de Thornthwaite e Holzman (1939)

$$E = \frac{0{,}623 \cdot \rho_a \cdot \kappa^2 \cdot \left(U_8 - U_2 \right)}{p \cdot \left[ln\left(800/200\right) \right]^2} \left(e_2 - e_8 \right) \tag{5.8}$$

Nas equações (5.7) e (5.8):

E = evaporação, em cm/s;

ρ_a = massa específica do ar, em g/cm^3;

κ = 0,41, constante de von Karman;

U_8 e U_2 = velocidade do vento, em cm/s, a 8 m e a 2 m acima da superfície evaporante, respectivamente;

p = pressão atmosférica, em mb;[9]

e_2 e e_8 = pressão de vapor, em mb, a 2 m e a 8 m da superfície evaporante, respectivamente;

r = altura da rugosidade da superfície evaporante, em cm.

O uso prático das Equações (5.7) e (5.8) dadas é limitado pela dificuldade de obtenção das variáveis envolvidas.

[9] 1 milibar (mb) = 0,750 mmHg.

Outras equações semiempíricas foram estabelecidas para algumas regiões e condições específicas, com base na equação aerodinâmica e no ajuste de regressão das variáveis envolvidas. Essas equações são escritas normalmente com a forma da Equação (5.1),

$$E = (a + b \cdot U) \cdot (e_s - e), \tag{5.9}$$

isto é, com o coeficiente C da lei de Dalton posto como uma função linear da velocidade do vento U. Essa velocidade é tomada a uma determinada altura acima da superfície líquida (em geral, a 2 m da superfície), e os coeficientes a e b são obtidos empiricamente para o local de estudo. Algumas formulações do tipo da Equação (5.9) são apresentadas a seguir.

- Equação de Meyer

$$E = 11 \cdot (1 + 0{,}062 \cdot U) \cdot (e_s - e), \tag{5.10}$$

com E em mm/mês, U medido na estação meteorológica mais próxima, em km/h, e e_s e e medidos em mmHg.

- Equação de Fitzgerald

$$E = 12 \cdot (1 + 0{,}31 \cdot U) \cdot (e_s - e), \tag{5.11}$$

com E em mm/mês, U medido rasante à superfície da água, em km/h, e com as pressões de vapor e_s e e medidas em mmHg.

- Equação do U. S. Geological Survey (Equação do Lago Hefner)

$$E = 0{,}03594 \cdot U_8 \cdot (e_s - e_8), \tag{5.12}$$

com E em mm/dia, U_8 em km/h e e_s e e_8 em mmHg. Na Equação (5.12), os índices "s" e "8" indicam que as quantidades são medidas, respectivamente, à superfície da água e a 8 m de altura.

A pressão de saturação do vapor, presente nas equações (5.9) a (5.10), é uma função da temperatura e pode ser obtida da Tabela 5.1, já apresentada, ou avaliada pela expressão de Tetens:

$$e_s = 4{,}58 \times 10^{7{,}5T/(237{,}3+T)}, \tag{5.13}$$

com e_s em mmHg e T (temperatura do ar) em °C.

5.4.3.2 MODELOS BASEADOS NO BALANÇO DE ENERGIA PARA A EVAPORAÇÃO

Para a estimativa da evaporação em um lago ou reservatório, pode-se ainda utilizar o método do balanço de energia. O equacionamento básico é feito examinando-se um volume de controle como o da Figura 5.3, para o qual se consideram os diferentes processos que afetam a temperatura da água e a evaporação.

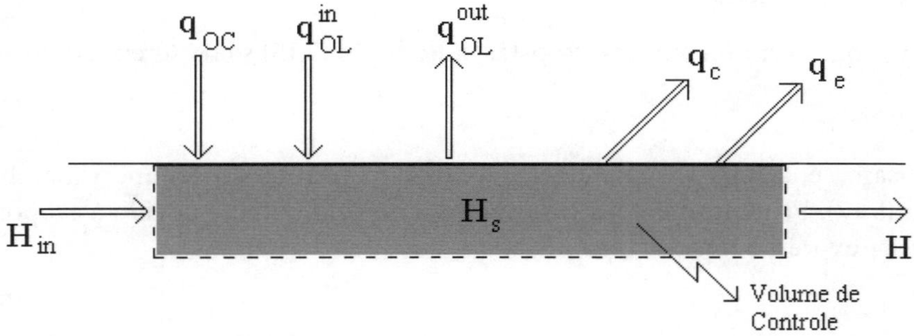

Figura 5.3 – Volume de controle em um lago e termos presentes no balanço de energia para o cálculo da evaporação da superfície líquida.

Na Figura 5.3, os termos representados, com dimensão de energia por unidade de área e por unidade de tempo, têm os seguintes significados:

q_{OC} = radiação efetiva de ondas curtas;

q_{OL}^{in} = radiação atmosférica de ondas longas em direção à superfície líquida;

q_{OL}^{out} = radiação de ondas longas em direção à atmosfera;

q_c = fluxo de calor por condução entre a superfície e a atmosfera (calor sensível para a atmosfera), devido à difusão molecular e turbulenta;

q_e = perda de calor por evaporação (calor latente);

H_{in} = calor recebido pelo volume de controle, introduzido pela água afluente;

H_{out} = calor que deixa o volume de controle, retirado pela água efluente;

H_s = calor armazenado no volume de controle.

Para um determinado intervalo de tempo, a equação resultante da aplicação do balanço de energia é:

$$\Delta H_s = q_{OC} + \left(q_{OL}^{in} - q_{OL}^{out}\right) - q_c - q_e + H_{in} - H_{out}. \qquad (5.14)$$

Desprezando-se a variação do armazenamento de calor ($\Delta H_s \cong 0$) e a diferença entre os termos de transporte subsuperficiais ($H_{in} - H_{out} \cong 0$), tem-se

$$q_{OC} + \left(q_{OL}^{in} - q_{OL}^{out}\right) = q_c + q_e\,. \qquad (5.15)$$

O primeiro membro da Equação (5.15) corresponde à radiação líquida efetivamente absorvida pela superfície e será denotado por $R_{líq}$:

$$R_{líq} = q_{OC} + \left(q_{OL}^{in} - q_{OL}^{out}\right). \tag{5.16}$$

Assim, com as simplificações expostas, a Equação (5.15) se reescreve como

$$R_{líq} = q_c + q_e. \tag{5.17}$$

Analisam-se, a seguir, separadamente, os dois termos do segundo membro da Equação (5.17). Primeiramente, a transferência do calor latente devido à evaporação, q_e, pode ser expressa como

$$q_e = \rho \cdot L \cdot E, \tag{5.18}$$

sendo E a altura da lâmida d'água evaporada por unidade de tempo, L o calor latente de vaporização e ρ a massa específica do líquido. Em unidades usuais, q_e se mede em cal/(cm²·dia) para ρ em g/cm³, L em cal/g e E em cm/dia.

O outro termo da Equação (5.17), que corresponde ao fluxo de calor sensível, q_c, é de difícil quantificação. Por isso, para resolver a Equação (5.17), Bowen propôs a seguinte relação:

$$\frac{q_c}{q_e} = \gamma \frac{T_s - T}{e_s(T_s) - e}, \tag{5.19}$$

sendo γ conhecido como coeficiente psicrométrico, ou parâmetro de Bowen, T a temperatura do ar, T_s a temperatura da superfície evaporante, e_s a pressão de saturação do vapor à temperatura da superfície evaporante e e a pressão de vapor atual. O parâmetro de Bowen, também denominado constante psicrométrica, vale $\gamma \cong 0{,}66$ mbar/°C = 0,49 mmHg/°C.

O uso da Equação (5.19) é dificultado pelo fato de que, na prática, dispõe-se, em geral, apenas de dados da temperatura do ar, T, e da pressão parcial do vapor, e; não se conhece a temperatura da superfície evaporante. Para superar essa dificuldade, definiu-se a variável auxiliar Δ:

$$\Delta = \frac{e_s(T_s) - e_s(T)}{T_s - T} = \left(\frac{de_s}{dT}\right). \tag{5.20}$$

Explicitando $T_s - T$ na Equação (5.20) e substituindo na Equação (5.19), tem-se

$$\frac{q_c}{q_e} = \frac{\gamma}{\Delta} \frac{e_s(T_s) - e_s(T)}{e_s(T_s) - e} = \frac{\gamma}{\Delta} \frac{\left[e_s(T_s) - e\right] - \left[e_s(T) - e\right]}{e_s(T_s) - e} = \frac{\gamma}{\Delta}\left[1 - \frac{e_s(T) - e}{e_s(T_s) - e}\right]. \tag{5.21}$$

Segundo a lei de Dalton, a evaporação pode ser quantificada pela Equação (5.1). Ainda segundo a lei de Dalton, para o caso hipotético da temperatura do ar igual à temperatura da superfície evaporante, define-se a evaporação em condições isotérmicas, ou poder evaporante à sombra, E_i, como

$$E_i = C \cdot \left[e_s(T) - e\right]. \tag{5.22}$$

Relacionando-se as equações (5.1) e (5.22), encontra-se

$$\frac{E_i}{E}=\frac{e_s(T)-e}{e_s(T_s)-e}. \tag{5.23}$$

Explicitando-se $[e_s(T_s) - e]$ na Equação (5.23), e substituindo na Equação (5.21):

$$\frac{q_c}{q_e}=\frac{\gamma}{\Delta}\left(1-\frac{E_i}{E}\right). \tag{5.24}$$

Finalmente, levando-se as equações (5.24) e (5.18) na Equação (5.17) e explicitando-se para E, encontra-se:

$$E=\frac{\frac{\Delta}{\gamma}\cdot\frac{R_{líq}}{\rho L}+E_i}{\left(\frac{\Delta}{\gamma}+1\right)} \tag{5.25}$$

em que:

E = intensidade da evaporação, em cm/dia;

ρ = massa específica da água, em g/cm^3 ($\rho \cong 1 g/cm^3$);

L = calor latente de vaporização da água, função da temperatura, em cal/g (L entre 580 e 590 cal/g);

$R_{líq}$ = radiação efetiva de ondas curtas e longas, ou radiação líquida disponível, em $cal/(cm^2.dia)$;

E_i = poder evaporante à sombra (ou evaporação em condições isotérmicas), em cm/dia;

Δ = variável auxiliar, que representa a medida da variação da pressão de saturação do vapor com a variação da temperatura, em um ponto em que a temperatura é igual à temperatura do ar, em mmHg/°C;

γ = constante psicrométrica ou constante de Bowen, aproximadamente igual a 0,49 mmHg/°C.

A Equação (5.25) é, ainda, conhecida como *expressão de Penman* (1956) para a evaporação.[10] Apresentam-se, a seguir, os procedimentos adotados para a avaliação de cada um dos termos da Equação (5.25).

- Quantidade Δ/γ:

  A avaliação da quantidade Δ/γ (adimensional) pode ser feita a partir das equações (5.13) e (5.20):

$$\frac{\Delta}{\gamma}=\frac{(de_s/dT)_{T=Ta}}{\gamma}=\frac{38.640\times 10^{7,5T/(237,3+T)}}{(237,3+T)^2}, \tag{5.26}$$

[10] Por combinar os métodos do balanço de energia e aerodinâmico, o método que resulta na equação de Penman é também conhecido como *método combinado*.

para $T = T_a$ = temperatura do ar, em °C.

- Termo da radiação líquida efetivamente absorvida pela superfície, $R_{líq}$:

  Uma fórmula de uso corrente para estimar a radiação de ondas curtas e longas efetivamente absorvidas pela superfície evaporante é

$$R_{líq} = R_t \left(\alpha + \beta \frac{n}{N}\right) \cdot (1 - a) - \sigma T^4 \left(0{,}56 - 0{,}09\sqrt{e}\right) \cdot \left(b + c\frac{n}{N}\right), \tag{5.27}$$

em que:

$R_{líq}$ = radiação efetivamente absorvida pela superfície, em cal/(cm²·dia);

R_t = radiação de ondas curtas no topo da atmosfera terrestre, valor tabelado em função da latitude e da época do ano (dados na Tabela 5.3 em $cal.cm^{-2}.dia^{-1}$);

α e β = parâmetros corretivos, introduzidos para considerar o conteúdo de vapor d'água na atmosfera, a altitude e a espessura das nuvens, variáveis de local para local. A título de ilustração, alguns valores dos parâmetros α e β são fornecidos na Tabela 5.4. Na prática, na ausência de dados, sugere-se utilizar as informações de postos climatológicos de locais com características de cobertura de nuvens e latitude semelhantes;

n = insolação efetiva, isto é, número efetivo de horas de brilho solar diário (obtido com aparelhos denominados heliógrafos);

N = duração máxima da insolação diária, medida em horas. É função da latitude e do período do ano (dados na Tabela 5.5);

a = albedo, isto é, razão entre as parcelas da radiação de onda curta refletida e incidente:

$$a = \frac{(R_{refl})_{OC}}{(R_{inc})_{OC}} = \frac{(R_{refl})_{OC}}{R_t \cdot \left(\alpha + \beta \frac{n}{N}\right)}. \tag{5.28}$$

Para a água, o albedo varia de 0,03 a 0,10, aproximadamente.

σ = constante de Stefan-Boltzman: $\sigma = 5{,}72 \times 10^{-8}$ W/(m²·K⁴) = $1{,}19 \times 10^{-7}$ cal/(cm² · dia · K⁴);

T = temperatura absoluta (Kelvin);

e = pressão de vapor (normalmente medida a 2 metros acima da superfície evaporante), em mmHg;

b e c = coeficientes introduzidos para considerar o efeito das nuvens para a radiação de onda longa. Segundo Penman, $b \cong 0{,}1$ e $c \cong 0{,}9$.

E_i = poder evaporante à sombra que, segundo Penman, pode ser estimado de

$$E_i = 0{,}035 \cdot \left(0{,}5 + \frac{U_2}{160}\right) \cdot (e_s - e) \tag{5.29}$$

com E_i em cm/dia para U_2, a velocidade do vento a 2 metros acima da superfície evaporante, em km/dia, e as pressões de vapor e_s e e em mmHg.

De todo o exposto, e de uma forma resumida, para a aplicação do método combinado (ou equação de Penman), são necessários:

- a temperatura média do ar, T;
- a umidade relativa do ar;
- a radiação solar ($cal \cdot cm^{-2} \cdot dia^{-1}$). No caso de não existir essa informação, pode-se utilizar a equação ajustada, com coeficientes mais representativos;
- o número real de horas de incidência solar, obtido com heliógrafo;
- o número máximo de horas de insolação, função da latitude e da época do ano (Tabela 5.5);
- a velocidade do vento a 2 m de altura.

O método de Penman, conforme apontado por Linsley, Kohler e Paulhus (1975), ao considerar a temperatura da superfície evaporante igual à temperatura do ar para o termo de radiação, superestima a evaporação para condições calmas e úmidas e subestima-a para condições secas e de ventos.

EXEMPLO 5.2

Usando a equação de Penman, estimar a evaporação média de um reservatório localizado na latitude 23° S, no mês de fevereiro. Dados disponíveis:

- temperatura média, T = 23 °C;
- umidade relativa do ar, UR = 66%;
- incidência solar, medida com heliógrafo, n = 6,82 h;
- velocidade do vento a 2 m de altura, U_2 = 4 m/s;
- albedo, a = 0,05;
- parâmetros para o local, $\alpha = 0{,}24$ e $\beta = 0{,}58$.

Solução:

A intensidade da evaporação, em cm/dia, segundo Penman, pode ser estimada na Equação (5.25)

$$E = \left(\frac{\Delta}{\gamma} \cdot \frac{R_{líq}}{\rho L} + E_i\right) \Big/ \left(\frac{\Delta}{\gamma} + 1\right).$$

EXEMPLO 5.2 *(continuação)*

Para a solução do problema, calculam-se os termos da equação de Penman com base nos dados fornecidos.

- Cálculo da radiação líquida efetivamente absorvida pela superfície evaporante, $R_{líq}$, conforme a Equação (5.27)

$$R_{líq} = R_t\left(\alpha + \beta\frac{n}{N}\right)\cdot(1-a) - \sigma T^4\left(0,56 - 0,09\sqrt{e}\right)\cdot\left(b + c\frac{n}{N}\right);$$

- da Tabela 5.3, para a latitude 23° S, mês de fevereiro, R_t = 932 cal/(cm²·dia);
- α = 0,24 e β = 0,58 (dados);
- n = 6,82 h (dado, medido com heliógrafo);
- da Tabela 5.5, para a latitude 23° S, mês de fevereiro, N = 12,85 h (interpolado);
- albedo, a = 0,05 (dado);
- constante de Stefan-Boltzman, $\sigma = 1,19 \times 10^{-7}$ cal/(cm²·dia·K⁴);
- temperatura absoluta, T = 23 + 273 = 296 K;
- pressão de saturação do vapor à temperatura de 23 °C (Tabela 5.1): e_s = 21,08 mmHg;
- umidade relativa do ar (dado), UR = 66%. Da Equação (5.3), $e = e_s \times$ UR/100% = 13,91 mmHg.

Portanto,

$$R_{líq} = 932\times\left(0,24+0,58\frac{6,82}{12,85}\right)\times(1-0,05) - 1,19\times10^{-7}\times296^4\times\left(0,56 -\right.$$

$$\left.-0,09\sqrt{13,91}\right)\times\left(0,1+0,9\frac{6,82}{12,85}\right)$$

$$R_{líq} = 366,67 \ \text{cal}/\left(\text{cm}^2\cdot\text{dia}\right).$$

- Cálculo do termo Δ/γ pela Equação (5.26):

$$\frac{\Delta}{\gamma} = \frac{38.640}{(237,3+23)^2}10^{7,5\times23/(237,3+23)} \quad \rightarrow \quad \frac{\Delta}{\gamma} = 2,62.$$

- Cálculo do poder evaporante à sombra, E_i, pela equação (5.29):

$$E_i = 0,035\cdot\left(0,5+\frac{U_2}{160}\right)\cdot(e_S - e).$$

EXEMPLO 5.2 *(continuação)*

- Velocidade do vento, U = 4 m/s = 345,6 km/dia. Logo,

$$E_i = 0,035 \cdot \left(0,5 + \frac{345,6}{160}\right) \cdot (21,08 - 13,91) \quad \rightarrow \quad E_i = 0,667 \text{ cm/dia}.$$

Portanto,

$$E = \left(2,62 \cdot \frac{366,67}{1 \times 590} + 0,667\right) \Big/ (2,62 + 1) = 0,634 \text{ cm/dia} \rightarrow E = 6,34 \text{ mm/dia}.$$

O total evaporado no mês de fevereiro (28 dias) seria, então, aproximadamente igual a 177,5 mm.

Tabela 5.3 – Valores da radiação solar recebida no topo da atmosfera terrestre, R_t

	R_t, cal/(cm²·dia)											
Latitude	**jan**	**fev**	**mar**	**abr**	**mai**	**jun**	**jul**	**ago**	**set**	**out**	**nov**	**dez**
2° N	832	867	885	861	826	802	814	844	873	867	838	814
Equador	850	879	885	856	808	785	797	832	867	873	856	832
2° S	861	885	885	850	791	767	779	820	867	879	873	850
4° S	879	897	885	838	779	749	755	808	861	885	885	873
6° S	897	903	885	826	755	732	743	797	861	897	897	890
8° S	909	909	879	814	738	708	720	779	856	897	909	903
10° S	920	920	873	802	720	684	702	767	850	897	915	920
12° S	938	920	867	791	696	661	684	755	838	897	826	832
14° S	950	926	861	773	679	637	661	738	838	903	838	944
16° S	956	932	856	755	661	614	637	720	826	903	944	956
18° S	968	932	850	743	637	590	620	702	814	903	956	974
20° S	979	932	838	720	614	566	596	684	802	897	962	985
22° S	991	932	826	702	590	543	572	661	791	897	968	991
24° S	991	932	814	684	566	519	549	643	779	897	968	1.003
26° S	997	926	802	661	543	496	519	625	761	891	974	1.015
28° S	1.003	920	791	643	519	460	496	602	743	885	979	1.021
30° S	1.003	920	779	620	496	437	472	578	732	873	979	1.027
32° S	1.009	909	767	596	472	407	448	555	714	867	979	1.033
34° S	1.009	903	743	578	448	378	313	531	696	861	979	1.038
36° S	1.009	897	732	555	419	354	389	507	673	850	979	1.038
38° S	1.009	885	714	531	389	330	366	484	649	838	974	1.044
40° S	1.003	879	690	507	360	295	336	460	631	826	968	1.044

EXEMPLO 5.2 *(continuação)*

Tabela 5.4 – Valores característicos dos parâmetros α e β da equação de Penman para algumas regiões

Local	α	β
Washington	0,220	0,780
Inglaterra	0,180	0,436
São Paulo	0,240	0,580
Rio Grande do Sul	0,230	0,480
Clima temperado	0,200	0,530
Clima tropical	0,280	0,480

Tabela 5.5 – Valores da duração máxima da insolação diária, N, em função da latitude e época do ano

	N (horas)											
Latitude	jan	fev	mar	abr	mai	jun	jul	ago	set	out	nov	dez
2° N	12,0	12,0	12,1	12,2	12,2	12,2	12,2	12,2	12,1	12,1	12,0	12,0
Equador	12,1	12,1	12,1	12,1	12,1	12,1	12,1	12,1	12,1	12,1	12,1	12,1
2° S	12,2	12,2	12,1	12,1	12,0	12,0	12,0	12,0	12,1	12,1	12,2	12,2
4° S	12,3	12,2	12,1	12,0	11,9	11,8	11,9	12,0	12,1	12,2	12,3	12,4
6° S	12,4	12,3	12,1	12,0	11,9	11,7	11,8	11,9	12,1	12,2	12,4	12,5
8° S	12,5	12,4	12,1	11,9	11,7	11,6	11,7	11,9	12,1	12,3	12,5	12,6
10° S	12,6	12,4	12,1	11,9	11,7	11,5	11,6	11,8	12,0	12,3	12,6	12,7
12° S	12,7	12,5	12,2	11,8	11,6	11,4	11,5	11,7	12,0	12,4	12,7	12,8
14° S	12,8	12,6	12,2	11,8	11,5	11,3	11,4	11,6	12,0	12,4	12,8	12,9
16° S	13,0	12,7	12,2	11,7	11,4	11,2	11,2	11,6	12,0	12,4	12,9	13,1
18° S	13,1	12,7	12,2	11,7	11,3	11,1	11,1	11,5	12,0	12,5	13,0	13,2
20° S	13,1	12,8	12,2	11,6	11,2	10,9	11,0	11,4	12,0	12,5	13,2	13,3
22° S	13,4	12,8	12,2	11,6	11,1	10,8	10,9	11,3	12,0	12,6	13,2	13,5
24° S	13,5	12,9	12,3	11,5	10,9	10,7	10,8	11,2	11,9	12,6	13,3	13,6
26° S	13,6	12,9	12,3	11,5	10,8	10,5	10,7	11,2	11,9	12,7	13,4	13,8
28° S	13,7	13,0	12,3	11,4	10,7	10,4	10,6	11,1	11,9	12,8	13,5	13,9
30° S	13,9	13,1	12,3	11,4	10,6	10,2	10,4	11,0	11,9	12,8	13,6	14,1
32° S	14,0	13,2	12,3	11,3	10,5	10,0	10,3	10,9	11,9	12,9	13,7	14,2
34° S	14,2	13,3	12,3	11,3	10,3	9,8	10,1	10,9	11,9	12,9	13,9	14,4
36° S	14,3	13,4	12,4	11,2	10,2	9,7	10,0	10,7	11,9	13,0	14,0	14,6
38° S	14,5	13,5	12,4	11,1	10,1	9,5	9,8	10,6	11,8	13,1	14,2	14,8
40° S	14,7	13,6	12,4	11,1	9,9	9,3	9,6	10,5	11,8	13,1	14,3	15,0

EXEMPLO 5.3

Considere os dados do exemplo 5.2. Qual o aumento percentual esperado na evaporação mensal em condições de velocidade do vento igual ao dobro daquela fornecida no exemplo 5.2?

Solução:

Para U = 2 × 345,6 = 691,2 km/dia,

$$E_i = 0{,}035 \cdot \left(0{,}5 + \frac{691{,}2}{160}\right) \cdot (21{,}08 - 13{,}91) \rightarrow E_i = 1{,}21\ \text{cm/dia.}$$

Com o novo valor de E_i,

$$E' = \left(2{,}62 \frac{366{,}67}{1 \times 590} + 1{,}21\right) \Big/ (2{,}62 + 1) = 0{,}784\ \text{cm/dia} \rightarrow$$

→ E' = 7,84 mm/dia = 219,52 mm/mês.

Logo,

E'/E = 219,52/177,5 ≅ 1,237 → Aumento de 23,7% na evaporação mensal.

5.5 MÉTODOS DE QUANTIFICAÇÃO DA EVAPOTRANSPIRAÇÃO

É conveniente distinguir-se, preliminarmente, o conceito de evapotranspiração potencial da evapotranspiração real. A evapotranspiração potencial, ET_p, representa a quantidade de água transferida para a atmosfera, na unidade de tempo, por evaporação e transpiração de uma superfície extensa completamente coberta de vegetação de porte baixo e bem suprida de água. Difere da evapotranspiração real, ET, que representa a quantidade de água transferida pelos dois processos nas condições reais, isto é, para os fatores atmosféricos e a umidade do solo realmente existentes. Assim, tem-se sempre que $ET \leq ET_p$.

5.5.1 BALANÇO HÍDRICO PARA A EVAPOTRANSPIRAÇÃO

Para o cálculo da intensidade da evapotranspiração em uma bacia hidrográfica, em um intervalo de tempo Δt, a equação do balanço hídrico se escreve como

$$i \cdot A - Q - ET \cdot A = \frac{\Delta Vol}{\Delta t}, \qquad (5.30)$$

sendo i a intensidade média da precipitação no intervalo, Q a vazão média na seção exutória da bacia para esse intervalo, A a área de drenagem da bacia e ΔVol a diferença entre os armazenamentos totais de umidade na bacia, no fim e início do intervalo de tempo, isto é, $\Delta Vol = Vol_{final} - Vol_{inicial}$.

Devido à falta de medição de uma ou mais das variáveis envolvidas, o balanço hídrico para o cálculo da evapotranspiração é normalmente aplicado para intervalos de tempo superiores a uma semana. Em menores intervalos de tempo, geralmente só se dispõe da precipitação e da vazão. Para um intervalo de tempo suficientemente grande, o erro cometido no termo de armazenamento é, em geral, pequeno se comparado com a precipitação, a vazão e a evapotranspiração.

EXEMPLO 5.4

Na tabela a seguir, são fornecidos os dados anuais do total precipitado em uma bacia hidrográfica e da vazão média diária na seção de medição do curso d'água principal, a jusante da bacia. Com base nos dados desta tabela, estimar a evapotranspiração média anual da bacia.

Dado: área de drenagem da bacia, A = 3.650 km^2.

Tabela – Precipitação total anual e vazão média anual na bacia do rio Passo Fundo

Ano	P (mm)	Q (m³/s)	Ano	P (mm)	Q (m³/s)
1971	1.988	72,57	1976	1.802	76,39
1972	2.671	168,29	1977	1.747	90,05
1973	2.582	149,07	1978	1.266	41,55
1974	1.695	80,21	1979	2.048	96,30
1975	1.749	74,88	1980	1.862	80,56

Solução:

O problema pode ser resolvido pela aplicação da Equação (5.30), para o intervalo de tempo $\Delta t = 1$ ano, que representa um ano médio. Nesse caso, é razoável admitir-se $\Delta Vol \cong 0$. Assim, $ET \cong i - Q/A$. A tabela dada pode, então, ser reconstruída para os valores da intensidade média da precipitação, em mm/ano, e do deflúvio superficial, este último medido em termos de uma altura anual de lâmina d'água escoada.

Ano	i (mm/ano)	Q/A (mm/ano)	Ano	i (mm/ano)	Q/A (mm/ano)
1971	1.988	627	1976	1.802	660
1972	2.671	1.454	1977	1.747	778
1973	2.582	1.288	1978	1.266	359
1974	1.695	693	1979	2.048	832
1975	1.749	647	1980	1.862	696
			média	1.941	803

Portanto, em termos médios, ET = 1.941 – 803 → ET = 1.138 mm/ano.

EXEMPLO 5.5

Considere a bacia do problema-exemplo 5.4. Em um dos afluentes do curso d'água principal, com área de drenagem de 50 km^2, planeja-se construir um reservatório. A área de inundação prevista do reservatório é de 10 km^2, e a evaporação média da superfície da água é avaliada em 1.400 mm/ano. Estimar a redução da vazão média disponível na bacia.

Solução:

Antes da construção do reservatório, a evapotranspiração para os 50 km^2 da sub-bacia é conforme calculada no exemplo 5.4: ET = 1.138 mm/ano.

Após a construção do reservatório, a evapotranspiração é obtida pela média ponderada na sub-bacia:

$$ET' = \frac{1.400 \times 10 + 1.138 \times 40}{50} = 1.190 \text{ mm/ano.}$$

Esse aumento na evapotranspiração provocará uma redução da vazão média do escoamento superficial de:

$$\Delta Q = ET' - ET = 1.190 - 1.138 = 52 \text{ mm/ano.}$$

Em termos percentuais,

$$\frac{\Delta Q}{Q} \times 100\% = \frac{52}{803} \times 100\% = 6,5\%.$$

5.5.2 MEDIDA DIRETA DA EVAPOTRANSPIRAÇÃO

A medida direta da evapotranspiração é feita por meio de aparelhos denominados *lisímetros*. Eles são constituídos por uma caixa estanque (volume mínimo de 1 m^3, contendo o terreno que se quer estudar), que se enterra no solo e se mantém aberta na parte superior. A amostra do solo recebe as precipitações, que são medidas na vizinhança. A caixa dispõe de um dreno no fundo, que conduz a água para um sistema de medição.

A evapotranspiração, durante certo período, poderá ser determinada se forem conhecidas a precipitação, P, a quantidade de água drenada, D, e a variação de água acumulada no lisímetro, no mesmo período. Quando se despreza a variação da água acumulada (períodos grandes), tem-se

$$ET = P - D. \tag{5.31}$$

A maior restrição ao uso do lisímetro reside na pequena área ou volume que representa.

5.5.3 MODELOS MATEMÁTICOS PARA A EVAPOTRANSPIRAÇÃO

5.5.3.1 Modelos baseados na temperatura para a evapotranspiração potencial

O uso de um modelo matemático baseado exclusivamente na temperatura para estimar a evapotranspiração potencial é um procedimento justificável apenas quando a única informação meteorológica disponível é a temperatura do ar. Dentre os métodos mais conhecidos baseados exclusivamente na temperatura do ar destacam-se os de Thornthwaite e de Blaney-Criddle, dos quais se faz uma breve exposição, com exemplo de aplicação.

5.5.3.1.1 Método de Thornthwaite para Et_p

A equação de Warren Thornthwaite (1948) é uma das mais antigas expressões de estimativa da evapotranspiração potencial. Constitui-se em um modelo simples baseado em dados de temperatura média do ar e do fotoperíodo (comprimento do dia) de áreas secas dos Estados Unidos.

Para a evapotranspiração potencial de cada mês o modelo escreve-se com a notação matemática

$$ET_p = F_c \times \left(ET_p\right)_{NA}, \tag{5.32}$$

em que:

ET_p = evapotranspiração potencial acumulada, em mm/mês;

$(ET_p)_{NA}$ = evapotranspiração potencial não ajustada, em mm/mês, estimada para um mês padrão de 30 dias e com duração do período diurno de 12 horas; e

F_c = fator de correção, que leva em consideração o comprimento médio do dia e o número de dias do mês em questão.

Para temperatura média do ar inferior a 26,5 °C, Thornthwaite propôs estimar a evapotranspiração potencial não ajustada, em mm/mês, segundo

$$\left(ET_p\right)_{NA} = 16 \times \left(\frac{10 \times T}{I}\right)^a, \tag{5.33}$$

em que:

T = temperatura média mensal do ar, em °C;

I = índice térmico anual (ou índice de calor), correspondente à soma de 12 índices mensais e dado por

$$I = \sum_{i=1}^{12} \left(\frac{T_i}{5}\right)^{1,514}, \tag{5.34}$$

sendo T_i a temperatura média (°C) de cada mês. Na Equação (5.33), o expoente a é uma função do índice térmico anual, sendo determinado por:

$$a = 6,75\times10^{-7}I^3 - 7,71\times10^{-5}I^2 + 1,792\times10^{-2}I + 0,49239. \quad (5.35)$$

Para temperatura média do ar igual ou superior a 26,5 °C, a Equação (5.33) superestima a evapotranspiração potencial não ajustada. Nesse caso, Thornthwaite propôs o uso da Tabela 5.6.

Finalmente, para obter a evapotranspiração do mês em questão, deve-se multiplicar o resultado do cálculo da Equação (5.33), ou o valor da Tabela 5.6, pelo fator de correção F_c. Para uso prático, valores de F_c são fornecidos na Tabela 5.7, em função da latitude e da época do ano.

Em uma alternativa ao uso da Equação (5.33), no método de Thornthwaite pode-se, ainda, utilizar o nomograma de Palmer-Havens, que foi adaptado por Camargo, conforme Villela e Mattos (1975). Sendo a temperatura do ar um elemento geralmente medido em postos meteorológicos com bastante precisão, Camargo substituiu o índice de calor (índice térmico) pela temperatura média anual, permitindo a construção do nomograma mostrado na Figura 5.4, com as temperaturas média anual e média mensal medidas em °C.

Tabela 5.6 – Valores da evapotranspiração potencial não ajustada para temperatura do ar igual ou superior a 26,5 °C, segundo Thornthwaite.

	$\left(ET_p\right)_{NA}$, em mm/mês									
T (°C)	0,0	0,1	0,2	0,3	0,4	0,5	0,6	0,7	0,8	0,9
26	---	---	---	---	---	135	135	138	138	138
27	138	141	141	141	144	144	144	144	147	147
28	147	150	150	150	150	153	153	153	153	156
29	156	156	156	156	159	159	159	159	162	162
30	162	162	162	165	165	165	165	165	168	168
31	168	168	168	171	171	171	171	171	171	174
32	174	174	174	174	174	174	177	177	177	177
33	177	177	177	177	180	180	180	180	180	180
34	180	180	180	183	183	183	183	183	183	183
35	183	183	183	183	183	183	183	183	183	183
36	183	183	186	186	186	186	186	186	186	186
37	186	186	186	186	186	186	186	186	186	186

Fonte: AMORIM *et al.*, 1999

Tabela 5.7 – Fator de correção F_c para o método de Thornthwaite

Latitude	Jan.	Fev.	Mar.	Abr.	Maio	Jun.	Jul.	Ago.	Set.	Out.	Nov.	Dez.
5° N	1,00	0,93	1,03	1,02	1,06	1,03	1,06	1,05	1,01	1,03	0,99	1,02
Equador	1,02	0,94	1,04	1,01	1,01	1,01	1,04	1,04	1,01	1,04	1,01	1,04
5° S	1,04	0,95	1,04	1,00	1,02	0,99	1,02	1,03	1,00	1,05	1,03	1,06
10° S	1,08	097	1,05	0,99	1,01	0,96	1,00	1,01	1,00	1,06	1,05	1,10
15° S	1,12	0,98	1,05	0,98	0,98	0,94	0,97	1,00	1,00	1,07	1,07	1,12
20° S	1,14	1,10	1,05	0,97	0,96	0,91	0,95	0,99	1,00	1,08	1,09	1,15
25° S	1,17	1,01	1,05	0,96	0,94	0,88	0,93	0,98	1,00	1,10	1,11	1,18
30° S	1,20	1,03	1,06	0,95	0,92	0,85	0,90	0,96	1,00	1,12	1,14	1,21
35° S	1,23	1,04	1,06	0,94	0,89	0,82	0,87	0,94	1,00	1,13	1,17	1,25
40° S	1,27	1,06	1,07	0,93	0,86	0,78	0,84	0,92	1,00	1,15	1,20	1,29

Para a obtenção da evapotranspiração potencial mensal com o uso do nomograma da Figura 5.4, deve-se proceder da seguinte forma:

i) tomar o valor da temperatura média anual e uni-lo, por um segmento de reta, ao ponto de convergência, indicado por C naquela figura;

ii) tomar o valor da temperatura média mensal para obter, apoiando-se no segmento de reta traçado, a evapotranspiração potencial não ajustada para o mês considerado;

iii) ajustar o valor encontrado para o comprimento do dia e do número de dias do mês, multiplicando pelo fator de correção, F_c, fornecido em função da latitude e do mês na Tabela 5.7.

Observação: a equação proposta por Thornthwaite é baseada em estudos conduzidos em inúmeras bacias hidrográficas das regiões central e leste dos Estados Unidos, onde predomina o clima temperado, com invernos úmidos e verões secos. Por isso, conforme citado em Tucci (1993), as formulações devem apresentar problemas quando estendidas para regiões de verões úmidos e invernos secos (o método não contempla explicitamente a umidade do ar).

5.5.3.1.2 Método de Blaney-Criddle para ET_p

Esse método foi originalmente desenvolvido para a realização de estimativas de uso consuntivo em regiões semiáridas, baseando-se na suposição de que a disponibilidade de água para a planta em crescimento não é um fator limitante. A equação de Blaney-Criddle é escrita como

$$ET_p = \left(0,457 \cdot T + 8,13\right) \cdot p, \qquad (5.36)$$

em que:

ET_p = evapotranspiração potencial, em mm/dia;

T = temperatura média mensal do ar, em °C;

p = proporção média diária de horas de luz (dada na Tabela 5.8, para diferentes latitudes).

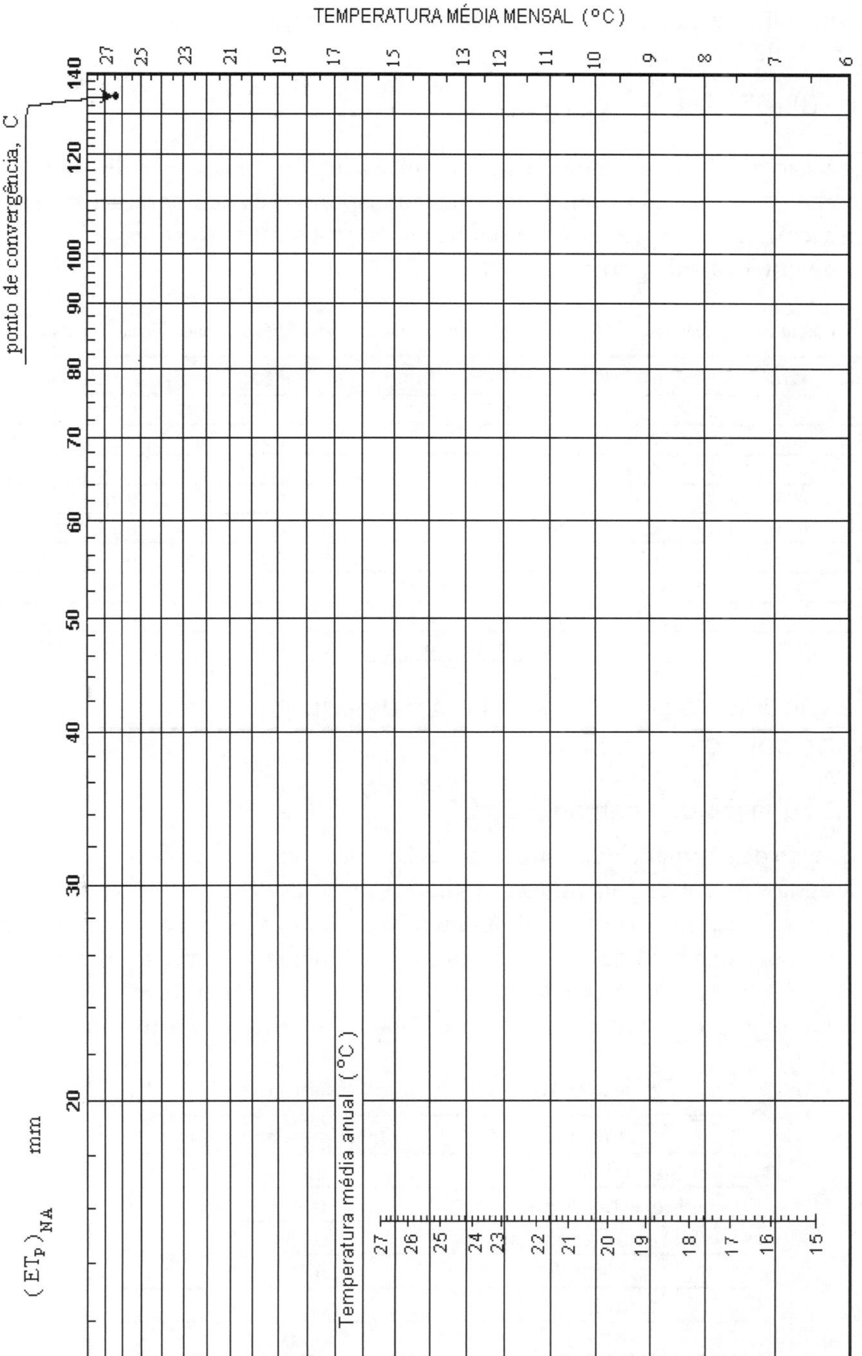

Figura 5.4 – Nomograma para a obtenção da evapotranspiração potencial mensal, não ajustada, em mm, pelo método de Thornthwaite.

Para considerar um tipo particular de cultura, em diferentes estágios de desenvolvimento, introduz-se na Equação (5.36) um fator de correção, k_c, denominado coeficiente de cultura,[11] de forma que:

$$ET_p = k_c \cdot (0,457 \cdot T + 8,13) \cdot p \quad (5.37)$$

A equação de Blaney-Criddle, por ser empírica, tal qual a equação de Thornthwaite, só é recomendável quando a única informação disponível é a temperatura do ar, e o seu uso é desaconselhável em regiões equatoriais, onde a temperatura se mantém estável, bem como em locais de grande altitude.

Tabela 5.8 – Proporção média de horas de luz da Equação de Blaney-Criddle, p, para diferentes latitudes

Latitude	Jan.	Fev.	Mar.	Abr.	Maio	Jun.	Jul.	Ago.	Set.	Out.	Nov.	Dez.
Equador	0,27	0,27	0,27	0,27	0,27	0,27	0,27	0,27	0,27	0,27	0,27	0,27
5° S	0,28	0,28	0,28	0,27	0,27	0,27	0,27	0,27	0,27	0,28	0,28	0,28
10° S	0,29	0,28	0,28	0,27	0,26	0,26	0,26	0,27	0,27	0,28	0,28	0,29
15° S	0,29	0,28	0,28	0,27	0,26	0,25	0,26	0,26	0,27	0,28	0,29	0,29
20° S	0,30	0,29	0,28	0,26	0,25	0,25	0,25	0,26	0,27	0,28	0,29	0,30
25° S	0,31	0,29	0,28	0,26	0,25	0,24	0,24	0,26	0,27	0,29	0,30	0,31
30° S	0,31	0,30	0,28	0,26	0,24	0,23	0,24	0,25	0,27	0,29	0,31	0,32
35° S	0,32	0,30	0,28	0,25	0,23	0,22	0,23	0,25	0,27	0,29	0,31	0,32
40° S	0,33	0,31	0,28	0,25	0,22	0,21	0,22	0,24	0,27	0,30	0,32	0,34

5.5.3.2 Modelos baseados no balanço de energia para a evapotranspiração potencial

5.5.3.2.1 Equação de Penman para ET_p

A equação de Penman, apresentada na seção 5.4.3.2 para a evaporação de superfícies livres de água e resumida pela Equação (5.25), também pode ser utilizada para a estimativa da evapotranspiração potencial. A equação mantém a sua forma geral e, quando a energia efetiva não é medida, mas estabelecida por meio de fórmulas empíricas, como a Equação (5.27), o valor do albedo deve ser referido à própria cultura. Como elemento auxiliar na definição do valor do albedo, a Tabela 5.9 fornece alguns valores típicos.

Tabela 5.9 – Valores de albedo, a, para diferentes superfícies

Superfície	Intervalos do albedo, a
Superfície de água	0,03 – 0,10
Florestas coníferas	0,10 – 0,15
Florestas temporárias	0,15 – 0,20
Cereais	0,10 – 0,25
Batatas	0,15 – 0,25
Algodão	0,20 – 0,25
Cana-de-açúcar	0,05 – 0,18
Campo	0,15 – 0,20

[11] Valores para o coeficiente de cultura podem ser encontrados na literatura específica de irrigação.

Solos escuros	0,05 – 0,20
Argila seca	0,20 – 0,35
Solos arenosos (secos)	0,15 – 0,45
Solo nu umedecido	≅ 0,11
Solo nu seco	≅ 0,18

Por se tratar de superfícies vegetadas, o termo aerodinâmico, E_i, ou poder evaporante à sombra, também se altera. A Equação (5.29) deve, então, ser reescrita como:

$$E_i = 0,035 \cdot \left(1 + \frac{U_2}{160}\right) \cdot (e_s - e). \tag{5.38}$$

Na Equação (5.38), todos os termos têm os mesmos significados da Equação (5.29).

EXEMPLO 5.6

Considere o enunciado do exemplo 5.2, apresentado na seção 5.4.3.2. Calcule a evapotranspiração potencial da bacia hidrográfica onde se encontra o reservatório. Adote o albedo a = 0,25.

Solução:

O valor maior do albedo reduz a radiação líquida efetivamente absorvida pela superfície. Recalculando,

$$R_{líq} = 932\left(0,24 + 0,58\frac{6,82}{12,85}\right) \cdot (1 - 0,25) - 1,19 \times 10^{-7} \times 296^4 \left(0,56 - 0,09\sqrt{13,91}\right) \cdot$$

$$\cdot \left(0,1 + 0,9\frac{6,82}{12,85}\right)$$

$$R_{líq} = 264,55 \text{ cal}/\left(\text{cm}^2\text{dia}\right).$$

O poder evaporante à sombra também se modifica:

$$E_i = 0,035 \cdot \left(1,0 + \frac{345,6}{160}\right) \cdot (21,08 - 13,91) \quad \rightarrow \quad E_i = 0,792 \quad \text{cm/dia}.$$

Portanto,

$$ET_p = \left(2,62 \cdot \frac{264,55}{1 \times 590} + 0,792\right) \Big/ (2,62 + 1) = 0,543 \text{ cm/dia} \quad \rightarrow$$

$\rightarrow$ ET_p = 5,43 mm/dia.

A evapotranspiração potencial total no mês de fevereiro (28 dias) seria, então, igual a aproximadamente 152,04 mm.

5.5.3.2.2 Equação de Jensen & Haise

Dentre os métodos conhecidos para a evapotranspiração, aquele desenvolvido com base na variável meteorológica radiação, como a equação de Penman, está entre os mais confiáveis. Uma simplificação da formulação de Penman é a equação de Jensen e Haise, proposta sob a forma:

$$ET_p = \frac{0{,}025 \cdot T + 0{,}08}{590} R_t \left(\alpha + \beta \frac{n}{N} \right), \tag{5.39}$$

em que:

ET_p = evapotranspiração potencial em cm/dia;

T = temperatura do ar, em °C;

R_t $(\alpha + \beta n/N)$ = radiação incidente de onda curta;

R_t = radiação que atinge o topo da atmosfera, em cal/(cm^2·dia), dada na Tabela 5.3;

n = número de horas diárias de insolação;

N = número máximo de horas de insolação, dado na Tabela 5.5;

α e β = coeficientes empíricos, ajustados para o local de interesse.

EXEMPLO 5.7

Repetir o exemplo 5.6, utilizando a equação de Jensen e Haise.

Solução:

Da Equação (5.39) e com os dados do problema,

$$ET_p = \frac{0{,}025 \cdot 23 + 0{,}08}{590} 932 \left(0{,}24 + 0{,}58 \frac{6{,}82}{12{,}85} \right) = 0{,}567 \text{ cm/dia} =$$

= 5,67 mm/dia.

Então, para o mês de fevereiro, ET_p = 158,7 mm/mês.

5.5.3.2.3 Método de Penman-Bavel

Uma modificação do método de Penman foi proposta por Van Bavel, conforme Villela e Mattos (1975). Van Bavel construiu um nomograma simples para a estimativa da evapotranspiração potencial diária. Para o uso desse nomograma, requerem-se os mesmos elementos contidos na equação de Jensen e Haise.

A sequência de passos para a obtenção da evapotranspiração diária pelo nomograma de Van Bavel, apresentado na Figura 5.5, é a seguinte:

i) tomar da Tabela 5.3, para a latitude do local em estudo e para o mês em questão, o valor da radiação solar que chega no topo da atmosfera (R_t em cal · cm^{-2} · dia^{-1});

ii) converter o valor de R_t para mm/dia. Para isso, divide-se o valor de R_t tabelado pelo calor latente de vaporização da água, L,[12] e pela massa específica da água, ρ,[13] e multiplica-se o resultado por 10 para se obter mm/dia. De forma simplificada,

$$R_t\,(\text{mm/dia}) = R_t\,(\text{Tab. 5.3}) / 59; \qquad (5.40)$$

iii) tomar da Tabela 5.5, para a latitude do local em estudo e para o mês em questão, o valor da duração máxima da insolação diária, N, em horas;

iv) conhecido o número efetivo de horas diária de insolação, n, obter a razão de insolação, n/N;

v) sobre o nomograma, traçar uma linha reta unindo os pontos relativos aos valores de R_t (mm/dia) e n/N. Extrapolar essa reta até encontrar a reta de apoio no centro do nomograma. O ponto de interseção dessas retas é o valor de referência;

vi) unir o valor de referência ao valor da temperatura média diária, encontrando na escala à direita o valor da evapotranspiração potencial do dia considerado.

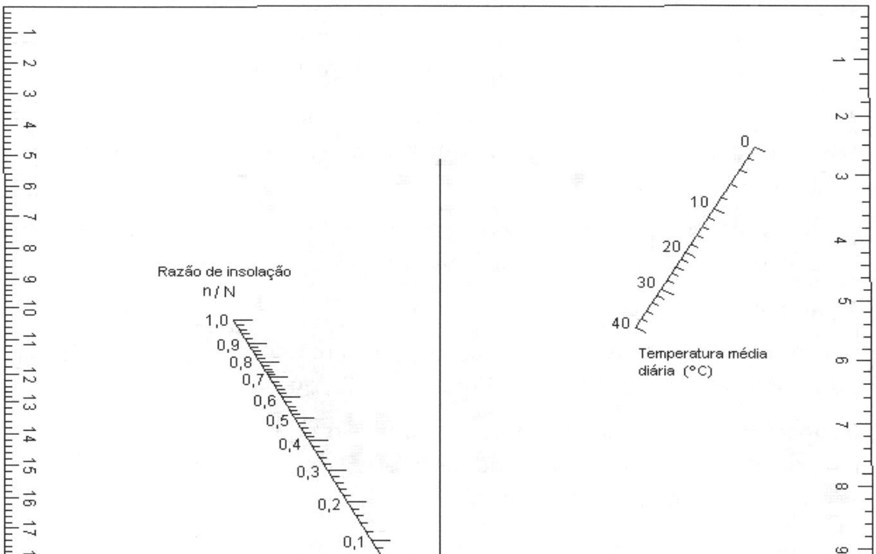

Figura 5.5 – Nomograma para a obtenção da evapotranspiração potencial diária, em mm, segundo o método de Penman-Bavel.

12 L ≅ 590 cal/g, para temperaturas próximas de 20 °C.

13 ρ = $1g/cm^3$, para temperaturas próximas de 20 °C.

Exercícios

5.1. Os dados da Tabela 5.10 foram tomados de uma estação hidrometeorológica. Com base nesses dados, pede-se:

a) calcular a precipitação média anual;

b) calcular a vazão média na seção referida à estação, em mm e em m^3/s;

c) estimar a evapotranspiração média na bacia.

A bacia em questão possui 3.650 km^2 de área de drenagem.

Tabela 5.10 – Altura de chuva, P, e deflúvio superficial, $h_s = Q/A$, em uma estação hidrometeorológica

Ano	P (mm)	h_s (mm)	Ano	P (mm)	h_s (mm)
1971	1.988	627	1976	1.802	660
1972	2.671	1.454	1977	1.747	778
1973	2.582	1.288	1978	1.266	359
1974	1.695	693	1979	2.048	832
1975	1.749	647	1980	1.862	696

R: a) P = 1.941,0 mm; **b)** $\overline{h}_S$ = 803,4 mm e Q = 93,0 m^3/s; **c)** ET = 1.137,6 mm.

5.2. Considere a bacia hidrográfica do exercício anterior. Deseja-se construir um reservatório em um dos afluentes do curso d'água principal dessa bacia, que possui 50 km^2 de área de drenagem. A área de inundação do reservatório deverá ser de 10 km^2. Fazendo-se as considerações que julgar necessárias, pede-se:

a) estimar a redução percentual da vazão média na sub-bacia em que será construído o reservatório, admitindo que a evaporação da superfície do lago é de 1.400 mm/ano; e

b) avaliar a redução esperada da vazão no curso d'água principal, em decorrência da construção do reservatório em um dos seus afluentes.

R: a) 0,09%; **b)** 6,5%.

5.3. Estimar a intensidade da evaporação em um reservatório, admitindo válida a equação do *Geological Survey* (Equação 5.12), quando:

a) a superfície da água encontra-se à temperatura de 16 °C, o ar a 8 m da superfície da água está a 18 °C, a umidade relativa do ar é de 80% e a velocidade do vento a 8 m de altura é de 20 km/h;

b) a umidade relativa do ar é de somente 20%, mantidos os outros fatores.

R: a) E = 2,2 mm/dia; **b)** E = 8,9 mm/dia.

5.4. Utilizando o nomograma de Penman-Bavel, estimar a evapotranspiração potencial em uma bacia localizada na latitude 23° S, no mês de fevereiro. Dados disponíveis:

- temperatura média diária do ar, 23 °C;
- incidência solar, medida com heliógrafo, de 6,82 horas;

- calor latente de vaporização da água, L ≅ 590 cal/g.

  R: $ET_p \cong 87$ mm.

5.5. Considerando a temperatura média anual de 20 °C, estimar a evapotranspiração mensal da bacia hidrográfica do problema 5.4 utilizando o nomograma para a fórmula de Thornthwaite.

R: $ET_p \cong 107$ mm.

5.6. Por um dos métodos vistos, estimar a evapotranspiração potencial mensal em um local caracterizado pelas condições a seguir:

Latitude: 30° S;

Mês: setembro;

Temperatura: T(ar) = 22°C (média mensal); T = 24°C (média anual);

Umidade relativa do ar: UR = 50%;

Velocidade do vento: U_2 = 3,0 m/s (2 metros de altura);

Insolação diária: n = 7,8 horas (medida com heliógrafo);

Coeficientes: albedo, a = 0,12; α = 0,24; β = 0,58.

R: (Penman): $ET_p \cong 162$ mm/mês.

5.7. Em um reservatório, existem incertezas quanto à contribuição lateral direta ao lago no mês de março de 1987. Sabe-se que, neste mês, a vazão média de entrada a montante foi de 2,5 m^3/s e a vazão de saída foi de 3,3 m^3/s. Ainda, foi observado um rebaixamento no reservatório de 0,5 m, que corresponde a um volume de $1{,}6 \times 10^6 m^3$. Estime a vazão média da contribuição lateral neste mês, sabendo ainda que:

Precipitação no mês, P = 95 mm;

Área do espelho d'água do lago no início do mês, A_0 = 2,5 km^2;

Área do espelho d'água do lago no final do mês, A_f = 2,1 km^2;

Umidade relativa do ar, UR = 75%;

Tempo de insolação diária medida com heliógrafo, t = 6,5 horas;

Temperatura média, T = 20 °C;

Velocidade do vento a 2 m de altura da superfície do lago, U_2 = 2,5 m/s;

Localização do lago: 30° latitude Sul;

Coeficientes válidos para o local,

- α = 0,24;
- β = 0,58;
- Albedo, a = 0 ,10.

R: $Q_{lateral} = 0{,}22$ m^3/s.

CAPÍTULO 6
ESCOAMENTO SUPERFICIAL

6.1 GENERALIDADES

O escoamento superficial é o segmento do ciclo hidrológico caracterizado pelo deslocamento da água na superfície dos terrenos e nos cursos d'água que se formam nos fundos de vale. Tem origem, fundamentalmente, nas precipitações e constitui, para o engenheiro, a mais importante das fases do ciclo hidrológico, uma vez que a maioria dos estudos está ligada ao aproveitamento da água superficial e à proteção contra os fenômenos provocados pelo seu deslocamento (erosão do solo, carreamento de sedimentos, inundação etc.).

Para descrever a ocorrência do escoamento superficial como fase do ciclo hidrológico, considera-se a sequência de eventos produzidos pela chuva que cai em uma bacia hidrográfica, ou determinada área desta, em que parte das suas águas é interceptada pela vegetação (e/ou outros obstáculos), de onde evapora posteriormente, e o restante atinge a superfície do solo. Da água que chega ao solo, uma parcela infiltra, uma outra é retida nas depressões do terreno, e o restante (excedente) escoa pela superfície. O escoamento superficial da água acontece, portanto, após a intensidade da precipitação superar a capacidade de infiltração do solo (conforme visto no estudo da infiltração) e depois de serem preenchidas as depressões armazenadoras do terreno. É razoável admitir que, durante a chuva, as quantidades evaporadas ou evapotranspiradas são desprezíveis.

Convém destacar que o escoamento superficial, em geral, abrange tanto o excesso da precipitação com a ocorrência descrita, referido como escoamento superficial direto ou *runoff*, até o escoamento da água na calha do rio, riacho ou ribeirão. Nesse segundo caso, o fluxo que se forma ou se soma ao curso d'água provém tanto do excesso da precipitação como da alimentação oriunda das águas subterrâneas.

6.2 FATORES QUE INFLUENCIAM O ESCOAMENTO SUPERFICIAL

Os principais fatores que exercem influência no escoamento superficial são de natureza climática (relacionados à precipitação), fisiográficos (determinados pelo relevo da bacia) e decorrentes da ação antrópica (uso do solo e obras hidráulicas no rio e seu entorno).

a) Fatores climáticos

Os fatores de natureza climática que influenciam o escoamento superficial decorrem, basicamente, da intensidade e da duração da precipitação. Complementarmente, o escoamento superficial é influenciado ainda pelas características físicas e condições de umidade do solo, que determinam a infiltração. Em relação a essas influências, pode-se afirmar:

- quanto maior a intensidade da precipitação, mais rapidamente o solo atingirá a sua capacidade de infiltração, situação em que o excesso da chuva produzirá, então, o escoamento superficial;
- quanto maior a duração da precipitação, maior a oportunidade de ocorrer escoamento superficial;
- a precipitação que ocorre em solo já úmido, devido a uma chuva anterior, terá maior chance de produzir escoamento superficial.

b) Fatores fisiográficos

Além das grandezas que caracterizam fisicamente o solo, como a capacidade de infiltração e a permeabilidade, os fatores fisiográficos mais importantes a influenciar o escoamento superficial são a área, a topografia e a forma da bacia hidrográfica.

A influência da área da bacia hidrográfica é inequívoca, pois esta corresponde à superfície coletora da água de chuva: quanto maior a extensão da bacia, maior, portanto, a quantidade de água de chuva que ela pode captar. Além disso, conforme estudo feito no Capítulo 2, a área constitui-se em elemento básico para o estudo das demais características físicas da bacia hidrográfica, que determinam o escoamento superficial.

Ainda a respeito da influência da forma da bacia sobre o escoamento superficial, pode-se afirmar que, para chuvas intensas, as bacias mais compactas tendem a concentrar o escoamento no canal principal, aumentando os riscos de inundação.

Em relação à influência das características do solo, tem-se que, para uma dada chuva, quanto maior a capacidade de infiltração, menor o escoamento superficial gerado. A permeabilidade do solo, por sua vez, influi diretamente na capacidade de infiltração, isto é, quanto mais permeável for o solo, maior a taxa de infiltração e, portanto, maior a quantidade de água que o solo poderá absorver pela superfície, por unidade de tempo. Assim, ao aumento da permeabilidade do solo corresponde a diminuição do volume do escoamento superficial direto.

O efeito da topografia sobre o escoamento superficial se faz sentir por meio da declividade da bacia, das depressões acumuladoras de água existentes na superfície do terreno e do traçado e declividade dos cursos d'água que drenam a bacia hidrográfica. Por exemplo, bacias íngremes produzem escoamento superficial direto mais rápido e mais volumoso, por ser menor a chance de infiltração. Já as depressões acumuladoras de água retardam o escoamento superficial, que passa a ocorrer somente após terem sido excedidas essas capacidades retentoras. O traçado e a declividade dos cursos d'água, bem como o grau de ramificação e de desenvolvimento do sistema de drenagem, definem a maior ou menor velocidade com que a água de chuva deixa a bacia.

Ainda a respeito da influência dos fatores físicos da bacia, é interessante destacar que:

- em uma dada seção transversal de um curso d'água, as variações das vazões instantâneas decorrentes das chuvas intensas serão tanto maiores quanto menor for a área da bacia de contribuição a montante dessa seção;
- para uma mesma área da bacia de contribuição, as variações das vazões instantâneas no curso d'água serão tanto maiores e mais dependerão das chuvas de alta intensidade:
  - quanto maiores forem as declividades do terreno;
  - quanto menores forem as depressões acumuladoras de água;
  - quanto mais retilíneo for o traçado do curso d'água;
  - quanto maior for a declividade do curso d'água;
  - quanto menores forem as quantidades de água infiltrada; e
  - quanto menores forem as áreas cobertas por vegetação.

c) Obras hidráulicas construídas na bacia hidrográfica

As obras hidráulicas modificam o efeito das chuvas intensas em uma bacia hidrográfica. Uma barragem, por exemplo, acumulando a água em seu reservatório, reduz os picos de vazão e retarda a sua propagação para jusante. A presença da barragem propicia, ainda, a regularização das vazões nos cursos dágua: as águas reservadas nos períodos chuvosos podem perenizar os cursos d'água intermitentes, ou permitir a manutenção de uma vazão aproximadamente constante a jusante, sobretudo nos períodos de estiagem.

Já a retificação de um rio tem efeito inverso ao do retardamento produzido pela barragem: em um curso d'água retificado, tem-se aumentada a velocidade do escoamento superficial.

Ainda, a derivação de água de ou para a bacia (transposição), o uso da água na irrigação, o consumo em áreas urbanas e a drenagem do terreno são outros importantes fatores a serem considerados.

6.3 GRANDEZAS CARACTERÍSTICAS E CONCEITOS FUNDAMENTAIS

As principais grandezas que caracterizam o escoamento superficial em uma bacia hidrográfica são: a vazão do curso d'água principal, o coeficiente de escoamento superficial (coeficiente de *runoff*) da bacia, a precipitação efetiva (precipitação excedente), o tempo de concentração, a frequência de ocorrência dos diferentes valores de vazão e os níveis de água que se correlacionam a estas vazões.

a) Vazão

A vazão ou descarga superficial, Q, é a medida do volume de água que atravessa a seção transversal ao escoamento, na unidade de tempo. Esse volume escoado na unidade de tempo, que é a principal grandeza a caracterizar o escoamento superficial, tem suas unidades de medida normalmente expressas em m^3/s, para rios, e em L/s, para pequenos cursos d'água.

Como informações que caracterizam a bacia hidrográfica, é comum empregarem-se as magnitudes das vazões máximas, médias e mínimas do seu curso d'água principal. E como elemento comparativo entre bacias, é costume referir-se à vazão por unidade de área da bacia, chamada de *vazão específica*: q = Q/A. Para essa grandeza, que tem dimensão LT^{-1}, as unidades usualmente empregadas são $m^3/(s{\cdot}km^2)$, $m^3/(s{\cdot}ha)$, $L/(s{\cdot}km^2)$ ou $L/(s{\cdot}ha)$.

Na aplicação do balanço hídrico em uma bacia hidrográfica, é comum, também, expressar o escoamento superficial em termos de uma altura de lâmina d'água escoada, h_s, chamada de escoamento ou deflúvio superficial. Essa altura é dada pela razão do volume escoado em um intervalo de tempo Δt, pela área da projeção horizontal da superfície considerada, isto é:

$$h_s = Vol_s/A = Q \cdot \Delta t/A = q \cdot \Delta t.$$

A quantidade h_s corresponde também ao que se denomina precipitação efetiva ou excedente, representada, usualmente, por P_{ef}. A altura da lâmina d'água escoada, ou precipitação efetiva, é normalmente medida em mm.[1]

b) Coeficiente de escoamento superficial

O coeficiente de escoamento superficial, coeficiente de deflúvio superficial, ou, ainda, coeficiente de *runoff*, C, é definido pela razão do volume de água escoado superficialmente por ocasião de uma chuva, Vol_s, pelo volume total de água precipitada, Vol_T:

$$C = \frac{Vol_S}{Vol_T}. \qquad (6.1)$$

[1] Em alguns métodos hidrológicos, como no método do hidrograma unitário, estudado neste Capítulo 6, a unidade da precipitação efetiva adotada é o centímetro.

Esse coeficiente, que pode se referir a uma chuva isolada ou corresponder a um intervalo de tempo no qual várias chuvas ocorreram, é um conceito sempre presente em estudos voltados para a previsão da vazão de enchente produzida por uma chuva intensa, particularmente no dimensionamento de obras de drenagem. Na prática, conhecido o coeficiente de *runoff* para uma determinada chuva intensa de dada duração, pode-se determinar o escoamento superficial de outra precipitação intensa de magnitude diferente da primeira, mas de mesma duração.

c) Precipitação efetiva ou excedente

A precipitação efetiva ou excedente, h_s ou P_{ef}, é a medida da altura da parcela da chuva caída que provoca o escoamento superficial. É normalmente referida a um determinado intervalo de tempo da duração da chuva, ou à duração total da chuva, em eventos complexos. Para eventos simples, a precipitação efetiva pode ser calculada em termos de uma altura de lâmina de água, definida pela razão do volume escoado superficialmente, Vol_s, pela área da projeção horizontal da superfície coletora, A:[2]

$$P_{ef} = \frac{Vol_s}{A}. \tag{6.2}$$

Pode-se, ainda, referir-se à intensidade da chuva efetiva, i_{ef}, obtida da divisão da altura P_{ef} pelo tempo de duração da chuva. Da definição do coeficiente de *runoff*, tem-se também que

$$P_{ef} = C \times P \quad \text{e} \quad i_{ef} = C \times i.$$

d) Tempo de concentração

O tempo de concentração de uma bacia hidrográfica, t_c, é o intervalo de tempo, contado a partir do início da chuva, necessário para que toda a bacia passe a contribuir com a vazão na seção exutória. Esse tempo pode, ainda, referir-se a uma seção transversal qualquer, quando, então, corresponderá ao tempo necessário para que toda a área de drenagem a montante contribua com a vazão na seção considerada.

O tempo de concentração refere-se, a rigor, à soma do tempo de encharcamento da camada superficial do solo com o tempo que a partícula da água de chuva, que cai no ponto mais remoto da área de drenagem, leva para, escoando superficialmente, atingir a seção considerada. Na prática, quando se trata de chuvas intensas, o tempo de encharcamento costuma ser desprezado.

[2] Para eventos mais complexos, isto é, quando a intensidade da chuva é variável no tempo, existem métodos de estimativa da distribuição temporal da chuva efetiva. Veremos, mais adiante, na seção 6.5.2.5, um desses métodos.

e) Frequência e período de retorno

Para um dado intervalo de tempo de observação das vazões em uma seção do curso d'água, a frequência de uma vazão Q_0 é representada pelo número de ocorrências da mesma nesse intervalo. Na análise do escoamento provocado por chuvas intensas, a frequência representa, mais propriamente, o número de vezes que a vazão Q_0 tem sua magnitude igualada ou superada num dado intervalo de tempo considerado.

Nas aplicações práticas, a frequência da vazão Q_0, $\mathcal{F}(Q_0)$, é expressa, em geral, em termos do período de retorno, Tr, também conhecido como tempo ou intervalo de recorrência. O período de retorno ou intervalo de recorrência corresponde ao tempo médio, em anos, em que o evento de magnitude Q_0 é igualado ou superado pelo menos uma vez. Assim, $Tr = 1/\mathcal{F}(Q_0)$.

Ainda, se $\mathcal{F}(Q_0)$ é uma boa medida da probabilidade de ocorrência dos eventos de vazão de magnitude igual ou superior a Q_0, isto é, se $\mathcal{F}(Q_0) = P\{Q \geq Q_0\}$, então

$$Tr = \frac{1}{P\{Q \geq Q_0\}}, \tag{6.3}$$

em que $P\{Q \geq Q_0\}$ é referida como a "probabilidade de excedência" da vazão Q_0.

f) Nível de água, cheia e inundação

O nível de água refere-se, aqui, à altura atingida pela água na seção transversal de um curso d'água. Pode ser um valor instantâneo ou corresponder à média tomada de vários valores medidos em determinado intervalo de tempo.

Em seções especiais de cursos d'água naturais, chamadas de seções ou estações fluviométricas, o nível de água é normalmente medido por meio de uma régua graduada, estabelecida sempre em relação a uma determinada referência. Nessas estações fluviométricas, que são "seções de controle", os níveis d'água medidos em diferentes estágios do curso d'água são correlacionados às vazões do escoamento, e a curva que graficamente relaciona o nível de água (leitura da régua) com a vazão é conhecida como "curva-chave".

É comum empregarem-se palavras como *cheia* (ou enchente) e *inundação* para tratar do nível de água atingido em um período chuvoso, ou por ocasião de uma chuva intensa isolada. Cheia ou enchente são termos empregados para se referir a uma elevação acentuada do nível d'água (elevação do NA de cheia) que se mantém dentro do próprio leito normal do curso d'água natural. Por sua vez, inundação corresponde a uma elevação não usual do nível d'água (elevação do NA de inundação), de modo a provocar transbordamento e, em geral, prejuízos materiais e riscos de vida às populações. A título de ilustração, na Figura 6.1 representam-se três diferentes níveis de água (estágios) de um curso d'água natural, correspondentes à elevação normal de estiagem (leito menor), à cheia (leito maior ou várzea) e à inundação provocada por uma chuva intensa. Esclarece-se que uma condição atual de cheia pode se transformar em inundação quando o leito maior ou várzea do curso d'água acaba sendo ocupado por construções, como costuma acontecer especialmente em áreas urbanas.

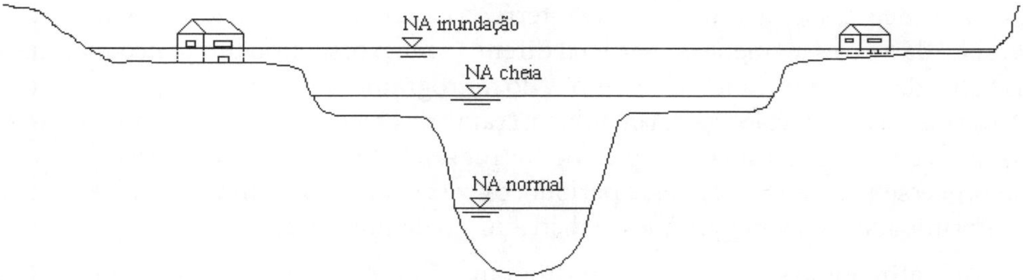

Figura 6.1 – Diferentes posições do nível d'água (NA) de um rio e os conceitos de cheia e inundação.

6.4 HIDRÓGRAFA OU HIDROGRAMA

Denomina-se hidrógrafa, ou hidrograma, à representação gráfica da vazão instantânea observada em uma seção de um curso d'água, em relação ao tempo de passagem da água pela seção, em razão da ocorrência de uma chuva na bacia de contribuição. A hidrógrafa pode, ainda, fazer a representação gráfica das vazões médias diárias de um ou mais anos hidrológicos, situação em que é também conhecida como *fluviograma*. Por ora, nas análises que se seguem, considerar-se-á a hidrógrafa, ou o hidrograma, como, simplesmente, a curva da vazão observada durante o período de cheia, em função do tempo. Esse tipo de hidrograma tem especial importância nos estudos de obras hidráulicas relacionadas às enchentes e, em particular, no dimensionamento de canais, reservatórios, vertedores, bueiros e vãos de pontes.

6.4.1 ANÁLISE DO HIDROGRAMA – COMPONENTES

Na Figura 6.2, representa-se, juntamente com o hietograma da chuva, a correspondente curva da vazão, em função do tempo, observada em uma seção do curso d'água que drena a bacia.

De maneira completa, as contribuições instantâneas para a vazão na seção fluvial considerada devem-se: i) à precipitação recolhida diretamente pela superfície livre da água; ii) ao escoamento superficial dito direto (*runoff*), nele incluído, normalmente, o escoamento subsuperficial; e iii) ao escoamento de base ou subterrâneo, que constitui a contribuição do lençol d'água subterrâneo para a vazão na calha do rio. Em geral, por ser difícil a distinção, as duas primeiras parcelas são computadas como escoamento superficial direto.

Analisando-se os diagramas da Figura 6.2, é possível observar que, após o início da chuva (instante indicado por t_0), decorre certo intervalo de tempo até que o nível d'água, e, portanto, a vazão, comece a elevar-se. Esse intervalo, que representa o chamado "tempo de retardamento da resposta da bacia", é determinado pelo deslocamento da água nas superfícies do terreno, bem como pelas *perdas iniciais* que são decorrentes da interceptação produzida pela vegetação e outros obstáculos, da retenção da água nas depressões do terreno e da infiltração que supre a deficiência de umidade do solo.

Após o início da chuva, e uma vez superada a capacidade de interceptação, preenchidas as depressões acumuladoras do terreno e excedida a capacidade de infiltração do solo, dá-se o escoamento superficial direto. O reflexo, sentido um pouco mais tarde na calha do rio, é indicado pelo ponto A do hidrograma: a partir de $t = t_A$, tem-se uma elevação súbita da vazão, conformando um ramo de ascensão de forte gradiente, até ser atingido o valor máximo ou de pico do hidrograma. O escoamento superficial direto é o processo predominante nesse período, e a vazão de pico do hidrograma estará em conformidade com a magnitude e a distribuição da precipitação.

Após atingido o valor de pico, o hidrograma apresenta uma recessão, representada na Figura 6.2 pela linha de recessão que se estende no sentido dos tempos crescentes, a partir do valor máximo da vazão. O ramo de recessão contém, normalmente, um ponto de inflexão, identificado pelo ponto I do hidrograma, que caracteriza o fim da contribuição do escoamento superficial direto e, consequentemente, a predominância da contribuição do escoamento subterrâneo ou de base na composição da vazão na calha do rio. Ao trecho da curva que se estende desde o valor de pico até o ponto de inflexão I dá-se o nome, às vezes, de curva ou ramo de depleção do escoamento superficial. E ao trecho da curva que se alonga a partir do ponto I, no sentido dos tempos crescentes, dá-se o nome de curva de depleção do escoamento de base.

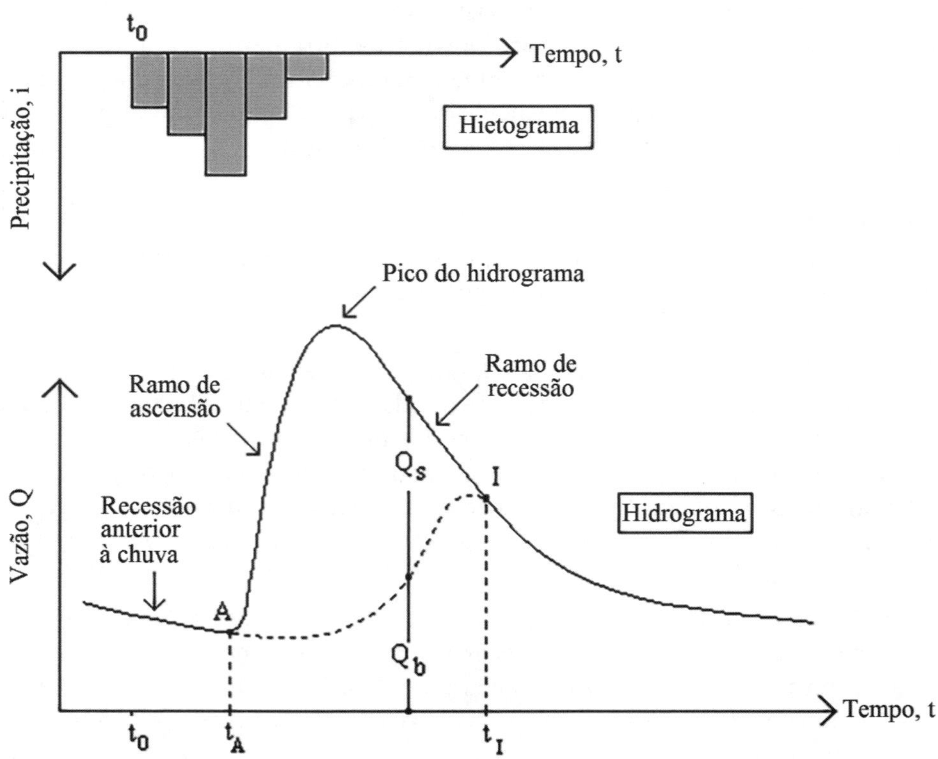

Figura 6.2 – Hietograma, hidrograma e contribuição dos escoamentos superficial e de base.

A identificação do ponto I de um hidrograma não é tarefa simples, pois é praticamente impossível definir, com exatidão, quando cessa a contribuição do escoamento superficial, isto é, quando a calha do rio passa a ser alimentada exclusivamente pelo escoamento subterrâneo.

Em geral, admite-se que, no ramo de ascensão do hidrograma, toda contribuição é devida ao escoamento superficial direto. É certo que o escoamento superficial direto termina antes do escoamento de base, uma vez que o primeiro ocorre à superfície, que é um meio que torna a resposta bem mais rápida. A título de ilustração, a separação das contribuições dos escoamentos superficial e de base é feita, na Figura 6.2, pela linha pontilhada traçada para o intervalo $t_A \leq t \leq t_I$.

Para uma dada chuva suficientemente intensa ou de duração prolongada, a contribuição do escoamento de base é influenciada pela infiltração, percolação e consequente elevação do nível do lençol, retratado na Figura 6.3 pela linha L_1M_1, que se movimenta para L_2M_2. Como o escoamento superficial é mais rápido, o nível d'água no rio muda também mais rápido de NA_1 para NA_2. Essa elevação rápida do NA provoca a inversão do fluxo subterrâneo, ou um represamento temporário no lençol nas vizinhanças do rio. O processo começa a inverter-se quando o efeito da percolação aumenta e o escoamento superficial diminui.

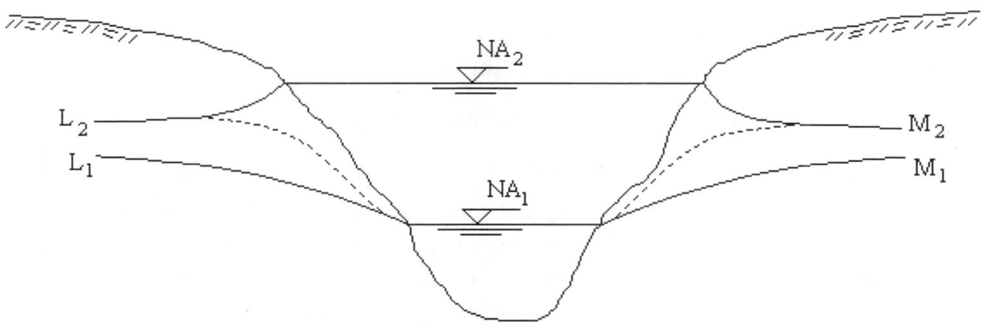

Figura 6.3 – Variação do nível d'água na calha do rio e do lençol subterrâneo durante a cheia.

6.4.2 FATORES QUE INFLUENCIAM A FORMA DO HIDROGRAMA

A forma do hidrograma depende de um grande número de fatores, sendo mais significativos o relevo e a cobertura da bacia, as modificações artificiais produzidas no rio, a distribuição, duração e intensidade da precipitação, e o tipo, natureza e teor de umidade do solo.

a) Relevo

A influência do relevo se faz sentir, por exemplo, por meio da drenagem e da declividade da bacia. Em uma bacia com boa drenagem e grande declividade, o hidrograma é íngreme e, geralmente, apresenta pouco escoamento de base. Essa característica é típica dos hidrogramas de cabeceiras de bacias.

Outra característica do relevo que influencia o comportamento do hidrograma diz respeito à forma da bacia hidrográfica, que costuma ser definida por meio do coeficiente de compacidade (k_c) e do fator de forma (k_f). Uma bacia radial (k_c pequeno) concentra o escoamento, antecipando e aumentando o pico de vazão, comparativamente ao que ocorre em uma bacia alongada, conforme ilustrado na Figura 6.4. Em uma bacia estreita e alongada (k_f pequeno), o escoamento tem lugar predominantemente no canal principal, mas o percurso da água é mais longo, resultando no amortecimento das vazões.

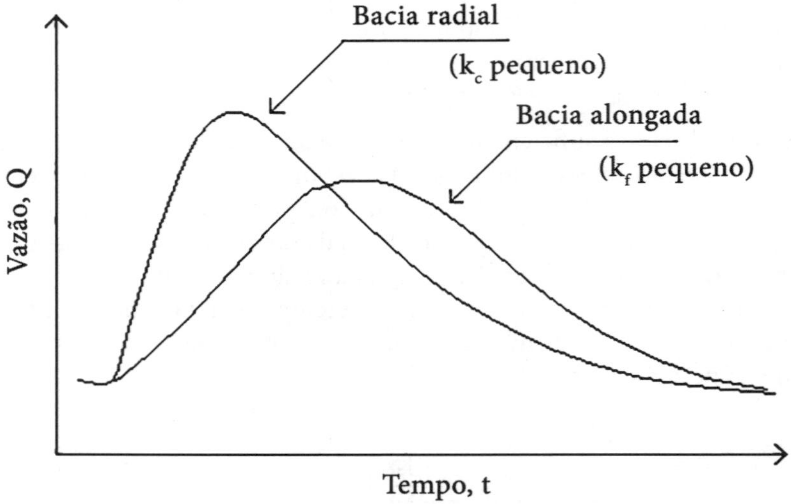

Figura 6.4 – Hidrogramas comparativos para as bacias radial e alongada.

b) Cobertura da bacia hidrográfica

A influência da cobertura vegetal sobre a forma do hidrograma se faz sentir por diferentes razões. A cobertura vegetal tende a retardar o escoamento superficial, facilita a infiltração e aumenta as perdas por evapotranspiração. Em bacias urbanas, onde a cobertura é, em geral, completamente alterada (a simples remoção da cobertura vegetal já torna a bacia mais impermeável) e a rede de drenagem é bem mais eficiente do que a natural, a ocorrência do escoamento superficial é antecipada e mais volumosa. Assim, em relação à condição natural, tem-se um aumento do volume do escoamento superficial e da vazão de pico, como procura ilustrar a Figura 6.5. Na prática, em projetos de sistemas de drenagem, a esse acréscimo de vazão implica um aumento dos diâmetros dos condutos pluviais e, consequentemente, tem-se uma elevação dos custos de implantação do sistema.

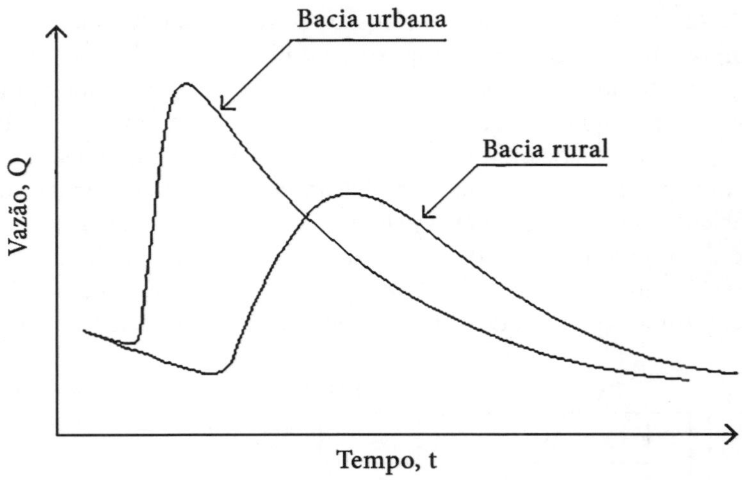

Figura 6.5 – Hidrogramas comparativos para as bacias rural e urbana.

c) Modificações artificiais no rio

Visando ao uso racional da água, ou para proporcionar mais facilidades e maior conforto, o homem produz modificações na calha do rio. Exemplo disso é a canalização do rio em áreas urbanas, ou a construção de reservatório para a regularização da vazão ou proteção contra os efeitos das enchentes. Enquanto o reservatório de regularização tende a reduzir a vazão de pico e distribuir o volume (Figura 6.6), a canalização do rio tende a aumentar o pico de vazão (Figura 6.5, para a bacia urbana).

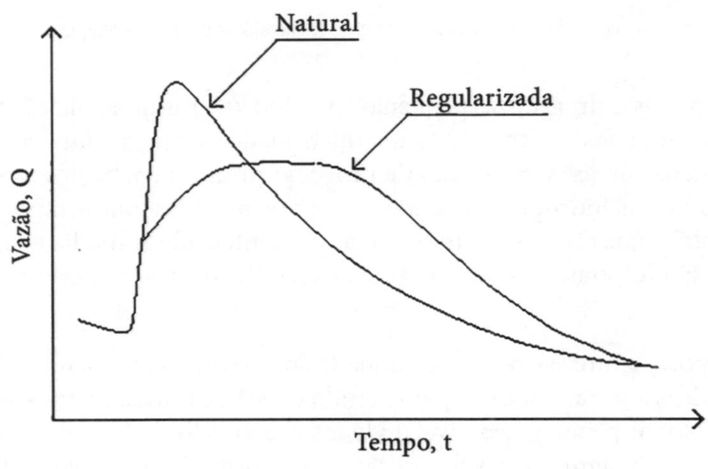

Figura 6.6 – Hidrogramas comparativos mostrando o efeito da regularização.

d) Distribuição, duração e intensidade da precipitação

As características da precipitação são fatores fundamentais na definição do comportamento do hidrograma. A não uniformidade da distribuição espacial da precipitação sobre a bacia influencia diretamente a forma do hidrograma. Por exemplo, quando a chuva se concentra na parte inferior da bacia e tem seu epicentro deslocando-se para montante, o hidrograma resultante pode ter até dois picos. Já para uma precipitação de intensidade constante e duração suficientemente longa, uma vez superada a capacidade de armazenamento do solo e atingido o tempo de concentração da bacia, o valor da vazão de pico é estabilizado. Mas, cessada a precipitação, o hidrograma entra em recessão. Essa última situação, que é praticamente idealizada, é ilustrada na Figura 6.7.

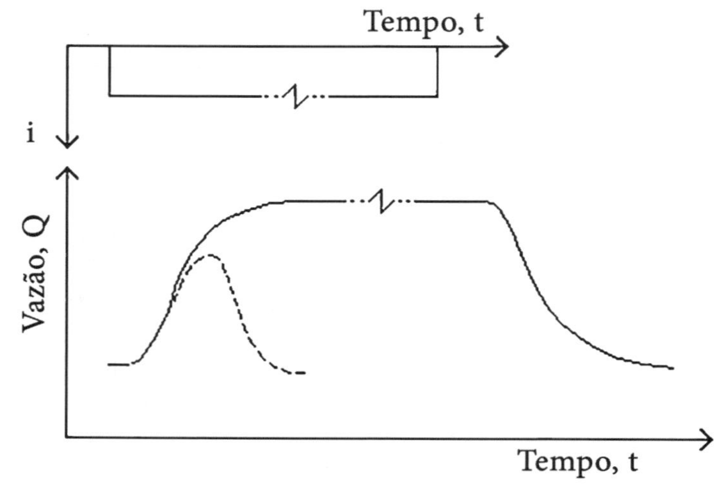

Figura 6.7 – Hidrograma resultante de uma chuva uniforme, de intensidade constante e duração superior ao tempo de concentração da bacia.

Em bacias hidrográficas pequenas (A < 500 km^2), as precipitações convectivas, caracterizadas por chuvas de alta intensidade e pequena duração, que atingem pequenas áreas, são capazes de provocar grandes enchentes. Por outro lado, para bacias hidrográficas maiores, as precipitações mais importantes são as frontais, que atingem grandes áreas com intensidade média e longa duração, que são responsáveis pela recarga dos lençóis d'água subterrâneos.

e) Solo

O tipo, a natureza e o teor de umidade do solo também têm influência na forma do hidrograma. Por exemplo, quando o teor de umidade da camada superior do solo for pequeno e o nível do lençol freático for baixo, ocorrerá infiltração de parcela significativa da precipitação, tornando o escoamento superficial direto reduzido, com reflexo na forma do hidrograma (pico atenuado e cauda prolongada).

6.4.3 SEPARAÇÃO DOS COMPONENTES DO HIDROGRAMA

Pode-se afirmar que não existe forma segura de diferenciar as parcelas da água de chuva escoadas superficial e subterraneamente após elas se misturarem e formarem o fluxo em um curso d'água natural. Devido a essa incerteza, as técnicas de análise das hidrógrafas são, de certo modo, um tanto arbitrárias. Contudo, para o estudo das características hidrológicas da bacia e uso de alguns métodos de previsão de enchentes, a separação do hidrograma em escoamento superficial direto e escoamento de base torna-se muito importante.

Para o hidrograma de uma chuva intensa, a parcela do escoamento superficial pode ser identificada diretamente pelo uso de métodos gráficos. Apresentam-se, a seguir, três desses métodos. Em cada um deles, são identificados, preliminarmente, dois pontos do hidrograma: o ponto A, que marca o início da contribuição do escoamento superficial direto e que se reflete por uma ascensão brusca do ramo frontal do hidrograma; e o ponto I, sobre o ramo de recessão, que caracteriza aproximadamente o fim da contribuição do escoamento superficial direto. O ponto I é identificado, muitas vezes, por uma inflexão no ramo de recessão do hidrograma. A partir do instante correspondente ao ponto I, a vazão na calha do rio se deve exclusivamente à contribuição subterrânea, e a curva da cauda do hidrograma passa a coincidir com a curva de depleção da água do solo (condição representada pela Linha L_1M_1 e nível d'água NA_1 da Figura 6.3).

A separação dos componentes do hidrograma costuma ser feita por um dos três métodos a seguir apresentados.

Método 1

Por esse primeiro método de separação, prolonga-se, inicialmente, a linha do hidrograma de tendência anterior à chuva, a partir do ponto A até o ponto B encontrado na vertical que passa pelo pico do hidrograma. Em seguida, partindo de B, desenha-se uma curva de concordância suave até o ponto I, conforme ilustrado na Figura 6.8.

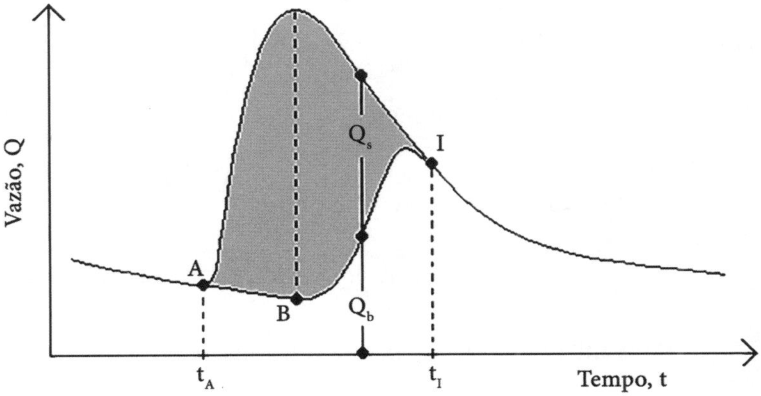

Figura 6.8 – Método 1 de separação dos escoamentos superficial e de base. Q_b e Q_s representam, respectivamente, ordenadas dos escoamentos de base e superficial em um tempo genérico característico. A área representada em cinza corresponde ao volume escoado superficialmente.

Método 2

O segundo procedimento de separação dos componentes do hidrograma consiste em extrapolar a linha de tendência anterior à chuva até a vertical que passa pelo pico, encontrando, desse modo, o ponto B de forma idêntica à do procedimento anterior. Em seguida, ligando-se diretamente os pontos B e I por um segmento de reta, completa-se a separação dos escoamentos superficial e subterrâneo. A Figura 6.9 ilustra esse segundo método de separação dos escoamentos superficial e de base.

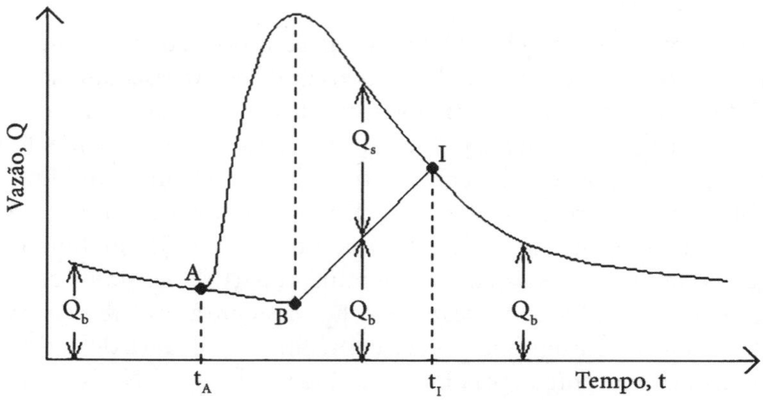

Figura 6.9 – Método 2 de separação dos escoamentos superficial e de base.

Método 3

O terceiro método de separação dos componentes do hidrograma é o mais simples. Ele consiste em ligar os pontos A e I por um segmento de reta,[3] conforme se visualiza na Figura 6.10.

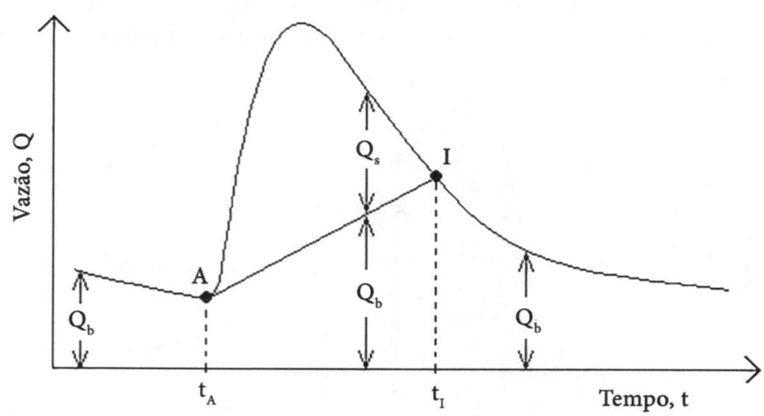

Figura 6.10 – Método 3 de separação dos escoamentos superficial e de base.

---

[3] Algumas vezes, em cálculos rápidos, adota-se uma linha AI horizontal. Nesse caso, a contribuição do escoamento básico na formação do hidrograma é suposta constante.

Embora o método 1 seja, provavelmente, o que mais se aproxima da realidade, a linha de separação empregada naquele procedimento é incerta. Por isso, para fins práticos, adota-se usualmente a linha AI do método 3, ou os segmentos AB e BI do método 2 para separar os escoamentos de base e superficial do hidrograma.

6.4.3.1 Identificação dos pontos "A" e "I" do hidrograma

Nos três métodos vistos, o ponto A marca o início da contribuição do escoamento superficial direto devido à chuva. A sua identificação gráfica é simples, uma vez que, a partir de A, passa-se de uma recessão anterior à chuva para uma ascensão súbita da linha do hidrograma devido à contribuição do escoamento superficial direto. O ponto A corresponde, então, a uma mudança brusca na inclinação da curva da vazão. Já o ponto I, situado no ramo de recessão do hidrograma, é de determinação mais difícil, existindo vários critérios na literatura para a sua obtenção.

Segundo Linsley e Franzine (1979), o intervalo de tempo N, medido do pico do hidrograma até o ponto de inflexão no ramo de recessão (ponto I), conforme ilustrado na Figura 6.11, pode ser avaliado por meio de uma expressão empírica relacionada à área da bacia hidrográfica, dada por

$$N = A^{0,2}, \tag{6.4}$$

com N medido em dias, e a área A da bacia, em milhas quadradas. Como 1 milha é aproximadamente igual a 1,609 quilômetro, a Equação (6.4) pode ser reescrita na forma

$$N = 0{,}827 \times A^{0,2}, \tag{6.5}$$

permitindo-se obter o intervalo de tempo N em dias para a área A em km^2. Embora simples, essa expressão é normalmente vista como uma aproximação grosseira de estimativa da posição do ponto I, pois não leva em conta outros importantes fatores.

Outra forma de identificação do ponto I baseia-se na estimativa do tempo de concentração da bacia, que é a medida do intervalo de tempo contado do fim da precipitação até o instante da ocorrência do ponto I, conforme ilustrado no hidrograma da Figura 6.11. Para a obtenção do tempo de concentração, existem na literatura várias equações empíricas, sendo um resumo delas fornecido na Tabela 6.32 do Anexo deste capítulo. Uma expressão bastante utilizada é a equação de Kirpich, dada por

$$t_c = 57\left(\frac{L^3}{\Delta z}\right)^{0,385}, \tag{6.6}$$

na qual o tempo de concentração t_c é obtido em minutos, para:

L = comprimento do rio ou comprimento axial da bacia, em km; e

Δz = diferença de elevação entre o ponto mais remoto da bacia e o NA do curso d'água, na seção considerada, em metros.

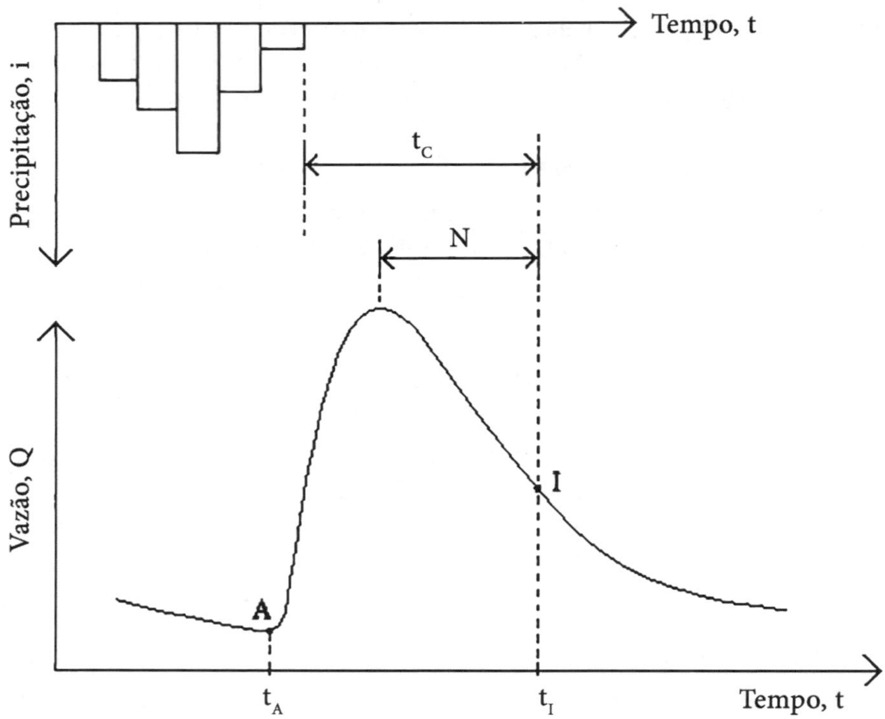

Figura 6.11 – Hietograma e hidrograma para ilustração dos critérios de obtenção do ponto I.

Um terceiro critério, mais simples, aqui denominado de método de inspeção visual, baseia-se na aplicação do modelo matemático descritivo da depleção da água do solo (adiante apresentado), que segue uma lei exponencial do tipo

$$Q = Q_0 \cdot e^{-\alpha(t-t_0)}, \tag{6.7}$$

em que:

Q = vazão no tempo t, para $t \geq t_I$;

Q_0 = vazão em um tempo de referência, escolhido como $t_0 = t_I$; e

α = coeficiente de recessão, expresso em unidade de tempo^{-1}.

Com base nesse modelo e a partir do lançamento em gráfico cartesiano da vazão (escala logarítmica) em função do tempo (escala aritmética), permite-se a rápida obtenção do ponto I. Neste gráfico de Q *versus* t em papel *monolog*, a Equação (6.7), válida para valores de $t \geq t_I$, é uma reta. No gráfico em que se lançam os valores medidos da vazão, verifica-se normalmente uma modificação substancial da declividade da linha de tendência para $t < t_I$, permitindo que o ponto I seja graficamente identificado.[4] O

[4] Frequentemente ocorre mais de uma mudança de inclinação, caracterizando, também, o efeito do escoamento subsuperficial e retardamentos determinados em diferentes partes da bacia, ou o efeito de contribuições de diferentes camadas do lençol d'água subterrâneo.

gráfico da Figura 6.14, construído para a solução do problema-exemplo 6.1, é uma amostra da aplicação desse critério de obtenção do ponto I.

6.4.3.1.1 Modelagem matemática para a depleção da água do solo

Na modelagem matemática para descrever o comportamento da água armazenada no solo, adota-se um modelo linear simples para representar a contribuição (vazão) do lençol d'água subterrâneo para a calha do rio, do tipo:

$$Q_b = \alpha \cdot Vol_b,$$

em que:

Q_b = parcela da vazão na seção exutória da bacia, proveniente apenas da contribuição subterrânea;

Vol_b = volume da água subterrânea armazenada na bacia;

α = coeficiente de recessão, com a dimensão de $tempo^{-1}$.

Supõe-se que no período de estiagem a vazão na seção exutória da bacia é toda decorrente da contribuição subterrânea, e que essa vazão é diretamente proporcional ao volume armazenado no subsolo da bacia. Dessa última hipótese, deduz-se que

$$Q_b = -\frac{dVol_b}{dt},$$

com o sinal menos refletindo o fato de que ao aumento de Q_b corresponde uma redução de Vol_b.

Combinando as duas equações, tem-se

$$Q_b = -\frac{1}{\alpha}\frac{dQ_b}{dt},$$

que, integrada, produz

$$ln\frac{Q_b}{Q_{b_0}} = -\alpha(t - t_0),$$

ou

$$Q_b = Q_{b_0} \cdot e^{-\alpha(t-t_0)},$$

que tem a forma da Equação (6.7).

Com efeito, para o ramo de recessão da hidrógrafa mostrada na Figura 6.11, a partir do tempo $t = t_I$, a vazão na calha do rio é toda proveniente da contribuição subterrânea, isto é,

$$Q = Q_b \text{ para } t \geq t_I.$$

Assim, pode-se fazer $Q_{b0} = Q_0 = Q_I$, e

$$Q_b = Q_I \cdot e^{-\alpha(t-t_I)}.$$

6.4.4 PRECIPITAÇÃO EFETIVA E COEFICIENTE DE ESCOAMENTO SUPERFICIAL OU *RUNOFF*

Após a separação dos componentes do hidrograma, com o uso de planímetro ou outro procedimento, pode-se determinar a área compreendida entre a linha do hidrograma e a linha de separação do escoamento, no intervalo de tempo entre t_A e t_I. Essa área, conforme ilustrado na Figura 6.12, é numericamente igual ao volume escoado superficialmente, Vol_s. Em notação matemática,

$$Vol_s = \int_{t_A}^{t_I} (Q - Q_b)\, dt = \int_{t_A}^{t_I} Q_s dt.$$

Uma vez determinado o volume escoado superficialmente, conhecendo-se ainda o total precipitado, pode-se calcular, pela Equação (6.1), o coeficiente de escoamento ou deflúvio superficial, também chamado de coeficiente de *runoff*:

$$C = \frac{Vol_s}{Vol_T}.$$

E, dividindo-se o volume escoado superficialmente pela área da bacia, pode-se determinar a precipitação efetiva total, já definida anteriormente pela Equação (6.2):

$$P_{ef} = Vol_s / A.$$

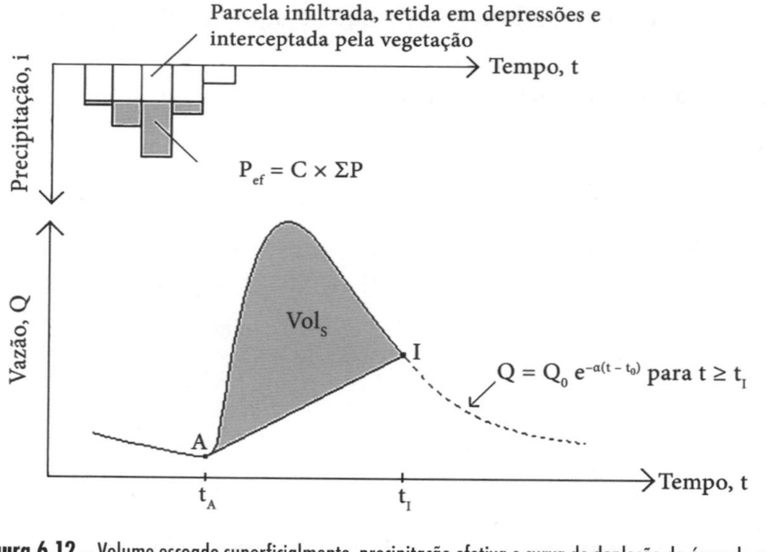

Figura 6.12 – Volume escoado superficialmente, precipitação efetiva e curva de depleção da água do solo.

EXEMPLO 6.1

Na seção exutória de uma bacia hidrográfica de 36,1 km^2 de área de drenagem foram feitos os registros horários da vazão resultante de uma chuva isolada de 2 horas de duração e 24 mm/h de intensidade. Com base nessas informações e nas vazões horárias fornecidas na Tabela 6.1, pede-se:

a) efetuar a separação das contribuições dos escoamentos superficial e de base;

b) calcular o volume escoado superficialmente e o volume total precipitado;

c) obter a precipitação efetiva total e o coeficiente de *runoff*.

Tabela 6.1 – Vazão horária observada na seção exutória da bacia hidrográfica (problema-exemplo 6.1)

t (h)	1	2	3	4	5	6	7	8	9	10	11
Q (m³/s)	5	5	30	50	47	35	21	13	9	7	5

Solução:

a) Para a separação das contribuições dos escoamentos superficial e de base, é construído o gráfico da vazão em função do tempo (hidrograma), com os dados da Tabela 6.1. Nesse gráfico, são identificados os pontos A e I que marcam, respectivamente, o início e o fim da contribuição do escoamento superficial direto.

No gráfico da Figura 6.13, o ponto A, que corresponde ao instante em que ocorre uma mudança abrupta na declividade da linha do hidrograma e marca o início do ramo de ascensão, é identificado como $t_A = 2h$.

Para obter o ponto I, recorre-se preliminarmente à construção de um novo gráfico de Q *versus* t, agora em papel *monolog*: Q em escala logarítmica e t em escala aritmética. Nesse gráfico, representado na Figura 6.14, o ponto I é identificado pela mudança da declividade da linha reta (que representa a equação da depleção da água do solo). Conforme a Figura 6.14, o ponto I corresponde, aproximadamente, ao tempo $t_I = 8h$. Esse ponto é representado no gráfico da Figura 6.13.

Tomando-se a linha AI de separação dos escoamentos (linha pontilhada mostrada na Figura 6.13), é possível obter as vazões $Q_b(t)$ tanto gráfica quanto analiticamente. Adota-se, aqui, a solução analítica. Para o intervalo compreendido entre os instantes t_A e t_I, a parcela correspondente ao escoamento de base, $Q_b(t)$, é dada pela equação da reta que passa pelos dois pontos:

$$Q_b = 5 + \frac{4}{3}(t-2).$$

EXEMPLO 6.1 *(continuação)*

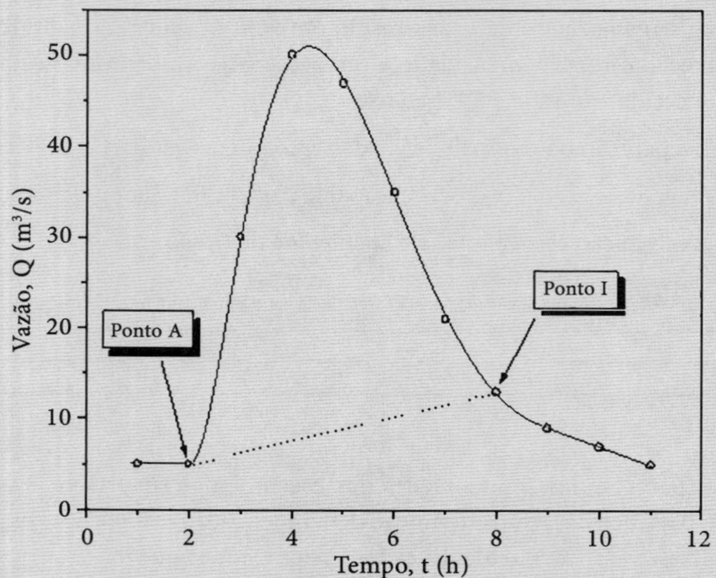

Figura 6.13 – Hidrograma do problema-exemplo 6.1.

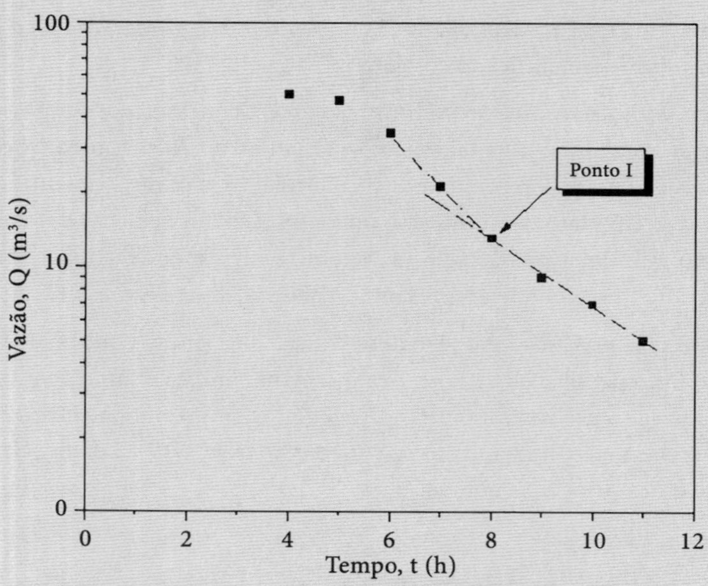

Figura 6.14 – Gráfico de Q *versus* t, em papel *monolog*, para a identificação do ponto I.

EXEMPLO 6.1 *(continuação)*

A partir dessa equação, constrói-se a Tabela 6.2: os valores de Q_b, calculados pela equação dada, e que correspondem à linha pontilhada da Figura 6.13, são lançados na 3ª coluna. Na 4ª coluna da Tabela 6.2, são dispostos os valores das ordenadas do escoamento superficial, calculados pela subtração da coluna (3) da coluna (2): $Q_s = Q - Q_b$.

Tabela 6.2 – Elementos de cálculo para a separação dos componentes do hidrograma (problema-exemplo 6.1)

(1)	(2)	(3)	(4)
t (h)	Q (m³/s)	Q_b (m³/s)	Q_s (m³/s)
1	5	5,00	0,00
2	5	5,00	0,00
3	30	6,33	23,67
4	50	7,67	42,33
5	47	9,00	38,00
6	35	10,33	24,67
7	21	11,67	9,33
8	13	13,00	0,00
9	9	9,00	0,00
10	7	7,00	0,00
11	5	5,00	0,00
		SQ_s =	**138,00**

b) O volume escoado superficialmente, Vol_s, definido como

$$Vol_s = \int_{t_A}^{t_I} (Q - Q_b)\, dt = \int_{t_A}^{t_I} Q_s dt,$$

é calculado numericamente pela aproximação:

$$Vol_s \cong \sum (Q_s \cdot \Delta t) = \Delta t \sum Q_s$$

pois Δt = constante = 1h.

A soma das ordenadas da 4ª coluna da Tabela 6.2 produz $\Sigma Q_s = 138{,}00$ m³/s. Assim, com $\Delta t = 3.600$ s, obtém-se o volume escoado superficialmente:

$Vol_s = 496.800$ m³.

O volume total precipitado, Vol_T, é obtido pela multiplicação da altura da chuva total pela área da bacia:

$$Vol_T = P \times A = i \times t_d \times A.$$

EXEMPLO 6.1 *(continuação)*

No caso, i = 24 mm/h e t_d = 2h. Logo, P = 48 mm. Assim, com A = 36,1 km^2 = 36,1 × 10^6 m^2, obtém-se

Vol_T = 1.732.800 m^3.

c) A precipitação efetiva, P_{ef}, e o coeficiente de escoamento superficial, C, podem ser obtidos das grandezas já calculadas. Assim, da Equação (6.2):

$$P_{ef} = \frac{Vol_s}{A} = \frac{496.800}{36{,}1 \times 10^6} = 1{,}376 \times 10^{-2}\,m \;\rightarrow\; P_{ef} = 13{,}76\ mm \cong 13{,}8\ mm\,.$$

Como t_d = 2h, a intensidade da chuva efetiva é:

$$i_{ef} = \frac{P_{ef}}{t_d} = \frac{13{,}8}{2} \;\rightarrow\; i_{ef} = 6{,}9\ mm/h;$$

e,

$$C = \frac{Vol_s}{Vol_T} = \frac{496.800}{1.732.800} \;\rightarrow\; C \cong 0{,}29,$$

que indica que 29% do total precipitado escoam-se superficialmente.

6.5 MÉTODOS DE ESTIMATIVA DO ESCOAMENTO SUPERFICIAL A PARTIR DE DADOS DE CHUVA

Na engenharia de recursos hídricos, em estudos hidrológicos, o interesse normalmente está em conhecer o hidrograma de projeto de determinada obra, associado a um período de retorno específico: Q(t, Tr). Isto é, deseja-se determinar o hidrograma relativo a uma chuva de projeto, por meio de um método que promova a transformação da chuva em vazão. Genericamente, os métodos de "transformação chuva-vazão" constituem-se em modelos matemáticos que, partindo da chuva efetiva de determinada duração e recorrência, permitem obter o escoamento superficial de mesma recorrência, em função do tempo:

$i_{ef}(t_d, Tr) \rightarrow Q_s(t, Tr)$.

Na prática, muitas vezes, o escoamento superficial que se deseja conhecer é aquele que resulta da chuva capaz de produzir a enchente do curso d'água. Entretanto, pode-se mesmo desejar conhecer o escoamento superficial resultante de uma chuva qualquer.

As maneiras de se realizar a mencionada transformação por meio de modelação matemática são várias, sendo, adiante, apresentadas aquelas de maior uso, em especial, o método racional, o método do hidrograma unitário e o método do hidrograma unitário sintético e suas múltiplas variações.

6.5.1 MÉTODO RACIONAL

O método racional, introduzido no ano de 1889 e largamente utilizado no Brasil, nos Estados Unidos e em muitos outros países, é o mais simples de todos os modelos hidrológicos que promovem a transformação de uma chuva em escoamento superficial. A aplicação do método, todavia, deve ser restrita a pequenas bacias hidrográficas ou, simplesmente, pequenas superfícies de drenagem: é recomendável limitar a aplicação do método para áreas inferiores a 2,5 km^2.

O método racional utiliza uma equação simples que exprime o estado permanente da transformação da chuva em vazão. Tal situação somente ocorre se a chuva de intensidade constante e duração superior ao tempo de concentração da bacia cobrir uniformemente toda a área de drenagem, o que é uma situação hipotética e idealizada. Assim, para a chuva intensa uniforme i, com duração $t_d \geq t_c$, a vazão resultante, de acordo com o método racional, poderá ser escrita como

$$Q_s = C \cdot i \cdot A, \tag{6.8}$$

em que:

Q_s = vazão do escoamento superficial, em m^3/s;

i = intensidade da chuva, em m/s;

A = área de drenagem, em m^2; e

C = coeficiente de escoamento superficial, coeficiente de deflúvio superficial, ou, ainda, coeficiente de *runoff*, parâmetro que leva em conta o grau de permeabilidade da área de drenagem.

Na Equação (6.8), o produto C·i representa a parcela da chuva responsável pelo escoamento superficial, isto é, $C{\cdot}i = i_{ef}$ = intensidade da chuva efetiva.

Para considerar as diferentes possibilidades de emprego de unidades práticas, a Equação (6.8) pode ser reescrita na forma

$$Q_s = c_c \cdot C \cdot i \cdot A, \tag{6.8a}$$

em que c_c é um coeficiente de correção para as unidades escolhidas. Por exemplo, em termos de unidades normalmente adotadas em projetos, para Q_s em m^3/s, i em mm/h e A em ha:

$$Q_S\left(m^3/s\right) = \frac{C \cdot i\left(mm/h\right) \cdot A\left(ha\right)}{360} = 0{,}00278C \cdot i\left(mm/h\right) \cdot A\left(ha\right), \tag{6.9}$$

o que significa que $c_c \cong 0{,}00278$. Ou, então, para Q_s em m^3/s, i em mm/h e A em km^2:

$$Q_S\left(m^3/s\right) = \frac{C \cdot i\left(mm/h\right) \cdot A\left(km^2\right)}{3{,}6} = 0{,}278 \cdot C \cdot i\left(mm/h\right) \cdot A\left(km^2\right), \tag{6.10}$$

o que dá $c_c \cong 0{,}278$.

Nas aplicações práticas, a intensidade da precipitação a ser utilizada no método racional pode ser obtida das curvas ou equações de intensidade-duração-frequência, válidas para o local em estudo. Essas equações, que foram vistas no estudo das precipitações (Capítulo 3), expressam-se normalmente por meio de modelos matemáticos da forma

$$i = \frac{k \cdot Tr^m}{(c + t_d)^n}, \quad (6.11)$$

em que:

Tr = período de retorno, em anos;

t_d = duração da chuva, em minutos; e

k, m, c, n = coeficientes determinados empiricamente para cada local.

Na Equação (6.11), a duração da chuva, t_d, deve corresponder à duração da chuva crítica de projeto que, no caso do método racional, é feita igual ao tempo de concentração, t_c, para o qual existem várias formulações.[5] Em projetos de drenagem urbana, também é muito utilizado o método cinemático para o cálculo do tempo de concentração, método que será abordado na seção 6.5.3.2.

6.5.1.1 Coeficiente de escoamento superficial no método racional

Na prática, o coeficiente de escoamento superficial é normalmente tomado de tabelas criteriosamente elaboradas com base nas características da bacia hidrográfica, ou da área de drenagem em estudo. Essas tabelas consideram o tipo de solo, a vegetação e algumas características relacionadas ao manuseio do solo e à urbanização. Três exemplos de tabelas para a obtenção do coeficiente de escoamento superficial são apresentados a seguir: a Tabela 6.4, que contém os valores recomendados pela Sociedade Americana de Engenheiros Civis (American Society of Civil Engineers - ASCE , 1969); a Tabela 6.5, de uso em áreas agrícolas; e a Tabela 6.6, contendo os valores propostos por Wilken (1978) e adotados pela Prefeitura do Município de São Paulo (SP).

Considerando o comportamento natural da bacia, é de se esperar que o coeficiente de escoamento superficial varie com a magnitude da enchente (ou com a intensidade da precipitação). Com efeito, a partir do aumento da intensidade da precipitação, as perdas por interceptação, infiltração e armazenamento em depressões não serão as mesmas, e o coeficiente C deve aumentar. Como a intensidade da precipitação é função do período de retorno, a dependência do coeficiente de escoamento superficial da intensidade da precipitação pode ser posta em função do próprio período de retorno. Para esse propósito, a Tabela 6.3 apresenta valores do multiplicador do coeficiente C para levar em conta a influência da intensidade da precipitação (ou do período de retorno) sobre esse coeficiente.

Quando a área de drenagem é heterogênea com ocupação diferenciada, pode-se atribuir a cada sub-região um valor diferente do coeficiente de escoamento superficial. O coeficiente médio para toda a área de drenagem será dado, então, pela média ponderada em relação às áreas das sub-regiões. Assim, se a área de drenagem A é caracterizada por n sub-regiões, cada uma delas com área A_i, i = 1, 2, ..., n, e tendo cada sub-região

[5] Equações para o tempo de concentração são fornecidas naTabela 6.32 do Anexo deste capítulo.

um valor específico correspondente para o coeficiente de *runoff*, C_i, então o coeficiente médio da área de drenagem poderá ser determinado por:

$$C = \frac{1}{A}\left(C_1A_1 + C_2A_2 + \cdots + C_nA_n\right). \quad (6.12)$$

Tabela 6.3 – Variação do coeficiente de *runoff* com a intensidade da chuva, expressa em termos do período de retorno

Tr (anos)	Multiplicador de C	Tr (anos)	Multiplicador de C
2 a 10	1,00	50	1,20
25	1,10	100	1,25

TABELAS PARA A OBTENÇÃO DO COEFICIENTE DE *RUNOFF*, C

Tabela 6.4 – Valores de C recomendados pela American Society of Civil Engineers - ASCE (1969)

Superfície	Coeficiente de *runoff*, C	
	Intervalo	Valor esperado
pavimento		
asfalto	0,70 – 0,95	0,83
concreto	0,80 – 0,95	0,88
calçadas	0,75 – 0,85	0,80
telhado	0,75 – 0,95	0,85
cobertura: grama solo arenoso		
pequena declividade (2%)	0,05 – 0,10	0,08
declividade média (2 a 7%)	0,10 – 0,15	0,13
forte declividade (7%)	0,15 – 0,20	0,18
cobertura: grama solo pesado		
pequena declividade (2%)	0,13 – 0,17	0,15
declividade média (2 a 7%)	0,18 – 0,22	0,20
forte declividade (7%)	0,25 – 0,35	0,30

Tabela 6.5 – Valores de C′ para o cálculo de C para áreas rurais segundo Williams (1949), apud Tucci *et al.* (1995)*

Tipo de Área	C′
1. Topografia	
terreno plano, declividade de 0,2 a 0,6 m/km	0,30
terreno, declividade de 3,0 a 4,0 m/km	0,20
morros, declividade de 30 a 50 m/km	0,10
2. Solo	
argiloso (impermeável)	0,10
permeabilidade média	0,20
arenoso	0,40
3. Cobertura	
áreas cultivadas	0,10
árvores	0,20

* $C = 1 - (C'_1 + C'_2 + C'_3)$

Tabela 6.6 – Valores de C adotados pela Prefeitura de São Paulo, segundo Wilken (1978)

Zonas	C
Edificação muito densa:	
partes centrais densamente construídas de uma cidade com ruas e calçadas pavimentadas	0,70 – 0,95
Edificação não muito densa:	
partes adjacentes ao centro, de menor densidade de habitações, mas com ruas e calçadas pavimentadas	0,60 – 0,70
Edificações com poucas superfícies livres:	
partes residenciais com construções cerradas, ruas pavimentadas	0,50 – 0,60
Edificações com muitas superfícies livres:	
partes residenciais com ruas macadamizadas ou pavimentadas	0,25 – 0,50
Subúrbios com alguma edificação:	
partes de arrabaldes e subúrbios com pequena densidade de construção	0,10 – 0,25
Matas, parques e campos de esporte:	
partes rurais, áreas verdes, superfícies arborizadas, parques ajardinados, campos de esporte sem pavimentação	0,05 – 0,20

EXEMPLO 6.2

Determinar a vazão máxima em uma pequena bacia hidrográfica rural de 2,0 km^2 de área de drenagem, para o período de retorno de 50 anos, sabendo-se que:

a) a área apresenta topografia composta de morros, com declividade média igual a 4,5%; solo com permeabilidade média (nem arenoso, nem argiloso); cobertura com 70% de área cultivada e área restante composta de árvores naturais;

b) o desnível entre a seção do curso d'água, para o qual se calcula a vazão, e o ponto mais remoto da bacia é de 52 m e a extensão desse curso d'água é de 2,9 km;

c) a equação de intensidade-duração-frequência válida para a região em estudo é dada por

$i = \dfrac{1519 Tr^{0,236}}{\left(16 + t_d\right)^{0,935}}$, com i em mm/h para Tr em anos e t_d em minutos.

Solução:

1. Obtenção do coeficiente de escoamento superficial, C:

Para áreas rurais, o coeficiente de escoamento superficial pode ser estimado a partir dos coeficientes C' dados na Tabela 6.5, com $C = 1 - \left(C_1' + C_2' + C_3'\right)$. Assim:

EXEMPLO 6.2 *(continuação)*

- para a área cultivada (70% da bacia), da Tabela 6.5: $C_1^{'} = 0,10$, $C_2^{'} = 0,20$ e $C_3^{'} = 0,10$. Portanto, $C_{ac} = 1 - \left(C_1^{'} + C_2^{'} + C_3^{'}\right) = 1 - 0,4 \Rightarrow C_{ac} = 0,6$.
- para a área contendo árvores naturais (30% da bacia), da Tabela 6.5: $C_1^{'} = 0,10$, $C_2^{'} = 0,20$ e $C_3^{'} = 0,20$. Portanto, $C_{an} = 1 - \left(C_1^{'} + C_2^{'} + C_3^{'}\right) = 1 - 0,5 \Rightarrow C_{an} = 0,5$.

Considerando os percentuais de cobertura diferenciada, o coeficiente de escoamento superficial é obtido da média ponderada:

$$C = \frac{1}{A}\left(C_{ac}A_{ac} + C_{an}A_{an}\right) = C_{ac}\frac{A_{ac}}{A} + C_{an}\frac{A_{an}}{A} = 0,70 \times 0,6 + 0,30 \times 0,5 \Rightarrow C = 0,57.$$

2. Estimativa do tempo de concentração, t_c, para a duração da chuva crítica:

Segundo Kirpich, o tempo de concentração pode ser estimado pela Equação (6.6). Assim, com L = comprimento do curso d'água da cabeceira à seção em estudo = 2,9 km, e Δz = desnível entre o ponto mais remoto (à cabeceira da bacia) e o nível d'água na seção em estudo = 52 m:

$$t_c = 57 \times \left(L^3/\Delta z\right)^{0,385} = 57 \times \left(2,9^3/52\right)^{0,385} \Rightarrow t_c = 42,6\text{min}.$$

3. Cálculo da intensidade da precipitação, i:

Da equação de intensidade-duração-frequência válida para o local em estudo, e para Tr = 50 anos, $t_d = t_c = 42,6$min, tem-se:

$$i = 1519 \times 50^{0,236}/\left(16 + 42,6\right)^{0,935} \Rightarrow i = 85,0 \text{ mm/h}.$$

4. Cálculo da vazão (escoamento superficial):

Aplicando-se a equação do método racional para as unidades usuais, Equação (6.10), a vazão máxima de 50 anos de período de retorno é finalmente encontrada:

$$Q_s = 0,278 \cdot C \cdot i \cdot A = 0,278 \times 0,57 \times 85,0 \times 2 \Rightarrow Q_s = 26,9 \text{ m}^3\text{/s}.$$

6.5.2 MÉTODO DO HIDROGRAMA UNITÁRIO (HU)

Denomina-se hidrógrafa unitária ou hidrograma unitário (HU) a representação gráfica do escoamento superficial, em função do tempo, da resposta da bacia hidrográfica à chuva efetiva uniforme de certa duração t_d e altura pluviométrica unitária. Em nosso país, no método do HU a altura pluviométrica unitária geralmente adotada é P_{ef} = 1 cm.[6]

[6] Na literatura norte-americana, emprega-se P_{ef} = 1 polegada (= 2,54 cm).

O hidrograma unitário de uma bacia hidrográfica reflete as características complexas desta por meio de uma única curva. É uma ferramenta muito útil por permitir a transformação de dados de chuva em vazão, especialmente quando se necessita conhecer a magnitude da vazão de projeto de uma obra hidráulica (valor máximo ou crítico da vazão de projeto), ou o comportamento da vazão de cheia ao longo do tempo (hidrograma da cheia) em uma seção de um curso d'água.

O método do hidrograma unitário, comumente tratado de método do HU, admite que a bacia hidrográfica se comporta como um sistema linear. Para a aplicação do método, as chuvas complexas devem ser subdivididas em chuvas simples. Assim, se for conhecido o hidrograma resultante de uma chuva simples, poderá ser facilmente determinado o hidrograma correspondente à chuva complexa. Para isso, o método apoia-se na principal propriedade dos sistemas lineares, que é a superposição dos efeitos.

O método do HU, apresentado originalmente em 1932 por L. K. Sherman (1932), foi, mais tarde, aperfeiçoado por outros pesquisadores. Segundo Sherman, para chuvas de distribuição uniforme e intensidade constante sobre toda a bacia, são válidas as seguintes proposições básicas:

i) em uma dada bacia hidrográfica, para chuvas de mesma duração, as durações dos escoamentos superficiais correspondentes são iguais;

ii) duas chuvas de mesma duração, mas com alturas pluviométricas efetivas diferentes, produzirão hidrógrafas cujas ordenadas são, a cada tempo, proporcionais às correspondentes alturas pluviométricas;

iii) precipitações anteriores (chuvas antecedentes) não influenciam a distribuição temporal do escoamento superficial resultante de uma nova precipitação.

O conceito de hidrógrafa, associado às três proposições básicas de Sherman acima enunciadas, fornece a possibilidade de considerar a hidrógrafa unitária como uma característica da bacia. Com efeito, dada a hidrógrafa unitária, poder-se-á calcular as ordenadas do hidrograma do escoamento superficial para qualquer chuva de intensidade uniforme e duração igual àquela que gerou a hidrógrafa unitária. Embora o método se aplique a chuvas unitárias de qualquer duração, normalmente é adotada a duração da chuva crítica de cálculo da enchente.

Com base nas duas primeiras proposições de Sherman, estabelece-se a formulação básica do método do HU a partir da relação:

$P_{ef} = 1$ cm e duração $t_d \rightarrow Q_u(t)$

P_{ef} qualquer e mesma duração $t_d \rightarrow Q_s(t)$,

ou,

$$\frac{Q_s(t)}{Q_u(t)} = \frac{P_{ef}}{1\text{cm}}$$

ou ainda

$$Q_s(t) = P_{ef} \times Q_u(t), \tag{6.13}$$

em que:

$Q_u(t)$ = vazão do escoamento superficial gerado pela chuva efetiva de altura unitária (1 cm) e duração t_d (ordenada da hidrógrafa unitária no tempo genérico t); e

$Q_s(t)$ = vazão do escoamento superficial gerado pela chuva isolada de altura P_{ef} e mesma duração t_d, com a altura de chuva medida necessariamente em centímetros na Equação (6.13).

6.5.2.1 Duração da chuva no método do HU

Basicamente, para cada duração de chuva tem-se uma hidrógrafa unitária correspondente. Quanto menor a duração da chuva, maior será a vazão de pico do HU, visto que o volume escoado será sempre dado por $Vol_s = 1\ cm \times A$. Complementarmente, o tempo de base do HU será tanto menor quanto menor for a duração da chuva unitária.

Segundo Linsley, Kohler e Paulhus (1975), não haverá grande diferença no estabelecimento da hidrógrafa unitária se as durações das chuvas unitárias não diferirem muito, podendo ser admitida como aceitável uma tolerância de até 25% na duração estabelecida da chuva.

Em nosso país, quase sempre se dispõem apenas de registros de totais diários de chuva e de vazões médias diárias. Esse fato reduz o campo de aplicação do método do HU, pois condiciona a adoção do período unitário mínimo de 24 horas de duração. Em tais casos, de acordo com indicação feita por Johnstone e Cross (1949), citados por Linsley *et al.* (1975), a aplicação do método do HU estará limitada às bacias hidrográficas maiores, de áreas superiores a aproximadamente 2.500 km^2.

Nas aplicações em projetos de algumas obras drenagem, considera-se a chuva de projeto de intensidade variável (chamada de "chuva complexa") em intervalos de tempo de duração t_d, sendo t_d a duração da chuva unitária que produz o HU utilizado. A chuva complexa terá a duração total igual à da chuva crítica de cálculo da enchente, que deverá corresponder ao mínimo valor de duração da chuva para a qual toda a bacia contribua para a geração do escoamento superficial. Isto é, o tempo total de duração da chuva complexa deverá ser maior ou igual ao tempo de concentração da bacia. Em uma aproximação, quando não se dispõe dessa informação, poderá ser adotado um tempo da ordem de 1/3 do tempo de pico do hidrograma.

EXEMPLO 6.3

Considere os dados do Exemplo 6.1 para gerar o hidrograma unitário da chuva de duas horas de duração. Apresentar as ordenadas do HU em termos de vazões, em m^3/s, e em termos das alturas equivalentes, em cm.

EXEMPLO 6.3 *(continuação)*

Solução:

Tendo em conta que os dados do problema-exemplo 6.1 já se referem à chuva de duas horas de duração, adotam-se os resultados dos cálculos efetuados para a solução daquele problema. Transportando-se os resultados da Tabela 6.2 (4 primeiras colunas) para a Tabela 6.7, pode-se, então, complementar essa última para a redução do hidrograma do escoamento superficial (coluna 4) ao hidrograma unitário (coluna 5), que é um hidrograma de "volume unitário". Para isso, recorre-se à Equação (6.13): para o evento simples em que a chuva tem intensidade constante de duas horas de duração e P_{ef} = 13,76 mm = 1,376 cm:

$$Q_u(t) = \frac{Q_s(t)}{P_{ef}(cm)} = \frac{Q_s(t)}{1,376}.$$

Com base na relação acima, os valores de $Q_u(t)$ são calculados e lançados na coluna 5 da Tabela 6.7. Em seguida, esses valores são convertidos em alturas, segundo:

$$h_u(t) = \frac{Q_u(t)}{A} \cdot \Delta t = \frac{Q_u(t)}{36,1 \times 10^6} \times 3.600.$$

Na expressão acima, A representa a área da bacia, em m², e Δt corresponde ao intervalo de tempo de medição das vazões, no caso, em segundos. Para A em m², Δt em segundos e com as vazões unitárias expressas em m³/s, os h_u são obtidos em metros. Após convertidos para centímetros, os valores dos $h_u(t)$ calculados são então lançados na coluna (6) da Tabela 6.7.

A verificação do resultado pode ser pronta e facilmente feita, pois, para ser um hidrograma unitário, a soma dos h_u deve ser igual à unidade (Σh_u = 1 cm) para que o HU corresponda a um "volume escoado unitário". Com efeito, com os dados da coluna (6):

$$\frac{\sum(Q_u \cdot \Delta t)}{A} = \frac{\Delta t}{A}\sum Q_u = \sum h_u = 1,00 \text{ cm}.$$

EXEMPLO 6.3 *(continuação)*

Tabela 6.7 – Redução do hidrograma do escoamento superficial ao hidrograma unitário

(1)	(2)	(3)	(4)	(5)	(6)
t (h)	Q (m³/s)	Q_b (m³/s)	Q_s (m³/s)	Q_u (m³/s)	h_u (cm)
1	5	5,00	0,00	-	-
2	5	5,00	0,00	**0**	**0**
3	30	6,33	23,67	**17,20**	**0,1715**
4	50	7,67	42,33	**30,76**	**0,3067**
5	47	9,00	38,00	**27,62**	**0,2754**
6	35	10,33	24,67	**17,93**	**0,1788**
7	21	11,67	9,33	**6,78**	**0,0676**
8	13	13,00	0,00	**0**	**0**
9	9	9,00	0,00	-	-
10	7	7,00	0,00	-	-
11	5	5,00	0,00	-	-
		Σ=	**138,00**	**100,29**	**1,00**

6.5.2.2 Obtenção do escoamento superficial com base no HU conhecido

Conhecido o hidrograma unitário da bacia hidrográfica para a chuva de duração t_d, HU(t_d), pode-se obter facilmente as ordenadas do hidrograma do escoamento superficial resultante da chuva efetiva de altura P_{ef} e mesma duração t_d. Para isso, multiplicam-se as ordenadas do HU(t_d), em m³/s, pela altura da chuva efetiva, em cm, como dado pela Equação (6.13).

No caso de evento chuvoso complexo, isto é, para a chuva efetiva com intensidade variável em intervalos de tempo t_d, o hidrograma do escoamento superficial resultante poderá ser obtido da superposição (soma) dos hidrogramas isolados gerados pelas precipitações efetivas de intensidades diferentes, mas de mesma duração t_d. Nesse procedimento estará implícita a consideração de que as precipitações antecedentes não influenciam a distribuição, no tempo, do escoamento superficial devido à chuva subsequente.

EXEMPLO 6.4

O hidrograma unitário para a chuva de duração t_d = 1 h de certa bacia hidrográfica é fornecido na Tabela 6.8, em intervalos de tempo de duração Δt = 1 h. Com base nas informações dessa tabela, obter o escoamento superficial resultante da chuva efetiva composta de precipitações cujas intensidades variam, a cada 1 hora, segundo o disposto na Tabela 6.9.

EXEMPLO 6.4

Tabela 6.8 – Hidrograma unitário de uma bacia hidrográfica para a chuva de 1 hora de duração (problema-exemplo 6.4)

t (h)	1	2	3	4	5	6	7	8
Q_u (m^3/s)	0	12,1	27,3	24,2	18,2	10,9	4,5	0

Tabela 6.9 – Hietograma da chuva efetiva de duas horas de duração

Intervalo de tempo de duração da chuva Δt (h)	Intensidade da chuva efetiva i_{ef} (mm/h)
0 - 1	30
1 - 2	20

Solução:

Para a resolução do problema, procede-se da seguinte forma:

- para a primeira chuva de duração idêntica à que gerou o HU, determinam-se as ordenadas do escoamento superficial em intervalos Δt. Para isso, multiplicam-se as ordenadas do HU(t_d) pela altura da primeira chuva efetiva;
- repete-se o procedimento anterior para a segunda chuva, levando-se em conta a defasagem (t_d) em relação à chuva anterior (no caso, de 1h). Para isso, desloca-se, no tempo, o segundo HU de um intervalo de duração t_d em relação ao anterior, e multiplicam-se as ordenadas do HU deslocado pela altura da segunda chuva efetiva;
- o hidrograma procurado é obtido pela superposição (soma), no tempo, dos dois hidrogramas isolados. Matematicamente, se P_1 e P_2 são as precipitações efetivas e sucessivas, de duração t_d cada uma, então, para um instante genérico t, a superposição pode ser representada pela expressão:

$$Q_s(t) = P_1 \cdot Q_u(t) + P_2 \cdot Q_u(t - t_d). \tag{6.14}$$

Com os passos descritos executados, constrói-se a Tabela 6.10 com os cálculos registrados para as chuvas efetivas P_{ef1} = 3 cm e P_{ef2} = 2 cm, mostrados, também, de forma gráfica na Figura 6.15.

EXEMPLO 6.4 *(continuação)*

Tabela 6.10 – Elementos de cálculo do hidrograma do escoamento superficial de um evento chuvoso complexo (problema-exemplo 6.4)

Tempo (h)	P_{ef1} = 3 cm		P_{ef2} = 2 cm		$Q_s(t)$ (m^3/s)
	$Q_u(t)$ (m^3/s)	$P_{ef1} \cdot Q_u(t)$ (m^3/s)	$Q_u(t-t_d)$ (m^3/s)	$P_{ef2} \cdot Q_u(t-t_d)$ (m^3/s)	
1	0,0	0,0	-	-	**0,0**
2	12,1	36,3	0,0	0,0	**36,3**
3	27,3	81,9	12,1	24,2	**106,1**
4	24,2	72,6	27,3	54,6	**127,2**
5	18,2	54,6	24,2	48,4	**103,0**
6	10,9	32,7	18,2	36,4	**69,1**
7	4,5	13,5	10,9	21,8	**35,3**
8	0,0	0,0	4,5	9,0	**9,0**
9	-	-	0,0	0,0	**0,0**
ΣQ_u =	97,2			ΣQ_s =	**486,0**

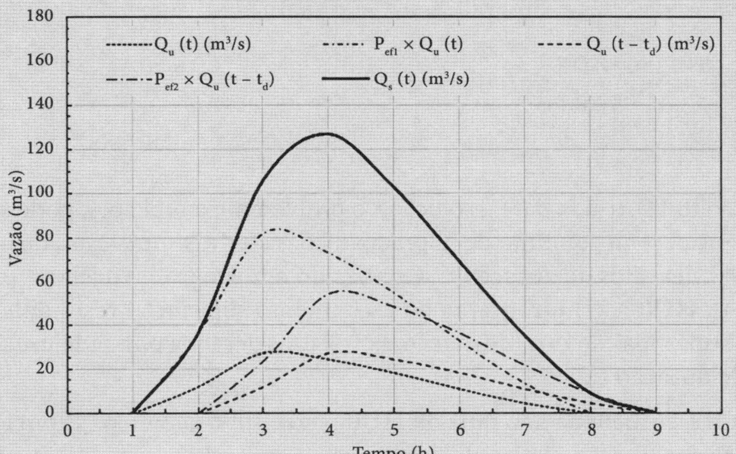

Figura 6.15 – Construção gráfica do hidrograma do escoamento superficial para o problema-exemplo 6.4.

A verificação do resultado pode ser prontamente feita, uma vez que o volume escoado, que corresponde à área sob a curva Q_s *versus* t e que pode ser calculado por

$$Vol_s = \int Q_s dt \cong \sum (Q_s \Delta t), \tag{6.15}$$

deve ser igual ao produto da precipitação efetiva total pela área de drenagem da bacia: $Vol_s = P_{ef\,T} \times A$.

EXEMPLO 6.4 *(continuação)*

Como $P_{ef} = 3 + 2 = 5$ cm, então deve-se ter

$$P_{efT} = \frac{Vol_s}{A} = \frac{\sum(Q_s \Delta t)}{A} = 0{,}05\text{m},$$

para Q_s em m³/s, Δt em segundos e A em m².

No problema, a área A da bacia hidrográfica não foi explicitamente fornecida. Contudo, conhecem-se as ordenadas do HU e a soma, $\Sigma Q_u = 97{,}2$ m³/s (soma da coluna 2 da Tabela 6.10). Como

$$\frac{\sum(Q_u \Delta t)}{A} = \frac{\Delta t}{A}\sum Q_u = 0{,}01\text{m}, \tag{6.16}$$

então,

$$A = \frac{\Delta t}{0{,}01}\sum Q_u = \frac{3.600}{0{,}01} \times 97{,}2 \quad \Rightarrow \quad A = 34.992.000\text{m}^2.$$

Obtida a área da bacia hidrográfica, tem-se, finalmente, concluída a verificação:

$$\frac{\sum(Q_s \Delta t)}{A} = \frac{486 \times 3600}{34.992.000} = 0{,}05 \text{ m} = 5 \text{ cm}. \qquad \text{(OK!)}$$

A Equação (6.14), usada para a solução do problema-exemplo 6.4, pode ser generalizada para considerar o conjunto de m precipitações efetivas sucessivas, de intensidades variáveis em intervalos de duração t_d. Conhecido o hidrograma unitário para a chuva de duração t_d, $HU(t_d)$, o hidrograma do escoamento superficial resultante poderá ser obtido pela superposição dos hidrogramas isolados gerados por cada uma das m precipitações de duração t_d.

Sendo $Q_u(t_i)$ a ordenada não nula do $HU(t_d)$ no tempo genérico t_i, com i = 1, 2, ..., n, e sendo P_{efj} a precipitação efetiva de duração t_d, com j = 1, 2, ..., m, escrevem-se:

- $Q_s(t_1) = P_{ef1} \cdot Q_u(t_1)$;
- $Q_s(t_2) = P_{ef1} \cdot Q_u(t_2) + P_{ef2} \cdot Q_u(t_1)$;
- $Q_s(t_3) = P_{ef1} \cdot Q_u(t_3) + P_{ef2} \cdot Q_u(t_2) + P_{ef3} \cdot Q_u(t_1)$;

$\vdots$

- $Q_s(t_n) = P_{ef1} \cdot Q_u(t_n) + P_{ef2} \cdot Q_u(t_{n-1}) + P_{ef3} \cdot Q_u(t_{n-2}) + \cdots + P_{efm} \cdot Q_u(t_1)$;
- $Q_s(t_{n+m-1}) = P_{efm} \cdot Q_u(t_n)$.

Ou, em notação matricial,

$$\left[Q_s\right]_{p\times 1} = \left[P_{ef}\right]_{p\times n} \cdot \left[Q_u\right]_{n\times 1}, \tag{6.17}$$

com

$$p = n + m - 1. \tag{6.18}$$

Na operação de multiplicação, $[P_{ef}]$ deve ser representado na forma de uma matriz com p linhas e n colunas, com m diagonais não nulas. As matrizes $[Q_s]$ e $[Q_u]$ são, portanto, matrizes colunas (vetores). Cada uma dessas três matrizes assim se escreve:

$$\left[Q_s\right] = \begin{bmatrix} Q_s(t_1) \\ Q_s(t_2) \\ \vdots \\ Q_s(t_{p-1}) \\ Q_s(t_p) \end{bmatrix}; \left[P_{ef}\right] = \begin{bmatrix} P_{ef1} & & & & \\ P_{ef2} & P_{ef1} & & & \\ P_{ef3} & P_{ef2} & P_{ef1} & & \\ \vdots & P_{ef3} & P_{ef2} & \ddots & \\ P_{efm} & \vdots & P_{ef3} & \ddots & P_{ef1} \\ & P_{efm} & \vdots & \ddots & P_{ef2} \\ & & P_{efm} & & P_{ef3} \\ & & & \ddots & \vdots \\ & & & & P_{efm} \end{bmatrix}; \left[Q_u\right] = \begin{bmatrix} Q_u(t_1) \\ Q_u(t_2) \\ \vdots \\ Q_u(t_{n-1}) \\ Q_u(t_n) \end{bmatrix}.$$

EXEMPLO 6.5

Os dados apresentados na Tabela 6.11 caracterizam o HU de uma bacia correspondente à chuva de duração $t_d = \Delta t$. Determinar o escoamento superficial resultante da chuva composta de precipitações efetivas de intensidades variando a cada intervalo Δt, conforme a Tabela 6.12.

Tabela 6.11 – Hidrograma unitário do problema-exemplo 6.5

tempo	0	Δt	2Δt	3Δt	4Δt	5Δt	6Δt	7Δt	8Δt	9Δt	10Δt	11Δt
Q_u(m³/s)	0,0	1,0	3,0	6,0	5,4	4,6	3,2	1,8	1,2	0,8	0,3	0,0

Tabela 6.12 – Hietograma da chuva efetiva do problema-exemplo 6.5

Tempo	Δt	2Δt	3Δt
Precipitação efetiva (mm)	5	10	6

EXEMPLO 6.5 *(continuação)*

Solução:

Inicialmente, convém pesquisar o número das ordenadas não nulas do escoamento superficial que se pretende calcular. Conforme a Tabela 6.12, são três chuvas efetivas de idênticas durações (m = 3) e, de acordo com a Tabela 6.11, existem dez ordenadas não nulas do hidrograma unitário (n = 10). Portanto, serão p = n + m − 1 = 12 as ordenadas não nulas do escoamento superficial resultante a serem determinadas.

De acordo com a notação matricial indicada na Equação (6.17),

$$\left[Q_s\right]_{12\times1} = \left[P_{ef}\right]_{12\times10} \cdot \left[Q_u\right]_{10\times1} .$$

Ou, introduzindo-se os valores numéricos conhecidos, a equação matricial para as p ordenadas não nulas do escoamento superficial escreve-se como:

$$\begin{bmatrix} Q_{s_1} \\ Q_{s_2} \\ Q_{s_3} \\ Q_{s_4} \\ Q_{s_5} \\ Q_{s_6} \\ Q_{s_7} \\ Q_{s_8} \\ Q_{s_9} \\ Q_{s_{10}} \\ Q_{s_{11}} \\ Q_{s_{12}} \end{bmatrix} = \begin{bmatrix} 0{,}5 & & & & & & & & & \\ 1{,}0 & 0{,}5 & & & & & & & & \\ 0{,}6 & 1{,}0 & 0{,}5 & & & & & & & \\ & 0{,}6 & 1{,}0 & 0{,}5 & & & & & & \\ & & 0{,}6 & 1{,}0 & 0{,}5 & & & & & \\ & & & 0{,}6 & 1{,}0 & 0{,}5 & & & & \\ & & & & 0{,}6 & 1{,}0 & 0{,}5 & & & \\ & & & & & 0{,}6 & 1{,}0 & 0{,}5 & & \\ & & & & & & 0{,}6 & 1{,}0 & 0{,}5 & \\ & & & & & & & 0{,}6 & 1{,}0 & 0{,}5 \\ & & & & & & & & 0{,}6 & 1{,}0 \\ & & & & & & & & & 0{,}6 \end{bmatrix} \times \begin{bmatrix} 1{,}0 \\ 3{,}0 \\ 6{,}0 \\ 5{,}4 \\ 4{,}6 \\ 3{,}2 \\ 1{,}8 \\ 1{,}2 \\ 0{,}8 \\ 0{,}3 \end{bmatrix} .$$

Efetuando-se as operações matriciais, obtêm-se:

$Q_{s_1} = 0{,}5 \times 1{,}0 = 0{,}5\ m^3/s$;

$Q_{s_2} = 1{,}0 \times 1{,}0 + 0{,}5 \times 3{,}0 = 2{,}5\ m^3/s$;

$Q_{s_3} = 0{,}6 \times 1{,}0 + 1{,}0 \times 3{,}0 + 0{,}5 \times 6{,}0 = 6{,}6\ m^3/s$;

$Q_{s_4} = 0{,}6 \times 3{,}0 + 1{,}0 \times 6{,}0 + 0{,}5 \times 5{,}4 = 10{,}5\ m^3/s$;

$Q_{s_5} = 0{,}6 \times 6{,}0 + 1{,}0 \times 5{,}4 + 0{,}5 \times 4{,}6 = 11{,}3\ m^3/s$;

EXEMPLO 6.5 *(continuação)*

$Q_{s_6} = 0,6 \times 5,4 + 1,0 \times 4,6 + 0,5 \times 3,2 = 9,44\ m^3/s;$

$Q_{s_7} = 0,6 \times 4,6 + 1,0 \times 3,2 + 0,5 \times 1,8 = 6,86\ m^3/s;$

$Q_{s_8} = 0,6 \times 3,2 + 1,0 \times 1,8 + 0,5 \times 1,2 = 4,32\ m^3/s;$

$Q_{s_9} = 0,6 \times 1,8 + 1,0 \times 1,2 + 0,5 \times 0,8 = 2,68\ m^3/s;$

$Q_{s_{10}} = 0,6 \times 1,2 + 1,0 \times 0,8 + 0,5 \times 0,3 = 1,67\ m^3/s;$

$Q_{s_{11}} = 0,6 \times 0,8 + 1,0 \times 0,3 = 0,78\ m^3/s;$

$Q_{s_{12}} = 0,6 \times 0,3 = 0,18\ m^3/s.$

Verificação:

O volume escoado superficialmente, Vol_s, deve ser igual ao produto da precipitação efetiva total pela área da bacia hidrográfica:

$$Vol_s = P_{ef}(\text{total}) \cdot A.$$

No caso,

$$P_{efT} = 0,5 + 1,0 + 0,6 = 2,1\ cm.$$

Obtidos os p = 12 valores de Q_s em intervalos de tempo Δt, tem-se que

$$Vol_s = \sum (Q_s \Delta t).$$

Portanto,

$$P_{efT} = \frac{\sum (Q_s \Delta t)}{A}. \qquad (6.19)$$

Embora a área da bacia hidrográfica não tenha sido explicitamente fornecida, pode-se obtê-la a partir da propriedade do HU:

$$\frac{\sum (Q_u \Delta t)}{A} = 1cm.$$

Ou, em unidades do Sistema Internacional,

$$A = \frac{1}{0,01} \sum (Q_u \times \Delta t).$$

EXEMPLO 6.5 *(continuação)*

Como, no caso, $\sum Q_u = 27{,}3\ m^3/s$ e $\sum Q_s = 57{,}33\ m^3/s$, tem-se:

$$P_{ef\ T} = \frac{\Delta t \cdot \sum Q_s}{\Delta t \cdot \sum Q_u} \times 0{,}01 = \frac{57{,}33}{37{,}3} \times 0{,}01 = 0{,}021\ \text{m} = 2{,}1\ \text{cm} \qquad \text{(OK!)}$$

Observação:

A solução do problema-exemplo 6.5 também pode ser encontrada pela construção de uma planilha de cálculo, como a apresentada na Tabela 6.13. Essa planilha é organizada promovendo-se os necessários deslocamentos do hidrograma unitário, de modo a permitir o cálculo, a cada tempo, dos escoamentos superficiais gerados pelas chuvas efetivas individuais. Uma vez que a chuva efetiva P_{ef2} ocorreu Δt unidades de tempo após a chuva P_{ef1}, o $HU(t_d = \Delta t)$ da chuva P_{ef2} encontra-se deslocado do tempo correspondente. O mesmo ocorre para a chuva P_{ef3} em relação à chuva P_{ef2}. Para obter as ordenadas do escoamento superficial gerado pelo evento chuvoso complexo, somam-se, a cada tempo, as quantidades $P_i \cdot Q_{ui}$:

$$Q_s(t) = P_1 \cdot Q_u(t) + P_2 \cdot Q_u(t - \Delta t) + P_3 \cdot Q_u(t - 2\Delta t).$$

Tabela 6.13 – Planilha de cálculo para a solução do problema-exemplo 6.5

Tempo	$P_{ef1} = 0{,}5$ cm		$P_{ef2} = 1{,}0$ cm		$P_{ef3} = 0{,}6$ cm		Q_s (m^3/s)
	Q_u (m^3/s)	$P_1 \cdot Q_u$ (m^3/s)	Q_u (desl.) (m^3/s)	$P_2 \cdot Q_u$ (m^3/s)	Q_u (desl.) (m^3/s)	$P_3 \cdot Q_u$ (m^3/s)	
Δt	1,0	0,5	-	-	-	-	**0,50**
$2\Delta t$	3,0	1,5	1,0	1,0	-	-	**2,50**
$3\Delta t$	6,0	3,0	3,0	3,0	1,0	0,6	**6,60**
$4\Delta t$	5,4	2,7	6,0	6,0	3,0	1,8	**10,50**
$5\Delta t$	4,6	2,3	5,4	5,4	6,0	3,6	**11,30**
$6\Delta t$	3,2	1,6	4,6	4,6	5,4	3,24	**9,44**
$7\Delta t$	1,8	0,9	3,2	3,2	4,6	2,76	**6,86**
$8\Delta t$	1,2	0,6	1,8	1,8	3,2	1,92	**4,32**
$9\Delta t$	0,8	0,4	1,2	1,2	1,8	1,08	**2,68**
$10\Delta t$	0,3	0,15	0,8	0,8	1,2	0,72	**1,67**
$11\Delta t$			0,3	0,3	0,8	0,48	**0,78**
$12\Delta t$					0,3	0,18	**0,18**
						$\sum Q_s =$	**57,33**

6.5.2.3 Estimativa das ordenadas do HU com base em dados históricos

Considera-se, agora, o evento complexo em que são conhecidas as vazões e as precipitações efetivas, e desconhecidas as ordenadas do hidrograma unitário. Matematicamente, esse problema, que possui mais equações do que incógnitas, apresenta infinitas soluções.

Para a busca de uma solução possível desse problema, é necessário interpretar o hidrograma resultante como uma superposição (soma) de hidrogramas isolados, gerados em cada uma das precipitações individuais, todos eles admitindo o mesmo hidrograma unitário.

Para o equacionamento do problema, consideram-se as m precipitações efetivas sucessivas, ocorrendo em intervalos de tempo de duração t_d, representadas por P_{ef1}, P_{ef2}, ..., P_{efm}. As p ordenadas (vazões) do escoamento superficial resultante, conhecidas em intervalos de tempo Δt, são expressas por Q_{s_1}, Q_{s_2}, ..., Q_{s_p}. As ordenadas procuradas do HU são $Q_{u_1}, Q_{u_2}, ..., Q_{u_n}$, em que o número n de ordenadas desconhecidas, para $t_d = \Delta t$, satisfaz a Equação (6.18), isto é,

$n = p - m + 1.$

Em notação matricial, conforme a Equação (6.17):

$$[Q_s]_{p\times 1} = [P_{ef}]_{p\times n} \cdot [Q_u]_{n\times 1};$$

ou, operando as variáveis:

- $Q_{s_1} = P_{ef1} \cdot Q_{u_1};$
- $Q_{s_2} = P_{ef1} \cdot Q_{u_2} + P_{ef2} \cdot Q_{u_1};$
- $Q_{s_3} = P_{ef1} \cdot Q_{u_3} + P_{ef2} \cdot Q_{u_2} + P_{ef3} \cdot Q_{u_1};$

  ⋮
- $Q_{s_{p-1}} = P_{efm} \cdot Q_{u_{n-1}} + P_{efm-1} \cdot Q_{u_n};$
- $Q_{s_p} = P_{efm} \cdot Q_{u_n}.$

Esse sistema possui, então, p equações e n incógnitas e, como $n < p$, são infinitas as soluções. Entre as soluções possíveis, algumas delas podem ser obtidas segundo os procedimentos a seguir apresentados.[7]

i) Por substituição, no sentido dos tempos crescentes:

- $Q_{u_1} = Q_{s_1} / P_{ef1};$
- $Q_{u_2} = \left(Q_{s_2} - P_{ef2} \cdot Q_{u_1}\right) / P_{ef1};$
- $Q_{u_3} = \left(Q_{s_3} - P_{ef3} \cdot Q_{u_1} - P_{ef2} \cdot Q_{u_2}\right) / P_{ef1};$

  ⋮

ii) Por substituição, no sentido dos tempos decrescentes:

---

[7] Qualquer que seja o tipo de solução buscada, existirá sempre mais equações do que incógnitas, e nem todas as equações serão usadas para a estimativa de Q_u.

- $Q_{u_n} = Q_{s_p} / P_{ef\,m}$;
- $Q_{u_{n-1}} = \left(Q_{s_{p-1}} - P_{ef\,m-1} \cdot Q_{u_n}\right) / P_{ef\,m}$.

$\vdots$

iii) Por inversão de matriz:

$$\left[Q_s\right]_{px1} = \left[P_{ef}\right]_{pxn} \times \left[Q_u\right]_{nx1}.$$

Multiplicando, membro a membro, pela matriz transposta de $[P_{ef}]$:

$$\left[P_{ef}^{\,T}\right]_{nxp} \times \left[Q_s\right]_{px1} = \left[P_{ef}^{\,T}\right]_{nxp} \times \left[P_{ef}\right]_{pxn} \times \left[Q_u\right]_{nx1}.$$

Fazendo $\left[P_{ef}^{\,T}\right]_{nxp} \times \left[P_{ef}\right]_{pxn} = \left[X\right]_{nxn}$, tem-se:

$$\left[Q_u\right]_{nx1} = \left[X^{-1}\right]_{nxn} \times \left[P_{ef}^{\,T}\right]_{nxp} \times \left[Q_s\right]_{px1},$$

que permite obter as ordenadas do HU a partir das quantidades conhecidas do problema.

EXEMPLO 6.6

São dadas as precipitações efetivas de um evento chuvoso que cobre completamente uma bacia urbana, com intensidades variáveis em intervalos de tempo de duração t_d = 1h (chuva composta de 2h de duração total): i_{1ef} = 40 mm/h e i_{2ef} = 20 mm/h. Se as vazões resultantes (escoamento superficial), conhecidas em intervalos de tempo de duas horas, são Q_s = 37 m^3/s, 73 m^3/s, 55 m^3/s e 18 m^3/s, calcular as ordenadas do hidrograma unitário da chuva de duração t_d = 1h.

Dado: Área da bacia urbana, A = 22 km^2.

Solução:

Para visualização do problema, representam-se na Figura 6.16 o hietograma da chuva efetiva e o hidrograma do escoamento superficial conhecidos.

EXEMPLO 6.6 *(continuação)*

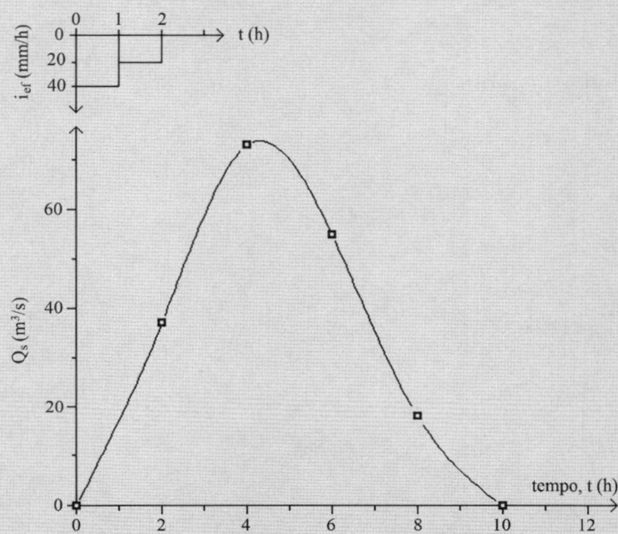

Figura 6.16 – Hietograma e hidrograma do escoamento superficial do problema-exemplo 6.6.

As vazões procuradas são encontradas a partir da solução do sistema de equações, escrito na forma matricial da Equação (6.17) como:

$$\left[Q_s\right]_{px1} = \left[P_{ef}\right]_{pxn} \times \left[Q_u\right]_{nx1}.$$

Todavia, a solução desse sistema exige que sejam conhecidas as vazões em intervalos de duração t_d = 1h, uma vez que, conforme o método, está implícito que o HU deve ser deslocado desse intervalo de tempo. Como os dados de vazão (escoamento superficial) são fornecidos em intervalos de duas horas de duração, pesquisam-se, graficamente, os valores intermediários das vazões correspondentes aos tempos t = 1 h, 3 h, 5 h, 7 h e 9 h. Em uma aproximação, por interpolação gráfica, as vazões correspondentes a esses tempos são, respectivamente: Q_s = 17 m³/s; 58 m³/s; 70 m³/s; 35 m³/s e 6 m³/s. Dessa forma, as vazões conhecidas em intervalos de tempo de uma hora, que entram na solução do sistema de equações enunciado na forma matricial, são: Q_{s1} = 17 m³/s; Q_{s2} = 37 m³/s; Q_{s3} = 58 m³/s; Q_{s4} = 73 m³/s; Q_{s5} = 70 m³/s; Q_{s6} = 55 m³/s; Q_{s7} = 35 m³/s; Q_{s8} = 18 m³/s e Q_{s9} = 6 m³/s. Assim, o número de ordenadas não nulas do escoamento superficial conhecidas em intervalos de uma hora é p = 9. A matriz $[Q_s]$ tem, então, dimensão 9 × 1. Havendo duas precipitações efetivas, tem-se m = 2. Logo, o número de ordenadas não nulas procuradas do HU(t_d=1h) nesse problema-exemplo é n = p – m + 1 = 8.

EXEMPLO 6.6 *(continuação)*

Conhecidas as intensidades da chuva efetiva, obtêm-se as alturas correspondentes P_{ef1} e P_{ef2}:

$P_{ef1} = i_{ef1} \times t_d = 40 \times 1 = 40$ mm = 4 cm

e

$P_{ef2} = i_{ef2} \times t_d = 20 \times 1 = 20$ mm = 2 cm.

Escreve-se, pois:

$$\begin{bmatrix} 17 \\ 37 \\ 58 \\ 73 \\ 70 \\ 55 \\ 35 \\ 18 \\ 6 \end{bmatrix} = \begin{bmatrix} 4 & & & & & & & \\ 2 & 4 & & & & & & \\ & 2 & 4 & & & & & \\ & & 2 & 4 & & & & \\ & & & 2 & 4 & & & \\ & & & & 2 & 4 & & \\ & & & & & 2 & 4 & \\ & & & & & & 2 & 4 \\ & & & & & & & 2 \end{bmatrix} \times \begin{bmatrix} Q_{u_1} \\ Q_{u_2} \\ Q_{u_3} \\ Q_{u_4} \\ Q_{u_5} \\ Q_{u_6} \\ Q_{u_7} \\ Q_{u_8} \end{bmatrix}.$$

Multiplicando-se as matrizes, encontram-se, então, as 9 equações para as 8 incógnitas Q_{ui}:

$17 = 4 \times Q_{u1}$ (i)

$37 = 2 \times Q_{u1} + 4 \times Q_{u2}$ (ii)

$58 = 2 \times Q_{u2} + 4 \times Q_{u3}$ (iii)

$73 = 2 \times Q_{u3} + 4 \times Q_{u4}$ (iv)

$70 = 2 \times Q_{u4} + 4 \times Q_{u5}$ (v)

$55 = 2 \times Q_{u5} + 4 \times Q_{u6}$ (vi)

$35 = 2 \times Q_{u6} + 4 \times Q_{u7}$ (vii)

$18 = 2 \times Q_{u7} + 4 \times Q_{u8}$ (viii)

$6 = 2 \times Q_{u8}$ (ix)

EXEMPLO 6.6 *(continuação)*

Resolvendo-se o sistema de equações por substituição, no sentido crescente dos tempos (empregando as equações i, ii, iii, ... e viii), tem-se:

De (i), $Qu_1 = 4{,}250$ m³/s.

De (ii), conhecido Q_{u1}, $Q_{u2} = 7{,}125$ m³/s.

De (iii), conhecido Q_{u2}, $Q_{u3} = 10{,}938$ m³/s.

De (iv), conhecido Q_{u3}, $Q_{u4} = 12{,}781$ m³/s.

De (v), conhecido Q_{u4}, $Q_{u5} = 11{,}109$ m³/s.

De (vi), conhecido Q_{u5}, $Q_{u6} = 8{,}195$ m³/s.

De (vii), conhecido Q_{u6}, $Q_{u7} = 4{,}652$ m³/s.

De (viii), conhecido Q_{u7}, $Q_{u8} = 2{,}174$ m³/s.

Para constituir um HU, os resultados encontrados devem satisfazer a relação:

$$\frac{\Delta t}{A}\sum Q_u = 1 \text{ cm}.$$

Isso significa que a soma das ordenadas do HU, convertidas em alturas, deve ser igual a 1 cm. Faz-se, então, a verificação:

- no caso, $\sum Q_{ui} = 61{,}225$ m³/s. Como $\Delta t = 1\text{h} = 3.600\text{s}$ e $A = 22 \text{ km}^2 = 22 \times 10^6 \text{ m}^2$, tem-se

$$\sum Q_u \cdot \Delta t / A = (3600 \times 61{,}225) \div 22 \times 10^6 = 0{,}01002 \text{ m} = 1{,}002 \text{ cm} \cong 1{,}00 \text{ cm}.$$

Portanto, o erro encontrado é igual a 0,002 cm, que equivale a 0,2%. Como tal erro é desprezível frente às demais incertezas presentes no problema, as ordenadas Q_{u1}, Q_{u2},.. Q_{u8} procuradas podem ser aquelas encontradas.[8]

Neste ponto, duas observações são feitas com relação à obtenção do HU a partir de dados históricos.

i) Normalmente, dispondo-se de dados históricos, defronta-se com o "problema" de existir mais de um conjunto de pares de dados de precipitação e vazão observados, ou seja, mais de um evento histórico registrado. Nesse caso, a seleção do melhor evento para o cálculo do HU deve ser criteriosa, cuidando-se de

[8] Poder-se-ia, ainda, pesquisar outras soluções, resolvendo o mesmo problema por substituição, por exemplo, no sentido decrescente dos tempos.

evitar a possibilidade de tendenciosidade na estimativa do hidrograma unitário da bacia, como os eventos de pequena magnitude, que tendem a subestimar a previsão das vazões de cheias maiores. Assim, para escolher eventos adequados, deve-se procurar atender aos objetivos do estudo em causa. Por exemplo, no caso de estudos voltados para as cheias de grandes intervalos de recorrência, deve-se escolher os eventos hidrológicos disponíveis (chuva e vazão) que produziram as maiores cheias.

ii) Selecionados alguns eventos que atendam aos objetivos do estudo, é de se esperar que cada um deles produza um HU diferente em magnitude e distribuição temporal, o que é consequência da não uniformidade da precipitação no espaço e no tempo, bem como das características não lineares do escoamento. É necessário, contudo, sintetizar um único HU para a bacia. Dispondo-se de vários HU para a chuva de certa duração, para sintetizá-los em um único há dois procedimentos principais:

1º) Posicionam-se os HU de modo a fazer com que coincidam as suas origens (uma origem comum) e tomam-se as médias das ordenadas em cada tempo. A experiência mostra que esse procedimento tende a reduzir o pico das vazões de cheia.

2º) Posicionam-se os HU de modo que os picos (vazões máximas) coincidam e, como no procedimento anterior, tomam-se as médias das ordenadas em cada tempo.

Em qualquer dos casos dados, deverá ser garantido que a condição de "volume unitário" seja satisfeita, isto é:

$$\left(\frac{\Delta t}{A}\sum Q_u\right) = 1\text{cm}.$$

6.5.2.4 Conversão do HU para diferentes durações

Considera-se a situação inicial em que é conhecido o hidrograma unitário da bacia hidrográfica para a chuva unitária de duração t_d. Seja, então, t_d' a duração de uma outra chuva, para a qual se deseja conhecer o correspondente hidrograma unitário, isto é, dado HU(t_d), deseja-se obter HU(t_d'). Para isso, analisam-se duas possíveis situações: a) $t_d' > t_d$ e b) $t_d' < t_d$.

Caso a) $t_d' > t_d$

Esta é a situação em que se procura o novo HU para a chuva unitária de duração maior do que aquela que gerou o HU conhecido. O procedimento a ser adotado consiste, simplesmente, em deslocar o HU conhecido $[(t_d'/t_d) - 1)]$ vezes e, em seguida, somar as ordenadas dos HU em cada tempo, gerando o "hidrograma auxiliar". Ao final, as ordenadas desse hidrograma auxiliar devem ser divididas por (t_d'/t_d) para que o "volume unitário" seja garantido. Faz-se, a seguir, um exemplo de aplicação deste primeiro caso.

EXEMPLO 6.7

Na Tabela 6.14 é dado o hidrograma unitário de uma bacia hidrográfica para a chuva efetiva de 20 minutos de duração. Com base nessas informações, obter o hidrograma unitário da chuva efetiva de 1 hora de duração.

Tabela 6.14 – Hidrograma unitário para a chuva efetiva de 20 minutos de duração

t (min)	20	40	60	80	100	120
h_u (cm)	0,12	0,30	0,28	0,17	0,09	0,04

Solução:

Neste problema-exemplo, são conhecidas as ordenadas do HU(t_d = 20 min), em intervalos Δt = 20 min, em termos da altura h_u da lâmina d'água escoada: $h_u = Q_u \times \Delta t/A$. Nota-se que, como requerido pelo método, a soma das ordenadas do HU(t_d = 20 min) satisfaz a condição de "volume escoado unitário": Σh_u = 1,00 cm.

Para encontrar o HU(t_d' = 1h), deve-se, inicialmente, deslocar [(t_d'/t_d) – 1)] vezes o HU conhecido do intervalo igual à duração t_d. Com os dados do problema, o HU(t_d = 20 min) deve, então, ser deslocado (60 min/20 min – 1) = 2 vezes do intervalo t_d = 20 min. Em seguida, deve-se promover a soma das ordenadas dos três HU para produzir o hidrograma auxiliar cujo volume escoado correspondente equivalerá a exatos 3,0 cm. Em seguida, dividindo-se as ordenadas desse hidrograma auxiliar por t_d'/t_d = 60/20 = 3, encontram-se as ordenadas procuradas do HU(t_d' = 1 h).

A solução desse problema-exemplo é apresentada na Tabela 6.15 e também na forma da construção gráfica da Figura 6.17.

Tabela 6.15 – Planilha para a obtenção do HU(t_d' = 1 h) a partir do HU(t_d = 20 min) conhecido

Tempo (min)	HU(t_d = 20min) (cm)	HU(t_d) deslocado 1 (cm)	HU(t_d) deslocado 2 (cm)	Hidrograma auxiliar (cm)	HU(t_d' = 1h) (cm)
20	0,12	-	-	0,12	**0,040**
40	0,30	0,12	-	0,42	**0,140**
60	0,28	0,30	0,12	0,70	**0,233**
80	0,17	0,28	0,30	0,75	**0,250**
100	0,09	0,17	0,28	0,54	**0,180**
120	0,04	0,09	0,17	0,30	**0,100**
140		0,04	0,09	0,13	**0,043**
160			0,04	0,04	**0,013**
				Verificação: Σh_u =	**1,00 cm**

EXEMPLO 6.7 *(continuação)*

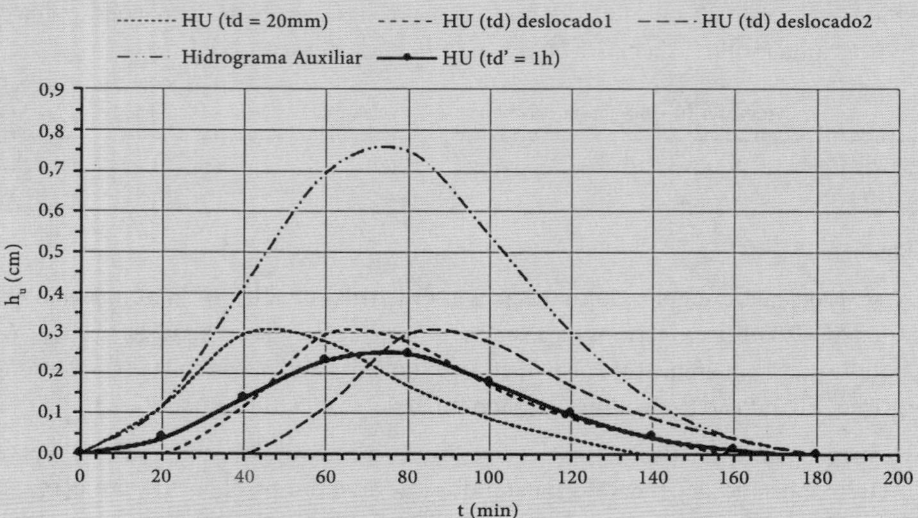

Figura 6.17 – Construção gráfica do HU(t_d' = 1h) a partir do HU(t_d = 20min) do problema-exemplo 6.7.

Caso b) $t_d' < t_d$

Neste segundo caso, para a estimativa do HU da chuva efetiva de duração t_d', com base no HU conhecido da chuva de duração t_d maior que t_d', recorre-se preliminarmente à construção do "hidrograma em S", que representa a resposta da bacia à precipitação de intensidade constante e duração superior ao seu tempo de concentração.

Para se obter o hidrograma em S, aplica-se sucessivamente o HU(t_d), isto é, desloca-se o HU(t_d) várias vezes da duração t_d, e somam-se as ordenadas de mesmo tempo, até que seja atingido um patamar. O patamar do hidrograma em S ocorre quando o início do último HU deslocado supera o limite do tempo de base do HU(t_d). Em seguida, defasa-se o hidrograma em S da duração t_d': isto é, deve-se construir um hidrograma S(t - t_d'). Como ilustração desses passos preliminares, representam-se, na Figura 6.18, os dois hidrogramas em S deslocados de t_d', concebidos a partir dos deslocamentos do HU(t_d), cujas ordenadas devem ser conhecidas em intervalos $\Delta t = t_d'$.

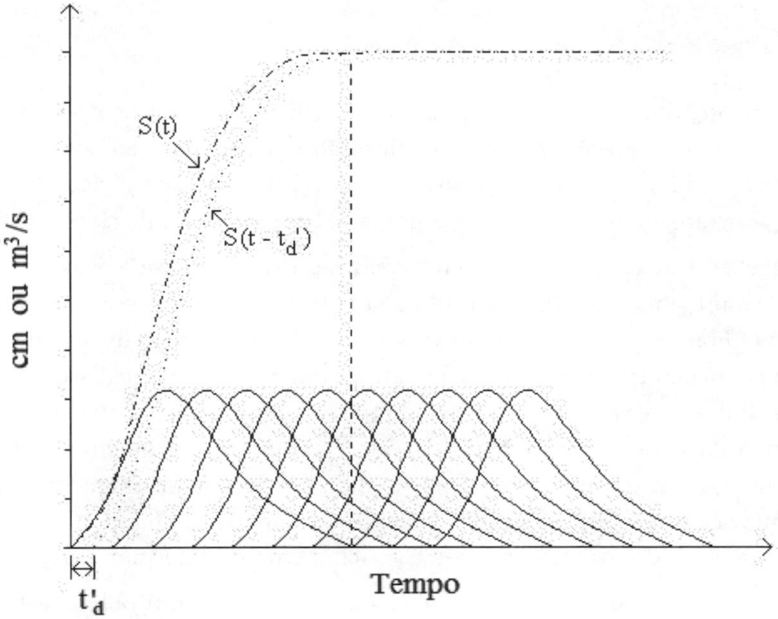

Figura 6.18 – Construção dos hidrogramas S defasados de t_d' a partir do HU(t_d), com $t_d' < t_d$.

Subtraindo-se, a cada tempo, as ordenadas de S(t – t_d') das ordenadas de S(t), obtém-se o "hidrograma auxiliar" (não representado na Figura). Finalmente, como no caso anterior, deve-se dividir as ordenadas desse hidrograma auxiliar por (t_d'/t_d) para obter as ordenadas do HU(t_d'). Como critério de checagem, a soma das ordenadas do novo HU deve satisfazer a condição de "volume escoado unitário". Faz-se, a seguir, um exemplo de aplicação deste caso (b).

EXEMPLO 6.8

Conhecido o HU de uma bacia hidrográfica para a chuva efetiva unitária de duração t_d = 1 h, cujas ordenadas são dadas na Tabela 6.16 em intervalos de 20 min, determinar o HU para a chuva efetiva unitária de duração t_d' = 20 min.

Tabela 6.16 – Hidrograma unitário para a chuva efetiva de 1 hora de duração

t (min)	20	40	60	80	100	120	140	160
h_u (cm)	0,050	0,135	0,230	0,230	0,175	0,105	0,060	0,015

Solução:

No caso, $t_d' < t_d \rightarrow t_d'/t_d = 1/3$.

EXEMPLO 6.8 *(continuação)*

Inicialmente, deve-se construir a curva em S(t): admite-se a ocorrência de uma sucessão de precipitações unitárias de duração t_d = 1 h, o que equivale a deslocar várias vezes o HU(t_d = 1 h) de intervalos de 1 h. Na prática, é suficiente deslocar o HU(t_d) um número de vezes tal que o tempo de base do HU conhecido seja atingido.

Na Tabela 6.17, a coluna (2) contém os dados do HU conhecido, e as colunas (3), (4) e (5) representam os HU deslocados. Nota-se que o último deslocamento é feito após o tempo t = 180 min, quando se atinge o limite do tempo de base do HU(t_d). A coluna (6) contém as ordenadas do hidrograma S(t), obtidas pela soma, em cada tempo, dos valores das colunas (2), (3), (4) e (5). O hidrograma S(t – t_d') é, então, obtido deslocando-se S(t) de um intervalo t_d', como representado na coluna (7). A coluna (8) apresenta o hidrograma auxiliar, que resulta da operação coluna (6) - coluna (7), isto é, S(t) – S(t – t_d'). Nota-se que, a partir do tempo t = 120 min, a diferença dos hidrogramas em S passa a oscilar em torno do valor zero.

Na coluna (9) são apresentadas as ordenadas do HU(t_d' = 20 min), obtidas pela divisão da coluna (8) por (t_d'/t_d). E, na coluna (10), representam-se os valores acumulados da coluna (9) para a verificação da condição de "volume escoado unitário". Nota-se uma imprecisão com relação ao último valor não nulo no tempo t = 120 min: a soma da coluna 10 ultrapassa 1,00 cm no tempo t = 120 min. Deve-se, então, corrigir esse valor, de modo a satisfazer a condição de "volume unitário", para o qual basta somar todos os valores anteriores e atribuir ao último a quantidade suficiente para tornar a soma da coluna (10) igual à unidade.

Tabela 6.17 – Planilha para a obtenção do HU(t_d' = 20 min) a partir do HU(t_d = 1 h) conhecido

(1)	(2)	(3)	(4)	(5)	(6)	(7)	(8)	(9)	(10)
t (min)	HU(t_d) (cm)	HU desl. (cm)	HU desl. (cm)	HU desl. (cm)	S(t) (cm)	S(t-t_d') (cm)	Hid.aux. (cm)	HU(t_d') (cm)	ΣHU(t_d') (cm)
20	0,050				0,050	-	0,050	**0,150**	0,150
40	0,135				0,135	0,050	0,085	**0,255**	0,405
60	0,230				0,230	0,135	0,095	**0,285**	0,690
80	0,230	0,050			0,280	0,230	0,050	**0,150**	0,840
100	0,175	0,135			0,310	0,280	0,030	**0,090**	0,930
120	0,105	0,230			0,335	0,310	0,025	~~**0,075**~~ **0,070**	~~1,005~~ 1,000
140	0,060	0,230	0,050		0,340	0,335	0,005		
160	0,015	0,175	0,135		0,325	0,340	-0,015		
180	0	0,105	0,230		0,335	0,325	0,010		
200		0,060	0,230	0,050	0,340	0,335	0,005		
220		0,015	0,175	0,135	0,325	0,340	-0,015		
240		0	0,105	0,230	0,335	0,325	0,010		
260			0,060	0,230	⋮	⋮	⋮		
280			0,015	0,175	⋮	⋮	⋮		
300			0	0,105	⋮	⋮	⋮		
320				0,060	⋮	⋮	⋮		
340				0,015	⋮	⋮	⋮		

EXEMPLO 6.8 *(continuação)*

Os resultados apresentados na Tabela 6.17 são também utilizados para a construção gráfica mostrada na Figura 6.19.

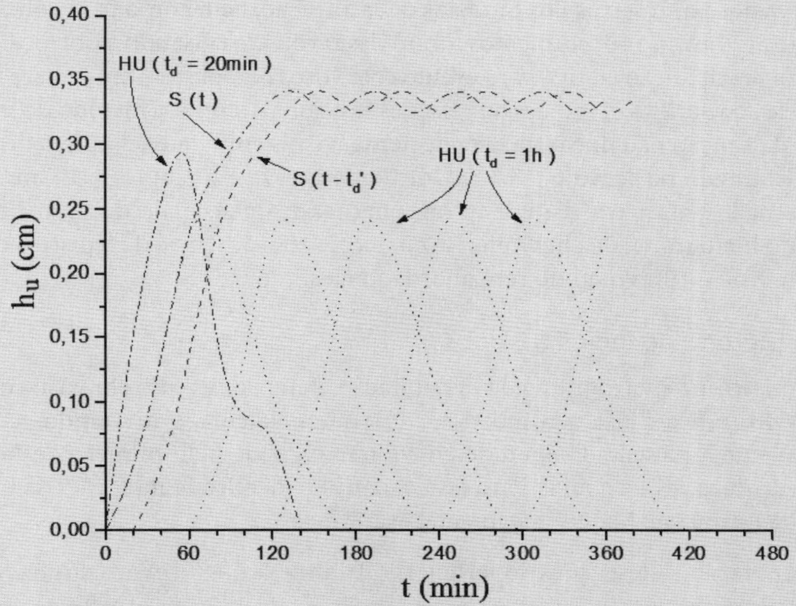

Figura 6.19 – Construção gráfica para a obtenção do HU(t_d' = 20 min) a partir do HU(t_d = 1 h) conhecido.

6.5.2.5 Distribuição temporal da precipitação efetiva

A precipitação efetiva é a parcela da chuva caída que gera o escoamento superficial. Em eventos complexos, tanto quanto a precipitação total, a precipitação efetiva tem sua intensidade variável ao longo do tempo.

Para se obter a precipitação efetiva total, deve-se retirar do total precipitado as parcelas da água de chuva que são interceptadas pela vegetação e outros obstáculos, retidas nas depressões superficiais do terreno e infiltradas no solo. Escreve-se, então, para a precipitação efetiva total, P_{efT}:

$$P_{ef_T} = P_T - I - PI, \qquad (6.20)$$

em que:

P_T = altura pluviométrica total (mm);

I = infiltração total, medida em termos da altura da lâmina d'água infiltrada acumulada (mm); e

PI = perdas iniciais devido à interceptação pela vegetação e outros obstáculos e à retenção da água nas depressões superficiais no terreno (mm).

Em muitas situações, é suficiente conhecer o modelo descritivo da infiltração da água no solo, como as equações empíricas de Horton e Kostiakov, ou o modelo de Green-Ampt, vistos no Capítulo 4, para, então, por diferença, calcular a lâmina d'água escoada que corresponde à precipitação efetiva. Em razão das dificuldades associadas à estimativa dos parâmetros dos modelos de infiltração, bem como para considerar as perdas iniciais, outros procedimentos foram desenvolvidos visando à obtenção do hietograma da precipitação efetiva para eventos chuvosos complexos. Entre esses modelos estão aqueles que utilizam índices ou relações funcionais, como o método do índice ϕ e o método da função não linear da taxa de perda, vistos em sequência, além do método do SCS, detalhado na seção 6.5.3.3.1. Outra alternativa é o emprego do método dos blocos alternados, que parte das curvas ou equações de intensidade-duração-frequência para gerar o hietograma da chuva efetiva em locais com ausência de registros de chuva e ou vazão. Este último método será abordado na seção 6.6.

6.5.2.5.1 Método do índice ϕ

Para construir o hietrograma da precipitação efetiva de evento chuvoso complexo, o método do índice ϕ usa um indicador (ϕ), que é calculado dividindo-se a altura correspondente à parcela da água de chuva não escoada pelo número de intervalos de tempo de duração da chuva. Para isso, a chuva é idealizada na forma de blocos de intensidade uniforme. Matematicamente, escreve-se

$$\phi = (\text{Interceptação} + \text{Retenções Superficiais} + \text{Infiltração}) \div (\text{número de chuvas})$$

ou

$$\phi = \frac{PI + I}{m} = \frac{P_{Total} - Vol_s / A}{\text{número de chuvas}}, \qquad (6.21)$$

em que PI representa as perdas iniciais, I é a altura da lâmina d'água infiltrada, Vol_s é o volume escoado superficialmente e A é a área de drenagem. O valor de ϕ calculado pela Equação (6.21) deve ser subtraído de cada bloco de precipitação ao longo do tempo, isto é, deve-se subtrair a quantidade ϕ da altura de chuva de cada bloco de duração t_d. O resultado da subtração, em cada intervalo, produz a altura da chuva efetiva correspondente. A título de exemplificação, a Figura 6.20 mostra o hietograma de um evento chuvoso complexo (blocos de chuvas de intensidades uniformes, alteradas em intervalos de tempo de duração t_d) e ilustra o procedimento de obtenção de P_{ef} com o emprego do método do índice ϕ.

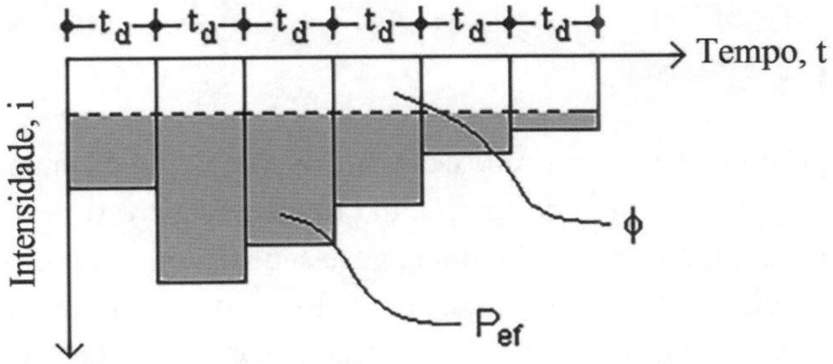

Figura 6.20 – Ilustração do procedimento de cálculo das precipitações efetivas pelo método do índice ϕ.

Observação:

É comum ocorrerem um ou mais intervalos em que o índice ϕ calculado pela Equação (6.21) é maior do que a altura de chuva correspondente a um ou mais blocos. No caso em que $\phi > P_i$, faz-se $P_i = 0$ e redistribui-se o valor obtido da diferença $\phi - P_i$ nos outros intervalos. Isto é, para que o volume da precipitação efetiva seja igual ao do escoamento superficial, calcula-se $\phi' = (\phi - P_i)/(m-1)$ e subtrai-se esse valor de cada precipitação dos demais blocos de chuva.

EXEMPLO 6.9

Na Tabela 6.18, são fornecidos os dados de precipitação e vazão na seção exutória de uma bacia hidrográfica de 310 km^2 de área de drenagem. Construir o hidrograma unitário da bacia para a chuva efetiva de 6 horas.

Tabela 6.18 – Variação no tempo da precipitação e vazão do problema-exemplo 6.9

t (h)	6	12	18	24	30	36	42	48	54	60	66
Q (m^3/s)	28,0	28,0	28,0	93,0	162,7	162,6	120,0	56,8	37,0	31,0	28,0
P (mm)	24	66	14								

Solução:

Para a construção do HU(t_d = 6 h), de acordo com a Equação (6.17), é preciso conhecer as ordenadas do hidrograma do escoamento superficial e as alturas da precipitação efetiva. As ordenadas do hidrograma do escoamento superficial são calculadas a partir da separação dos escoamentos superficial e de base (seção 6.4.3), enquanto o hietograma da chuva efetiva, nesse exemplo, será obtido pelo método do índice ϕ.

1. Separação dos escoamentos superficial e de base

Para separar os escoamentos superficial e de base, devem ser preliminarmente identificados os pontos A e I do hidrograma, que marcam o início e fim da contribuição do escoamento superficial, respectivamente. O ponto A, de fácil identificação, corresponde a uma mudança abrupta no comportamento do hidrograma e marca o início do ramo de ascensão. No caso, com a ajuda da construção gráfica da Figura 6.22 (ou da própria tabela de dados), encontra-se t_A = 18 h.

EXEMPLO 6.9 *(continuação)*

Para obter o ponto I, utiliza-se a suposição de que a depleção da água do solo segue uma lei exponencial ao longo do tempo. Para tanto, recorre-se à construção gráfica da Figura 6.21, feita em papel *monolog*. De acordo com o modelo matemático descritivo da depleção da água do solo, para $t \geq t_I$, o gráfico da vazão Q (em escala logarítmica) *versus* o tempo t (em escala aritmética) deve produzir uma linha reta, pois para $t \geq t_I$, $Q = Q_b$ (e $Q_s = 0$). Se o ponto I marca o início da validade do modelo de depleção (comportamento linear no papel *monolog*) e, também, indica o fim da contribuição do escoamento superficial, então, conforme ilustrado na Figura 6.21, $t_I \cong 60$ h.

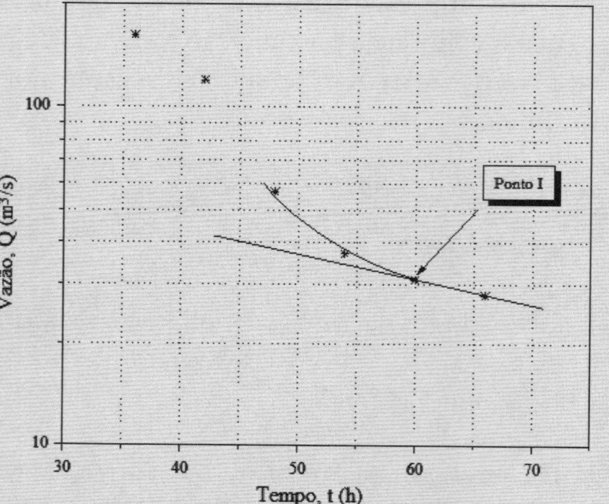

Figura 6.21 – Construção gráfica para a identificação do ponto I, que marca o limite final da contribuição do escoamento superficial (problema-exemplo 6.9).

Obtidos, assim, os pontos A e I, faz-se em seguida a separação grafoanalítica dos escoamentos superficial e de base. Por simplicidade, conforme ilustrado na Figura 6.22, adotou-se o segmento de reta AI para a delimitação do escoamento de base, válido para o intervalo $t_A \leq t \leq t_I$. A reta que passa pelos pontos de coordenadas $A \equiv (18\text{ h}, 28\text{ m}^3/\text{s})$ e $I \equiv (60\text{ h}, 31\text{ m}^3/\text{s})$ tem por equação:

$$Q_b = 26{,}714 + 0{,}0714 \times t$$

com Q_b obtido em m³/s para o tempo t em h. Com base nessa equação, são calculados os valores de Q_b em intervalos de 6h, para todo o intervalo $t_A \leq t \leq t_I$. Os valores de Q_b calculados são, então, lançados na 3ª coluna da Tabela 6.19. Com os valores calculados de Q_b, obtêm-se, por diferença, as ordenadas instantâneas do escoamento superficial: $Q_s(t) = Q(t) - Q_b(t)$. Os valores calculados são lançados na coluna (4) da Tabela 6.19.

EXEMPLO 6.9 *(continuação)*

2. Obtenção da precipitação efetiva pelo método do índice ϕ

O volume escoado superficialmente pode ser obtido aproximadamente por $Vol_s = \sum(Q_s \Delta t)$. No caso, Δt = 6 h = 21.600 s. Assim, $Vol_s = 21.600 \times \sum Q_s$. Somando-se os valores de Q_s da Tabela 6.19 encontra-se ΣQ_s = 455,108 m³/s. E, multiplicando-se por Δt = 21.600 s, obtém-se

$Vol_s = 9{,}830 \times 10^6$ m³.

Com base nos dados do problema (Tabela 6.18), a precipitação total, P_T, vale:

P_T = 24 + 66 + 14 = 104 mm = 0,104 m.

Para a área da bacia hidrográfica, A = 310 km² = 310 × 10⁶ m², o índice ϕ, que corresponde à altura de chuva não escoada dividida pelo número de precipitações, é então obtido pela Equação (6.21):

$$\phi = \frac{P_T - Vol_s/A}{m}.$$

Portanto, com os valores dados no problema e as quantidades calculadas,

$$\phi = \frac{0{,}104 - 9{,}830 \times 10^6/310 \times 10^6}{3} = \frac{0{,}104 - 0{,}0317}{3} = \frac{0{,}0723}{3} = 0{,}0241 \text{ m} =$$

$$= 24{,}1 \text{ mm}.$$

Em seguida, para obter a precipitação efetiva, a quantidade ϕ = 24,1 mm deve ser subtraída de cada parcela P_i da chuva dada para produzir as alturas das chuvas efetivas $P_{ef\,i}$ em intervalos de tempo de duração t_d = 6h. Nota-se que, no caso, P_1 e P_3 são menores do que ϕ, razão pela qual se faz, de pronto, $P_1 = 0$ e $P_3 = 0$. As diferenças $\phi - P_1$ e $\phi - P_3$ devem ser somadas e redistribuídas, no presente caso, no outro intervalo, isto é, a soma $(\phi - P_1) + (\phi - P_3)$ deve ser subtraída do valor de P_2. A sequência de procedimentos é:

- no intervalo de 0 a 6 h: P_1 = 24 mm $\rightarrow P_1 - \phi$ = – 0,1 mm $\Rightarrow$ faz-se, então, $P_{ef\,1}$ = 0 (resta 0,1 mm para redistribuir);
- no intervalo de 6 a 12 h: P_2 = 66 mm $\rightarrow P_2 - \phi$ = 41,9 mm;
- no intervalo de 12 a 18h: P_3 = 14 mm $\rightarrow P_3 - \phi$ = – 10,1 mm $\Rightarrow$ Faz-se P_{ef3} = 0 (restam 10,1 mm para redistribuir).

O total a ser redistribuído é 0,1 + 10,1 = 10,2 mm. Essa quantidade é subtraída de 41,9 mm (única parcela não nula), produzindo $P_{ef} = P_{ef\,2}$ = 41,9 – 10,2 = 31,7 mm = 3,17 cm.

EXEMPLO 6.9 *(continuação)*

Verificação:

Conforme calculado, $P_{efT} = \sum P_{ef} = 0 + 31{,}7 + 0 = 31{,}7$ mm.

Mas $P_{efT} = Vol_s / A$. Assim,

$$Vol_s/A = 9{,}830\times10^6/310\times10^6 = 31{,}7\times10^{-3}\,m = 31{,}7mm = P_{efT} \quad \text{(OK!)}$$

3. Cálculo das ordenadas do HU(t_d = 6 h)

A fórmula geral de obtenção das ordenadas do HU é a Equação (6.17):

$$[Q_s]_{p\times1} = [P_{ef}]_{p\times n} \times [Q_u]_{n\times1},$$

com p = (n + m − 1). No caso deste problema-exemplo, restou apenas uma chuva efetiva (m = 1). Logo, p = n. Assim, escreve-se, simplesmente, $Q_u(t) = Q_s(t)/P_{ef}$, com P_{ef} em cm para se obter $Q_u(t)$ com as mesmas unidades de $Q_s(t)$.

Os resultados dos cálculos das ordenadas do HU encontram-se lançados na coluna (5) da Tabela 6.19. O HU resultante é também representado na Figura 6.23, junto com os hidrogramas dos escoamentos total e superficial.

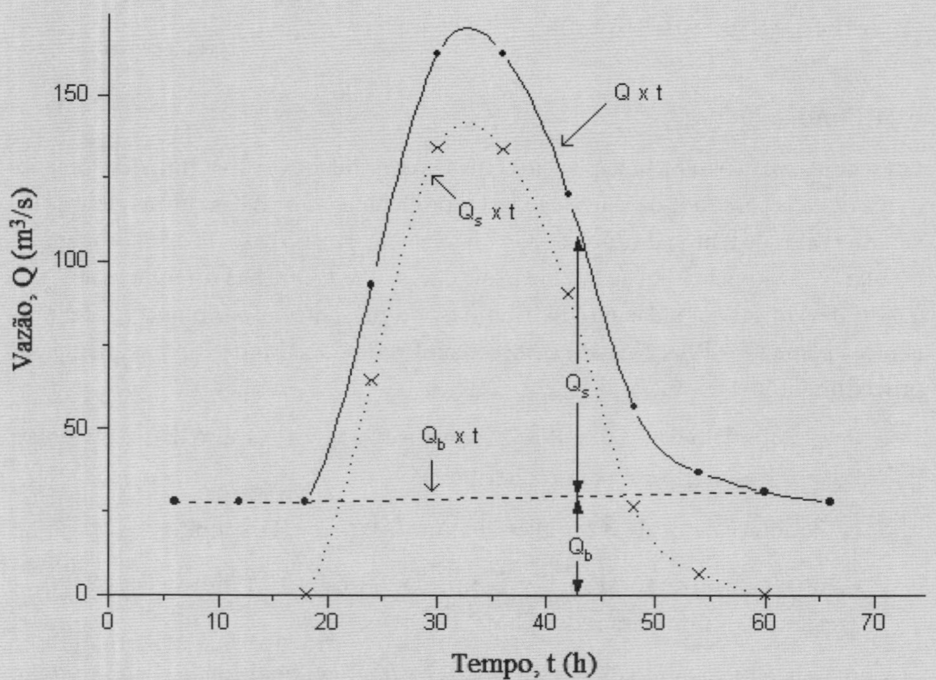

Figura 6.22 – Hidrograma do problema-exemplo 6.9 e separação dos escoamentos de base e superficial.

EXEMPLO 6.9 *(continuação)*

Tabela 6.19 – Separação dos hidrogramas para a obtenção do HU do problema-exemplo 6.9

(1)	(2)	(3)	(4)	(5)
t (h)	Q (m^3/s)	Q_b (m^3/s)	Q_s (m^3/s)	Q_u (m^3/s)
6	28,0	28,000	0	-
12	28,0	28,000	0	-
18	28,0	28,000	0	0
24	93,0	28,428	64,572	20,37
30	162,7	28,856	133,844	42,22
36	162,6	29,284	133,316	42,06
42	120,0	29,713	90,287	28,48
48	56,8	30,141	26,659	8,41
54	37,0	30,570	6,430	2,03
60	31,0	31,000	0	0
66	28,0	28,000	0	-
		$\sum$ =	455,108	143,57

Nota:

De acordo com a propriedade de todo HU, $\sum(Q_u \times \Delta t)/A = 1$ cm. Pode-se, então, fazer a verificação dos resultados encontrados no problema-exemplo 6.9:

$$\frac{\sum(Q_u \times \Delta t)}{A} = \frac{\Delta t \times \sum Q_u}{A} = \frac{6 \times 3600\ (s) \times 143,57\ (m^3/s)}{310 \times 10^6\ (m^2)} = 0,0100\ m = 1\ cm$$

(OK!)

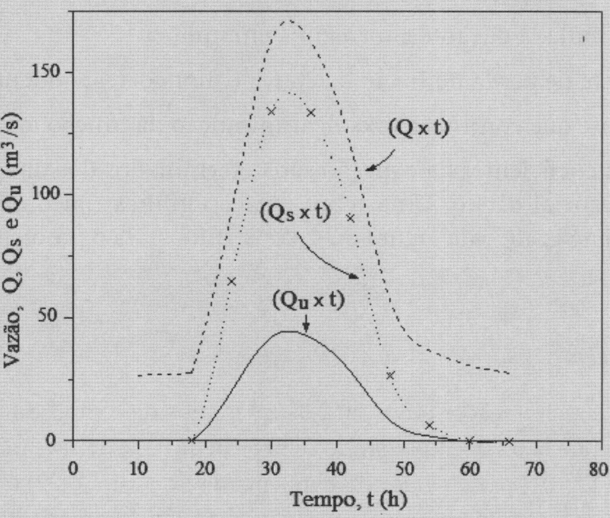

Figura 6.23 – Hidrogramas total, superficial e unitário do problema-exemplo 6.9.

6.5.2.5.2 Método da função não linear da taxa de perda

O método da função não linear da taxa de perda, desenvolvido pelo Hydrologic Engineering Center (HEC, 1973) para a obtenção da precipitação efetiva, usa o termo "perda" para se referir à parcela da água da chuva intensa que não gera o escoamento superficial direto. O método considera que a taxa de perda se relaciona de forma não linear com a intensidade da chuva e que essa taxa decresce com o aumento da umidade do solo.

Os estudos do HEC indicaram que, nos intervalos iniciais da chuva, uma quantidade bem definida de água é "perdida" por interceptação e por infiltração, para suprir o déficit de umidade do solo, antes de ocorrer o escoamento superficial. Uma avaliação dessa perda, também chamada de abstração inicial, é feita para diferentes condições de umidade antecedente. Segundo o método, considerada a abstração inicial, as perdas por infiltração passam a ocorrer em uma taxa, que nunca excede a precipitação, dada por

$$\frac{dI}{dt} = K_t \cdot i^E, \tag{6.22}$$

com

$$K_t = K_{t0} \cdot C_{tp}^{-0,1 \cdot L}, \tag{6.23}$$

em que:

I = altura da lâmina de água infiltrada, em mm;

dI/dt = taxa de infiltração, em mm/h;

K_t = função taxa de perda (adimensional), que varia com a perda acumulada;

i = intensidade da chuva, em mm/h;

E = expoente, que varia entre 0,3 e 0,9 (0,7 é um valor frequentemente utilizado);

L = perda acumulada durante a tormenta, em mm,

K_{t0} = coeficiente de perda no início da chuva (valor correspondente a I = 0);

C_{tp} = coeficiente que controla a taxa de diminuição da função taxa de perda.

Na prática, os coeficientes da equação são determinados dos dados da chuva e do escoamento superficial direto. Uma representação gráfica típica da função taxa de perda é mostrada no gráfico da Figura 6.24, construído para o problema-exemplo 6.10.

EXEMPLO 6.10

Determinar a precipitação efetiva para os intervalos de tempo da chuva intensa mostrados na Tabela 6.20, empregando o método da função não linear da taxa de perda. Adotar E = 0,7 para o valor do expoente da Equação (6.22) e admitir que a função taxa de perda se comporte segundo o gráfico da Figura 6.24.

EXEMPLO 6.10 *(continuação)*

Tabela 6.20 – Hietograma da chuva intensa do problema-exemplo 6.10

Intervalo de tempo, t (min)	i (mmm/h)
0 – 10	12,5
10 – 20	50,0
20 – 30	162,5
30 – 40	125,0
40 – 50	22,5
50 – 60	50,0
60 – 70	75,0

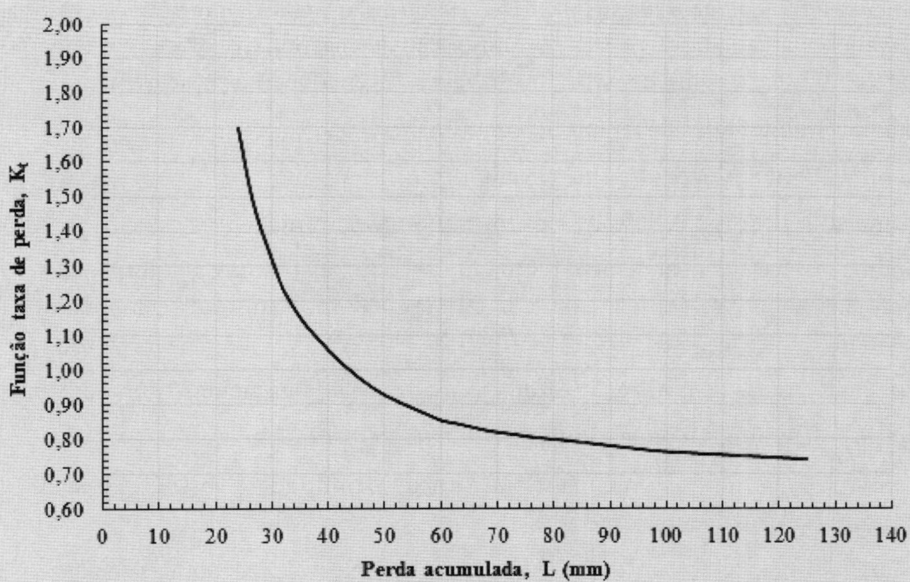

Figura 6.24 – Gráfico da função taxa de perda em função da perda acumulada da Equação (6.23) (adaptada de GUPTA, 1989, p. 99)

Solução:

De acordo com a Figura 6.24, a abstração inicial devida à interceptação e à reposição da umidade inicial do solo é L ≅ 24 mm. Deve-se, então, procurar o instante em que o total precipitado atinge esses 24 mm. Para isso, constrói-se a Tabela 6.21 para chegar, a partir do cálculo da altura de chuva precipitada, ao intervalo em que são atingidos os 24 mm precipitados.

EXEMPLO 6.10 *(continuação)*

Tabela 6.21 – Pesquisa do instante em que é atingida a abstração inicial

Intervalo Δt (min)	i (mm/h)	ΔP (mm)	ΣΔP (mm)
0 - 10	12,5	2,1	2,1
10 - 20	50,0	8,3	10,4
20 - 22	162,5	5,4	15,8
22 - 24	162,5	5,4	21,3
24 - 25	162,5	2,7	24,0

Os resultados da Tabela 6.21 mostram que, no tempo t = 25 min, é atingida a abstração inicial de 24 mm. Assim, segundo o método, a partir desse instante, tem início o escoamento superficial direto (*runoff*). Para obter a precipitação efetiva, devem ser calculadas as perdas por infiltração que passam a ocorrer após o tempo t = 25 min. Para isso, é construída a Tabela 6.22, em que se representam:

coluna (1): intervalos de tempo Δt, em min;

coluna (2): intensidades da chuva i, em mm/h;

coluna (3): alturas da chuva ΔP nos intervalo Δt, em mm;

coluna (4): função taxa de perda K_t da Equação (6.22), obtida da Figura 6.24 com base nos valores da perda acumulada L (lâmina d'água infiltrada acumulada) da coluna (7);

coluna (5): taxas de infiltração dI/dt, calculadas pela Equação (6.22), em mm/h;

coluna (6): lâminas d'água infiltrada ΔI nos intervalos Δt, em mm;

coluna (7): "perdas" acumuladas (lâmina d'água infiltrada + abstração inicial) L, em mm (soma da coluna anterior);

coluna (8): precipitações efetivas, P_{ef}, em mm, nos intervalos Δt, obtidas da operação coluna (3) - coluna (6).

Os resultados da Tabela 6.22 mostram que, do total precipitado de 82,9 mm (soma da coluna 3), 39,3 mm escoam-se superficialmente. Isso significa que 47% do total precipitado transformam-se em escoamento superficial.

EXEMPLO 6.10 *(continuação)*

Tabela 6.22 - Obtenção da perda acumulada e da precipitação efetiva (problema-exemplo 6.10)*

(1)	(2)	(3)	(4)	(5)	(6)	(7)	(8)
Δt (min)	i (mm/h)	ΔP (mm)	K_t (-)	$\Delta I/\Delta t$ (mm/h)	ΔI (mm)	$L = \Sigma \Delta I$ (mm)	P_{ef} (mm)
0 - 25	- - -	24,0	- - -	- - -	- - -	24,0	- - -
25 - 30	162,5	13,5	1,7	60,0	5,0	29,0	8,5
30 - 40	125,0	20,8	1,32	38,8	6,5	35,5	14,4
40 - 50	22,5	3,8	1,14	10,1	1,7	37,1	2,1
50 - 60	50,0	8,3	1,12	17,3	2,9	40,0	5,4
60 - 70	75,0	12,5	1,06	21,8	3,6	43,7	8,9
-	$\Sigma =$	82,9	-	$\Sigma =$	19,7	$\Sigma =$	39,3

*Observação: para a obtenção do valor de K_t da coluna (4) emprega-se a Figura 6.24, com o valor de L do passo (tempo) anterior. No passo inicial, utiliza-se L = 24 mm, que é o valor da abstração inicial.

6.5.3 MÉTODO DO HIDROGRAMA UNITÁRIO SINTÉTICO

Quando não se dispõem dos dados de chuva e vazão necessários ao estabelecimento do hidrograma unitário, conforme visto na seção anterior, estes ainda poderão ser sintetizados.[9] Para tal fim, utilizam-se as informações de outras bacias, de características mais semelhantes possíveis, para se construir o hidrograma unitário da chuva de duração t_d da bacia de interesse.

Os métodos conhecidos para a construção do hidrograma unitário sintético[10] baseiam-se, em geral, na determinação dos valores de alguns tempos característicos do hidrograma, como o *tempo de pico* (tempo de ocorrência do valor máximo da vazão) e o *tempo de base* (tempo de duração do hidrograma do escoamento superficial), e na determinação da magnitude da vazão de pico do hidrograma. A partir da regionalização dessas variáveis, com base em características físicas, pode-se estabelecer (sintetizar) o HU para um local sem dados históricos observados.[11]

Apresentam-se, a seguir, três dos mais conhecidos métodos de sintetização do hidrograma unitário para uma bacia: 1) o método de Snyder, 2) uma variação do Método

---

[9] O hidrograma unitário sintético deve ser utilizado como último recurso. Antes de se construir um HU sintético, é preciso avaliar a possibilidade de realização de experimentos de campo por ocasião de cheias.

[10] Métodos do HU sintético: Bernard; McCarthy; Snyder; Clark; Taylor e Schwarz; Commons; U.S. Soil Conservance Service; Mitchell; Getty e McHughs; Dooge; Warnock etc.

[11] A inexistência de dados históricos se deve, frequentemente, a rios desprovidos de estações hidrométricas.

de Snyder para aplicação em bacias urbanas, aqui referida como o método do Colorado, e 3) o método do Soil Conservance Service.

6.5.3.1 Método do hidrograma unitário sintético de Snyder

O método do HU sintético de Snyder (1938) foi proposto em 1938 com base em dados da região dos Apalaches, nos Estados Unidos, para bacias hidrográficas de áreas entre 10 e 10 mil milhas quadradas (aproximadamente, 26 km^2 e 26 mil km^2). Para a construção do HU sintético, o método de Snyder utiliza as estimativas de alguns parâmetros característicos do hidrograma unitário, como a duração da chuva efetiva, o tempo de retardamento da bacia e a vazão de pico do escoamento superficial direto, além da morfologia da bacia, conforme a seguir definidos.

a) Tempo de pico do hidrograma, t_p

O tempo de pico do hidrograma, t_p, também denominado de tempo de retardamento da bacia, é medido no eixo das abscissas (eixo dos tempos) do hidrograma unitário. Em uma construção gráfica, é visualizado como o intervalo que se estende desde o centro geométrico do hietograma da chuva efetiva até o pico do hidrograma unitário, conforme ilustrado na Figura 6.25. No método de Snyder, esse tempo, expresso em horas, é estimado pela expressão

$$t_p = 0{,}752 \cdot C_t \cdot \left(L \cdot L_{CG}\right)^{0,3}, \qquad (6.24)$$

em que:

C_t = coeficiente empírico que depende das características da bacia, com valor médio entre 1,8 e 2,2 segundo Snyder;

L = comprimento axial da bacia, em km, medido ao longo do rio principal, desde a saída da bacia até o divisor de água topográfico;

L_{CG} = distância medida ao longo do rio principal, desde a saída da bacia até o ponto do rio principal mais próximo do centro geométrico da bacia, em km.

Na Equação (6.24), o produto $L{\cdot}L_{CG}$ procura representar o efeito da forma da bacia hidrográfica, enquanto o coeficiente C_t introduz no equacionamento os efeitos da declividade e das características de armazenamento da bacia.

b) Duração da precipitação efetiva, t_d

No método Snyder, a duração da precipitação efetiva que gera o hidrograma unitário é estimada de

$$t_d = \frac{t_p}{5{,}5}, \qquad (6.25)$$

com t_d e t_p geralmente em horas.

c) Vazão de pico da hidrógrafa unitária, q_{up} e Q_{up}

Para a chuva efetiva de 1 cm de altura e duração t_d, a vazão de pico do hidrograma é calculada de

$$q_{up} = \frac{Q_{up}}{A} = 2{,}755\frac{C_p}{t_p}, \tag{6.26}$$

em que:

Q_{up} = vazão máxima ou de pico do hidrograma unitário, em m^3/s;

q_{up} = vazão de pico específica, em $(m^3/s)/km^2$;

t_p = tempo de pico do HU, em h;

C_p = coeficiente empírico que procura representar os efeitos de retenção e armazenamento na bacia, com valor entre 0,56 e 0,69; e

A = área de drenagem da bacia hidrográfica, em km^2.

d) Tempo de base do hidrograma unitário, t_b

O tempo de base do HU no método de Snyder, t_b, em dias, é estimado de

$$t_b = 3 + \frac{t_p}{8} \tag{6.27}$$

para t_p em horas. No tocante a bacias hidrográficas pequenas, é fácil perceber que esse tempo é superestimado, uma vez que, conforme a Equação (6.27), t_b parte de um valor mínimo de 3 dias.

Com os valores estimados de Q_{up}, t_b e t_p, o HU da chuva de duração t_d pode ser esboçado, procurando atender à condição do "volume escoado unitário".[12] Uma alternativa ao uso da Equação (6.27) consiste em considerar, em uma aproximação, o HU de Snyder de forma triangular para obter t_b da expressão

$$t_b = 5{,}56\frac{A}{Q_{up}}, \tag{6.27.1}$$

com t_p em horas para A em km^2 e Q_{up} em m^3/s.

Como elementos auxiliares no traçado do gráfico do HU sintético do método de Snyder, utilizam-se expressões empíricas para o cálculo da largura do hidrograma a 75% e 50% do valor da vazão de pico. Essas quantidades são representadas por w_{75} e w_{50} no gráfico da Figura 6.25, conforme propostos pelo Corpo de Engenheiros do Exército dos Estados Unidos (U. S. Army Corps of Engineers – USACE), com expressões geradas empiricamente com base em dados de várias bacias hidrográficas daquele país:[13]

---

[12] Área sob a hidrógrafa unitária igual a 1 cm × área da bacia (= volume unitário). Para gerar o HU pelo método de Snyder, convém ajustar o valor de t_b de modo que a área sob a curva Q_u *versus* t corresponda ao volume unitário.

[13] Por retratar condições médias de bacias norte-americanas, não atende rigorosamente a uma bacia específica. Por isso, as equações devem ser usadas com cautela.

$$w_{75} = \frac{1{,}22}{\left(Q_{up}/A\right)^{1{,}08}} \quad e \quad w_{50} = \frac{2{,}14}{\left(Q_{up}/A\right)^{1{,}08}}, \tag{6.28}$$

com w_{75} e w_{50} em h, para Q_{up} em m³/s e A em km².

Na construção gráfica, usualmente, um terço das larguras w_{75} e w_{50} é distribuído antes do tempo de pico, e os dois terços restantes, depois do tempo de pico do hidrograma, conforme recomendado pelo USACE. Outros autores, todavia, recomendam distribuições alternativas.

As regras apresentadas para o traçado do hidrograma unitário de Snyder constituem apenas uma orientação geral, uma vez que a forma do hidrograma depende de inúmeros outros fatores[14] que não podem ser explicados por um número tão pequeno de parâmetros.

É importante, ainda, que o hidrograma unitário seja traçado à mão, obedecendo a orientação proposta e fazendo com que a área situada sob o hidrograma da Figura 6.25 corresponda ao "volume escoado unitário".

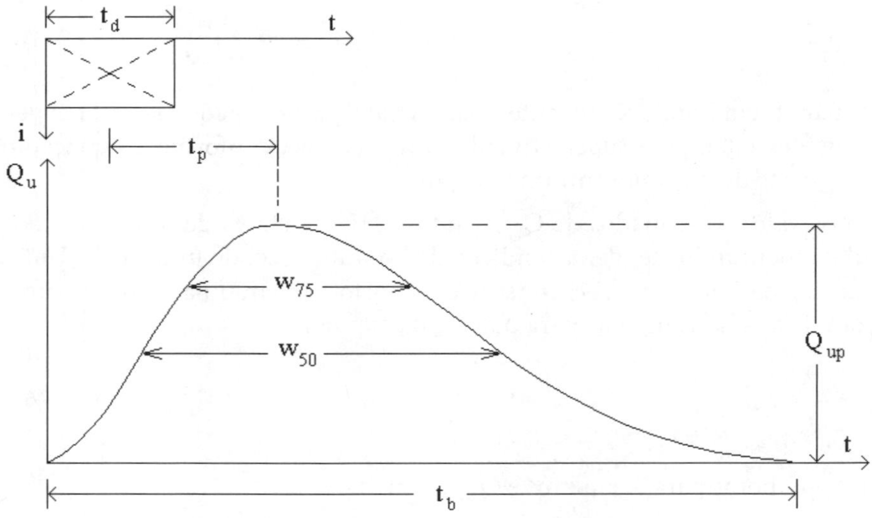

Figura 6.25 – Parâmetros característicos do método de Snyder.

Observações:

1. Cada hidrógrafa construída terá estrita correspondência com a duração t_d da chuva. Para uma outra chuva de duração t_D, Linsley propõe corrigir o tempo de pico segundo

$$t_{p_C} = t_p + \frac{t_D - t_d}{4}. \tag{6.29}$$

O tempo de pico corrigido, t_{pc}, deverá ser usado em lugar de t_p na Equação (6.26), o que implica em correção na Equação (6.27).

---

[14] Ver item 6.4.2

2. Para o estado da Califórnia, nos Estados Unidos, Linsley encontrou valores dos coeficientes C_t e C_p do método de Snyder que diferem daqueles aqui apresentados. Conforme observado por Linsley, $0{,}93 < C_t < 1{,}3$ e $0{,}35 \leq C_p \leq 0{,}50$.

6.5.3.2 Adaptação do hidrograma de Snyder para áreas urbanas

Para áreas urbanas, o Distrito de Drenagem Urbana da cidade de Denver, no Colorado (Estados Unidos), fez uma adaptação do método do HU sintético de Snyder. O conjunto de procedimentos para a sintetização da hidrógrafa unitária é conhecido como *Colorado Urban Hydrograph Procedure* (CUHP) porque os coeficientes são baseados em dados gerados de estudos que foram financiados por essa cidade.[15]

De 1967 a 1973, desenvolveram-se estudos em 19 bacias urbanas da região de Denver-Boulder, tomando-se por base 96 hidrogramas unitários. As equações resultantes desses estudos, voltadas para o cálculo dos elementos característicos do hidrograma unitário, são modificações feitas nas expressões de Snyder para considerar a nova situação (bacia urbana).

a) Tempo de pico do hidrograma, t_p, pelo CUHP

A determinação do tempo de ocorrência do pico de vazão, t_p, já definido, é feita por meio da Equação (6.24), porém, introduzindo-se novos procedimentos para avaliação dos parâmetros envolvidos. Com base na experiência de Denver, faz-se uma avaliação primária do coeficiente C_t da Equação (6.24), com base na expressão empírica:

$$C_{t0} = \frac{7{,}81}{I_a^{\,0{,}78}}, \tag{6.30}$$

válida para $I_a \geq 30\%$, em que:

C_{t0} = avaliação preliminar do coeficiente C_t, sobre a qual incidem correções; e

I_a = porcentagem de impermeabilização da bacia.

Para a estimativa do percentual de impermeabilização de diferentes áreas urbanas, sugere-se recorrer a dados locais, ou empregar informações tabuladas, como a Tabela 6.23.

Tabela 6.23 – Porcentagem de impermeabilização em função do uso do solo (para uso somente com o método CUHP)

Uso do solo	Percentual de impermeabilização
Áreas centrais de comércio, terminais aeroportuários, shopping centers etc.	95 - 100
Ocupação residencial (densa)	45 – 60
Ocupação residencial (normal)	35 – 45
Ocupação residencial (lotes grandes)	20 – 40
Parques, cinturões verdes etc.	0 - 10

[15] Denver Regional Council of Governments – Urban Drainage and Flood Control District.

Algumas correções aplicáveis ao valor de C_{t0} são recomendadas para a obtenção do valor final de C_t, visando incluir os efeitos da presença de galerias de águas pluviais e da declividade do talvegue ou curso d'água principal. Assim, recomenda-se:

i) adicionar 10% em caso de áreas esparsamente dotadas de galerias;

ii) subtrair 10% para áreas inteiramente servidas por galerias;

iii) corrigir o coeficiente calculado pela Equação (6.30) para considerar o efeito da declividade:

- para S < 0,010 m/m: $$C_t = 0,40 \cdot C_{t0} \cdot S^{-0,2} \tag{6.31}$$

- para S > 0,025 m/m: $$C_t = 0,48 \cdot C_{t0} \cdot S^{-0,2} \tag{6.32}$$

- para 0,010 m/m ≤ S ≤ 0,025 m/m: $$C_t = C_{t0} \tag{6.33}$$

em que C_{t0} representa o coeficiente calculado pela Equação (6.30), já corrigido pelas recomendações (i) ou (ii), e S é a declividade do curso d'água principal, normalmente referida ao trecho correspondente a 80% do comprimento do canal a montante da seção estudada. A declividade S pode, ainda, representar a média ponderada da declividade do talvegue. Para o cálculo da declividade média, o talvegue deve ser segmentado em trechos de comprimentos L_i, de declividade aproximadamente uniforme S_i, e o cálculo da declividade média do talvegue se faz segundo:

$$S = \left(\frac{L_1 S_1^{0,24} + L_2 S_2^{0,24} + \cdots + L_n S_n^{0,24}}{L_1 + L_2 + \cdots + L_n} \right)^{4,17} = \left[\frac{\sum_{i=1}^{i=n} \left(L_i S_i^{0,24} \right)}{\sum_{i=1}^{i=n} L_i} \right]^{4,17} . \tag{6.34}$$

b) Duração da precipitação, t_d, para o CUHP

No método da hidrógrafa unitária do CUHP, a duração da chuva efetiva unitária é admitida como sendo da ordem de um terço de t_p, isto é,

$$t_d \cong \frac{t_p}{3} . \tag{6.35}$$

c) Vazão de pico da hidrógrafa unitária, Q_{up}, para o CUHP

O pico do hidrograma unitário no CUHP se calcula também com a Equação (6.26) do método de Snyder. O coeficiente C_p daquela equação, que depende das características da bacia, se determina agora a partir de:

$$C_p = 0,89 \cdot C_t^{0,46} \tag{6.36}$$

em que C_t é utilizado com as correções devidas à declividade do terreno e à presença ou não de galerias.

d) Construção do hidrograma

Para a construção do hidrograma unitário, o CUHP propõe que se estimem os parâmetros w_{75} e w_{50} a partir de:

$$w_{75} = \frac{1{,}12}{q_{up}} = \frac{1{,}12}{\left(Q_{up}/A\right)} \quad \text{e} \quad w_{50} = \frac{2{,}15}{q_{up}} = \frac{2{,}15}{\left(Q_{up}/A\right)}, \tag{6.37}$$

com os significados já definidos e representados na Figura 6.25. Na Equação (6.37), w_{75} e w_{50} são obtidos em horas, para Q_{up} em m^3/s e A em km^2.

Para melhor definir a forma do hidrograma, o CUHP propõe, ainda, distribuir as larguras w_{75} e w_{50} em torno do instante de ocorrência do pico. Assim, sugere que 45% de w_{75} fiquem à esquerda da vertical que passa pelo pico de vazão, e 55%, à direita. Similarmente, para a largura w_{50}, os percentuais à esquerda e à direita do pico são, respectivamente, 35% e 65%.

O intervalo de tempo compreendido entre o início da chuva e o pico do HU, também chamado tempo de ascensão do hidrograma unitário, t_{p0}, vale, então

$$t_{p0} = 0{,}5 \cdot t_d + t_p. \tag{6.38}$$

Uma vez localizado Q_{up}, o HU poderá ser esboçado com o auxílio das larguras w_{75} e w_{50}.

Após esboçado o traçado do HU, deve-se verificar se a área sob o hidrograma corresponde ao "volume unitário", Vol_u. A determinação da área pode ser feita por planimetria, ou por procedimento numérico, como o método dos trapézios. Essa área deve corresponder ao volume do escoamento superficial produzido pela chuva unitária:

$$Vol_u\,(m^3) = 0{,}01\,(m) \times A\,(m^2).$$

Quando a área sob o hidrograma esboçado se aproxima de Vol_u com tolerância de 5%, então, o HU construído é aceitável. Caso contrário, deve-se ajustar o hidrograma, até igualar ao "volume unitário" ou ser atingida a referida tolerância.

Observação:

Em uma aproximação, admite-se, algumas vezes, um traçado triangular para o HU. Nesse caso, o tempo de base pode ser estimado de

$$t_b = \frac{t_p}{C_p}. \tag{6.39}$$

EXEMPLO 6.11

Construir o HU de uma bacia urbana que apresenta as seguintes características: área de drenagem, $A = 0{,}98\ km^2$; comprimento do talvegue, $L = 2{,}06\ km$; distância medida ao longo do talvegue, desde o ponto mais próximo do centro geométrico da bacia até a seção de saída, $L_{CG} = 0{,}84\ km$; porcentagem impermeabilizada da área da bacia, $I_a = 44\%$; declividade média, $S = 0{,}102\ m/m$.

Solução:

i) Determinação de C_t e t_p

Da Equação (6.30), com $I_a = 44\%$, obtém-se $C_{t0} \cong 0{,}408$.

Para a declividade média $S = 0{,}102\ m/m$, corrige-se este valor, conforme a Equação (6.32):

$C_t = 0{,}48 \times 0{,}408 \times 0{,}102^{-0{,}2} = 0{,}309$.

Da Equação (6.24), obtém-se t_p:

$t_p = 0{,}752 \times 0{,}309 \times (2{,}06 \times 0{,}84)^{0{,}3} = 0{,}274\ h = 16{,}4\ min$.

ii) Duração da chuva unitária

Conforme proposto pela Equação (6.35),

$t_d \cong 0{,}274/3 = 0{,}0912\ h = 5{,}5\ min \cong 5\ min$.

iii) Determinação de C_p

Da Equação (6.36),

$C_p = 0{,}89 \times 0{,}309^{0{,}46} = 0{,}519$.

iv) Determinação da vazão de pico, Q_{up}

Da Equação (6.26),

$$Q_{up} = \frac{2{,}755 \cdot C_p \cdot A}{t_p} = \frac{2{,}755 \cdot 0{,}519 \cdot 0{,}98}{0{,}274} = 5{,}11\ m^3/s.$$

v) Determinação do tempo contado a partir do início do hidrograma até a ocorrência do pico

$$t_{p0} = t_p + \frac{t_d}{2} = 0{,}274 + \frac{0{,}0912}{2} \cong 0{,}32\ h \cong 19\ min.$$

vi) Determinação de w_{75} e w_{50}

Da Equação (6.37),

EXEMPLO 6.11 *(continuação)*

$$w_{75}=\frac{1{,}12}{5{,}11/0{,}98}=0{,}215\ \text{h}\cong 13\ \text{min},$$

e

$$w_{50}=\frac{2{,}15}{5{,}11/0{,}98}=0{,}412\ \text{h}\cong 25\ \text{min}.$$

Seguindo-se as recomendações do CUHP, as parcelas dos tempos w_{75} e w_{50} à esquerda do pico são iguais a aproximadamente 6 minutos e 9 minutos, respectivamente.

vii) Traçado do HU

Com os valores calculados, faz-se um esboço do HU, na forma representada por segmentos de reta, como os da Figura 6.26, com t_b (tempo de base ou duração total do escoamento) inicialmente desconhecido. Ajusta-se, então, a duração total do escoamento de maneira que a área do hidrograma corresponda ao "volume unitário". No caso, o volume unitário é

Vol_u =1 (cm) × A (m^2) = 9.800 m^3.

Para esse Vol_u, com base nos tempos dados (e representados na Figura 6.26), determina-se a duração total do escoamento superficial:

$$9800=\frac{60}{2}[2{,}555\times 10+(3{,}833+2{,}555)\times 3+(5{,}11+3{,}833)\times 6+(5{,}11+3{,}833)\times 7+$$
$$+(3{,}833+2{,}555)\times 9+2{,}555\times(t_b-35)].$$

Resolvendo a equação dada, encontra-se $t_b \cong 77$ min.

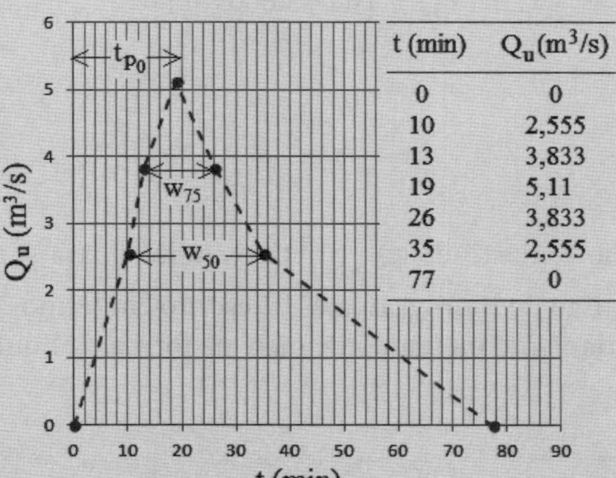

t (min)	Q_u(m^3/s)
0	0
10	2,555
13	3,833
19	5,11
26	3,833
35	2,555
77	0

Figura 6.26 – Hidrograma unitário para o problema-exemplo 6.11.

6.5.3.3 Método do HU sintético do Soil Conservance Service (SCS)

No método do hidrograma unitário sintético do SCS (1972), de 1957, o hidrograma tem a forma de um triângulo, como ilustrado na Figura 6.27. A área do triângulo deve, pois, corresponder ao "volume escoado unitário", Vol_u:

$$Vol_u = 1\ (cm) \times A = \frac{1}{2} Q_{up} \times t_b . \tag{6.40}$$

Da Figura 6.27, tem-se que

$$t_b = t_{p0} + t_e, \tag{6.41}$$

sendo t_{p0} o tempo de ascensão e t_e o tempo de recessão do hidrograma. Combinando as Equações (6.40) e (6.41), permite-se escrever:

$$Q_{up} = \frac{2 \times Vol_u}{t_{p0} + t_e} . \tag{6.42}$$

O tempo de recessão, que é superior ao tempo de ascensão, é escrito no método do SCS na forma

$$t_e = H \times t_{p0} . \tag{6.43}$$

Com base na experiência adquirida em observações de várias bacias, os autores consideraram H = 1,67. Com essa consideração, a Equação (6.42) pode ser reescrita como

$$Q_{up} = \frac{2 \times Vol_u}{2{,}67 \times t_{p0}} . \tag{6.44}$$

Ou, ainda, para as unidades usuais, com a área A em km² e o tempo de ascensão do hidrograma t_{p0} em h:

$$Q_{up}\left(m^3/s\right) = \frac{2 \times \left[(1\ cm)\cdot\left(10^{-2}\ m/cm\right) \times A\ \left(km^2\right)\cdot\left(10^6\ m^2/km^2\right)\right]}{2{,}67 \times \left[t_{p0}\ (h)\cdot(3.600 s/h)\right]}$$

ou, simplesmente,

$$Q_{up} \cong \frac{2{,}08 \times A}{t_{p0}} , \tag{6.45}$$

em que, conforme demostrado, Q_{up} é obtido em m³/s para A em km² e t_{p0} em h.

O tempo de ascensão do hidrograma, t_{p0}, é escrito em termos da duração da chuva e do tempo de retardamento ou tempo de pico, na forma da Equação (6.38),

$$t_{p0} = 0{,}5 \cdot t_d + t_p .$$

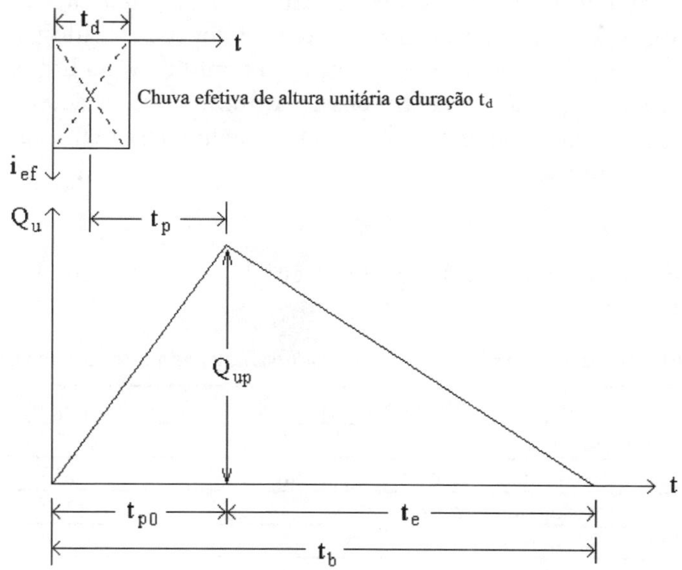

Figura 6.27 – Hidrograma unitário sintético do SCS.

a) Estimativa de t_{p0} no método do SCS

O SCS propõe que o tempo de pico, t_p, pode ser relacionado com o tempo de concentração da bacia, t_c, segundo

$$t_p = 0{,}6 \cdot t_c . \tag{6.46}$$

Assim, uma estimativa de t_{p0} pode ser feita em função do tempo de concentração da bacia:

$$t_{p0} = 0{,}5 \cdot t_d + 0{,}6 \cdot t_c . \tag{6.47}$$

b) Duração da chuva unitária

No método do SCS, a chuva unitária tem duração estimada de

$$t_d = \frac{t_{p0}}{5} ; \tag{6.48}$$

ou, combinando-se as equações (6.47) e (6.48),

$$t_d = 0{,}133\, t_c . \tag{6.49}$$

Isto é, no hidrograma do SCS a chuva que produz o HU tem duração equivalente a 13,3% de t_c.

c) Estimativa do tempo de concentração no método do SCS

Além do uso de fórmulas práticas, como a de Kirpich (Equação 6.6), o tempo de concentração pode ser estimado segundo os procedimentos a seguir, sugeridos pelo SCS.

- Procedimento 1: método cinemático

Para a obtenção de t_c pelo método cinemático, demarca-se, inicialmente, o caminho da água superficial em escoamento, o chamado percurso hídrico, entre o ponto mais extremo da bacia, do ponto de vista hidráulico, e a seção em estudo. Para cada trecho i desse caminho com características físicas de rugosidade e declividade aproximadamente iguais, calcula-se a velocidade v_i, em m/s, segundo

$$v_i = C_{vi} \cdot S_i^{0,5}, \tag{6.50}$$

sendo S_i a declividade do trecho i, em %, e C_{vi}, um coeficiente dado pela Tabela 6.24.

Tabela 6.24 – Valores do coeficiente C_{vi} da Equação (6.50) do método cinemático, para escoamento em superfícies e calhas rasas

Tipo de cobertura	C_{vi}
Florestas densas	0,075
Campos naturais ou pouco cultivados	0,135
Pastos ralos ou gramas	0,210
Solos quase nus	0,300
Canais gramados	0,450
Superfícies pavimentadas	0,600

Fonte:TUCCI *et al.*, 1995.

O tempo de escoamento em cada trecho i é então estimado da equação de movimento uniforme, $t_i = L_i/v_i$, em que L_i representa o comprimento do trecho. No caso de rede de drenagem urbana, recomenda-se o uso da fórmula de Manning.

O tempo de concentração, em minutos, se obtém, então, de

$$t_c = \frac{1}{60}\sum_{i=1}^{N}\left(L_i/v_i\right) \tag{6.51}$$

para L_i em metros, v_i em metros por segundo, sendo N o número dos diferentes trechos de características físicas e hidrodinâmicas semelhantes.

- Procedimento 2:

Alternativamente, o SCS propõe o uso da Equação (6.46) para avaliar t_c a partir do tempo de pico: $t_c = t_p/0,6$. Nesta formulação, para avaliar t_p, o SCS emprega a expressão

$$t_p = \frac{0,344 \cdot L^{0,8} \cdot \left(\frac{1000}{CN} - 9\right)^{0,7}}{S^{0,5}} \tag{6.52}$$

com t_p em h, para:

L = comprimento do percurso hidráulico, em km;

S = declividade média da bacia, em %;

CN = parâmetro do método do SCS, denominado "número da curva" (*curve number*), que traduz o resultado da interação entre o uso do solo e as características físicas deste.

Valores do parâmetro CN para bacias rurais, urbanas e suburbanas são apresentados nas Tabelas 6.27 e 6.28. Para considerar a condição de umidade do solo, chamada de condição AMC (*antecedent moisture condition*), devem ser feitas correções sobre o parâmetro CN, que são incluídas na Tabela 6.29.

A Equação (6.52) do SCS para o escoamento em superfícies foi desenvolvida para bacias rurais com áreas de drenagem de até 8 km^2. O tempo de concentração calculado com base nessa equação se modifica com a alteração da cobertura da bacia, principalmente devido à urbanização. Para levar em conta as modificações da cobertura da bacia, o SCS propõe que o tempo de pico calculado (e, consequentemente, o tempo de concentração) seja multiplicado sucessivamente pelos fatores de correção f_1 e f_2, que são grandezas menores que a unidade, que representam, respectivamente, o efeito da modificação do comprimento do talvegue (comprimento hidráulico) e da porcentagem da bacia tornada impermeável. Esses fatores se obtêm, graficamente, das Figuras 6.30(a) e 6.30(b). Nessas figuras, f_1 se apresenta em termos da porcentagem de modificação do comprimento hidráulico, e f_2, em termos da porcentagem de impermeabilização da área. Alternativamente, os fatores f_1 e f_2, também chamados fatores de ajuste, podem ser obtidos de expressões matemáticas, como a Equação (6.53):

$$f_i = 1 - PM \cdot \left(-6.789 + 335\ CN - 0,4298\ CN^2 - 0,02185\ CN^3\right) \times 10^{-6}, \tag{6.53}$$

em que PM é a porcentagem de modificação e f_i é o fator de ajuste ou correção. Para PM = porcentagem do comprimento do talvegue modificado, $f_i = f_1$. E, para PM = porcentagem da área impermeabilizada, $f_i = f_2$. Ainda, segundo o SCS, na Equação (6.53) o valor de CN deve corresponder às condições futuras, e não ao valor da bacia atual.

Tem sido observado que a fórmula do SCS fornece, usualmente, valores muito grandes de t_p, o que resulta em vazões máximas muito reduzidas para áreas urbanas, mesmo quando corrigida para introduzir o efeito da urbanização. Assim, para áreas urbanas, recomenda-se o uso do método cinemático.

Para facilitar o cálculo, o HU sintético do SCS é adimensionalizado e apresentado na forma tabular (Tabela 6.25), em função da vazão de pico, Q_{up}, e do tempo de ascensão do hidrograma, t_{p0}. Conhecidos os valores de t_{p0} e Q_{up}, determinam-se as coordenadas t e Q_u, que permitem a construção do HU. Na Figura 6.28 é feita a representação gráfica do HU sintético adimensional do SCS.

Tabela 6.25 – Coordenadas do hidrograma unitário sintético adimensional do SCS

t/t_{p0}	0,00	0,10	0,20	0,30	0,40	0,50
Q_u/Q_{up}	0,00	0,010	0,20	0,30	0,40	0,50
t/t_{p0}	0,60	0,70	0,80	0,90	1,00	1,10
Q_u/Q_{up}	0,60	0,70	0,80	0,90	1,00	0,94
t/t_{p0}	1,20	1,30	1,40	1,50	1,60	1,80
Q_u/Q_{up}	0,88	0,82	0,76	0,70	0,64	0,52
t/t_{p0}	2,00	2,20	2,40	2,60	2,67	
Q_u/Q_{up}	0,40	0,28	0,16	0,04	0,00	

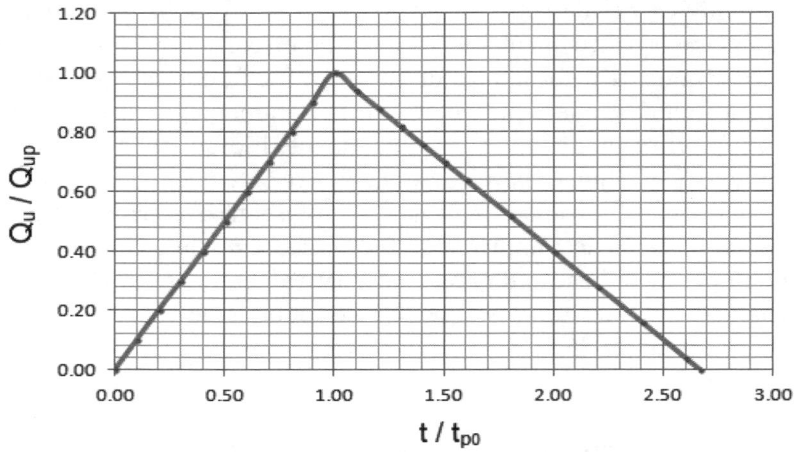

Figura 6.28 – Hidrograma unitário sintético adimensional do SCS construído com base na Tabela 6.25.

Diferentes autores propuseram, ainda, uma forma curvilínea de representação do HU do SCS. A transformação do hidrograma unitário triangular adimensional do SCS nessa forma é apresentada na Tabela 6.26, tomada de Wilken (1978). Na Figura 6.29 são representados os hidrogramas adimensionais do SCS, triangular e curvilíneo.

Tabela 6.26 – Coordenadas do hidrograma unitário curvilíneo adimensional do SCS

t/t_{p0}	0,00	0,10	0,20	0,30	0,40	0,50
Q_u/Q_{up}	0,000	0,030	0,100	0,190	0,310	0,470
t/t_{p0}	0,60	0,70	0,80	0,90	1,00	1,10
Q_u/Q_{up}	0,660	0,820	0,930	0,990	1,000	0,990
t/t_{p0}	1,20	1,30	1,40	1,50	1,60	1,70
Q_u/Q_{up}	0,930	0,860	0,780	0,680	0,560	0,460
t/t_{p0}	1,80	1,90	2,00	2,20	2,40	2,60
Q_u/Q_{up}	0,390	0,330	0,280	0,207	0,147	0,107

t/t_{p0}	2,80	3,00	3,20	3,40	3,60	3,80
Q_u/Q_{up}	0,077	0,055	0,040	0,029	0,021	0,015
t/t_{p0}	4,00	4,50	5,00			
Q_u/Q_{up}	0,011	0,005	0,000			

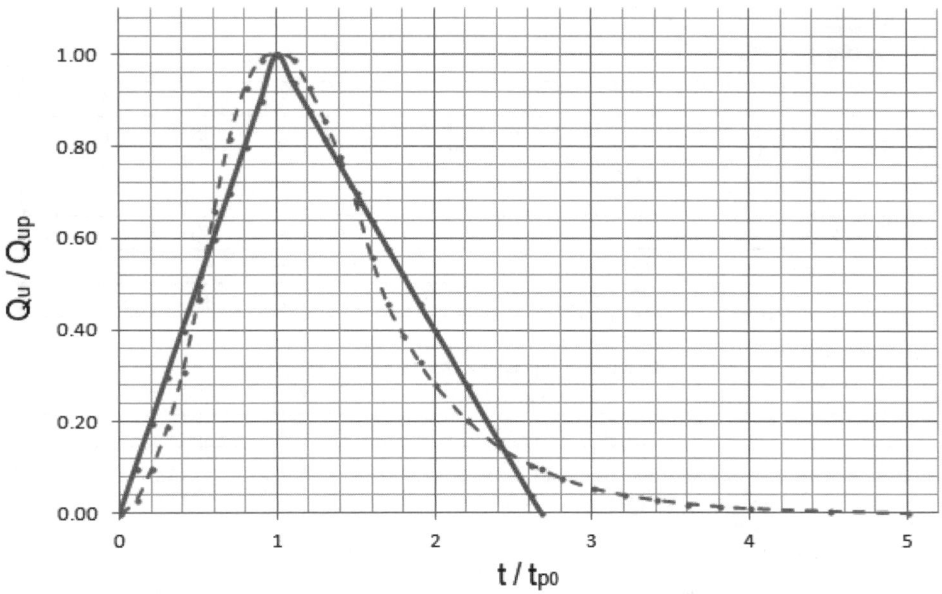

Figura 6.29 – Hidrogramas unitários adimensionais do SCS, construídos com base nas Tabelas 6.25 e 6.26.

Tabela 6.27 – Valores do parâmetro CN do SCS para bacias rurais

Uso do solo	Característica da superfície	Tipo de solo			
		A	B	C	D
Solo lavrado	Com sulcos retilíneos	77	86	91	94
	Em fileiras retas	70	80	87	90
Plantações regulares	Em curvas de nível	67	77	83	87
	Terraceado em nível	64	76	84	88
	Em fileiras retas	64	76	84	88
Plantações de cerais	Em curvas de nível	62	74	82	85
	Terraceado em nível	60	71	79	82
	Em fileiras retas	62	75	83	87
Plantações de legumes ou cultivados	Em curvas de nível	60	72	81	84
	Terraceado em nível	57	70	78	89
	Pobres	68	79	86	89

	Normais	49	69	79	94
	Boas	39	61	74	80
Pastagens	Pobres, em curvas de nível	47	67	81	88
	Normais, em curvas de nível	25	59	75	83
	Boas, em curvas de nível	6	35	70	79
Campos permanentes	Muito esparsas, baixa transpiração	45	66	77	83
	Esparsas	36	60	73	79
	Normais	30	58	71	78
	Densas, de alta transpiração	25	55	70	77
Chácaras	Normais	56	75	86	91
Estradas de terra	Más	72	82	87	89
	De superfície dura	74	84	90	92
Florestas	Muito esparsas, baixa transpiração	56	75	86	91
	Esparsas	46	68	78	84
	Normais	36	60	60	76
	Densas, alta transpiração	26	52	62	69

Tipos de solo:

A: produzem baixo escoamento superficial e alta infiltração (solos arenosos profundos com pouco silte e argila).

B: menos permeáveis que o anterior; solos arenosos menos profundos que o tipo A e com permeabilidade superior à média.

C: geram escoamento superficial acima da média e com capacidade de infiltração abaixo da média (contém porcentagem considerável de argila). Pouco profundos.

D: pouco profundos, contendo argilas expansivas, com muito baixa capacidade de infiltração. Geram a maior proporção de escoamento superficial.

Tabela 6.28 – Valores do parâmetro CN do US SCS para bacias urbanas e suburbanas (Condição de umidade AMC II, a ser corrigido pela Tabela 6.29)

Utilização ou cobertura do solo	Tipo de solo			
	A	B	C	D
Zonas cultivadas: sem conservação do solo	72	81	88	91
com conservação do solo	62	71	78	81
Pastagens ou terrenos em más condições	68	79	86	89
Terrenos baldios em boas condições	39	61	74	80

Prado em boas condições	30	58	71	78
Bosques ou zonas florestais: cobertura ruim	45	66	77	83
cobertura boa	25	55	70	77
Espaços abertos, relvados, parques, campos de golfe, cemitérios (boas condições)				
com relva em mais de 75% da área	39	61	74	80
com relva de 50% a 75% da área	49	69	79	84
Zonas comerciais e de escritórios	89	92	94	95
Zonas industriais	81	88	91	93
Zonas residenciais:				
lotes de (m^2) — % média impermeável				
<500 — 65	77	85	90	92
1.000 — 38	61	75	83	87
1.300 — 30	57	72	81	86
2.000 — 25	54	70	80	85
4.000 — 20	51	68	79	84
Parques de estacionamento, telhados, viadutos etc.	98	98	98	98
Arruamentos e estradas:				
asfaltadas e com drenagem de águas pluviais	98	98	98	98
paralelepípedos	76	85	89	91
terra	72	82	87	89

Tabela 6.29 – Correção do parâmetro CN para outras condições de umidade antecedente

Valores médios (Tabelas 6.27 e 6.28)	CN corrigido AMC I*	CN corrigido AMC III**	Valores Médios (Tabelas 6.27 e 6.28)	CN corrigido AMC I*	CN corrigido AMC III**
100	100	100	50	31	70
95	87	98	45	26	65
90	78	96	40	22	60
85	70	94	35	18	55
80	63	91	30	15	50
75	57	88	25	12	43
70	51	85	20	9	37
65	45	82	15	6	30
60	40	78	10	4	22
55	35	74	5	2	13

* AMC I: situação em que os solos estão secos. Na estação de crescimento da vegetação a precipitação acumulada dos cinco dias anteriores é menor que 36 mm e em outro período (período latente), menor que 13 mm.

** AMC III: situação em que ocorreram precipitações consideráveis nos cinco dias anteriores, e o solo encontra-se saturado. No período de crescimento da vegetação, a precipitação acumulada nos cinco dias anteriores é maior que 53 mm e em outro período (período latente), maior que 28 mm.

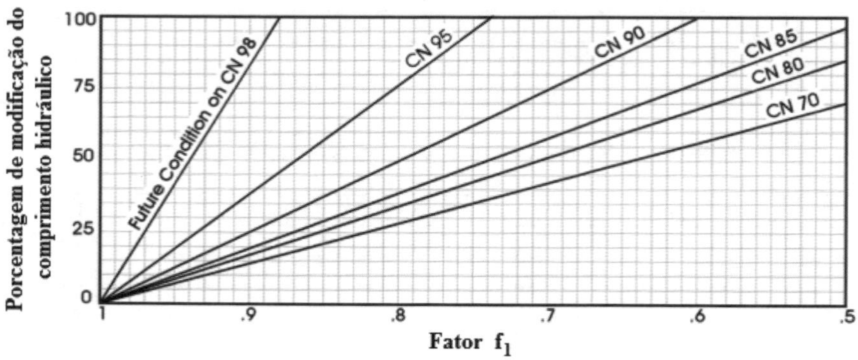

(a)

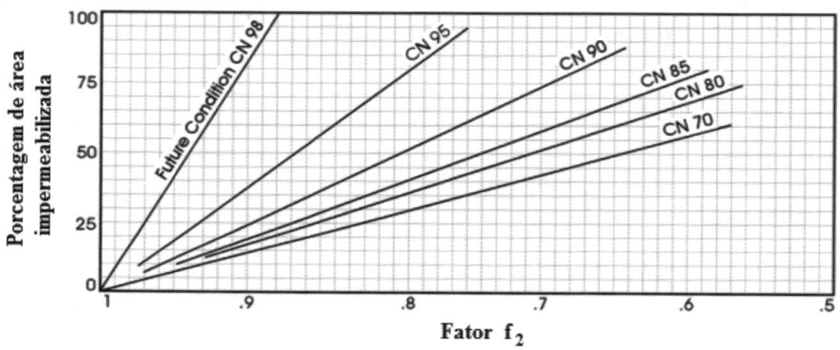

(b)

Figura 6.30 – Fatores de correção f_1 e f_2 para diferentes valores de CN do método do SCS: a) Fator f_1 em função do percentual de modificação do comprimento hidráulico; b) Fator f_2 em função do percentual de área impermeável.

EXEMPLO 6.12

Uma pequena bacia rural tem 5,0 km^2 de área de drenagem e declividade média igual a 6%. Essa bacia é drenada por um córrego com 2,8 km de comprimento axial e, atualmente, sua cobertura é de pastagem animal (solo tipo B em curvas de nível pobres: CN = 67). Devido a um processo de urbanização, tal bacia terá 60% de sua área impermeabilizada, e o curso d'água sofrerá alteração em 30% do seu comprimento. Com base nessas informações, construir o HU da bacia para as condições atuais e futuras. Adotar CN = 85 para as condições futuras.

EXEMPLO 6.12 *(continuação)*

Solução:

a) *Condições atuais* (CN = 67)

i) Cálculo de t_p

Da Equação (6.52),

$$t_p = \frac{0,344 \times L^{0,8} \times \left(\frac{1.000}{CN} - 9\right)^{0,7}}{S^{0,5}} = \frac{0,344 \times 2,8^{0,8} \times \left(\frac{1.000}{67} - 9\right)^{0,7}}{6^{0,5}} \rightarrow t_p = 1,112 \text{ h}.$$

ii) Cálculo de t_c

Da Equação (6.46),

$$t_c = \frac{t_p}{0,6} = \frac{1,112}{0,6} \rightarrow t_c = 1,853 \text{ h}.$$

iii) Cálculo de t_{p0}

A duração da chuva, t_d, no método do SCS pode ser estimada de

$$t_d = 0,133 \ t_c = 0,133 \times 1,853 \rightarrow t_d = 0,246 \text{ h}.$$

Assim, da Equação (6.38), obtém-se:

$$t_{p0} = 0,5 \cdot t_d + t_p = 0,5 \times 0,246 + 1,112 \rightarrow t_{p0} = 1,235\text{h}.$$

iv) Cálculo da vazão de pico, Q_{up}

Da Equação (6.45),

$$Q_{up} = \frac{2,08 \cdot A}{t_{p0}} = \frac{2,08 \times 5}{1,235} \rightarrow Q_{up} = 8,42 \text{ m}^3/\text{s}.$$

v) Cálculo do tempo de base, t_b

No método do SCS, $t_b = 2,67 \cdot t_{p0}$. Logo,

$$t_b = 2,67 t_{p0} = 2,67 \times 1,235 \rightarrow t_b = 3,298 \text{ h}.$$

b) *Condições futuras* (CN = 85)

i) Cálculo de t_p

$$t_p = \frac{0,344 \times L^{0,8} \times \left(\frac{1.000}{CN} - 9\right)^{0,7}}{S^{0,5}} = \frac{0,344 \times 2,8^{0,8} \times \left(\frac{1.000}{85} - 9\right)^{0,7}}{6^{0,5}} = 0,652 \text{ h}.$$

EXEMPLO 6.12 *(continuação)*

Esse tempo deve ser corrigido pelos fatores f_1 e f_2 para considerar as alterações no comprimento hidráulico e na área impermeabilizada da bacia. Para isso, utilizam-se os gráficos da Figura 6.30:

- para CN = 85 e alteração de 30% do comprimento hidráulico: $f_1 \cong 0{,}845$;
- para CN = 85 e 60% de área impermeável: $f_2 \cong 0{,}69$.

O valor de t_p corrigido resulta em

$$t_p = 0{,}652 \times f_1 \times f_2 = 0{,}652 \times 0{,}845 \times 0{,}69 \rightarrow t_p = 0{,}380 \text{ h.}$$

ii) Cálculo de t_{p0}

$$t_{p0} = 0{,}5 \cdot t_d + t_p = 0{,}5 \times 0{,}246 + 0{,}380 \rightarrow t_{p0} = 0{,}503 \text{ h.}$$

iii) Cálculo da vazão de pico, Q_{up}

$$Q_{up} = \frac{2{,}08 \cdot A}{t_{p0}} = \frac{2{,}08 \times 5}{0{,}503} \rightarrow Q_{up} = 20{,}66 \text{ m}^3\text{/s.}$$

iv) Cálculo do tempo de base, t_b

$$t_b = 2{,}67 \cdot t_{p0} = 2{,}67 \times 0{,}503 \rightarrow t_b = 1{,}344 \text{ h.}$$

Finalmente, os resultados do problema-exemplo 6.12 encontram-se resumidos na Figura 6.31. Nessa figura, o HU da bacia rural para a chuva de duração t_d = 0,246 h (≅ 15 min) está representado em linha cheia, e o HU da bacia urbanizada, para a mesma chuva unitária, está representado em linha serrilhada. Nota-se que, com a urbanização, a vazão de pico é praticamente 2,5 vezes aquela da bacia rural.

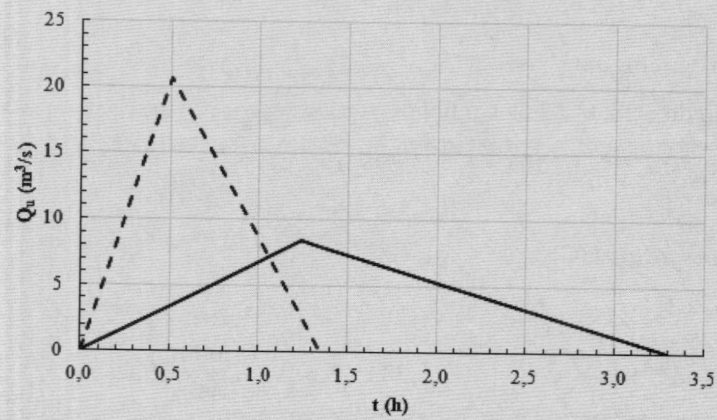

Figura 6.31 – Hidrogramas unitários da chuva de duração t_d = 0,246 h (problema-exemplo 6.12): HU em linha cheia para a bacia rural e HU em linha serrilhada para a bacia urbanizada.

6.5.3.3.1 Obtenção da chuva efetiva de projeto no método do SCS

Um procedimento para a estimativa da precipitação efetiva foi apresentado pelo Departamento de Agricultura dos Estados Unidos (Urban Hydrology for Small Watersheds) em 1986, e incorporado nos estudos do SCS de 1975, atual Serviço de Conservação de Recursos Naturais (NRCS, sigla em inglês). Segundo esse procedimento, a chuva efetiva total é calculada pela expressão:

$$P_{ef\,T} = \frac{\left(P_T - I_a\right)^2}{\left(P_T - I_a\right) + S}, \tag{6.54}$$

em que:

$P_{ef\,T}$ = precipitação efetiva total, em mm;

P_T = precipitação total (precipitação acumulada), em mm;

I_a = perda (abstração inicial) ocorrida antes do início do escoamento superficial, em mm;

S = potencial máximo de retenção da camada superior do solo, em mm.

Na Equação (6.54), a abstração inicial inclui a interceptação, a água retida nas depressões do terreno e a água infiltrada, antes de ter início o *runoff* (desprezadas as perdas por evapotranspiração durante o período de ocorrência da chuva). Empiricamente, foi constatado que

$$I_a = 0{,}2 \cdot S, \tag{6.55}$$

isto é, a abstração ou perdas iniciais correspondem a aproximadamente 20% do potencial máximo de retenção da camada superior do solo. Levando esse resultado para a Equação (6.54), encontra-se

$$P_{ef\,T} = \frac{\left(P_T - 0{,}2S\right)^2}{\left(P_T + 0{,}8S\right)}, \tag{6.56}$$

válida para $P_T > 0{,}2S$, com

$$S = 25{,}4 \cdot \left(\frac{1000}{CN} - 10\right), \tag{6.57}$$

em que o parâmetro CN (*curve number*), cujos valores compreendem o intervalo $0 < CN < 100$, é relacionado à cobertura, ao uso e tipo de solo e às condições médias de umidade antecedente. Valores do parâmetro CN são fornecidos nas Tabelas 6.27, 6.28 e 6.29.

Deve-se atentar para o fato de que a Equação (6.56) somente é válida para $P_T > 0{,}2S$. Se $P_T \leq 0{,}2S$, então $P_{ef\,T} = 0$.

6.6 HIETOGRAMA-BASE E HIETOGRAMA DA CHUVA EFETIVA

Em locais com carência de dados hidrológicos, a chuva de projeto pode ser obtida a partir de curvas (ou equação) de intensidade-duração-frequência. Como as chuvas reais tendem a não ser constantes ao longo do tempo, a obtenção da sua variabilidade pode ser feita por diversas metodologias. É apresentado aqui um procedimento bastante simples, que consiste na subdivisão da chuva de projeto em intervalos menores, de mesma duração, seguido do cálculo dos totais precipitados associados às durações acumuladas correspondentes. A partir desse procedimento, obtém-se o chamado hietograma-base, sobre o qual as equações (6.56) e (6.57) são aplicadas para a obtenção do hietograma da chuva efetiva.

Pode-se utilizar um modelo i-d-f para a obtenção da intensidade da chuva de duração crítica t_d e de recorrência Tr (chuva de projeto). Alternativamente, pode-se também recorrer às equações e tabelas de Otto Pfafstetter, apresentadas no Capítulo 3.

Para a construção do hietograma-base, uma alternativa bastante prática consiste em utilizar o *método dos blocos alternados*, descrito por Zahed Filho e Marcellini (1995, p. 47-50), que procura estabelecer a distribuição temporal das alturas pluviométricas que mais se aproxima dos fenômenos físicos, de modo a caracterizar adequadamente uma condição crítica. No método dos blocos alternados, a chuva de projeto de duração t_d é subdividida em intervalos de duração menores, t'_d (10 minutos ou menos, por exemplo). Em geral, o número recomendado de subdivisões é igual ou superior a cinco, isto é, recomenda-se a adoção de, no mínimo, cinco blocos de chuvas de mesma duração. Apoiando-se na equação i-d-f válida para a área em estudo, calculam-se as intensidades i em tempos t correspondentes às durações acumuladas (intensidades i(t) nos tempos t equivalentes ao final de cada intervalo), que são transformadas em alturas de chuvas, P(t). Em cada tempo t, considera-se que a precipitação calculada P(t) tem valor igual ao das alturas acumuladas a partir do início da chuva. Em seguida, por diferença, calculam-se as alturas de chuva equivalentes a cada bloco de duração t'_d e intensidade i(t). Finalmente, para construir o hietograma-base, faz-se um reordenamento dos blocos de tal forma que a maior intensidade (ou altura) seja disposta no intervalo central da distribuição, colocando-se as demais, sucessivamente, em ordem decrescente, à direita e à esquerda da distribuição central.

Resumidamente, passo a passo, os procedimentos para a construção do hietograma-base segundo o método dos blocos alternados são os seguintes:

i) para o período de retorno Tr de projeto, seleciona-se a duração da chuva crítica, t_d (duração total da tormenta);

ii) fixa-se o "tamanho do bloco", isto é, a duração t'_d, que é o intervalo de discretização da chuva crítica. Deve-se lembrar que, para a transformação da chuva em vazão, t'_d terá de corresponder à duração da chuva unitária, isto é, à duração da chuva que gerou o HU(t'_d). Uma boa prática consiste em adotar a chuva crítica t_d como igual ao tempo de concentração da bacia e "discretizar" a duração t_d em pelos menos 5 ou 6 intervalos de duração t'_d;

iii) por meio da equação ou das curvas de intensidade-duração-frequência (ou empregando-se a equação de Pfafstetter), válida para o local em estudo, obtêm-se as intensidades das chuvas em tempos t correspondentes às durações acumuladas até o limite da duração da chuva em cada bloco;

iv) transformam-se as intensidades calculadas no item anterior em alturas pluviométricas (que são as alturas acumuladas até o tempo t correspondente);

v) calculam-se, por diferença, os incrementos das chuvas acumuladas, isto é, obtêm-se as alturas pluviométricas correspondentes a cada intervalo de duração t'_d;

vi) rearranjam-se as alturas pluviométricas obtidas no item anterior em uma sequência tal que, no centro da duração t_d, situe-se o bloco correspondente à maior altura pluviométrica; os demais blocos devem ser dispostos em ordem decrescente, um à direita, outro à esquerda do bloco maior, alternada e sucessivamente.

Obtido, assim, o hietograma-base, aplicam-se, em seguida, as Equações (6.56) e (6.57) sobre as precipitações acumuladas correspondentes aos tempos também acumulados relativos aos blocos organizados na forma do item (vi). Para isso, requer-se a estimativa do parâmetro CN da região em estudo. O problema-exemplo 6.13 ilustra o procedimento descrito.

EXEMPLO 6.13

a) Construir o hietograma da chuva crítica de 2 horas de duração e 25 anos de recorrência (hietograma-base), com blocos de 10 minutos de duração.

b) Obter, a partir do hietograma-base construído no item anterior, o hietograma da chuva efetiva correspondente.

Dados:

- equação i-d-f local: $i = 9.860 \times Tr^{0,187}/(70+t_d)^{1,072}$, com i em mm/h para Tr em anos e t_d em minutos;
- parâmetro CN (*curve number*) do SCS para a bacia igual a 60.

EXEMPLO 6.13 *(continuação)*

Solução:

a) Para a obtenção do hietograma-base, constrói-se a Tabela 6.30, em que, na primeira coluna, representam-se os tempos t, em minutos, acumulados em intervalos de duração t'_d = 10 min, até a duração total (duração da chuva crítica) t_d = 2 h = 120 min. Na coluna (2) da mesma tabela, usando-se o modelo i-d-f para o intervalo de recorrência de 25 anos, são lançados os valores das intensidades de chuva i = i(t), calculados para as durações definidas na coluna (1). Na coluna (3), as intensidades i(t) são convertidas em alturas pluviométricas $P(t) = P_{acum}$. Tais alturas representam as alturas de chuva acumuladas, desde o seu início até o instante correspondente, indicado na coluna (1). Por diferença, obtêm-se os incrementos de precipitação lançados na quarta coluna da Tabela 6.30. Tais incrementos correspondem às diferenças $P = P(t) - P(t - t'_d)$, isto é, são as alturas "desacumuladas" dentro de cada intervalo de 10 minutos. Por fim, as colunas (5) e (6) representam, respectivamente, os intervalos (blocos) e as alturas pluviométricas, redistribuídas conforme o método dos blocos alternados.

Tabela 6.30 – Hietograma da chuva crítica (hietograma-base) pelo método dos blocos alternados

(1)	(2)	(3)	(4)	(5)	(6)
t (min)	i (mm/h)	$P_{acum} = i \times t$ (mm)	P (mm)	Intervalo (min)	P (mm)
10	164,1	27,4	27,4	0 - 10	4,2
20	144,7	48,2	20,9	10 - 20	5,6
30	129,2	64,6	16,4	20 - 30	7,6
40	116,7	77,8	13,2	30 - 40	10,8
50	106,3	88,6	10,8	40 - 50	16,4
60	97,5	97,5	9,0	50 - 60	27,4
70	90,1	105,1	7,6	60 - 70	20,9
80	83,7	111,5	6,5	70 - 80	13,2
90	78,1	117,1	5,6	80 - 90	9,0
100	73,2	121,9	4,8	90 - 100	6,5
110	68,8	126,1	4,2	100 - 110	4,8
120	64,9	129,9	3,7	110 - 120	3,7

b) Para a obtenção do hietograma da chuva efetiva pelo método do SCS, empregam-se as Equações (6.56) e (6.57). Para o presente problema-exemplo, CN = 60 e a quantidade S é inicialmente calculada, conforme a Equação (6.57):

$$S = 25,4 \cdot \left(\frac{1000}{CN} - 10 \right) = 25,4 \cdot \left(\frac{1000}{60} - 10 \right) = 169,3 \text{ mm}.$$

Logo, a abstração inicial (perdas por interceptação, armazenamento nas depressões do terreno e infiltração) pode ser calculada como: I = 0,2S = 33,9 mm.

EXEMPLO 6.13 *(continuação)*

Os cálculos necessários à construção do hietograma da chuva efetiva são feitos e resumidamente apresentados na Tabela 6.31. Na 1ª, 2ª e 3ª colunas dessa tabela, os valores informados correspondem, respectivamente, ao tempo (contagem acumulada), aos incrementos de precipitação e às precipitações acumuladas produzidos na solução anterior (hietograma-base do item a). Na coluna (4) da Tabela 6.31, os valores acumulados da chuva efetiva, $P_{ef\ acum}$, são obtidos pela Equação (6.56): conforme o SCS, para os valores de $P_T = P_{acum} < 33{,}9$ mm, $P_{efT} = P_{ef\,acum} = 0$. Os valores de P_{ef} (incrementos de precipitação ou valores "desacumulados") são representados na coluna (5). Na Figura 6.32, é feita a representação do hietograma da chuva efetiva em forma de barras obtido pelo método dos blocos alternados.

Tabela 6.31 – Hietograma da chuva efetiva pelo método dos blocos alternados

(1)	(2)	(3)	(4)	(5)	(6)	(7)
t (min)	P (mm)	P_{acum} (mm)	$P_{ef\ acum}$ (mm)	P_{ef} (mm)	Intervalo (min)	i_{ef} (mm/h)
10	4,2	4,2	0,0	---	0 – 10	---
20	5,6	9,8	0,0	---	10 – 20	---
30	7,6	17,3	0,0	---	20 – 30	---
40	10,8	28,1	0,0	---	30 – 40	---
50	16,4	44,5	0,6	0,6	40 – 50	3,8
60	27,4	71,9	7,0	6,3	50 – 60	38,1
70	20,9	92,7	15,2	8,2	60 – 70	49,2
80	13,2	105,9	21,5	6,3	70 – 80	38,0
90	9,0	114,9	26,2	4,7	80 – 90	28,4
100	6,5	121,3	29,8	3,5	90 – 100	21,3
110	4,8	126,1	32,5	2,8	100 – 110	16,5
120	3,7	129,9	34,8	2,2	110 – 120	13,4

EXEMPLO 6.13 *(continuação)*

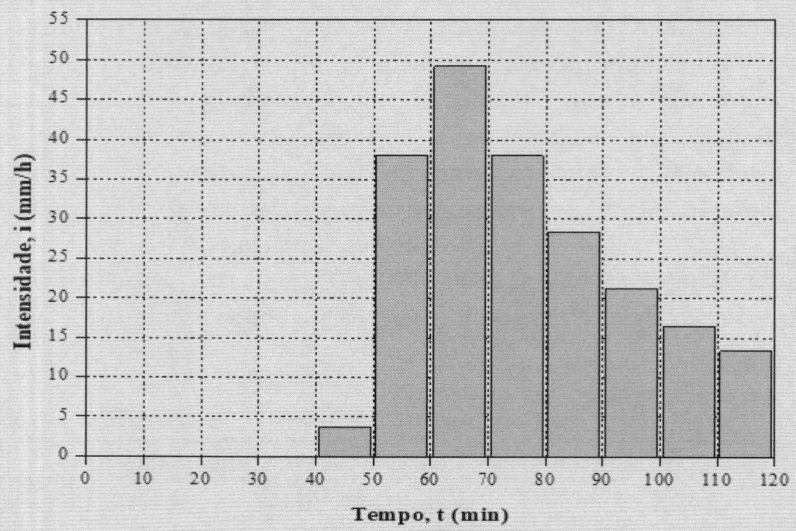

Figura 6.32 – Hietograma da chuva efetiva construído pelo método dos blocos alternados (problema-exemplo 6.13).

ANEXO DO CAPÍTULO 6

Tabela 6.32 – Fórmulas práticas de cálculo do tempo de concentração

Fórmula	Tempo de concentração, t_c (min)
1. Equação de Kirpich (1993) [1] – estudos em 7 bacias rurais norte-americanas (no Tennessee) com declividades fortes e canais bem definidos; L = comprimento do canal, da cabeceira à saída da bacia (km); Δz = diferença de cotas entre os pontos extremos do mais longo comprimento hidráulico (m).	$t_c = 57 \times \left(\frac{L^3}{\Delta z} \right)^{0,385}$
2. Equação do SCS – Método do Número de Curva CN[1] – desenvolvida pelo Soil Conservance Service (atual Natural Resources Conservation Service), que utiliza o parâmetro CN (*curve number*); L = comprimento do curso d'água mais extenso (km); S = declividade média da bacia (%); CN = *curve number* do SCS (Tabelas 6.27, 6.28 e 6.29).	$t_c = 34,4 \times L^{0,8} \times \frac{\left(1.000/CN - 9\right)^{0,7}}{\sqrt{S}}$

3. Equação de Kerby (1959) (1) - estudos em microbacia em que o *overland flow* era dominante; recomendável a aplicação para comprimentos hidráulicos de até 0,3 km. L = comprimento do canal, da cabeceira à saída da bacia (km); S = declividade média do canal (m/m); n = coeficiente de rugosidade de Manning.	$t_c = 17{,}8 \times \left(\frac{n\ L}{\sqrt{S}} \right)^{0{,}324}$
4. Equação do SCS baseada na área de drenagem (Texas) (1) - estudos em pequenas bacias hidrográficas norte-americanas do estado do Texas; A = área de drenagem (km^2).	$t_c = 81{,}4 \times A^{0{,}6}$
5. Equação do SCS baseada na área de drenagem (Ohio) (1) - estudos em pequenas bacias hidrográficas norte-americanas do estado de Ohio; A= área de drenagem (km^2).	$t_c = 30{,}5 \times A^{0{,}6}$
6. Equação simplificada de Simas (1996)(1) - dados analisados de 116 pequenas bacias agrícolas norte-americanas para obtenção do tempo de retardamento ($t_c = t_p/0{,}6$); A = área de drenagem (km^2).	$t_c = 17{,}2 \times A^{0{,}324}$
7. Equação geral de Simas (1996)(1) - equação com melhor coeficiente de correlação. W = largura média da bacia (km); S = declividade da bacia (m/m); $S_{nat} = (1000/CN) - 10$ = coeficiente de armazenamento; CN = *curve number* do SCS (Tabelas 6.27, 6.28 e 6.29).	$t_c = 62{,}4 \times S_{nat}^{0{,}3131} \times \frac{W^{0{,}5937}}{S^{0{,}1505}}$
8. Equação de Sheridan (1994)(1) - estudos em 9 bacias planas dos estados da Geórgia e da Flórida, de áreas de drenagem entre 2,62 e 334,34 km^2. L = comprimento do canal principal (km).	$t_c = 132 \times L^{0{,}92}$
9. Equação de Folmar e Miller (2008)(1) - estudos para a obtenção do tempo de retardamento, t_p, ($t_c = t_p/0{,}6$), baseados em 52 bacias agrícolas de diferentes regiões dos Estados Unidos, de áreas entre 12 ha e 52 km^2, aproximadamente. L = comprimento do percurso hidráulico (km).	$t_c = 64{,}1 \times L^{0{,}65}$

Tabela 6.32 – Fórmulas práticas de cálculo do tempo de concentração, t_c, em minutos (cont.)

Fórmula	Tempo de concentração, t_c (min)
10. Equação de Papadakis e Kazan (1986)[1] – estudos em 84 pequenas bacias de diferentes regiões dos Estados Unidos, de áreas inferiores a 500 acres (<2 km²). L = comprimento do curso d'água principal (km); S = declividade do caminho hidráulico (m/m); n = coeficiente de rugosidade de Manning para o canal; i = intensidade da chuva efetiva crítica (mm/h).	$t_c = 129,2 \times \dfrac{n^{0,52} \times \sqrt{L}}{i^{0,38} \times S^{0,31}}$
11. Equação do Departamento Nacional de Obras de Saneamento[2] – estudos em pequenas bacias hidrográficas norte-americanas do estado do Texas. L = comprimento do percurso hidráulico (km); A = área de drenagem (km²); S = declividade do percurso hidráulico (%); K = coeficiente que depende das características do terreno da bacia: – areno-argiloso, coberto de vegetação intensa, elevada absorção: K = 2,0 – comum, coberto de vegetação, absorção apreciável: K = 3,0 – argiloso, coberto de vegetação, absorção média: K = 4,0 – argiloso de vegetação média, pouca absorção: K = 4,5 – terreno com rocha, escassa vegetação, baixa absorção: K = 5,0 – terreno rochoso, vegetação rala, reduzida absorção: K = 5,5	$t_c = \dfrac{158,5}{K} \times \dfrac{L^{0,2} \times A^{0,3}}{S^{0,4}}$

Referências:

[1] NATURAL RESOURCES CONSERVATION SERVICE (NRCS). **National engineering Handbook**. Part 630 Hydrology (Chapter 15 Time of Concentration). United States Department of Agriculture, 2000.

[2] SILVEIRA, A. L. L. Desempenho de fórmulas de tempo de concentração em bacias urbanas e rurais. **RBRH – Revista Brasileira de Recursos Hídricos**, v. 10, n. 1, p. 5-23, jan./mar. 2005.

Exercícios

6.1. Na Tabela 6.33, são fornecidas as precipitações em uma bacia hidrográfica e as vazões na seção exutória do seu curso d'água principal, em função do tempo. Sabendo-se que a área de drenagem da bacia mede 119,8 km^2, pede-se:

a) fazer a construção gráfica do hidrograma e a separação dos escoamentos de base e superficial empregando o modelo de depleção da água do solo;

b) calcular o volume da chuva escoado superficialmente;

c) determinar precipitação efetiva total e o coeficiente de escoamento superficial.

Tabela 6.33 – Altura pluviométrica e vazão para o exercício 6.1

Tempo (min)	Precipitação (mm)	Vazão (m^3/s)	Tempo (min)	Precipitação (mm)	Vazão (m^3/s)	Tempo (min)	Precipitação (mm)	Vazão (m^3/s)
30	1,0	11	240	6,6	119	450	–	48
60	1,0	11	270	6,3	150	480	–	37
90	1,8	11	300	2,8	152	510	–	29
120	2,1	11	330	2,1	136	540	–	23
150	2,4	24	360	1,4	110	570	–	20
180	2,4	44	390	1,8	86	600	–	16
210	4,2	75	420	–	64	630	–	13

R: b) $Vol_s = 1{,}449 \times 10^6\ m^3$; **c)** $P_{ef} = 12{,}1$ mm; C = 0,34.

6.2. Determinar a máxima vazão na seção exutória de um curso d'água, para o período de retorno de 50 anos, sendo o coeficiente de escoamento superficial na bacia C = 0,52. Sabe-se, ainda, que a bacia hidrográfica tem 2 km^2 de área de drenagem, que o solo tem permeabilidade média e que o rio principal tem 3 km de comprimento, com um desnível de 24 m entre a seção considerada e o ponto mais remoto (cabeceira) da bacia.

Como informação complementar, é dada a equação de intensidade-duração-frequência das chuvas intensas na região: $i = 1.265{,}7\,Tr^{0{,}052} / (12 + t_d)^{0{,}77}$, com i em mm/h, Tr em anos e t_d em minutos.

R: Q = 16,7 m^3/s.

6.3. Construir o hidrograma unitário da chuva de uma hora de duração em uma bacia hidrográfica cuja área de drenagem é de 35 km^2, conhecidas as vazões horárias resultantes da chuva de uma hora, conforme dadas na Tabela 6.34. Considerar a vazão do escoamento de base constante.

Tabela 6.34 – Vazões horárias para o exercício 6.3

Tempo (h)	1	2	3	4	5	6	7	8	9
Vazão (m^3/s)	5,0	5,0	25,0	50,0	45,0	35,0	23,0	12,5	5,0

R:

Tempo (h)	1	2	3	4	5	6	7	8	9
Q_u (m^3/s)	0	0	12,1	27,3	24,2	18,2	10,9	4,5	0

6.4. Determinar, para a bacia hidrográfica do exercício 6.3, o escoamento superficial resultante da chuva composta de precipitações efetivas de intensidades variando a cada uma hora, de acordo com a Tabela 6.35.

Tabela 6.35 – Chuva efetiva para o exercício 6.4

Tempo (h)	1	2
Precipitação efetiva (mm)	30	20

R:

Tempo (h)	1	2	3	4	5	6	7	8	9	10
Q_s (m³/s)	0	0	36,3	106,1	127,2	103,0	69,1	35,3	9,0	0,0

6.5. Os dados apresentados na Tabela 6.36 caracterizam o hidrograma unitário de uma bacia hidrográfica para a chuva de duração $t_d = t$. Isso posto, pede-se:

a) determinar o escoamento superficial resultante de um evento chuvoso sobre a bacia, composto de precipitações efetivas de intensidades variando a cada intervalo t, de acordo com Tabela 6.37.

b) Se t = 1 h, qual a área de drenagem da bacia hidrográfica?

Tabela 6.36 – Hidrograma unitário para o exercício 6.5

Tempo	1t	2t	3t	4t	5t	6t	7t	8t	9t	10t	11t
Q_u (m³/s)	1,0	3,0	6,0	5,4	4,6	3,2	1,8	1,2	0,8	0,3	0,0

Tabela 6.37 – Hietograma da chuva efetiva do exercício 6.5

Tempo	1t	2t	3t
Precipitação efetiva (mm)	5	10	6

R: a)

Tempo	1t	2t	3t	4t	5t	6t	7t	8t	9t	10t	11t	12t
Q_s (m³/s)	0,5	2,5	6,6	10,5	11,3	9,4	6,9	4,3	2,7	1,7	0,8	0,2

R: b) A = 982,8 ha.

6.6. Considere as precipitações efetivas conhecidas em intervalos de uma hora de duração: $i_{1ef} = 10$ mm/h e $i_{2ef} = 20$ mm/h. Se as vazões resultantes (escoamento superficial) nos instantes t = 1 h, t = 2 h, t = 3 h e t = 4 h são, respectivamente, $Qs_1 = 18$ m³/s, $Qs_2 = 55$ m³/s, $Qs_3 = 73$ m³/s e $Qs_4 = 37$ m³/s, quais as ordenadas do hidrograma unitário nesses mesmos instantes?

Dado: área da bacia hidrográfica, A = 22 km².

R: (uma possível solução):

t (h)	0	1	2	3	4
Q_u (m³/s)	0	14,3	27,7	18,9	0,0

6.7. A partir dos valores das ordenadas do hidrograma unitário obtidas no exercício 6.6, com as precipitações efetivas sucessivas de 10 mm/h e 20 mm/h de intensidade, com uma hora de duração cada, construir o hidrograma do escoamento superficial e comparar o resultado, graficamente, com os valores de Q_s fornecidos no exercício 6.6.

R:

t (h)	1	2	3	4
Q_s (m³/s)	14,3	56,3	74,3	37,8

6.8. Determine o hidrograma unitário de uma bacia hidrográfica de 388 km² de área de drenagem, para a chuva de duração t_d = 6 horas, considerando os dados de precipitação e vazão fornecidos na Tabela 6.38. Assumir que o escoamento de base é constante e utilizar o método do índice ϕ para obter a precipitação efetiva.

Tabela 6.38 – Variação da chuva e da vazão na bacia hidrográfica do exercício 6.8

t (h)	6	12	18	24	30	36	42	48	54	60	66
P (mm)	24	66	14	–	–	–	–	–	–	–	–
Q (m³/s)	10	10	116	207	219	135	63	31	18	10	10

R:

Tempo (h)	6	12	18	24	30	36	42	48	54	60
Q_u (m³/s)	–	0	26,48	49,22	52,22	31,23	13,24	5,25	2,00	0

6.9. Considere os dados da vazão na seção exutória do curso d'água principal de uma bacia hidrográfica de 119,8 km² de área de drenagem, conforme fornecidos na Tabelas 6.39.

a) Estabeleça a separação dos escoamentos superficial e de base pelos métodos gráficos.

b) Calcule a precipitação efetiva total.

Tabela 6.39 – Valores da vazão em intervalos de 0,5 h na seção do curso d'água do exercício 6.9

t (min)	30	60	90	120	150	180	210
Q (m³/s)	7,70	7,70	17,60	36,30	88,00	115,50	105,60
t (min)	240	270	300	330	360	390	420
Q (m³/s)	74,80	52,25	34,65	25,30	19,25	16,50	14,30

R: a) método 3 (modelo da depleção da água do solo)

t	30	60	90	120	150	180	210	240	270	300	330	360	390	420
Q_b	7,7	7,7	8,9	10,0	11,2	12,3	13,5	14,7	15,8	17,0	18,1	19,3	16,5	14,3
Q_s	0,0	0,0	8,7	26,3	76,8	103,2	92,1	60,1	36,5	17,7	7,2	0,0	0,0	0,0

b) $P_{ef\,T}$ = 6,44 mm.

6.10. Determine o hidrograma unitário da bacia do exercício anterior para a chuva de duração t_d = 0,5 h, sabendo-se que a precipitação que gerou o escoamento do exercício anterior é conforme fornecido na Tabela 6.40.

Sugestão: utilizar a precipitação efetiva obtida pelo método do índice ϕ.

Tabela 6.40 – Precipitação em intervalos de 0,5 h na bacia hidrográfica do exercício 6.10

Tempo (min)	30	60	90	120	150	180	210
Precipitação (mm)	8,5	11,1	5,5	2,8	1,9	1,3	0,3

R:

t (min)	30	60	90	120	150	180	210	240
Q_u (m^3/s)	16,1	102,9	161,7	160,5	105,8	68,1	33,6	17,0

6.11. Construir o hidrograma do escoamento superficial na bacia hidrográfica do exercício 6.9, resultante da chuva efetiva dada na Tabela 6.41.

Tabela 6.41 – Precipitação efetiva na bacia do curso d'água do exercício 6.11

Tempo (min)	30	60	90	120	150	180
Precipitação efetiva (mm)	0,5	2,5	8,0	25,0	20,0	6,0

R:

t (min)	30	60	90	120	150	180	210
Q_s (m^3/s)	0,75	8,8	45,4	166,8	452,5	770,8	882,5
t (min)	240	270	300	330	360	390	
Q_s (m^3/s)	739,0	502,1	290,5	144,7	51,2	9,5	

6.12. Com base no hidrograma unitário para a chuva de duração t_d = 30 min da bacia hidrográfica do exercício 6.10, construir o hidrograma unitário para a chuva de duração t_d' = 1h.

R:

t (min)	30	60	90	120	150	180	210	240	270
Q'_u (m^3/s)	7,46	58,34	131,16	159,94	131,98	85,77	49,70	24,16	7,92

6.13. Na Tabela 6.42, é dado o hidrograma unitário de uma bacia hidrográfica, em termos das vazões específicas unitárias, para a chuva de projeto de 20 minutos. Obter o hidrograma unitário da chuva de 1 hora nessa bacia.

Tabela 6.42 – Hidrograma unitário para o exercício 6.13

t (min)	20	40	60	80	100	120
$h_u = Q_u.\Delta t/A$ (cm)	0,15	0,25	0,25	0,15	0,10	0,10

R:

t (min)	20	40	60	80	100	120	140	160
h_u(td =1 h) (cm)	0,050	0,133	0,217	0,217	0,167	0,117	0,067	0,033

6.14. Com base nas vazões horárias observadas na seção de um curso d'água natural, fornecidas na Tabela 6.43, estimar a precipitação efetiva total correspondente, sabendo-se que a bacia tem 12,0 km² de área de drenagem.

Tabela 6.43 – Vazões horárias para o exercício 6.14

t (h)	0	1	2	3	4	5	6	7	8	9
Q (m^3/s)	0,9	0,8	5,4	9,8	7,6	6,5	4,6	3,3	2,4	1,7

R: P_{ef} = 3,6 mm.

6.15. Uma chuva de duração t_d (evento simples) ocorreu em uma bacia urbana de área A = 0,5 km^2 e gerou o hidrograma fornecido na Tabela 6.44. Construir o hidrograma unitário da bacia para essa chuva de duração t_d.

Tabela 6.44 – Vazões para o exercício 6.15

t (min)	0	25	50	75	100	125	150	175	200	225
Q (m^3/s)	0,5	2,5	7,4	4,1	2,2	1,2	1,13	1,10	1,07	1,04

R:

t (min)	25	50	75	100
Q_u (m^3/s)	0,484	1,724	0,828	0,297

6.16. Para uma bacia hidrográfica de 82,8 km^2 de área de drenagem foi gerado o HU(t_d = 1h) apresentado na Tabela 6.45.

Tabela 6.45 – Hidrograma unitário da chuva de duração t_d = 1 h para o exercício 6.16

t (h)	0	1	2	3	4	5	6	7
Q_u (m^3/s)	0	22	46	Q_p	0,8Q_p	34	20	0

Com base nessas informações, pede-se:

a) determinar o valor da vazão Q_p;

b) gerar o hidrograma unitário para a chuva de 2 horas de duração, HU(t_d = 2 h);

c) estimar o tempo de concentração da bacia, justificando sua resposta;

d) obter o hidrograma resultante de uma chuva composta sobre a bacia, apresentando as seguintes características: total precipitado de 27 mm nas primeiras 2 horas, seguido de uma chuva com intensidade i = 19 mm/h durante as 2 horas seguintes, e, finalmente, uma outra chuva de 2 horas de duração e intensidade i = 8,5 mm/h. Sabe-se, ainda, que a capacidade de infiltração f na bacia no início da chuva foi estimada em 5,5 mm/h e que, ao final da chuva, atingiu 2,5 mm/h.

Observação: desprezar as perdas por interceptação e armazenamentos superficiais, e assumir, numa aproximação, caimento linear de f.

R: a) Q_p = 60,0 m^3/s;

R:b)

t (h)	0	1	2	3	4	5	6	7	8
Q'_u (m^3/s)	0,00	11,00	34,00	53,00	54,00	41,00	27,00	10,00	0,00

R: c) t_c = 6h;

R: d)

t (h)	1	2	3	4	5	6	7	8	9	10	11
Q_s (m^3/s)	18,7	57,8	123,1	193,8	240,8	245,3	198,3	140,4	75,1	29,7	11,0

6.17. Um pátio retangular de 1,0 ha de área, pavimentado em concreto, deverá ser drenado por uma canaleta de 200 m de comprimento de extensão localizada em sua parte baixa, conforme ilustrado no esquema da Figura 6.33. Para a área de drenagem em questão, o coeficiente de *runoff* foi estimado em cerca de 0,90. Posto isso, calcular a máxima vazão da água na canaleta (vazão na seção de saída) decorrente de uma chuva que apresenta 20% de probabilidade de ser igualada ou superada num ano qualquer.

Dados adicionais:

- velocidade da água na superfície do terreno pavimentado, $V_t = 0{,}70$ m/s;
- velocidade média do escoamento da água na canaleta, $V_C = 1{,}0$ m/s;
- equação de intensidade-duração-frequência (i–d–f) para as chuvas intensas na região, $i = 1.088 Tr^{0,12} / (t_d + 20)^{0,70}$, com a intensidade i obtida em mm/h para Tr em anos e t_d em minutos.

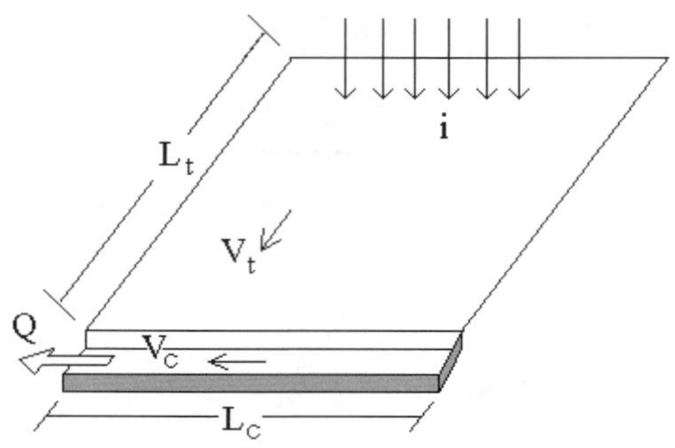

Figura 6.33 – Área de drenagem e canaleta do exercício 6.17.

R: Q = 0,352 m³/s.

6.18. Calcular a vazão de dimensionamento da canaleta de drenagem da Figura 6.34, sabendo-se que a chuva de projeto tem 2 anos de recorrência.

Dados:

- $X_1 = 90$ m; $X_2 = 100$ m; $X_3 = 350$ m;
- declividades: superfície gramada, $S_1 = 10\%$; superfície pavimentada em concreto, $S_2 = 2\%$;
- velocidade em cada trecho do caminho hidráulico calculada em função das características físicas (rugosidade e declividade) conforme a Equação (6.50): $v_i = C_{vi} \cdot S_i^{0,5}$, com C_{vi} dado pela Tabela 6.24;
- admitir, para o trecho de canaleta de comprimento X_3, que a velocidade do escoamento da água é igual a 1,0m/s e adotar os coeficientes de *runoff* da Tabela 6.4 da American Society of Civil Engineers (ASCE);
- equação de intensidade-duração-frequência para as chuvas na região, com i em mm/h, Tr em anos e t_d em minutos: $i = 9.860 \times Tr^{0,187} / (70 + t_d)^{1,072}$.

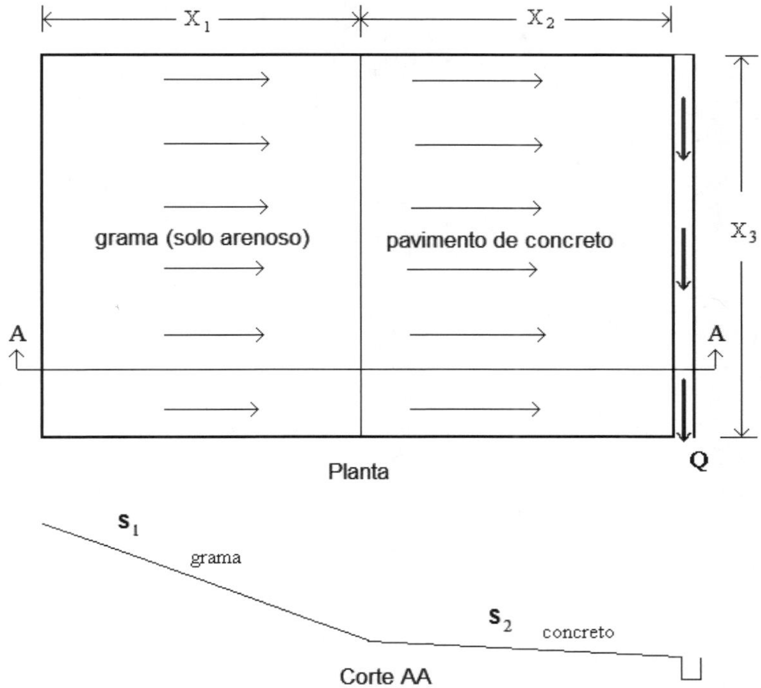

Figura 6.34 – Esquema representativo da área de drenagem e canaleta (planta e corte) para o exercício 6.18.

R: Q = 1,037 m^3/s.

CAPÍTULO 7
PREVISÃO DE ENCHENTES

7.1 GENERALIDADES

O termo *previsão de enchentes*, no contexto do capítulo, aplica-se ao cálculo da enchente de projeto feito por extrapolação dos dados históricos para as condições mais críticas ou extremas.

Preliminarmente, é interessante fazer a distinção dos conceitos de cheia (ou enchente) e de inundação. A cheia ou enchente caracteriza-se pela ocorrência de uma vazão relativamente grande do escoamento superficial, enquanto a inundação distingue-se pelo extravasamento do canal. Uma enchente pode ou não causar inundação, e obras de controle podem ser realizadas no rio para evitar a ocorrência da inundação. Por outro lado, a existência de alguma obstrução no escoamento natural do rio pode levar à inundação, mesmo não havendo grande aumento do escoamento superficial. Em suma, a enchente refere-se a uma ocorrência natural, cíclica, que normalmente não afeta diretamente os habitantes da região; já as inundações são decorrentes de alterações no uso do solo e podem provocar danos e prejuízos de grandes proporções em áreas urbanas.

7.2 CÁLCULO DA VAZÃO DE ENCHENTE

Na engenharia de recursos hídricos, em projetos de dimensionamento de obras hidráulicas de controle e proteção contra inundações (bueiros, galerias, canais, reservatórios, vertedores, etc.) requer-se o cálculo da vazão de enchente (vazão máxima, crítica ou de projeto). Em alguns casos, pode ser necessário construir o hidrograma de cheia, isto é, estabelecer a distribuição das vazões ao longo do tempo da passagem da água pela estrutura a ser projetada.

A vazão de enchente pode ser obtida com o emprego de métodos baseados em dados de chuva, que fazem a transformação da chuva em vazão, como o método do hidrograma unitário[1] ou o método racional. Ou, ainda, quando se dispõe de uma série histórica de vazões, pode-se recorrer a leis de probabilidade, que são modelos já consagrados que permitem prever a enchente com base na descrição das frequências de ocorrência dos eventos extremos de vazão. A seleção da técnica mais apropriada para o cálculo da enchente de projeto dependerá, também, do tipo, da quantidade e da qualidade dos dados hidrológicos disponíveis.

Os métodos de transformação da chuva em vazão já foram estudados no capítulo anterior, que trata do escoamento superficial. Por isso, no presente capítulo, tratar-se-á apenas do uso de leis de probabilidade para a previsão da vazão de enchente.

7.3 PERÍODO DE RETORNO PARA O CÁLCULO DA ENCHENTE

Estendendo o conceito visto no Capítulo 3, no estudo das chuvas, o período de retorno ou intervalo de recorrência de um evento hidrológico de dada magnitude é o tempo médio, medido em anos, para que a magnitude desse evento seja igualada ou superada pelo menos uma vez. No caso das vazões, a determinação do período de retorno para o cálculo da vazão de enchente é feita segundo uma das seguintes regras, que utiliza: 1) critério baseado na fixação do risco; 2) critério econômico; ou 3) critério baseado na experiência do projetista. No Brasil, o último desses critérios é o mais comumente adotado.

7.3.1 CRITÉRIO DE FIXAÇÃO DO RISCO

Para a escolha do período de retorno da enchente de projeto pode-se recorrer a um procedimento que consiste na fixação do risco a ser assumido para uma eventual falha da obra dentro do seu tempo de vida útil. Definido o risco, estabelecer-se-á a recorrência Tr que permitirá a obtenção da vazão crítica de dimensionamento da estrutura projetada, o que significa que a vazão de projeto correrá o risco fixado de ser excedida dentro do período de vida útil da obra. A seleção do risco que se deseja correr dependerá da gravidade da falha de funcionamento da estrutura ou obra, bem como dos recursos disponíveis para a sua construção, entre outros fatores.

Para obter a expressão do período de retorno em função do risco, considera-se o evento de magnitude crítica Q_p (vazão de pico ou de projeto), cujo intervalo de recorrência é Tr. A probabilidade de que este evento de recorrência Tr venha a ser igualado ou superado em um ano qualquer pode ser expressa por

$$P\left\{Q \geq Q_p\right\} = \frac{1}{Tr}. \tag{7.1}$$

Em outras palavras, se determinada obra (vertedor de barragem, galeria de águas pluviais, bueiro, canal de sistema de drenagem, etc.) for construída para a vazão de

[1] O método do hidrograma unitário (método do HU), empregado no cálculo da vazão de enchente, requer poucos dados e é facilmente adaptável às chuvas de diferentes durações e intensidades. Contudo, ele não permite a associação do período de retorno aos resultados obtidos. Mesmo quando o período de retorno da chuva é conhecido, a transformação efetuada pelo modelo geralmente afeta a distribuição de frequência do evento.

projeto Q_p, correspondente a um intervalo de recorrência Tr anos, então, para cada ano de funcionamento do sistema, a probabilidade de ocorrer falha (vazão de projeto ser superada) será igual a 1/Tr.

Considerando-se somente as possibilidades de que a falha ocorra ou não, a probabilidade de não ocorrência da falha em um ano qualquer será, então, (1 - 1/Tr).

Para n anos de vida útil da obra, ou para um tempo de construção de n anos, a probabilidade de o sistema não falhar vez alguma neste período é a chamada *segurança*, S:

$$S = \underbrace{(1 - 1/Tr) \times (1 - 1/Tr) \times \cdots (1 - 1/Tr)}_{\text{n vezes}} \rightarrow S = (1 - 1/Tr)^n . \tag{7.2}$$

Consequentemente, em uma série de n anos, o risco de falha será representado pela probabilidade R de que ao menos um evento iguale ou exceda o evento de intervalo de recorrência Tr. Ou seja,

$$R = 1 - S \quad \rightarrow \quad R = 1 - (1 - 1/Tr)^n . \tag{7.3}$$

Dessa maneira, pode-se escolher o período de retorno da cheia a ser utilizado no projeto da obra hidráulica, conhecendo-se o tempo de vida provável da estrutura, ou o tempo de duração da sua construção, e fixando-se o risco que se deseja correr de que a obra venha a falhar. A título de ilustração, na Tabela 7.1, apresentam-se os períodos de retorno para diferentes valores do risco e da vida útil provável da estrutura, calculados com base na Equação (7.3). Sugere-se ao estudante completar a Tabela 7.1 para os valores de Tr correspondentes ao risco assumido de 90%.

Tabela 7.1 – Período de retorno estabelecido de acordo com o critério de fixação do risco

Risco a ser assumido	Período de retorno, Tr (anos)					
	Vida provável da estrutura, n (anos)					
	1	10	20	50	100	1.000
1%	100	995	1.990	4.975	9.950	99.500
5%	20	195	390	975	1.950	19.496
10%	10	95	190	475	950	9.492
50%	2	15	29	73	145	1.443
90%						
99%	1,0	2,7	4,9	11	22	217

EXEMPLO 7.1

Para a vazão de projeto dos vertedores de uma usina hidrelétrica como a de Itaipu, assume-se, em geral, um risco de falha da ordem de 1%. Se a vida útil do sistema hidráulico é estimada em 100 anos, qual o período de retorno da vazão de projeto para o risco de 1%?

EXEMPLO 7.1 *(continuação)*

Solução:

A partir da Equação (7.3) rearranjada, é possível expressar o período de retorno como uma função da vida útil n e do risco R. Esse período de retorno, chamado período de retorno de projeto, é calculado como

$$\text{Tr} = \frac{1}{1-(1-\text{R})^{1/n}}. \tag{7.4}$$

Assim, com os dados do problema,

$$\text{Tr} = \frac{1}{1-(1-0,01)^{1/100}} \quad \Rightarrow \quad \text{Tr} = 9.950 \text{ anos.}$$

O resultado desse problema confere com aquele apresentado na Tabela 7.1.

EXEMPLO 7.2

Para a canalização de um córrego urbano, adotou-se a vazão de projeto correspondente ao período de retorno Tr = 20 anos. Se a vida útil da obra é de 50 anos, qual o risco que se corre de a obra vir a falhar dentro do seu tempo de vida útil?

Solução:

Pela Equação (7.3):

$$\text{R} = 1-\left(1-\frac{1}{20}\right)^{50} = 0,92 \quad \rightarrow \quad 92\%.$$

Observação:

Não se deve confundir o risco com a probabilidade de excedência da vazão de projeto. Se, para o problema-exemplo 7.2, a vazão de projeto da canalização do córrego urbano para o período de retorno de 20 anos tem magnitude Q_p, então a probabilidade de que essa vazão seja igualada ou excedida num ano qualquer será:

$\mathbf{P}\{Q \geq Q_p\} = 1/\text{Tr} = 1/20 = 0,05$,

ou seja, a "probabilidade de excedência" da vazão de magnitude Q_p será igual a 5%.

Importante compreender que ao se fixar a cheia de 20 anos não significa que a vazão correspondente será excedida uma vez a cada exatos 20 anos, mas sim que, para um número extremamente grande de ocorrências, ter-se-á, a superação da magnitude da vazão de cheia, em média, uma vez a cada 20 anos. Este intervalo de 20 anos é, portanto, um período de retorno médio.

Vazões de enchente seguem o modelo de Bernoulli, para o qual a probabilidade de ocorrência de um evento é independente do tempo e do histórico das ocorrências e não ocorrências. Para tal modelo, em um tempo qualquer, um evento de dada magnitude poderá ocorrer com a probabilidade P = 1/Tr, ou não ocorrer com a probabilidade (1 – P) = (1 – 1/Tr). Assim, por exemplo, a probabilidade de ocorrer um único evento em 3 anos, podendo a ocorrência se dar no primeiro, no segundo, ou no terceiro ano, será:

$$P \cdot (1 - P) \cdot (1 - P) + (1 - P) \cdot P \cdot (1 - P) + (1 - P) \cdot (1 - P) \cdot P,$$

que é igual a $3 \cdot P \cdot (1-P)^2$.

Pode-se, então, generalizar para a probabilidade de ocorrência de exatamente k eventos em n anos, que será igual ao número de modos de se arranjar k valores de P entre os n itens. Em termos da probabilidade de excedência, isso corresponde, então, a uma distribuição binomial de probabilidade, dada por

$$f_x \{\text{exatamente } \mathbf{k} \text{ eventos em } \mathbf{n} \text{ anos}\} = C_k^n \cdot P^k \cdot (1-P)^{n-k},$$

em que:

P = probabilidade de excedência de um evento num ano qualquer;

f_x = probabilidade de ocorrência de k eventos (excedência) em n anos; e

$C_k^n = \dfrac{n!}{k!(n-k)!}$ = combinação simples dos n elementos (anos) tomados de k em k (eventos), válida para $k \leq n$.

Em estudos hidrológicos, usualmente não é importante conhecer a probabilidade de a magnitude da cheia ser excedida exatamente k vezes, e, sim, a probabilidade de ocorrência de um ou mais eventos de excedência em n anos. Assim, na prática, interessa conhecer

$$f_x\{\text{um ou mais eventos em n anos}\} = 1 - f_x\{\text{zero evento em n anos}\},$$

ou

$$f_x\{\text{um ou mais eventos em n anos}\} = 1 - C_0^n \cdot P^0 \cdot (1-P)^{n-0},$$

que resulta em

$$f_x\{\text{um ou mais eventos em n anos}\} = 1 - (1-P)^n.$$

A última expressão fornece, então, a probabilidade f_x de a obra ou estrutura falhar, ao menos uma vez, em n anos. Representa, portanto, o risco R de ocorrência de uma cheia com vazão superior à de projeto (ou vazão superior à de recorrência Tr), em n anos de vida útil da obra. Alternativamente, para o tempo de vida útil da obra, n, e para um nível de risco de falha aceitável, dado por $R = f_x \times 100$ (%), a probabilidade de excedência P e o período de retorno da cheia de projeto, dado por Tr = 1/P, podem ser calculados a partir de

$$f_x\{\text{um ou mais eventos em n anos}\} = 1 - (1-P)^n,$$

que é uma expressão idêntica à Equação (7.3). Adotando esta fórmula para a solução do problema-exemplo 7.2, tem-se:

f_x {um ou mais eventos em n anos} $= 1 - (1 - P)^n = 1 - (1 - 0{,}05)^{50} = 0{,}92 = R$

EXEMPLO 7.3

Um bueiro é projetado para um intervalo de recorrência de 50 anos. Qual a probabilidade de ocorrer, em 100 anos de vida útil da estrutura, exatamente uma cheia de magnitude igual à de projeto?

Solução:

f_x {exatamente k eventos em n anos} $= C_k^n \cdot P^k \cdot (1-P)^{n-k}$

No caso: Tr = 50 anos; n = 100 anos; k = 1.

Assim, P = probabilidade de excedência = 1/Tr = 1/50 = 0,02.

Portanto,

f_x {exatamente um evento em 100 anos} =

$$= C_1^{100} \cdot P^1 \cdot (1-P)^{100-1} = \frac{100!}{1!(100-1)!} \cdot (0{,}02)^1 \cdot (1-0{,}02)^{99} = 0{,}27$$

f_x {exatamente um evento em 100 anos} = 0,27.

Portanto, a probabilidade de ocorrer, em 100 anos de vida útil da obra (bueiro), uma cheia de magnitude igual à de projeto é de 27%.

EXEMPLO 7.4

Qual a probabilidade do bueiro do problema-exemplo 7.3 experimentar pelo menos uma cheia de projeto em seu tempo de vida útil?

Solução:

O que se procura, neste caso, é exatamente o risco de falha. Assim,

$R = f_x$ {pelo menos uma cheia em n = 100 anos} $= 1 - (1 - P)^{100}$.

Portanto,

$R = f_x$ {pelo menos uma cheia em n = 100 anos} $= 1-(1-0{,}02)^{100} = 0{,}87$.

$R = f_x = 0{,}87 \rightarrow 87\%$.

7.3.2 CRITÉRIO ECONÔMICO

Pelo critério econômico, o período de retorno para a vazão de projeto deverá ser aquele que conduz ao menor custo global da obra hidráulica. Por exemplo, em caso de existência de seguro contra enchentes, poder-se-ia construir um gráfico contendo a representação da curva dos custos anuais do seguro em função do período de retorno Tr e, nesse mesmo gráfico, lançar-se-iam os gastos anuais de amortização do capital aplicado na obra. A soma dessas duas parcelas geraria uma nova curva que, passando por um ponto de mínimo, permitiria a identificação, neste ponto, do período de retorno mais econômico. A título de ilustração, a Figura 7.1 mostra a aplicação do critério econômico.

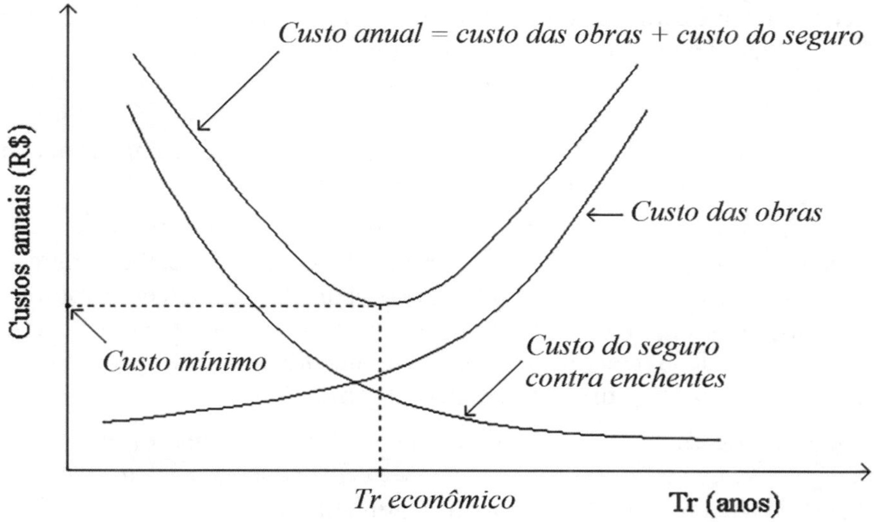

Figura 7.1 – Obtenção do período de retorno pelo critério econômico.

7.3.3 CRITÉRIOS USUALMENTE ADOTADOS NO BRASIL

Em geral, a ausência de seguros contra enchentes ou a dificuldade de obtenção de informações que permitam construir a curva de custos conduzem à utilização de outros critérios para a fixação do período de retorno da vazão de cheia de projeto.

A depender do tipo de obra, as principais variáveis consideradas para a fixação do período de retorno da vazão de projeto de obras hidráulicas são: a) a vida útil da obra; b) o tipo de estrutura; c) a facilidade de reparação e ampliação; e d) o perigo de perda de vida. Com base nesses parâmetros principais, adotam-se os seguintes valores médios do período de retorno:

- para o dimensionamento do extravasor de barragem de terra: Tr ≅ 1.000 anos;
- para o dimensionamento do extravasor de barragem de concreto: Tr ≅ 500 anos;

- para pequena barragem de concreto para fim de abastecimento: Tr ≅ 50 a 100 anos;
- para galerias de águas pluviais: Tr ≅ 5 a 20 anos.

7.4 USO DA LEI DE PROBABILIDADE NA PREVISÃO DE ENCHENTES

Todos os projetos de engenharia são planejados para o futuro, não havendo certeza das exatas condições de trabalho da obra ou estrutura. Na área estrutural, por exemplo, o projetista estabelece as cargas atuantes, mas não pode garantir que estas não venham a ser excedidas. Para levar em conta as incertezas, lança mão de hipóteses, baseadas na razão, e considera fatores de segurança nos dimensionamentos. Da mesma forma, o engenheiro de recursos hídricos não estará absolutamente certo da vazão que afetará o projeto. Contudo, deve estar consciente de que um erro acentuado de previsão da magnitude desta quantidade hidrológica poderá causar efeitos destruidores indesejáveis, ou podem inviabilizar economicamente todo o projeto.

Mesmo que o comportamento exato das vazões em anos futuros não possa ser absolutamente previsto, recorre-se a leis de probabilidade para se estabelecerem as suas prováveis variações, de modo a permitir que o plano seja completado com base em um risco calculado. Para isso, aplica-se a análise estatística aos eventos de descargas observadas em um dado intervalo de tempo, que constituem a série histórica de vazões, a fim de serem efetuadas projeções para períodos mais longos.

Na previsão de enchentes, ou seja, na determinação da magnitude das vazões máximas de cheias, que constituem as vazões críticas ou de projeto, recorre-se ao uso de modelos de probabilidade, a partir de um enfoque estatístico que consiste em definir a relação entre as descargas máximas e as suas correspondentes frequências de ocorrência, apoiando-se em uma série construída a partir dos dados observados.[2] A suposição básica é de que as cheias verificadas durante um determinado período possam ocorrer em um período futuro de características hidrológicas similares, isto é, com uma expectativa de repetição.

Nas aplicações práticas, as funções matemáticas de distribuição de probabilidade mais utilizadas na análise de frequência das vazões de enchente são:

1. distribuição gama, também conhecida como distribuição de Pearson tipo III;
2. transformação logarítmica da distribuição gama, conhecida como distribuição log-Pearson tipo III;
3. transformação de potência da distribuição gama, ou distribuição de Kritskiy-Menkel;
4. distribuições exponenciais, também conhecidas como distribuições de valores extremos ou distribuições de Fisher-Tippett, que são de três tipos: tipo I, duplo exponencial, conhecida como distribuição de Gumbel; tipo II, conhecida como

[2] Na análise de frequência das cheias, a série anual é mais popular do que a série parcial.

distribuição de Fréchet; e tipo III, conhecida como distribuição de Goodrich ou Weibull;

5. distribuição gaussiana (ou distribuição normal de probabilidade);
6. transformação logarítmica da distribuição normal, também conhecida como distribuição log-normal ou distribuição de Galton.

Em princípio, não existe razão alguma para considerar um dos modelos dados como superior aos demais. Por isso, na seleção da distribuição mais apropriada a ser ajustada a uma determinada base empírica de dados, recorre-se, normalmente, às técnicas matemáticas de ajuste de curvas. Um procedimento simples e rápido, embora não necessariamente o mais preciso, consiste em lançar os pares de valores de frequência e vazão em um papel de probabilidade específico.[3] Assim, se em um dado papel de probabilidade os dados da série lançados no gráfico de frequência se comportarem segundo uma linha reta, então, a distribuição de probabilidade correspondente será considerada adequada para a realização das previsões.

Uma ferramenta analítica auxiliar e de grande valia foi lançada por Ven Te Chow, que mostrou que a maioria das distribuições de probabilidade empregadas na hidrologia na análise das séries históricas de chuva ou vazão pode ser posta na forma

$$x_{Tr} = \overline{x} + K \cdot s, \tag{7.5}$$

em que:

x_{Tr} = magnitude da variável hidrológica (vazão ou chuva) atingida ou superada pelo menos uma vez em Tr anos;

$\overline{x}$ = valor médio da série da variável hidrológica considerada;

s = desvio padrão da série; e

K = fator de frequência.

O fator de frequência da equação de Chow, K, é um adimensional que varia com o tipo de distribuição e com a frequência (ou período de retorno), podendo depender, ainda, conforme a distribuição de probabilidade, do tamanho e do coeficiente de assimetria da amostra de dados considerada (série).

Apresentam-se, a seguir, algumas distribuições de probabilidade normalmente empregadas na análise de frequência das cheias, que também se aplicam para outros eventos extremos.

7.4.1 DISTRIBUIÇÃO NORMAL

Um fenômeno completamente aleatório segue a distribuição de probabilidade normal ou de Gauss. Se uma variável aleatória **x** tem distribuição normal, a função densidade de probabilidade dessa variável, f(x), é dada por

[3] Para algumas distribuições, existe um papel probabilidade específico.

$$f(x) = \frac{1}{\sigma\sqrt{2\pi}} exp\left[-\frac{1}{2}\left(\frac{x-\mu}{\sigma}\right)^2\right], \tag{7.6}$$

em que μ e σ são, respectivamente, a média e o desvio padrão da população.

Para uma amostra da população, as estimativas da média e do desvio padrão podem ser obtidas, respectivamente, de

$$\overline{x} = \frac{\sum_{i=1}^{N} x_i}{N}, \tag{7.7}$$

$$s = \sqrt{\frac{\sum_{i=1}^{N}(x_i - \overline{x})^2}{N-1}}. \tag{7.8}$$

Consideradas as observações da variável aleatória x, a probabilidade de se encontrar um valor menor ou igual a um valor genérico extremo de magnitude x_0, $\mathbf{P}\{x<x_0\}$, é dada pela função densidade de probabilidade acumulada, $F(x_0)$, calculada como:

$$F(x_0) = P\{x < x_0\} = \int_{-\infty}^{x_0} f(x)\, dx. \tag{7.9}$$

Para a distribuição normal, os gráficos representativos de f(x), curva simétrica em forma de sino, e de F(x), curva em forma de S, em função da variável aleatória x, são mostrados nas Figuras 7.2 e 7.3, respectivamente.

Conforme já visto no Capítulo 3, na construção do gráfico de frequência pode-se utilizar o chamado papel aritmético de probabilidade.[4] Nesse papel, em vez de se plotar F(x) em escala aritmética, ela é "redesenhada" de tal modo que a "curva em S", característica da distribuição normal, é transformada em uma reta, mantendo a abscissa em escala aritmética, conforme ilustrado na Figura 7.4. Para o traçado da reta no papel aritmético de probabilidade, lança-se mão das propriedades da distribuição normal, sendo suficiente, por ora, considerar:

$F(\overline{x}) = P\{x < \overline{x}\} = 0{,}50;$

$F(\overline{x}-s) = P\{x < \overline{x}-s\} \cong 0{,}16;$

$F(\overline{x}+s) = P\{x < \overline{x}+s\} \cong 0{,}84.$

Nos manuais de estatística e probabilidade, os valores das frequências acumuladas da distribuição normal são fornecidos em tabelas construídas em termos de uma nova variável, chamada de variável reduzida **z**, que se obtém da transformação:

$$z = \frac{x-\overline{x}}{s}. \tag{7.10}$$

A variável z, também chamada de variável normalizada, tem, a partir da sua definição dada pela Equação (7.10), média zero e desvio padrão igual a unidade. Consequentemente,

4 O papel aritmético de probabilidade foi apresentado no Capítulo 3, no estudo das precipitações.

a função densidade de probabilidade escrita para a variável normalizada z, também chamada função densidade de probabilidade normalizada, exprime-se na forma:

$$f(z) = \frac{1}{\sqrt{2\pi}} exp\left(-\frac{1}{2}z^2\right). \tag{7.11}$$

Por consequência, a função densidade de probabilidade acumulada correspondente, que representa a probabilidade de se encontrar um valor da variável reduzida menor que z_0, escreve-se como

$$F(z_0) = \int_{-\infty}^{z_0} f(z)\, dz = P\{z < z_0\}. \tag{7.12}$$

As representações gráficas de f(z) e F(z) são, respectivamente, as mostradas na Figura 7.5.

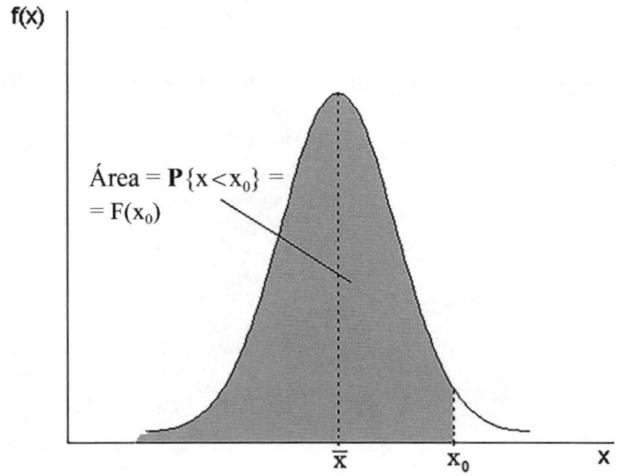

Figura 7.2 – Distribuição normal – função densidade de probabilidade.

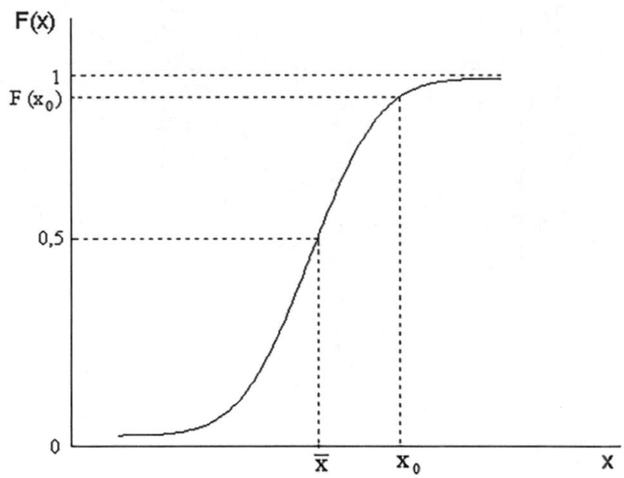

Figura 7.3 – Distribuição normal – função densidade de probabilidade acumulada.

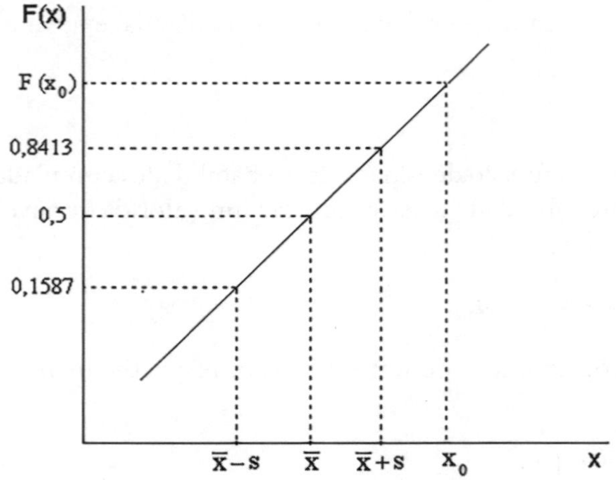

Figura 7.4 – Distribuição normal – função densidade de probabilidade acumulada em papel de probabilidade.

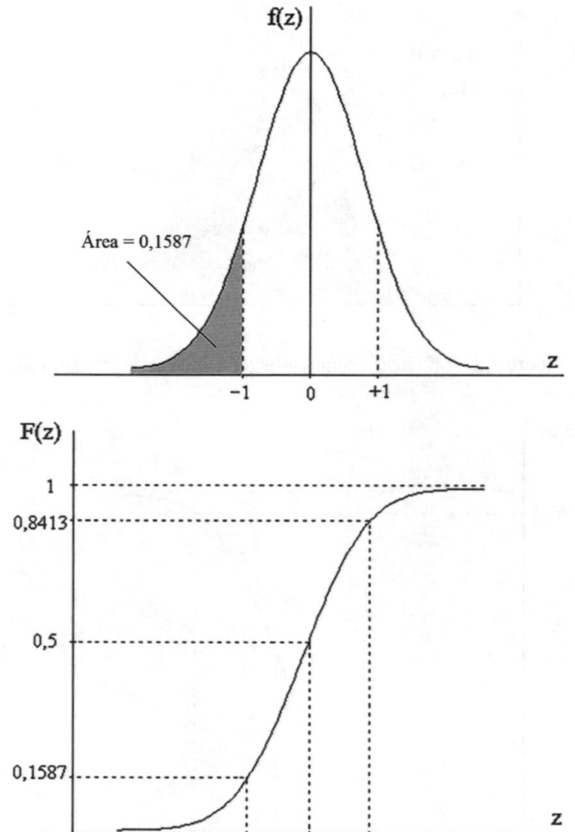

Figura 7.5 – Representações gráficas das frequências relativas, f(z), e acumuladas, F(z), para a variável reduzida da distribuição normal de probabilidade.

A comparação da Equação (7.10) com a Equação (7.5) mostra que, para a distribuição normal, o fator de frequência de Chow corresponde à própria variável reduzida z, isto é:

$$K = \frac{x_{Tr} - \overline{x}}{s} = z. \tag{7.13}$$

Para essa distribuição simétrica, os valores de K podem, então, ser obtidos de tabelas de z construídas em função da frequência acumulada F(z), como a Tabela 7.2. Na Tabela 7.2,

$$F(z_0) = P\{z < z_0\} = \int_{-\infty}^{z_0} \frac{1}{\sqrt{2\pi}} exp\left[-\frac{1}{2}z^2\right] dz. \tag{7.14}$$

Tabela 7.2 – Função de distribuição acumulada de probabilidade, F – lei normal ou de Gauss ($\mu = 0$; $\sigma = 1$)

K = z	0,00	0,01	0,02	0,03	0,04	0,05	0,06	0,07	0,08	0,09
0,0	0,5000	0,5040	0,5080	0,5120	0,5160	0,5199	0,5239	0,5279	0,5319	0,5359
0,1	0,5398	0,5438	0,5478	0,5517	0,5557	0,5596	0,5636	0,5675	0,5714	0,5753
0,2	0,5793	0,5832	0,5871	0,5910	0,5948	0,5987	0,6026	0,6064	0,6103	0,6141
0,3	0,6179	0,6217	0,6255	0,6293	0,6331	0,6368	0,6406	0,6443	0,6480	0,6517
0,4	0,6554	0,6591	0,6628	0,6664	0,6700	0,6736	0,6772	0,6808	0,6844	0,6879
0,5	0,6915	0,6950	0,6985	0,7019	0,7054	0,7088	0,7123	0,7157	0,7190	0,7224
0,6	0,7257	0,7291	0,7324	0,7357	0,7389	0,7422	0,7454	0,7486	0,7517	0,7549
0,7	0,7580	0,7611	0,7642	0,7673	0,7704	0,7734	0,7764	0,7794	0,7823	0,7852
0,8	0,7881	0,7910	0,7939	0,7967	0,7995	0,8023	0,8051	0,8078	0,8106	0,8133
0,9	0,8159	0,8186	0,8212	0,8238	0,8264	0,8289	0,8315	0,8340	0,8365	0,8389
1,0	0,8413	0,8438	0,8461	0,8485	0,8508	0,8531	0,8554	0,8577	0,8599	0,8621
1,1	0,8643	0,8665	0,8686	0,8708	0,8729	0,8749	0,8770	0,8790	0,8810	0,8830
1,2	0,8849	0,8869	0,8888	0,8907	0,8925	0,8944	0,8962	0,8980	0,8997	0,9015
1,3	0,9032	0,9049	0,9066	0,9082	0,9099	0,9115	0,9131	0,9147	0,9162	0,9177
1,4	0,9192	0,9207	0,9222	0,9236	0,9251	0,9265	0,9279	0,9292	0,9306	0,9319
1,5	0,9332	0,9345	0,9357	0,9370	0,9382	0,9394	0,9406	0,9418	0,9429	0,9441
1,6	0,9452	0,9463	0,9474	0,9484	0,9495	0,9505	0,9515	0,9525	0,9535	0,9545
1,7	0,9554	0,9564	0,9573	0,9582	0,9591	0,9599	0,9608	0,9616	0,9625	0,9633
1,8	0,9641	0,9649	0,9656	0,9664	0,9671	0,9678	0,9686	0,9693	0,9699	0,9706
1,9	0,9713	0,9719	0,9726	0,9732	0,9738	0,9744	0,9750	0,9756	0,9761	0,9767
2,0	0,9772	0,9778	0,9783	0,9788	0,9793	0,9798	0,9803	0,9808	0,9812	0,9817
2,1	0,9821	0,9826	0,9830	0,9834	0,9838	0,9842	0,9846	0,9850	0,9854	0,9857
2,2	0,9861	0,9864	0,9868	0,9871	0,9875	0,9878	0,9881	0,9884	0,9887	0,9890
2,3	0,9893	0,9896	0,9898	0,9901	0,9904	0,9906	0,9909	0,9911	0,9913	0,9916
2,4	0,9918	0,9920	0,9922	0,9925	0,9927	0,9929	0,9931	0,9932	0,9934	0,9936
2,5	0,9938	0,9940	0,9941	0,9943	0,9945	0,9946	0,9948	0,9949	0,9951	0,9952
2,6	0,9953	0,9955	0,9956	0,9957	0,9959	0,9960	0,9961	0,9962	0,9963	0,9964
2,7	0,9965	0,9966	0,9967	0,9968	0,9969	0,9970	0,9971	0,9972	0,9973	0,9974

2,8	0,9974	0,9975	0,9976	0,9977	0,9977	0,9978	0,9979	0,9979	0,9980	0,9981
2,9	0,9981	0,9982	0,9982	0,9983	0,9984	0,9984	0,9985	0,9985	0,9986	0,9986
3,0	0,9987	0,9987	0,9987	0,9988	0,9988	0,9989	0,9989	0,9989	0,9990	0,9990
3,1	0,9990	0,9991	0,9991	0,9991	0,9992	0,9992	0,9992	0,9992	0,9993	0,9993
3,2	0,9993	0,9993	0,9994	0,9994	0,9994	0,9994	0,9994	0,9995	0,9995	0,9995
3,3	0,9995	0,9995	0,9995	0,9996	0,9996	0,9996	0,9996	0,9996	0,9996	0,9997
3,4	0,9997	0,9997	0,9997	0,9997	0,9997	0,9997	0,9997	0,9997	0,9997	0,9998

Observações:

1. para valores negativos de z, utilizar o complemento aritmético para 1 dos valores de F(z) correspondentes ao valor positivo. Isto é, $F(-z) = 1 - F(z) \rightarrow$ o mesmo que $P\{Z < -z\} = 1 - P\{Z < z\}$.

   Exemplo: $F(-1) = 1 - F(1) = 1 - 0{,}8413 = 0{,}1587$

   $F(-2{,}5) = 1 - F(2{,}5) = 1 - 0{,}9938 = 0{,}0062$.

2. para valores de $F(z) < 0{,}5$, calcular $1 - F(z)$, ler o valor de z e afetar esse valor do sinal negativo.

   Exemplo: $F(z) = 0{,}1587 \rightarrow 1 - F(z) = 0{,}8413 \rightarrow$ da Tabela 7.2, $z = -1{,}0$.

   $F(z) = 0{,}0668 \rightarrow 1 - F(z) = 0{,}9332 \rightarrow$ da Tabela 7.2, $z = -1{,}5$.

7.4.2 DISTRIBUIÇÃO LOG-NORMAL

Os registros das vazões médias diárias de um ano hidrológico mostram que estas não constituem um evento completamente aleatório. Em verdade, essas vazões dependem de um conjunto de fatores, como precipitação, solo, vegetação, topografia, precipitação antecedente (umidade do solo), temperatura, estação do ano, obras no curso d'água etc.[5] Os pesos desses fatores na formação do escoamento superficial que, com a contribuição subterrânea produzem a vazão do rio, não são iguais: as influências da precipitação e dos fatores geomorfológicos são mais determinantes.

Conforme exposto, as vazões máximas anuais, isto é, a série anual dos eventos extremos constituídos pelas máximas vazões médias diárias de cada ano, por não serem completamente aleatórias, não seguem, por consequência, uma distribuição normal ou de Gauss. Entretanto, se, em vez das vazões máximas, forem considerados os seus logaritmos, as frequências desses últimos aproximam-se relativamente bem da mencionada distribuição.

Assim, se x é a variável hidrológica (no caso, x representa a vazão Q), fazendo-se

$$y = log\, x, \qquad (7.15)$$

ter-se-á

$$f(y) = \frac{1}{s_y\sqrt{2\pi}}\, exp\left[-\frac{1}{2}\left(\frac{y-\bar{y}}{s_y}\right)^2\right], \qquad (7.16)$$

[5] Tais fatores foram vistos e analisados nos capítulos anteriores.

em que:

$\overline{y}$ = média dos logaritmos de x; e

s_y = desvio padrão dos logaritmos de x.

Isto é,

$$\overline{y} = \frac{\sum_{i=1}^{N} y_i}{N} = \frac{\sum_{i=1}^{N} (\log x_i)}{N} \tag{7.17}$$

e

$$s_y = \sqrt{\frac{\sum_{i=1}^{N} (y_i - \overline{y})^2}{N-1}}. \tag{7.18}$$

Para um valor genérico da variável $y = y_0$, sendo y_0 a transformada logarítmica de x_0, a função distribuição acumulada de probabilidade, $F(y_0)$, que representa a probabilidade de se encontrar um valor de y menor ou igual a y_0, escreve-se como

$$F(y_0) = P\{y < y_0\} = \int_{-\infty}^{y_0} f(y)\,dy. \tag{7.19}$$

Os valores da integral dada são fornecidos na Tabela 7.2, agora em termos da variável reduzida z:

$$z = \frac{y - \overline{y}}{s_y}. \tag{7.20}$$

Pela distribuição log-normal, a previsão de uma enchente de período de retorno Tr, com base no modelo de Chow, exige que a Equação (7.5) seja reescrita em termos da variável transformada:

$$y_{Tr} = \overline{y} + K \cdot s_y, \tag{7.21}$$

sendo K o fator de frequência de Chow, determinado, como antes, com o auxílio da Tabela 7.2.

Uma vez que $y = \log x$, ou $y = \log x_{Tr}$, a variável x_{Tr} procurada (ou a vazão Q_{Tr}), pode ser prontamente obtida da transformação

$$x_{Tr} = 10^{y_{Tr}}. \tag{7.22}$$

7.4.2.1 Uso do papel logarítmico de probabilidade – posição de plotagem

Para facilitar o uso prático da distribuição log-normal, utiliza-se o chamado papel logarítmico de probabilidade, no qual: i) a escala das abscissas é logarítmica, dispensando, assim, o cálculo dos logaritmos da variável x (lançam-se diretamente os valores da vazão); ii) a escala das ordenadas é uma escala normal de probabilidade (transforma a "curva em S" em uma reta).

Quando a série anual de valores máximos de descargas[6] é suficientemente grande (em geral, N > 30 anos de registros, aproximadamente), a sequência de procedimentos a seguir pode ser utilizada para uma boa estimativa das frequências:

1º) classificar os dados da série de valores de x (vazão, no caso do estudo das cheias) em ordem *crescente*;[7]

2º) definir a dimensão do intervalo de classe e agrupar os dados dentro dos intervalos;

3º) contar o número de observações (frequências absolutas) dentro de cada intervalo;

4º) calcular as frequências relativas, isto é, dividir o número de observações de cada intervalo pelo total de observações;

5º) calcular as frequências acumuladas, F(y), que são as medidas das probabilidades de ocorrência dos *log* x (ou *log* Q) menores, ou iguais, ao valor do limite superior da classe;

6º) plotar as frequências (probabilidades) nas ordenadas e os valores da variável hidrológica x (as vazões, no caso) nas abscissas, em papel logarítmico de probabilidade;

7º) traçar a reta representativa da distribuição log-normal de probabilidade e avaliar a qualidade do ajuste (para comprovar a aplicabilidade do modelo log-normal). De acordo com as propriedades da distribuição normal e com base na Equação (7.22), a reta traçada no papel logarítmico de probabilidade deverá passar, necessariamente, pelos seguintes pares de pontos [x; F(y)]:

$$F(\bar{y}) = P\{y < \bar{y}\} = 50\%;\ x_{50\%} = 10^{\bar{y}} \rightarrow \left[10^{\bar{y}};\ 50\%\right]$$

$$F(\bar{y} - s_y) = P\{y < \bar{y} - s_y\} \cong 16\%;\ x_{16\%} = 10^{\bar{y}-s_y} \rightarrow \left[10^{\bar{y}-s_y};\ 16\%\right]$$

$$F(\bar{y} + s_y) = P\{y < \bar{y} + s_y\} \cong 84\%;\ x_{84\%} = 10^{\bar{y}+s_y} \rightarrow \left[10^{\bar{y}+s_y};\ 84\%\right]$$

Se os valores plotados apresentarem boa aderência à reta traçada, poder-se-á dizer, com boa segurança, que as frequências dos logaritmos da variável hidrológica x (ou vazão Q) seguem uma distribuição normal, ou que as frequências de x seguem uma distribuição log-normal. Daí surge a possibilidade de previsão de enchentes pela extrapolação dos dados históricos baseando-se no modelo log-normal de probabilidade.

Alternativamente, à semelhança do que já foi realizado no estudo das chuvas (Capítulo 3), a análise de frequência poderá ser feita utilizando-se o método de Weibull (às vezes chamado de método de Kimball).[8] Para isso, os eventos, em termos de sua magnitude,

---

[6] Série dos máximos de cada ano dos valores médios diários de vazão na seção de um curso d'água natural (estação fluviométrica).

[7] Note que, para a plotagem dos pontos, não é necessário calcular os logaritmos da variável hidrológica, pois os dados serão lançados no papel logarítmico de probabilidade.

[8] Ver Capítulo 3, "Precipitação".

são classificados em ordem *decrescente*, atribuindo-se um número de ordem (número inteiro) a cada evento. O evento de maior magnitude terá, então, ordem m = 1, e o de menor magnitude, ordem m = N, sendo N o número de anos da série (na série anual, N também é o número de dados). A frequência do evento de ordem genérica m ou a probabilidade de que um evento da mesma magnitude, ou de magnitude maior, venha a ocorrer em um ano qualquer (que corresponde, no caso, à *probabilidade de excedência*) pode ser calculada por

$$\mathcal{F}(x_0) = P\{x \geq x_0\} = \frac{m}{N+1}. \tag{7.23}$$

Da definição de período de retorno,

$$Tr = \frac{1}{P\{x \geq x_0\}} = \frac{N+1}{m}. \tag{7.24}$$

No presente capítulo, foi definida a frequência $F(x_0)$ como a probabilidade de não excedência, isto é, $F(x_0) = P\{x < x_0\}$. Assim, como $F(x_0) = 1 - \mathcal{F}(x_0)$, então

$$F(x_0) = P\{x < x_0\} = 1 - P\{x \geq x_0\} = 1 - \frac{1}{Tr}. \tag{7.25}$$

Para a distribuição log-normal, empregando-se as Equações (7.22) e (7.25), as posições de plotagem podem ser prontamente obtidas no papel logarítmico de probabilidade.

EXEMPLO 7.5

Considere a série anual das vazões máximas diárias referidas a um longo período de medições em uma seção transversal de um curso d'água natural, conforme fornecido nas duas primeiras colunas da Tabela 7.3. Com base nos dados dessa tabela, pede-se:

a) testar visualmente, por meio de construções gráficas, a validade dos modelos normal e log-normal de probabilidade;

b) estimar as magnitudes das cheias de 100 anos e de 200 anos de recorrência segundo os dois modelos testados.

Solução:

a) Teste dos modelos gaussiano (distribuição normal) e log-normal de probabilidade

EXEMPLO 7.5 (continuação)

Nas colunas 5 e 8 da Tabela 7.3, os dados da vazão e do seu logaritmo decimal, respectivamente, são classificados em ordem decrescente. A ordem da classificação (*ranking*), m, é posta na coluna 3 dessa tabela. As frequências $\mathcal{F}(Q)$, que são probabilidades de excedência (a classificação é feita em ordem decrescente) são calculadas pela Equação (7.23) e subtraídas da unidade, antes de serem lançadas na coluna (4) da Tabela 7.3, que contém os valores de F(Q), que são probabilidades de não excedência.[9]

As estatísticas média e desvio padrão das vazões e das suas transformadas logarítmicas são calculadas pelas Equações (7.7), (7.8), (7.17) e (7.18), e os resultados são lançados nas últimas linhas da Tabela 7.3.

Nos gráficos das Figuras 7.6 e 7.7 são plotados os valores das vazões máximas, no eixo das abscissas, em função das frequências acumuladas, nas ordenadas. Nesses gráficos, as frequências, como calculadas na Tabela 7.3, representam as probabilidades de não excedência, isto é,

$$F(Q_0) = P\{Q < Q_0\}.$$

Na Figura 7.6, para se testar inicialmente o modelo gaussiano, o gráfico é construído em papel aritmético de probabilidade: os valores das frequências F(Q) encontram-se nas ordenadas, em escala de probabilidade, e os valores das vazões Q nas abscissas, em escala aritmética. A linha traçada representa, nesse gráfico, a distribuição normal, conforme definida pela Equação (7.9). Conforme anteriormente ilustrado na Figura 7.4, a reta da Figura 7.6 passa pelos seguintes pares de pontos característicos [Q; F(Q)]:

$$Q = \bar{Q} = 194,34 \text{ m}^3\text{/s}$$

$$\text{e } F = 50\% \rightarrow [\bar{Q}\ ,\ F(\bar{Q})] \equiv [194 \text{ m}^3\text{/s; } 50\%];$$

$$Q = \bar{Q} - s = 194,34 - 84,17 = 110,17 \text{ m}^3\text{/s}$$

$$\text{e } F \cong 16\% \rightarrow [\bar{Q} - s,\ F(\bar{Q} - s)] \equiv [110 \text{ m}^3\text{/s; } 16\%];$$

$$Q = \bar{Q} + s = 194,34 + 84,17 = 278,51 \text{ m}^3\text{/s}$$

$$\text{e } F \cong 84\% \rightarrow [\bar{Q} + s,\ F(\bar{Q} + s)] \equiv [279 \text{ m}^3\text{/s; } 84\%].$$

A Figura 7.6 mostra que, na faixa de valores extremos de vazão, a aderência da linha representativa da distribuição normal aos pontos plotados não é boa. Nota-se, ainda, que, para o caso de previsões por extrapolação dos dados históricos com base no modelo gaussiano, seriam obtidos valores subestimados das vazões.

---

[9] $F(x) = 1 - \mathcal{F}(x)$

EXEMPLO 7.5 (continuação)

Tabela 7.3 – Série anual das descargas máximas diárias

(1)	(2)	(3)	(4)	(5)	(6)	(7)	(8)	(9)	(10)
Ano	Q(m^3/s)	m	F(Q) %	Q (m^3/s)	$(Q-\bar{Q})^2$	$(Q-\bar{Q})^3$	y = *log*(Q)	$(y-\bar{y})^2$	$(y-\bar{y})^3$
1896	96,79	1	98,65	438,65	59.687,91	14.582.419,82	2,64212	0,15566	$6,1414 \times 10^{-2}$
1897	124,24	2	97,30	430,16	55.611,59	13.114.386,61	2,63363	0,14903	$5,7535 \times 10^{-2}$
1898	81,08	3	95,95	376,39	33.142,60	6.033.647,34	2,57564	0,10762	$3,5306 \times 10^{-2}$
1899	153,67	4	94,59	331,11	18.706,33	2.558.485,85	2,51997	0,07420	$2,0211 \times 10^{-2}$
1900	77,83	5	93,24	325,45	17.190,12	2.253.815,61	2,51248	0,07017	$1,8589 \times 10^{-2}$
1901	176,31	6	91,89	319,79	15.737,98	1.974.346,71	2,50486	0,06620	$1,7031 \times 10^{-2}$
1902	86,32	7	90,54	314,13	14.349,91	1.718.991,22	2,49711	0,06226	$1,5537 \times 10^{-2}$
1903	144,33	8	89,19	305,64	12.387,93	1.378.790,78	2,48521	0,05647	$1,3419 \times 10^{-2}$
1904	146,03	9	87,84	297,15	10.570,12	1.086.725,90	2,47298	0,05080	$1,1451 \times 10^{-2}$
1905	183,10	10	86,49	294,32	9.996,22	999.433,11	2,46882	0,04895	$1,0829 \times 10^{-2}$
1906	205,18	11	85,14	291,49	9.438,34	916.944,75	2,46462	0,04711	$1,0224 \times 10^{-2}$
1907	144,33	12	83,78	288,66	8.896,47	839.124,83	2,46039	0,04529	$9,6373 \times 10^{-3}$
1908	123,11	13	82,43	285,83	8.370,62	765.837,36	2,45611	0,04348	$9,0676 \times 10^{-3}$
1909	96,79	14	81,08	282,72	7.811,22	690.364,11	2,45136	0,04152	$8,4618 \times 10^{-3}$
1910	99,05	15	79,73	270,83	5.850,89	447.540,89	2,43270	0,03427	$6,3436 \times 10^{-3}$
1911	88,30	16	78,38	259,79	4.283,85	280.382,47	2,41462	0,02790	$4,6610 \times 10^{-3}$
1912	259,79	17	77,03	253,57	3.508,32	207.801,84	2,40410	0,02450	$3,8344 \times 10^{-3}$
1913	231,21	18	75,68	240,27	2.109,67	96.899,28	2,38070	0,01772	$2,3590 \times 10^{-3}$
1914	240,27	19	74,32	240,27	2.109,67	96.899,28	2,38070	0,01772	$2,3590 \times 10^{-3}$
1915	120,56	20	72,97	231,21	1.359,48	50.125,45	2,36401	0,01356	$1,5782 \times 10^{-3}$
1916	253,57	21	71,62	228,10	1.139,81	38.481,30	2,35813	0,01222	$1,3509 \times 10^{-3}$
1917	228,10	22	70,27	224,70	921,80	27.986,75	2,35160	0,01082	$1,1256 \times 10^{-3}$
1918	205,74	23	68,92	221,87	757,96	20.867,51	2,34610	0,00971	$9,5621 \times 10^{-4}$
1919	179,71	24	67,57	221,02	711,88	18.993,77	2,34443	0,00938	$9,0849 \times 10^{-4}$
1920	305,64	25	66,22	217,91	555,60	13.096,03	2,33828	0,00823	$7,4607 \times 10^{-4}$
1921	185,65	26	64,86	215,08	430,19	8.922,68	2,33260	0,00723	$6,1456 \times 10^{-4}$
1922	438,65	27	63,51	211,40	291,08	4.966,16	2,32510	0,00601	$4,6593 \times 10^{-4}$
1923	285,83	28	62,16	210,84	272,29	4.493,02	2,32395	0,00583	$4,4547 \times 10^{-4}$
1924	206,02	29	60,81	210,27	253,80	4.043,31	2,32278	0,00565	$4,2521 \times 10^{-4}$
1925	120,84	30	59,46	206,02	136,45	1.593,86	2,31391	0,00440	$2,9182 \times 10^{-4}$
1926	126,50	31	58,11	205,74	129,99	1.481,97	2,31332	0,00432	$2,8410 \times 10^{-4}$
1927	179,42	32	56,76	205,18	117,53	1.274,15	2,31214	0,00417	$2,6902 \times 10^{-4}$
1928	221,02	33	55,41	202,06	59,62	460,30	2,30548	0,00335	$1,9411 \times 10^{-4}$
1929	319,79	34	54,05	198,10	14,15	53,20	2,29688	0,00243	$1,1986 \times 10^{-4}$
1930	82,07	35	52,70	185,65	75,50	-655,99	2,26869	0,00045	$9,4139 \times 10^{-6}$

EXEMPLO 7.5 (continuação)

1931	61,13	36	51,35	183,10	126,31	-1.419,62	2,26269	0,00023	$3,4487 \times 10^{-6}$
1932	120,56	37	50,00	179,99	205,89	-2.954,31	2,25525	0,00006	$4,5093 \times 10^{-7}$
1933	150,56	38	48,65	179,71	214,00	-3.130,65	2,25457	0,00005	$3,4186 \times 10^{-7}$
1934	169,80	39	47,30	179,42	222,57	-3.320,55	2,25387	0,00004	$2,4896 \times 10^{-7}$
1935	270,83	40	45,95	176,31	325,04	-5.860,14	2,24628	$1,69810^{-6}$	$-2,2125 \times 10^{-9}$
1936	210,84	41	44,59	174,61	389,23	-7.679,07	2,24207	0,00003	$-1,6737 \times 10^{-7}$
1937	179,99	42	43,24	172,06	496,35	-11.058,12	2,23568	0,00014	$-1,6852 \times 10^{-6}$
1938	325,45	43	41,89	169,80	602,16	-14.776,29	2,22994	0,00031	$-5,4912 \times 10^{-6}$
1939	314,13	44	40,54	168,95	644,60	-16.365,59	2,22776	0,00039	$-7,7881 \times 10^{-6}$
1940	138,10	45	39,19	164,99	861,36	-25.279,91	2,21746	0,00091	$-2,7332 \times 10^{-5}$
1941	202,06	46	37,84	154,52	1.585,54	-63.134,65	2,18898	0,00343	$-2,0118 \times 10^{-4}$
1942	224,70	47	36,49	153,67	1.653,96	-67.264,71	2,18659	0,00372	$-2,2688 \times 10^{-4}$
1943	331,11	48	35,14	150,56	1.916,59	-83.906,29	2,17771	0,00488	$-3,4110 \times 10^{-4}$
1944	172,06	49	33,78	146,88	2.252,35	-106.893,92	2,16696	0,00650	$-5,2394 \times 10^{-4}$
1945	215,08	50	32,43	146,03	2.333,75	-112.740,89	2,16444	0,00691	$-5,7464 \times 10^{-4}$
1946	291,49	51	31,08	144,33	2.500,89	-125.066,76	2,15936	0,00778	$-6,8667 \times 10^{-4}$
1947	168,95	52	29,73	144,33	2.500,89	-125.066,76	2,15936	0,00778	$-6,8667 \times 10^{-4}$
1948	154,52	53	28,38	138,10	3.162,81	-177.873,17	2,14019	0,01153	$-1,2384 \times 10^{-3}$
1949	113,77	54	27,03	126,50	4.602,12	-312.202,51	2,10209	0,02117	$-3,0796 \times 10^{-3}$
1950	198,10	55	25,68	124,24	4.913,86	-344.455,89	2,09426	0,02351	$-3,6040 \times 10^{-3}$
1951	297,15	56	24,32	123,11	5.073,56	-361.383,83	2,09029	0,02474	$-3,8911 \times 10^{-3}$
1952	430,16	57	22,97	120,84	5.402,09	-397.047,55	2,08221	0,02735	$-4,5224 \times 10^{-3}$
1953	294,32	58	21,62	120,56	5.443,33	-401.602,61	2,08120	0,02768	$-4,6055 \times 10^{-3}$
1954	112,63	59	20,27	120,56	5.443,33	-401.602,61	2,08120	0,02768	$-4,6055 \times 10^{-3}$
1955	164,99	60	18,92	113,77	6.491,35	-523.000,74	2,05603	0,03669	$-7,0285 \times 10^{-3}$
1956	211,40	61	17,57	112,63	6.676,34	-545.516,75	2,05165	0,03839	$-7,5210 \times 10^{-3}$
1957	93,96	62	16,22	99,05	9.079,97	-865.220,78	1,99585	0,06337	$-1,5951 \times 10^{-2}$
1958	94,84	63	14,86	97,64	9.350,68	-904.200,21	1,98963	0,06654	$-1,7164 \times 10^{-2}$
1959	221,87	64	13,51	96,79	9.515,79	-928.254,64	1,98583	0,06851	$-1,7933 \times 10^{-2}$
1960	376,39	65	12,16	96,79	9.515,79	-928.254,64	1,98583	0,06851	$-1,7933 \times 10^{-2}$
1961	210,27	66	10,81	94,84	9.900,03	-985.042,20	1,97699	0,07322	$-1,9812 \times 10^{-2}$
1962	240,27	67	9,46	93,96	10.075,92	-1.011.410,12	1,97294	0,07543	$-2,0715 \times 10^{-2}$
1963	217,91	68	8,11	88,30	11.244,25	-1.192.327,72	1,94596	0,09097	$-2,7440 \times 10^{-2}$
1964	97,64	69	6,76	86,32	11.668,08	-1.260.373,46	1,93611	0,09701	$-3,0216 \times 10^{-2}$
1965	282,72	70	5,41	82,07	12.604,31	-1.415.071,56	1,91418	0,11115	$-3,7058 \times 10^{-2}$

EXEMPLO 7.5 (continuação)

1966	146,88	71	4,05	81,08	12.827,58	-1.452.837,42	1,90891	0,11469	$-3{,}8843 \times 10^{-2}$
1967	288,66	72	2,70	77,83	13.574,32	-1.581.529,53	1,89115	0,12704	$-4{,}5283 \times 10^{-2}$
1968	174,61	73	1,35	61,13	17.744,61	-2.363.740,12	1,78625	0,21282	$-9{,}8180 \times 10^{-2}$
Estatísticas			$\sum =$	14.186,74	510.128,46	31.110.154,95	164,07326	2,69982	-0,10185
			$\overline{Q} =$	**194,34**			$\overline{y} =$	**2,2476**	
			$s =$	**84,17**			$s_y =$	**0,1936**	
			$g =$	**0,745**			$g_y =$	**-0,200**	

Fonte: U.S. Geological Survey Open File Report. I 19.2: W75, 1971.

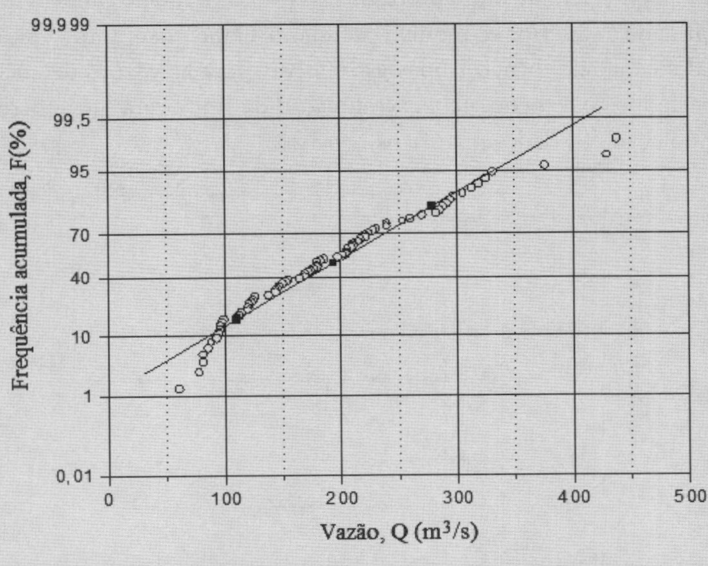

Figura 7.6 – Gráfico das frequência das cheias anuais (máximos valores de cada ano), para os dados da Tabela 7.3, em papel aritmético de probabilidade.

De forma semelhante, para testar a validade do modelo log-normal de probabilidade, na Figura 7.7 os valores da frequência F(y) encontram-se em escala de probabilidade, enquanto os valores da vazão Q são lançados em escala logarítmica (utiliza-se, neste caso, o papel logarítmico de probabilidade). A linha traçada, que representa o modelo normal de probabilidade para a função transformada logarítmica das vazões, Equação (7.19), passa agora pelos pontos característicos [Q; F(y)]:

$$y = \overline{y} = 2{,}2476 \rightarrow Q_{50\%} = 10^{2{,}2476} = 176{,}84 \text{ m}^3/\text{s}$$

e $F(y) = 50\% \rightarrow [Q;\ F(y)] \equiv [177 \text{ m}^3/\text{s};\ 50\%]$;

EXEMPLO 7.5 (continuação)

$$y = \bar{y} - s_y = 2{,}0539 \rightarrow Q_{16\%} = 10^{2{,}0539} = 113{,}22\ m^3/s$$

e $F(y) \cong 16\% \rightarrow [Q; F(y)] \equiv [113\ m^3/s; 16\%]$;

$$y = \bar{y} + s_y = 2{,}4412 \rightarrow Q_{84\%} = 10^{2{,}4412} = 276{,}20\ m^3/s$$

e $F(y) \cong 84\% \rightarrow [Q; F(y)] \equiv [276\ m^3/s; 84\%]$.

Nesse caso, a distribuição log-normal, representada na Figura 7.7 pela linha reta que passa pelos pontos acima obtidos, apresenta uma boa aderência aos pontos da série plotados. Portanto, a partir de uma inspeção visual comparativa das Figuras 7.6 e 7.7, conclui-se que, pela melhor aderência dos pontos à reta, o modelo log-normal de probabilidade é superior ao modelo gaussiano. Conclui-se, ainda, que o modelo log-normal é capaz de fornecer boas estimativas para as vazões de enchentes de grandes períodos de retorno, pela extrapolação da linha reta (que corresponde a uma extrapolação dos dados históricos).

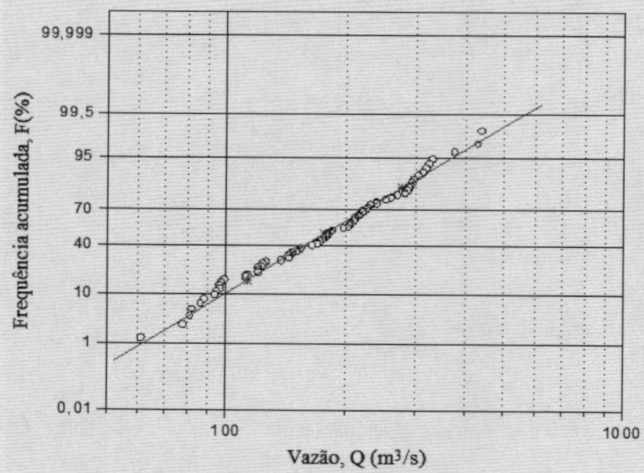

Figura 7.7 – Gráfico das frequências das cheias anuais (máximos valores de cada ano), para os dados da Tabela 7.3, em papel logarítmico de probabilidade.

b) Estimativas das cheias de 100 e 200 anos de recorrência:

Da conclusão tirada no item (a) do presente problema-exemplo, as extrapolações seriam confiáveis apenas se realizadas com o emprego da distribuição log-normal. Contudo, a título de ilustração do uso do modelo gaussiano, far-se-ão as determinações das vazões de 100 e 200 anos de recorrência por ambos os modelos, empregando-se as equações (7.5) e (7.21) de Chow.

EXEMPLO 7.5 (continuação)

b_1. Para Tr = 100 anos, F=1-1/Tr = 1-1/100 = 0,99.

- Distribuição normal:

Da Tabela 7.2, para F = 0,99 → z = K ≅ 2,33.

Da Equação (7.5):

$$Q_{Tr=100} = 194{,}34 + 2{,}33 \times 84{,}17 \rightarrow Q_{Tr=100} \cong 390 \text{ m}^3/\text{s}.$$

- Distribuição log-normal:

Para F = 0,99, como anteriormente, K = 2,33.

Da Equação (7.21):

$$y_{Tr=100} = 2{,}2476 + 2{,}33 \times 0{,}19364 = 2{,}69878 \rightarrow Q_{Tr=100} = 10^{2{,}69878} \cong 500 \text{ m}^3/\text{s}.$$

b_2. Para Tr = 200 anos, F=1-1/Tr = 1-1/200 = 0,995.

- Distribuição normal:

Da Tabela 7.2, para F = 0,995 → z = K ≅ 2,575.

Da Equação (7.5):

$$Q_{Tr=200} = 194{,}34 + 2{,}575 \times 84{,}17 \rightarrow Q_{Tr=200} \cong 411 \text{ m}^3/\text{s}.$$

- Distribuição log-normal:

Para F = 0,995, como antes, K = 2,575.

Da Equação (7.21):

$$y_{Tr=200} = 2{,}2476 + 2{,}575 \times 0{,}19364 = 2{,}74622 \rightarrow Q_{Tr=200} = 10^{2{,}74622} \cong 577 \text{ m}^3/\text{s}.$$

Observação: os resultados encontrados no problema-exemplo 7.5 também poderiam ser obtidos graficamente, pelas Figuras 7.6 e 7.7. Para isso, apoiando-se nas linhas retas representativas dos modelos de probabilidade, bastaria obterem-se os valores de vazão correspondentes às frequências de 99% e 99,5%.

7.4.3 DISTRIBUIÇÃO DE PEARSON TIPO III

A função distribuição de probabilidade de Pearson tipo III constitui um caso especial da função gama. A forma matemática da função densidade de probabilidade desta distribuição é

$$f(x) = \frac{1}{\alpha \cdot \Gamma(\beta)} \left(\frac{x-\gamma}{\alpha} \right)^{\beta-1} exp\left[-\left(\frac{x-\gamma}{\alpha} \right) \right], \tag{7.26}$$

sendo x a variável aleatória, α, β e γ parâmetros da distribuição e

$\Gamma(\beta) = \int_0^\infty e^{-x} \cdot x^{\beta-1} dx.$

O uso da distribuição de Person tipo III para a previsão de cheias pode ser feito segundo o método de Foster, conforme Villela e Mattos (1975), ou, ainda, empregando-se a relação de Chow, definida pela Equação (7.5).

Para considerar a natureza assimétrica da distribuição de Pearson tipo III, o fator de frequência da Equação (7.5) é posto em função da frequência (ou período de retorno) e do coeficiente de assimetria, este último definido como

$$g = \frac{N}{(N-1)\cdot(N-2)} \cdot \frac{\sum_{i=1}^{N}(x_i - \bar{x})^3}{s^3}, \tag{7.27}$$

sendo N o número de dados da série e as demais grandezas como anteriormente definidas.

Valores do fator de frequência da distribuição de Pearson tipo III, para uso com a Equação (7.5) de Chow, são apresentados na Tabela 7.4.

A distribuição Pearson tipo III é assimétrica e não admite valores negativos da variável aleatória. A assimetria pode ser positiva (g > 0) ou negativa (g < 0), conforme representado na Figura 7.8.

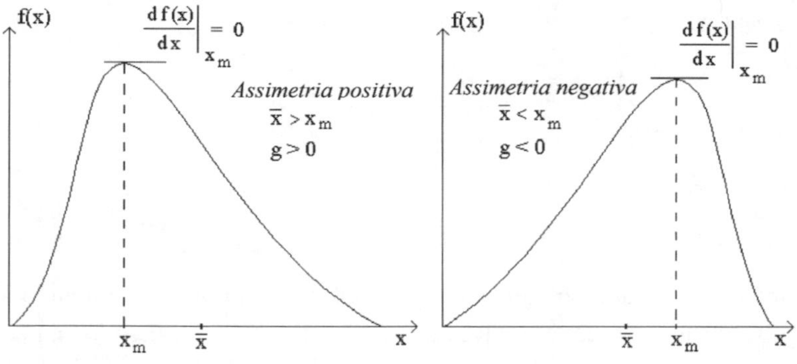

Figura 7.8 – Distribuições assimétricas de probabilidade: assimetria positiva para a média maior que a moda ($\bar{x} > x_m$); assimetria negativa para a média menor que a moda ($\bar{x} < x_m$).

EXEMPLO 7.6

Usando os dados da Tabela 7.3, estimar a magnitude das cheias de 100 e de 200 anos de recorrência empregando a distribuição de probabilidade de Pearson tipo III.

EXEMPLO 7.6 *(continuação)*

Solução:

Das estatísticas produzidas na Tabela 7.3,

$\bar{Q} = 194,339$ m³/s, s = 84,173 m³/s e g = 0,745,

- para Tr = 100 anos e g = 0,745, obtém-se K da Tabela 7.4 por interpolação:

$g = 0,7 \rightarrow K = 2,824;$

$g = 0,8 \rightarrow K = 2,891;$ e

$g = 0,745 \rightarrow K = ?$

$$\frac{K-2,824}{2,891-2,824} = \frac{0,745-0,7}{0,8-0,7} \rightarrow K = 2,854.$$

Da Equação (7.5),

$$Q_{Tr=100} = 194,339 + 2,854 \times 84,173 \rightarrow Q_{Tr=100} \cong 435 \text{ m}^3/\text{s}.$$

- para Tr = 200 anos e g = 0,745, da Tabela 7.4:

$g = 0,7 \rightarrow K = 3,223;$

$g = 0,8 \rightarrow K = 3,312;$ e

$g = 0,745 \rightarrow K = ?$

$$\frac{K-3,223}{3,312-3,223} = \frac{0,745-0,7}{0,8-0,7} \rightarrow K = 3,263.$$

Da Equação (7.5),

$$Q_{Tr=200} = 194,339 + 3,263 \times 84,173 \rightarrow Q_{Tr=200} \cong 469 \text{ m}^3/\text{s}.$$

Tabela 7.4 – Valores do fator de frequência K para a distribuição de Pearson tipo III

Coef. de assimetria	Tr = Período de retorno (anos)										
	1,0101	**1,2500**	**2**	**5**	**10**	**25**	**50**	**100**	**200**	**500**	**1.000**
	F = probabilidade de não excedência (%)										
g	1	20	50	80	90	96	98	99	99,5	99,8	99,9
3,0	-0,667	-0,636	-0,396	0,420	1,180	2,278	3,152	4,051	4,970	6,205	7,152
2,9	-0,690	-0,651	-0,390	0,440	1,195	2,277	3,134	4,013	4,909	6,113	7,034
2,8	-0,714	-0,666	-0,384	0,460	1,210	2,275	3,114	3,973	4,847	6,019	6,915
2,7	-0,740	-0,681	-0,376	0,479	1,224	2,272	3,093	3,932	4,783	5,923	6,794
2,6	-0,769	-0,696	-0,368	0,499	1,238	2,267	3,071	3,889	4,718	5,826	6,672
2,5	-0,799	-0,711	-0,360	0,518	1,250	2,262	3,048	3,845	4,652	5,728	6,548

2,4	-0,832	-0,725	-0,351	0,537	1,262	2,256	3,023	3,800	4,584	5,628	6,423
2,3	-0,867	-0,739	-0,341	0,555	1,274	2,248	2,997	3,753	4,515	5,527	6,296
2,2	-0,905	-0,752	-0,330	0,574	1,284	2,240	2,970	3,705	4,444	5,424	6,168
2,1	-0,946	-0,765	-0,319	0,592	1,294	2,230	2,942	3,636	4,372	5,320	6,039
2,0	-0,990	-0,777	-0,307	0,609	1,302	2,219	2,912	3,605	4,398	5,215	5,908
1,9	-1,037	-0,788	-0,294	0,627	1,310	2,207	2,881	3,553	4,223	5,108	5,775
1,8	-1,087	-0,799	-0,282	0,643	1,318	2,193	2,848	3,499	4,147	4,999	5,642
1,7	-1,140	-0,808	-0,268	0,660	1,324	2,179	2,815	3,444	4,069	4,890	5,507
1,6	-1,197	-0,817	-0,254	0,675	1,329	2,163	2,780	3,388	3,990	4,779	5,371
1,5	-1,256	-0,825	-0,240	0,690	1,333	2,146	2,743	3,330	3,910	4,667	5,234
1,4	-1,318	-0,832	-0,225	0,705	1,337	2,128	2,706	3,271	3,828	4,553	5,095
1,3	-1,383	-0,838	-0,210	0,719	1,339	2,108	2,666	3,211	3,745	4,438	4,955
1,2	-1,449	-0,844	-0,195	0,732	1,340	2,087	2,626	3,149	3,661	4,323	4,815
1,1	-1,518	-0,848	-0,180	0,745	1,341	2,066	2,585	3,087	3,575	4,206	4,673
1,0	-1,588	-0,852	-0,164	0,758	1,340	2,043	2,542	3,022	3,489	4,088	4,531
0,9	-1,660	-0,854	-0,148	0,769	1,339	2,018	2,498	2,957	3,401	3,969	4,388
0,8	-1,733	-0,856	-0,132	0,780	1,336	1,993	2,453	2,891	3,312	3,850	4,244
0,7	-1,806	-0,857	-0,116	0,790	1,333	1,967	2,407	2,824	3,223	3,730	4,100
0,6	-1,880	-0,857	-0,099	0,800	1,328	1,939	2,359	2,755	3,132	3,609	3,956
0,5	-1,955	-0,876	-0,083	0,808	1,323	1,910	2,311	2,686	3,041	3,487	3,811
0,4	-2,029	-0,855	-0,066	0,816	1,317	1,880	2,261	2,615	2,949	3,366	3,666
0,3	-2,104	-0,853	-0,050	0,824	1,309	1,849	2,211	2,544	2,856	3,244	3,521
0,2	-2,178	-0,850	-0,033	0,830	1,301	1,818	2,159	2,472	2,763	3,122	3,377
0,1	-2,252	-0,846	-0,017	0,836	1,292	1,785	2,107	2,400	2,670	3,000	3,233
0,0	-2,326	-0,842	0	0,842	1,282	1,751	2,054	2,326	2,576	2,878	3,090
-0,1	-2,400	-0,836	0,017	0,846	1,270	1,716	2,000	2,252	2,482	2,757	2,948
-0,2	-2,472	-0,830	0,033	0,850	1,258	1,680	1,945	2,178	2,388	2,637	2,808
-0,3	-2,544	-0,824	0,050	0,853	1,245	1,643	1,890	2,104	2,294	2,517	2,669
-0,4	-2,615	-0,816	0,066	0,855	1,231	1,606	1,834	2,029	2,201	2,399	2,533
-0,5	-2,686	-0,808	0,083	0,856	1,216	1,567	1,777	1,955	2,108	2,283	2,399
-0,6	-2,755	-0,800	0,099	0,857	1,200	1,528	1,720	1,880	2,016	2,169	2,268
-0,7	-2,824	-0,790	0,116	0,857	1,183	1,488	1,663	1,806	1,926	2,057	2,141
-0,8	-2,891	-0,780	0,132	0,856	1,166	1,448	1,606	1,733	1,837	1,948	2,017
-0,9	-2,957	-0,769	0,148	0,854	1,147	1,407	1,549	1,660	1,749	1,842	1,899
-1,0	-3,022	-0,758	0,164	0,852	1,128	1,366	1,492	1,588	1,664	1,741	1,786
-1,1	-3,087	-0,745	0,180	0,848	1,107	1,324	1,435	1,518	1,581	1,643	1,678
-1,2	-3,149	-0,732	0,195	0,844	1,086	1,282	1,379	1,449	1,501	1,550	1,577
-1,3	-3,211	-0,719	0,210	0,838	1,064	1,240	1,324	1,383	1,424	1,462	1,482
-1,4	-3,271	-0,705	0,225	0,832	1,041	1,198	1,270	1,318	1,351	1,380	1,394
-1,5	-3,330	-0,690	0,240	0,825	1,018	1,157	1,217	1,256	1,282	1,303	1,313
-1,6	-3,388	-0,675	0,254	0,817	0,994	1,116	1,166	1,197	1,216	1,231	1,238
-1,7	-3,444	-0,660	0,268	0,808	0,970	1,075	1,116	1,140	1,155	1,165	1,170
-1,8	-3,499	-0,643	0,282	0,799	0,945	1,035	1,069	1,087	1,097	1,105	1,107
-1,9	-3,553	-0,627	0,294	0,788	0,920	0,996	1,023	1,037	1,044	1,049	1,051
-2,0	-3,605	-0,609	0,307	0,777	0,895	0,959	0,980	0,990	0,995	0,998	0,999
-2,1	-3,656	-0,592	0,319	0,765	0,869	0,923	0,939	0,946	0,949	0,951	0,952
-2,2	-3,705	-0,574	0,330	0,752	0,844	0,888	0,900	0,905	0,907	0,909	0,909
-2,3	-3,753	-0,555	0,341	0,739	0,819	0,855	0,864	0,867	0,869	0,869	0,869
-2,4	-3,800	-0,537	0,351	0,725	0,795	0,823	0,830	0,832	0,833	0,833	0,833
-2,5	-3,845	-0,518	0,360	0,711	0,771	0,793	0,798	0,799	0,800	0,800	0,800

-2,6	-3,889	-0,499	0,368	0,696	0,747	0,764	0,768	0,769	0,769	0,769	0,769
-2,7	-3,932	-0,479	0,376	0,681	0,724	0,738	0,740	0,740	0,741	0,741	0,741
-2,8	-3,973	-0,460	0,384	0,666	0,702	0,712	0,714	0,714	0,714	0,714	0,714
-2,9	-4,013	-0,440	0,390	0,651	0,681	0,683	0,689	0,690	0,690	0,690	0,690
-3,0	-4,051	-0,420	0,396	0,636	0,660	0,666	0,666	0,667	0,667	0,667	0,667

7.4.4 DISTRIBUIÇÃO LOG-PEARSON TIPO III

A distribuição de probabilidade log-Pearson tipo III é assim denominada quando a função de distribuição da Equação (7.26) é aplicada à transformada logarítmica da variável x, isto é,

$$f(y)=\frac{1}{\alpha\cdot\Gamma(\beta)}\left(\frac{y-\gamma}{\alpha}\right)^{\beta-1} exp\left[-\left(\frac{y-\gamma}{\alpha}\right)\right], \qquad (7.28)$$

em que y = *log* x e as demais grandezas são como já definidas na seção 7.4.3.

Para obter a magnitude da variável x de recorrência Tr com o emprego da equação de Chow pela distribuição log-Pearson tipo III, deve-se, preliminarmente, calcular as três estatísticas: média, $\overline{y}$ (Equação 7.17), desvio padrão, s_y (Equação 7.18), e coeficiente de assimetria, g_y, este último agora definido como

$$g_y=\frac{N}{(N-1)\cdot(N-2)}\cdot\frac{\sum_{i=1}^{N}(log\, x_i-\overline{y})^3}{s_y^{\,3}}\,. \qquad (7.29)$$

Em seguida, com o emprego das Equações (7.21) e (7.22), determina-se a magnitude de x_{Tr}.

De forma resumida, deve-se adotar a seguinte marcha de procedimentos de cálculo:

i) construir a série para a variável transformada, $y_i = log\, x_i$;

ii) calcular a média $\overline{y}$, o desvio padrão s_y e o coeficiente de assimetria g_y para a série transformada;

iii) obter, por meio da Tabela 7.4, o fator de frequência em função do coeficiente de assimetria g_y e do período de retorno Tr;

iv) calcular y_{Tr} por meio da Equação (7.21) de Chow e obter x_{Tr} pela Equação (7.22)

$$y_{Tr}=\overline{y}+K\cdot s_y \;\rightarrow\; x_{Tr}=10^{y_{Tr}}.$$

Interessante mecionar que, com o fim de estabelecer uma padronização de procedimentos, o Conselho dos Recursos Hídricos dos Estados Unidos (Water Resources Council – WRC) adotou, em 1967, a distribuição log-Pearson tipo III como padrão de uso pelas agências federais americanas.

EXEMPLO 7.7

Empregando os dados da Tabela 7.3, determinar as magnitudes das cheias de 100 e 200 anos de recorrência com base na distribuição log-Pearson tipo III.

Solução:

Das estatísticas produzidas na Tabela 7.3:

$\overline{y} = 2,24758,\ s_y = 0,19364$ e $g_y = -0,200.$

- para Tr = 100 anos e g_y = -0,200, obtém-se K diretamente da Tabela 7.4 → K = 2,178.

Da Equação (7.21),

$$y_{Tr=100} = 2,24758 + 2,178 \times 0,19364 = 2,66933 \rightarrow Q_{Tr=100} = 10^{2,66933} \cong 467\ m^3/s.$$

- para Tr = 200 anos e g_y = -0,200, da Tabela 4 → K = 2,388.

Da Equação (7.21),

$$y_{Tr=200} = 2,24758 + 2,388 \times 0,19364 = 2,70999 \rightarrow Q_{Tr=200} = 10^{2,70999} \cong 513\ m^3/s.$$

7.4.5 DISTRIBUIÇÃO TIPO I DE FISHER-TIPPETT OU GUMBEL

Em 1928, Fisher e Tippett, a partir de vários conjuntos de muitas amostras, tomando o maior valor de cada conjunto, mostraram que a distribuição dos valores extremos é independente da distribuição original e comporta-se como uma função limite. Gumbel, em 1945, sugeriu que essa distribuição de valores extremos seria apropriada para a análise de frequência das cheias, desde que a série adotada fosse a anual, isto é, cada vazão da série de valores extremos fosse a maior vazão de uma amostra de 365 possibilidades (maior vazão do ano).

Apoiando-se no argumento de que não há limite físico para o valor da máxima vazão de enchente, Gumbel sugeriu que a probabilidade de ocorrência da cheia de magnitude igual ou superior a um dado valor x_0 (probabilidade de excedência) pode ser expressa pela equação:

$$P\{x \geq x_0\} = 1 - e^{-e^{-y}} \tag{7.30}$$

sendo **e** a base dos logaritmos *neperianos* e y, uma variável reduzida, definida pela expressão

$$y = \frac{1}{0,7797 \cdot s}\left(x - \overline{x} + 0,45 \cdot s\right). \tag{7.31}$$

Alternativamente, definindo-se a frequência $F(x_0)$ pela probabilidade de não excedência,

$$F(x_0) = P\{x < x_0\} = e^{-e^{-y}}. \tag{7.32}$$

EXEMPLO 7.8

Obter a expressão do fator de frequência de Chow em função do período de retorno para a distribuição de Gumbel.

Solução:

Comparando-se a equação de Chow (Equação 7.5) com a Equação (7.31), obtém-se

$$y = \frac{1}{0{,}7797}(K + 0{,}45) \tag{7.33}$$

Da Equação (7.30), lembrando que $P\{x \geq x_0\} = 1/Tr$, tem-se $1/Tr = 1 - e^{-e^{-y}}$. Exprime-se, então, y em função de Tr:

$$y = -ln\left[-ln\left(1 - \frac{1}{Tr}\right)\right]. \tag{7.34}$$

Finalmente, pelas equações (7.33) e (7.34), obtém-se

$$K = -\left\{0{,}45 + 0{,}7797\, ln\left[-ln\left(1 - \frac{1}{Tr}\right)\right]\right\}, \tag{7.35}$$

que relaciona o coeficiente de assimetria da distribuição de Gumbel com o período de retorno.

EXEMPLO 7.9

Com base nos dados da Tabela 7.3, e admitindo-se que a série segue o modelo de probabilidade de Gumbel, calcular os períodos de retorno das seguintes vazões de enchente:

a) $Q = \overline{Q} = 194{,}34\ m^3/s$;

b) $Q = 500\ m^3/s$.

Solução:

a) Nesse caso, o que se busca determinar é o período de retorno da vazão média da série. Da Equação (7.31), para $Q = \overline{Q}$, a variável reduzida da distribuição de Gumbel vale, então, y = 0,5771. Como $1/Tr = 1 - e^{-e^{-y}}$, tem-se

$$Tr = \frac{1}{1 - e^{-e^{-y}}} = \frac{1}{1 - e^{-e^{-0{,}5771}}} = 2{,}33 \text{ anos}.$$

EXEMPLO 7.9 *(continuação)*

Portanto, para a distribuição de Gumbel, o período de retorno da média é igual a 2,33 anos. Isto é, existe uma probabilidade teórica de aproximadamente 43% de ocorrer uma vazão de magnitude igual ou superior à média em um ano qualquer.[10]

b) Para obter o Tr correspondente à vazão Q = 500 m^3/s, calcula-se inicialmente o valor da variável reduzida y da Equação (7.31). Com $\bar{Q}$ = 194,34 m^3/s e s = 84,17 m^3/s,

$$y = \frac{1}{0,7797 \times 84,17}(500 - 194,34 + 0,45 \times 84,17) = 5,235.$$

Finalmente, calcula-se o período de retorno da vazão de 500 m^3/s:

$$Tr = \frac{1}{1 - e^{-e^{-5,235}}} = 188 \text{ anos.}$$

Deve ser apontado que a expressão analítica do coeficiente K em função de Tr, na forma da Equação (7.35), aplica-se apenas ao caso da distribuição de Gumbel referida a uma amostra muito grande. A aplicação da Equação (7.35) exigiria, a rigor, que a amostra fosse infinita, ou que o seu tamanho "tendesse a infinito", N $\rightarrow \infty$, situação em que a distribuição é, muitas vezes, chamada de "Gumbel teórica". Para os casos reais das séries de tamanho finito (amostras), quando a distribuição é também conhecida como "Gumbel-Chow" ou "Gumbel finita", o fator de frequência deve considerar o tamanho N da série, isto é, K = K(Tr, N). Para esse último caso, apresentam-se na Tabela 7.5 os valores de K para diferentes períodos de retorno e tamanhos de amostra. Na última linha dessa tabela, incluem-se, também, os valores de K para a amostra de tamanho infinito.

EXEMPLO 7.10

Usando os dados da Tabela 7.3, estimar as magnitudes das cheias de 50 e 100 anos de recorrência, com base na distribuição de Gumbel-Chow (Gumbel finita).

Solução:

Da Tabela 7.3,

$\bar{Q}$ =194,339 m^3/s e s = 84,173 m^3/s.

[10] Note que, para a distribuição normal, essa probabilidade seria de 50%. Isto é, para a distribuição normal, o período de retorno da média é de 2 anos.

EXEMPLO 7.10

- para Tr = 100 anos e N = 73, obtém-se K diretamente da Tabela 7.5 → K = 3,4044.

Pela Equação (7.5):

$$Q_{Tr=100} = 194,339 + 3,4044 \times 84,173 \rightarrow Q_{Tr=100} \cong 481 \text{ m}^3/\text{s}.$$

- para Tr = 50 anos e N = 73, da Tabela 7.5→ K = 2,8167.

Pela Equação (11.5):

$$Q_{Tr=50} = 194,339 + 2,8167 \times 84,173 \rightarrow Q_{Tr=50} \cong 431 \text{ m}^3/\text{s}.$$

7.4.5.1 Uso do papel de probabilidade de Gumbel

As respostas ao problema-exemplo 7.10 também poderiam ser obtidas por meio da construção de um gráfico de frequência, agora com o emprego do papel de probabilidade de Gumbel. Ele apresenta uma escala linear (aritmética), na abscissa, para a variável sendo estudada (evento extremo de chuva ou vazão) e outra escalar linear para a variável reduzida de Gumbel, y (ordenada). Por conveniência e para facilitar o lançamento dos dados em gráfico, escalas deformadas de Tr e F também são construídas em ordenadas complementares. Na Figura 7.9, é apresentado o papel de probabilidade de Gumbel. A título de familiarização com o uso desse papel, sugere-se ao estudante repetir o problema-exemplo 7.10, utilizando uma construção gráfica.

Tabela 7.5 – Valores do fator de frequência K para a distribuição de Gumbel

Tamanho da amostra	Período de retorno, Tr, em anos									
	2	5	10	15	20	25	50	75	100	1.000
	Probabilidade de não excedência, F (%)									
N	50	80	90	93,33	95	96	98	98,67	99	99,9
10	-0,1355	1,0580	1,8483	2,2942	2,6064	2,8467	3,5874	4,0181	4,3227	6,7524
11	-0,1376	1,0338	1,8094	2,2470	2,5533	2,7894	3,5163	3,9388	4,2379	6,6222
12	-0,1393	1,0134	1,7766	2,2071	2,5086	2,7409	3,4563	3,8719	4,1664	6,5125
13	-0,1408	0,9958	1,7484	2,1731	2,4704	2,6993	3,4048	3,8148	4,1050	6,4189
14	-0,1422	0,9806	1,7240	2,1434	2,4370	2,6632	3,3600	3,7650	4,0517	6,3371
15	-0,1434	0,9672	1,7025	2,1173	2,4078	2,6316	3,3208	3,7213	4,0049	6,2654
16	-0,1444	0,9553	1,6835	2,0919	2,3793	2,6035	3,2860	3,6788	3,9635	6,1958
17	-0,1454	0,9447	1,6665	2,0706	2,3553	2,5784	3,2549	3,6430	3,9265	6,1369
18	-0,1463	0,9352	1,6512	2,0524	2,3349	2,5559	3,2270	3,6125	3,8932	6,0870
19	-0,1470	0,9265	1,6373	2,0367	2,3173	2,5354	3,2017	3,5862	3,8631	6,0438

20	-0,1478	0,9187	1,6247	2,0231	2,3020	2,5169	3,1787	3,5634	3,8356	6,0065
21	-0,1484	0,9115	1,6132	2,0087	2,2859	2,4999	3,1576	3,5393	3,8106	5,9668
22	-0,1490	0,9049	1,6026	1,9964	2,2721	2,4843	3,1383	3,5187	3,7875	5,9331
23	-0,1496	0,8988	1,5929	1,9845	2,2587	2,4699	3,1205	3,4987	3,7663	5,9004
24	-0,1501	0,8931	1,5838	1,9736	2,2465	2,4565	3,1040	3,4805	3,7466	5,8704
25	-0,1506	0,8879	1,5754	1,9632	2,2348	2,4442	3,0886	3,4630	3,7283	5,8418
26	-0,1510	0,8830	1,5676	1,9540	2,2244	2,4326	3,0743	3,4475	3,7113	5,8163
27	-0,1515	0,8784	1,5603	1,9452	2,2146	2,4219	3,0610	3,4329	3,6954	5,7925
28	-0,1518	0,8742	1,5535	1,9367	2,2050	2,4118	3,0485	3,4186	3,6805	5,7689
29	-0,1522	0,8701	1,5470	1,9290	2,1964	2,4023	3,0368	3,4056	3,6665	5,7477
30	-0,1526	0,8664	1,5410	1,9216	2,1881	2,3934	3,0257	3,3932	3,6534	5,7273
31	-0,1529	0,8628	1,5353	1,9147	2,1804	2,3850	3,0153	3,3817	3,6410	5,7085
32	-0,1532	0,8594	1,5299	1,9081	2,1730	2,3770	3,0054	3,3707	3,6292	5,6904
33	-0,1535	0,8562	1,5248	1,9018	2,1659	2,3695	2,9961	3,3600	3,6181	5,6730
34	-0,1538	0,8532	1,5199	1,8962	2,1596	2,3623	2,9873	3,3507	3,6076	5,6576
35	-0,1540	0,8504	1,5153	1,8906	2,1533	2,3556	2,9789	3,3412	3,5976	5,6421
36	-,01543	0,8476	1,5110	1,8852	2,1473	2,3491	2,9709	3,3323	3,5881	5,6274
37	-0,1545	0,8450	1,5068	1,8802	2,1416	2,3430	2,9633	3,3239	3,5790	5,6138
38	-0,1548	0,8425	1,5028	1,8757	2,1366	2,3371	2,9561	3,3164	3,5704	5,6014
39	-0,1550	0,8402	1,4990	1,8711	2,1314	2,3315	2,9491	3,3086	3,5622	5,5886
40	-0,1552	0,8379	1,4954	1,8664	2,1262	2,3262	2,9425	3,3008	3,5543	5,5758
41	-0,1554	0,8357	1,4920	1,8621	2,1214	2,3211	2,9362	3,2936	3,5467	5,5641
42	-0,1556	0,8337	1,4886	1,8580	2,1168	2,3162	2,9301	3,2868	3,5395	5,5528
43	-0,1557	0,8317	1,4854	1,8541	2,1123	2,3115	2,9243	3,2800	3,5325	5,5418
44	-0,1559	0,8298	1,4824	1,8506	2,1084	2,3069	2,9187	3,2742	3,5259	5,5322
45	-0,1561	0,8279	1,4794	1,8469	2,1043	2,3026	2,9133	3,2681	3,5194	5,5221
46	-0,1562	0,8262	1,4766	1,8434	2,1004	2,2984	2,9081	3,2623	3,5133	5,5126
47	-0,1564	0,8245	1,4739	1,3657	1,5561	2,2944	2,9031	2,4171	3,5073	4,0847
48	-0,1566	0,8228	1,4712	1,8369	2,0930	2,2905	2,8983	3,2513	3,5016	5,4947
49	-0,1567	0,8212	1,4687	1,8340	2,0898	2,2868	2,8937	3,2465	3,4961	5,4868
50	-0,1568	0,8197	1,4663	1,8310	2,0864	2,2832	2,8892	3,2414	3,4908	5,4784
51	-0,1570	0,8182	1,4639	1,8281	2,0832	2,2797	2,8849	3,2366	3,4856	5,4705
52	-0,1571	0,8168	1,4616	1,8254	2,0802	2,2763	2,8807	3,2321	3,4807	5,4631

53	-0,1572	0,8154	1,4594	1,8220	2,0763	2,2731	2,8767	3,2262	3,4759	5,4534
54	-0,1573	0,8141	1,4573	1,8202	2,0743	2,2699	2,8728	3,2234	3,4712	5,4488
55	-0,1575	0,8128	1,4552	1,8178	2,0716	2,2669	2,8690	3,2192	3,4667	5,4420
56	-0,1576	0,8116	1,4532	1,8151	2,0686	2,2639	2,8653	3,2148	3,4623	5,4347
57	-0,1577	0,8103	1,4512	1,8130	2,0662	2,2610	2,8618	3,2112	3,4581	5,4289
58	-0,1578	0,8092	1,4494	1,8106	2,0636	2,2583	2,8583	3,2073	3,4540	5,4225
59	-0,1579	0,8080	1,4475	1,8084	2,0610	2,2556	2,8550	3,2035	3,4500	5,4163
60	-0,1580	0,8069	1,4458	1,8061	2,0585	2,2529	2,8518	3,1997	3,4461	5,4100
61	-0,1581	0,8058	1,4440	1,8040	2,0561	2,2504	2,8486	3,1962	3,4424	5,4042
62	-0,1582	0,8048	1,4424	1,8021	2,0539	2,2479	2,8455	3,1929	3,4387	5,3989
63	-0,1583	0,8038	1,4407	1,8000	2,0516	2,2455	2,8426	3,1894	3,4352	5,3932
64	-0,1583	0,8028	1,4391	1,7981	2,0494	2,2432	2,8397	3,1862	3,4317	5,3879
65	-0,1584	0,8018	1,4376	1,7964	2,0475	2,2409	2,8368	3,1833	3,4284	5,3832
66	-0,1585	0,8009	1,4361	1,7944	2,0454	2,2387	2,8341	3,1801	3,4251	5,3779
67	-0,1586	0,8000	1,4346	1,7928	2,0435	2,2365	2,8314	3,1773	3,4219	5,3732
68	-0,1587	0,7991	1,4332	1,7910	2,0415	2,2344	2,8288	3,1743	3,4188	5,3684
69	-0,1587	0,7982	1,4318	1,7893	2,0396	2,2324	2,8263	3,1715	3,4158	5,3637
70	-0,1588	0,7974	1,4305	1,7875	2,0376	2,2304	2,8238	3,1685	3,4128	5,3589
71	-0,1589	0,7965	1,4291	1,7860	2,0359	2,2284	2,8214	3,1660	3,4099	5,3547
72	-0,1590	0,7957	1,4278	1,7843	2,0340	2,2265	2,8190	3,1631	3,4071	5,3500
73	-0,1590	0,7950	1,4266	1,7829	2,0324	2,2246	2,8167	3,1607	3,4044	5,3461
74	-0,1591	0,7942	1,4254	1,7814	2,0307	2,2228	2,8144	3,1582	3,4017	5,3419
75	-0,1592	0,7934	1,4242	1,7800	2,0292	2,2211	2,8122	3,1559	3,3991	5,3382
76	-0,1592	0,7927	1,4230	1,7786	2,0276	2,2193	2,8101	3,1536	3,3965	5,3344
77	-0,1593	0,7920	1,4218	1,7773	2,0261	2,2176	2,8080	3,1512	3,3940	5,3304
78	-0,1593	0,7913	1,4207	1,7758	2,0244	2,2160	2,8059	3,1488	3,3916	5,3265
79	-0,1594	0,7906	1,4196	1,7746	2,0230	2,2143	2,8039	3,1468	3,3892	5,3232
80	-0,1595	0,7899	1,4185	1,7732	2,0215	2,2128	2,8020	3,1445	3,3868	5,3194
81	-0,1595	0,7893	1,4175	1,7721	2,0203	2,2112	2,8000	3,1426	3,3845	5,3162
82	-0,1596	0,7886	1,4165	1,7707	2,0187	2,2097	2,7982	3,1403	3,3823	5,3125
83	-0,1596	0,7880	1,4154	1,7697	2,0176	2,2082	2,7963	3,1385	3,3801	5,3097
84	-0,1597	0,7874	1,4145	1,0758	1,2265	2,2067	2,7945	1,9081	3,3779	3,2281
85	-0,1597	0,7868	1,4135	1,7673	2,0149	2,2053	2,7927	3,1345	3,3758	5,3031

86	-0,1598	0,7862	1,4125	1,7661	2,0135	2,2039	2,7910	3,1325	3,3738	5,2999
87	-0,1598	0,7856	1,4116	1,7650	2,0123	2,2026	2,7893	3,1306	3,3717	5,2967
88	-0,1599	0,7851	1,4107	1,7638	2,0109	2,2012	2,7877	3,1286	3,3698	5,2934
89	-0,1599	0,7845	1,4098	1,7626	2,0096	2,1999	2,7860	3,1266	3,3678	5,2902
90	-0,1600	0,7840	1,4089	1,7616	2,0085	2,1986	2,7844	3,1250	3,3659	5,2875
91	-0,1600	0,7834	1,4081	1,7606	2,0074	2,1973	2,7828	3,1234	3,3640	5,2847
92	-0,1601	0,7829	1,4072	1,7594	2,0061	2,1961	2,7813	3,1214	3,3622	5,2815
93	-0,1601	0,7824	1,4064	1,7584	2,0049	2,1949	2,7798	3,1196	3,3604	5,2787
94	-0,1602	0,7819	1,4056	1,7574	2,0038	2,1937	2,7783	3,1180	3,3586	5,2760
95	-0,1602	0,7814	1,4048	1,7565	2,0027	2,1925	2,7769	3,1164	3,3569	5,2733
96	-0,1602	0,7809	1,4040	1,7554	2,0016	2,1913	2,7754	3,1146	3,3552	5,2705
97	-0,1603	0,7804	1,4033	1,7546	2,0007	2,1902	2,7740	3,1133	3,3535	5,2682
98	-0,1603	0,7800	1,4025	1,7536	1,9995	2,1891	2,7726	3,1116	3,3519	5,2654
99	-0,1604	0,7795	1,4018	1,7528	1,9986	2,1880	2,7713	3,1102	3,3503	5,2631
100	-0,1604	0,7791	1,4010	1,7520	1,9977	2,1869	2,7700	3,1088	3,3487	5,2609
∞	-0,1642	0,7197	1,3048	1,6347	1,8659	2,0442	2,5927	2,9111	3,1372	4,9356

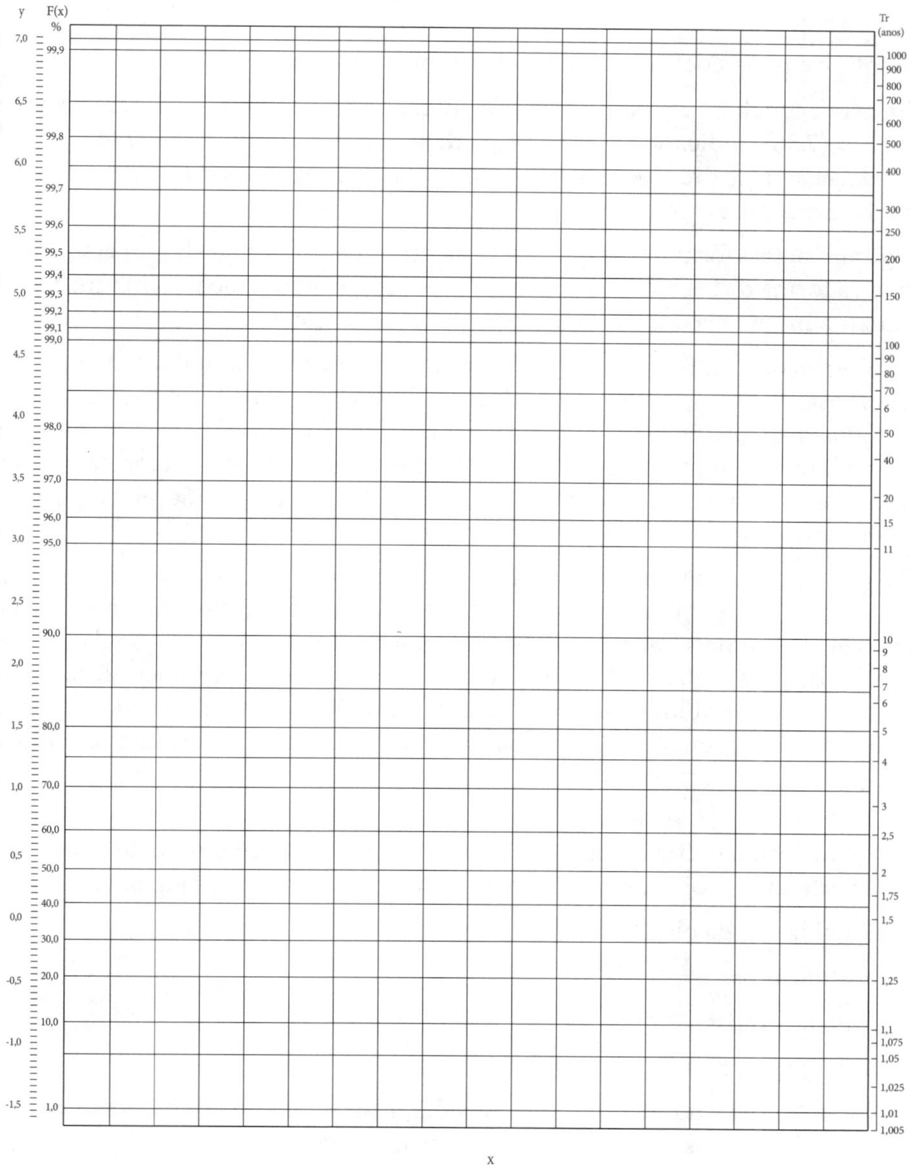

Figura 7.9 – Papel de probabilidade de Gumbel para a distribuição de frequência de eventos extremos.

7.5 FÓRMULAS PRÁTICAS PARA A VAZÃO DE ENCHENTE DE PROJETO

No passado, para o cálculo da enchente de projeto, os engenheiros sempre recorriam ao uso de equações empíricas da vazão. Essas equações, ainda hoje utilizadas, são normalmente escritas em termos das características físicas e climáticas locais. Uma das formas mais simples dessas equações empíricas é aquela que exprime a vazão em função da área de drenagem da bacia hidrográfica, na forma

$$Q = c \cdot A^n, \quad (7.36)$$

em que c e n são coeficientes ajustados empiricamente.

Em geral, com base em observações, costuma ser adotado n = – 0,5 para o expoente a Equação (7.36), indicando que os picos de vazão variam inversamente com a raiz quadrada da área de drenagem. Por essa formulação simples, as influências dos outros fatores recaem sobre o coeficiente c.

Algumas outras fórmulas empíricas incluem, ainda, fatores que levam em conta, por exemplo, a forma da bacia hidrográfica e a precipitação anual média, em uma tentativa de reduzir a influência das variações no valor do coeficiente c.

O emprego de fórmulas do tipo da Equação (7.36) ocorreu com mais intensidade no passado, basicamente pela ausência de dados hidrométricos que permitissem o emprego de métodos mais precisos e elaborados, como aqueles discutidos neste capítulo e no anterior. Contudo, as fórmulas práticas são ainda hoje utilizadas na forma conhecida como modelos de regionalização, que requerem uma boa e confiável base de dados para se produzir um ajuste estatístico satisfatório.

Deve ficar claro que uma expressão tão simples como a Equação (7.36) não é, em geral, capaz de representar a complexidade dos fenômenos envolvidos na ocorrência de uma cheia. Ademais, fórmulas desse tipo não permitem a introdução da análise de probabilidade para a vazão calculada. Atualmente, em face da existência de uma quantidade relativamente abundante de dados e com a melhor compreensão dos fenômenos hidrológicos, praticamente não se justifica mais o emprego das fórmulas empíricas.

Exercícios

7.1. Uma usina hidrelétrica tem 50 anos de vida útil. Qual o risco de falha se o seu vertedor é projetado para a cheia de tempo de recorrência igual a:

a) a vida útil da obra?

b) 1.000 anos?

c) 10.000 anos?

R: a) 63%; **b)** 4,8%; **c)** 0,5%.

7.2. Qual o período de retorno a considerar no projeto da hidrelétrica com vida útil de 50 anos, se se admite um risco de 10%?

R: Tr = 475 anos.

7.3. Que período de retorno o engenheiro deve adotar no projeto de uma galeria de drenagem de uma rodovia, se ele está disposto a aceitar somente 10% de risco de que a obra falhe nos próximos 5 anos?

R: Tr = 48 anos.

7.4. Uma ensecadeira deverá ser construída para proteger as atividades de construção de uma barragem durante os 5 anos de obra. Se a ensecadeira é projetada para resistir uma cheia de 20 anos, qual o risco de que a estrutura venha a ser sobrepassada:

a) no primeiro ano?

b) em um ano qualquer dos 5 anos de construção da barragem?

c) em nenhum ano dos 5 anos de construção?

R: a) 5,0%; **b)** 22,6%; **c)** 77,4%.

7.5. O conjunto de dados a seguir foi obtido em um posto de medição de vazão, no período de 1940 a 1959 (inclusive).

- média das cheias anuais (série anual): 198,24 m^3/s;
- desvio padrão das cheias anuais: 28,32 m^3/s;
- coeficiente de assimetria das cheias anuais: 1,0;
- média dos logaritmos (base 10) das cheias anuais: 1,27;
- desvio padrão dos logaritmos das cheias anuais: 0,50;
- coeficiente de assimetria dos logaritmos das cheias anuais: 0,2.

Com base nesses dados, determinar a magnitude da cheia de 100 anos, assumindo que os picos de vazão sigam as distribuições:

a) normal;

b) log-normal;

c) Pearson Tipo III;

d) log-Pearson Tipo III;

e) Gumbel-Chow (Gumbel finita);

f) Gumbel (teórica).

R: a) 264 m^3/s; **b)** 271 m^3/s; **c)** 284 m^3/s; **d)** 320 m^3/s; **e)** 307 m^3/s; **f)** 287 m^3/s.

7.6. As vazões máximas anuais em uma seção de um curso d'água natural, correspondentes a 28 anos de observação, são fornecidas na Tabela 7.6, já classificadas em ordem decrescente.

Tabela 7.6 – Vazões máximas observadas na calha de um rio, classificadas em ordem decrescente para o exercício 7.6

Ordem m	Q (m^3/s)	Ordem m	Q (m^3/s)	Ordem m	Q (m^3/s)	Ordem m	Q (m^3/s)
1	261	8	182	15	167	22	150
2	239	9	180	16	163	23	140
3	210	10	179	17	158	24	137
4	196	11	176	18	153	25	126
5	190	12	172	19	151	26	120
6	189	13	170	20	151	27	111
7	189	14	169	21	150	28	104

a) Estimar as cheias de 50 anos de recorrência, com base nas distribuições:

a1) log-normal;

a2) log-Pearson III;

a3) Gumbel-Chow;

a4) Gumbel (teórica).

R: **a_1**) 251 m^3/s; **a_2**) 248 m^3/s; **a_3**) 274 m^3/s; **a_4**) 258 m^3/s.

b) Discutir os resultados do item (a), lançando as frequências em papel de probabilidade.

Sugestão: utilizar a relação de Weibull para a posição de plotagem e lançar os pares de valores de F e Q em papel aritmético de probabilidade.

7.7. As frequências das cheias anuais de um rio seguem a distribuição log-normal de probabilidade. A cheia de período de recorrência de 2 anos foi estimada em 113 m^3/s e a de 10 anos em 150 m^3/s. Determine a magnitude da cheia de 25 anos.

R: $Q_{Tr=25} = 166$ m^3/s.

7.8. Repetir o problema-exemplo 7.10 utilizando uma construção gráfica em papel de probabilidade de Gumbel.

7.9. As máximas vazões anuais em um rio, levantadas de um período de registro de 40 anos, indicam que tais eventos se distribuem segundo Gumbel e têm média e desvio padrão iguais a 60 m^3/s e 23 m^3/s, respectivamente. Com base nesses dados, determinar:

a) a probabilidade de ocorrer um evento de magnitude menor que 85 m^3/s;

b) a magnitude da cheia de 200 anos de período de retorno;

c) a probabilidade de que ao menos uma cheia com período de retorno de 100 anos venha ocorrer durante os próximos 25 anos.

R: **a)** **P**$\{Q<85\} = 87\%$; **b)** $Q_{200} = 144,6$ m^3/s; **c)** R = 22,2%.

7.10. Demonstre que o período de retorno da média de uma variável hidrológica, segundo a distribuição de Gumbel (teórica), é de 2,33 anos.

7.11. Determine, pelo método de Gumbel-Chow, o valor médio de uma série histórica de eventos máximos com 35 anos de observações, sabendo-se que: i) o evento de magnitude 180 m^3/s tem período de retorno de 50 anos; e ii) o desvio padrão da amostra é de 30 m^3/s.

R: $\overline{Q} = 90,6$ m^3/s.

7.12. Considere os dados das vazões máximas em um curso d'água cuja área da bacia de drenagem é de 2.220 km^2, fornecidos na Tabela 7.7. Obter as enchentes com tempos de recorrência de 50, 100, 200 e 1.000 anos, considerando as distribuições das frequências das vazões segundo:

a) normal;

b) log-Normal;

c) log-Pearson; e

d) Gumbel (teórica).

Tabela 7.7 – Vazões máximas em um curso d'água para o exercício 7.12

Data	Q (m³/s)	Data	Q (m³/s)	Data	Q (m³/s)
01/02/1931	314,0	11/03/1942	96,4	29/03/1953	51,9
09/12/1932	165,0	15/03/1943	244,0	13/02/1954	169,0
17/12/1933	113,0	07/03/1944	116,0	17/01/1955	102,0
05/01/1934	109,0	05/02/1945	240,0	05/01/1956	135,0
21/12/1935	289,0	28/01/1946	167,0	21/01/1957	206,0
07/03/1936	121,0	04/03/1947	302,0	29/01/1958	425,0
19/12/1937	225,0	16/03/1948	182,0	23/03/1959	95,0
22/12/1938	153,0	09/02/1949	93,1	25/02/1960	123,0
24/01/1939	139,0	24/02/1950	212,0	23/12/1961	490,0
14/01/1940	250,0	19/01/1951	171,0	17/03/1962	212,0
29/09/1941	75,7	26/02/1952	163,0	31/12/1963	237,0
				21/02/1964	205,0

R: a) Normal: 384 m^3/s, 410 m^3/s, 434 m^3/s e 483 m^3/s; **b)** Log-normal: 457 m^3/s, 522 m^3/s, 590 m^3/s e 759 m^3/s; **c)** Log-Pearson: 453 m^3/s, 516 m^3/s, 581 m^3/s e 740,7 m^3/s; e **d)** Gumbel: 435 m^3/s, 487 m^3/s, 539 m^3/s e 659 m^3/s.

CAPÍTULO 8
PERMANÊNCIA DE VAZÃO

8.1 GENERALIDADES

Para o gerenciamento sustentável dos recursos hídricos superficiais e para a regulação do uso das águas em uma bacia hidrográfica, é fundamental conhecer a oferta hídrica, as demandas pelo uso, assim como as vazões que permitem a conservação ambiental.

As curvas de permanência ou duração das vazões, ao caracterizarem as frequências de ocorrência da variável hidrológica, permitem avaliar a disponibilidade hídrica frente às demandas. Como alternativa ao emprego das vazões mínimas, valores de permanência de 90% e 95% são muito utilizados nas avaliações de atendimento a padrões ambientais do corpo d'água receptor para a alocação de cargas poluidoras e para a concessão de outorgas de captação de água e de lançamento de efluentes em corpos d'água naturais.

A curva de permanência de vazão, também conhecida como curva de duração, é um traçado gráfico que informa com que frequência a vazão de dada magnitude é igualada ou excedida durante o período de registro das vazões. O traçado da curva é feito, normalmente, com as vazões lançadas na ordenada, contra a porcentagem do tempo que essas vazões são igualadas ou excedidas, na abscissa, como ilustrado na Figura 8.1.

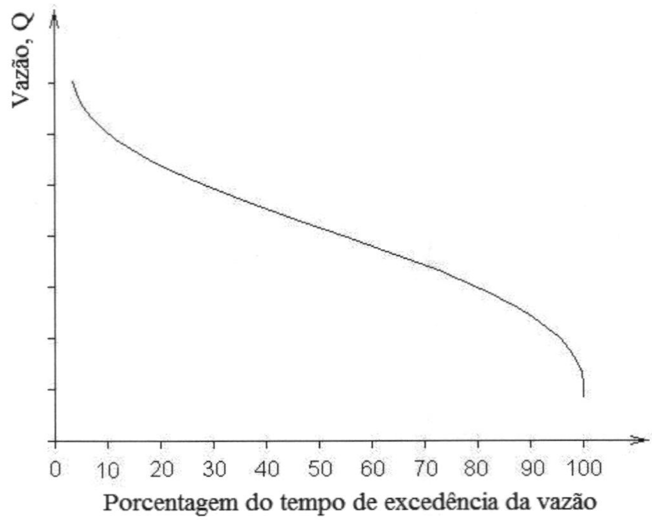

Figura 8.1 – Curva de permanência de vazão típica.

No sentido estatístico, a curva de permanência representa, então, uma curva de distribuição das frequências acumuladas das vazões de um rio.

8.2 CONSTRUÇÃO DA CURVA DE PERMANÊNCIA

Uma curva de permanência, também chamada de curva de duração, é gerada com base nos registros das vazões observadas em uma estação fluviométrica. A curva pode ser construída para as vazões diárias (vazões médias diárias), situação em que se utiliza a série total,[1] ou para as vazões médias mensais ou, ainda, anuais.

É muito provável que a curva de permanência das vazões médias anuais difira significativamente daquela construída com vazões médias mensais ou diárias. Como, em geral, as vazões médias de um rio variam de mês a mês, mas mantêm um valor médio anual aproximadamente constante, a curva de permanência das vazões médias mensais terá uma forma similar à mostrada na Figura 8.1, enquanto a curva de permanência das vazões médias anuais será uma linha quase horizontal.

Para preparar uma curva de permanência de vazões médias diárias, mensais ou anuais, o procedimento utilizado se dá como segue:

i) as vazões utilizadas na análise são divididas em classes, de intervalo constante, dispostas em ordem decrescente. O tamanho do intervalo de classe, ΔQ, é calculado segundo a expressão:

$\Delta Q = (Q_{máx} - Q_{mín})$ / número de pontos de plotagem,

[1] Diferentemente das séries parcial e anual, utilizadas na análise de frequência de chuvas e de cheias, a série total considera todos os dados gerados na estação hidrométrica.

em que $Q_{máx}$ e $Q_{mín}$ são, respectivamente, o maior e o menor valor de vazão de toda a série de registros de dados. Em geral, dez ou mais classes, que constituirão os pontos de plotagem, são suficientes para um traçado adequado da curva de permanência, embora esse total dependa muito do tamanho da série;

ii) o registro completo de dados é, em seguida, "esquadrinhado", contando-se o número absoluto de observações dentro de cada de classe. Assim, se for construído um gráfico de barras das vazões de cada intervalo (ordenada), contra o número de observações correspondentes (abscissa), ter-se-á uma distribuição como aquela mostrada na Figura 8.2, cujo contorno nada mais é do que a representação gráfica da distribuição das frequências absolutas das ocorrências das vazões;

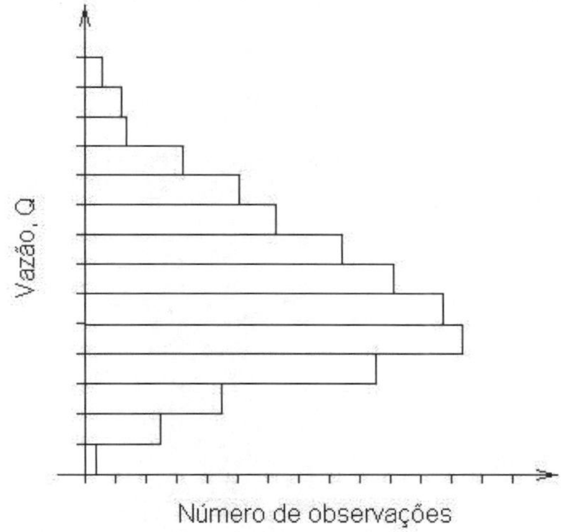

Figura 8.2 – Visualização gráfica da curva de distribuição das vazões.

iii) a partir do passo anterior, o número de observações em cada classe é acumulado no sentido decrescente das vazões (começando pelo intervalo que contém a vazão máxima). O gráfico da contagem acumulada terá, então, uma forma aproximada àquela da Figura 8.3:

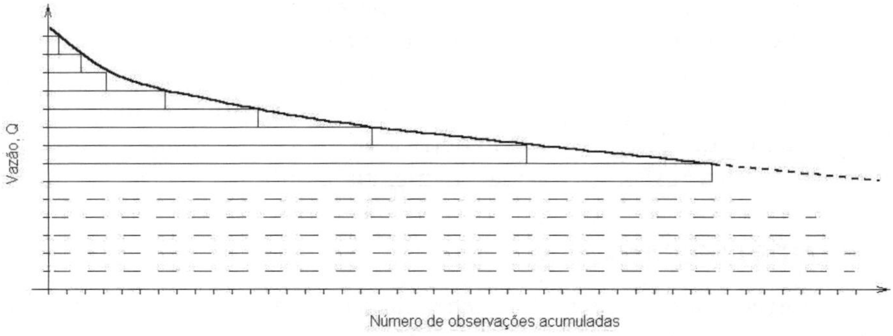

Figura 8.3 – Visualização gráfica das frequências acumuladas ocorrências das vazões.

iv) as observações absolutas acumuladas são, então, transformadas em porcentagens. Para isso, dividem-se os valores acumulados pelo número total de registros de vazão e multiplica-se o resultado por 100;

v) finalmente, lançam-se em gráfico cartesiano os valores das vazões (limite inferior de cada intervalo de classe), em ordenada, *versus* as contagens percentuais acumuladas correspondentes, em abscissa, e traça-se uma linha suave pelos pontos plotados. A curva gerada terá uma forma similar àquela da Figura 8.1. Os valores no eixo das abscissas fornecerão, então, a contagem do tempo percentual em que ocorreram vazões de magnitudes iguais ou superiores a uma dada vazão de referência, como ilustra a Figura 8.4.

Observação: é comum, ainda, lançarem-se os valores das vazões adimensionais nas ordenadas, dividindo-se as vazões pelo valor médio da série.

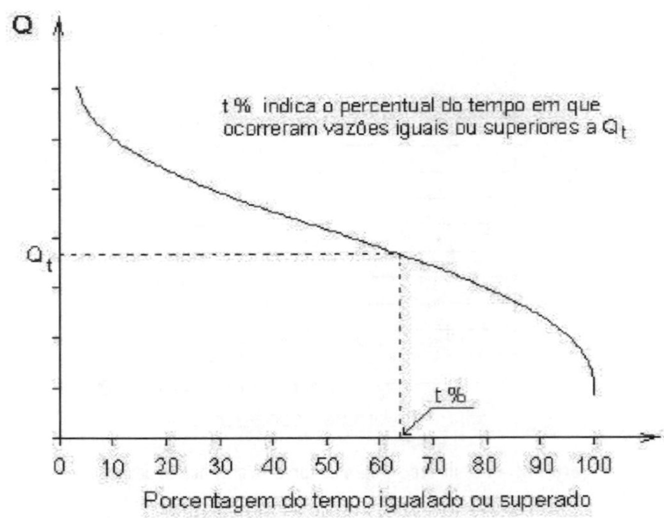

Figura 8.4 – Curva de permanência de vazão e tempo percentual em que a vazão Q_t é igualada ou excedida.

A curva de permanência, por permitir que se conheçam os intervalos de tempo em que as vazões foram igualadas ou excedidas, acaba por se constituir em importante ferramenta empregada em estudos visando a conservação e/ou o aproveitamento dos recursos hídricos. A forma da curva, ou mais propriamente a sua declividade, se constitui em indicativo das características do próprio curso d'água. Por exemplo, uma curva plana, mais achatada, sugere que grandes armazenamentos naturais estão presentes no curso d'água a montante da seção fluviométrica. Já uma curva com forte declividade, ao contrário, indica a ausência de armazenamentos significativos na calha do rio.

8.3 VAZÕES MEDIANA E MÉDIA

A vazão correspondente a 50% de excedência, a chamada vazão mediana, pode ser facilmente encontrada na curva de permanência, como ilustra o gráfico da Figura 8.5: para o valor de 50% da abscissa, tem-se Q_{50} = vazão mediana.

A vazão média, que é obtida do cálculo da média aritmética de todos os valores da série de registros, também pode ser conhecida a partir da curva de permanência. Para isso, um procedimento simples e aproximado consiste em determinar a área sob a curva da Figura 8.5 e dividir o valor encontrado por 100. Como ilustração, no gráfico da Figura 8.5 é traçada uma linha horizontal que divide a curva de permanência em duas partes iguais; o valor da ordenada correspondente indica o valor da vazão média.[2]

O procedimento de cálculo da vazão média, baseado na área sob a curva de permanência, pode ser representado pela fórmula aproximada

$$\bar{Q} = 0{,}025\left(\bar{Q}_0 + \bar{Q}_{100}\right) + 0{,}05\left(Q_5 + Q_{95}\right) + 0{,}075\left(Q_{10} + Q_{90}\right) +$$
$$+ 0{,}10\left(Q_{20} + Q_{30} + Q_{40} + Q_{50} + Q_{60} + Q_{70} + Q_{80}\right), \tag{8.1}$$

em que:

$\bar{Q}$ = vazão média;

Q_5, Q_{10}, Q_{20}, Q_{30}, Q_{40}, Q_{50}, Q_{60}, Q_{70}, Q_{80}, Q_{90} e Q_{95} = vazões de 5, 10, 20, 30, 40, 50, 60, 70, 80, 90 e 95% de permanência, respectivamente;

$\bar{Q}_0$ = um valor de vazão próximo de 0% de permanência (toma-se qualquer valor inferior a 5%), e

$\bar{Q}_{100}$ = um valor de vazão próximo de 100% de permanência (toma-se qualquer superior ao nível de 95%).

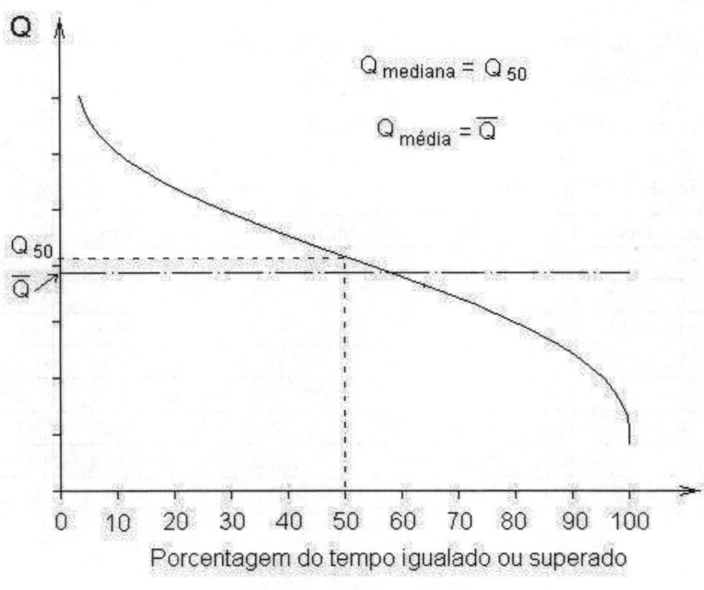

Figura 8.5 – Curva de permanência, vazões média e mediana.

[2] Usualmente, as vazões média e mediana têm valores diferentes.

Observações relativas aos valores de vazão obtidos da curva de permanência para aplicações na geração de hidroeletricidade:

1. a potência firme de uma usina hidrelétrica a fio d'água (sem armazenamento) é estimada com base na vazão de 90% de permanência, tomando-se como referência a curva de permanência ou duração "não regularizada";
2. a vazão mínima de um curso d'água pode ser aumentada como consequência do armazenamento produzido em um reservatório de regularização.[3] O efeito da presença do reservatório modifica a curva de permanência, tornando-a mais achatada. Como resultado, a potência firme de uma usina hidrelétrica é aumentada.
3. em estudos voltados para a geração de energia hidrelétrica, a ordenada e a abscissa da curva de permanência podem ser substituídas, respectivamente, pela potência, em kW, e o tempo, em horas, de modo que a área sob a curva fornecerá, diretamente, a energia anual produzida pela usina, em kW·h.

EXEMPLO 8.1

Na Tabela 8.1 são fornecidas as vazões médias mensais de um curso d'água natural. [4] Com base nesses dados, pede-se:

a) construir a curva de permanência das vazões médias mensais;

b) obter, a partir da curva de permanência, a porcentagem do tempo em que a vazão de 20,00 m³/s é igualada ou excedida.

c) determinar a mediana e a média das vazões médias mensais.

Tabela 8.1 – Vazões médias mensais, em m³/s, para os anos hidrológicos de 1979 a 1985

Ano	Out.	Nov.	Dez.	Jan.	Fev.	Mar.	Abr.	Maio	Jun.	Jul.	Ago.	Set.
1978-1979	13,25	20,10	41,40	23,81	25,46	20,81	27,50	43,55	35,31	23,76	16,31	13,62
1979-1980	31,54	32,28	22,65	20,93	16,45	14,13	19,54	45,08	75,10	30,81	19,57	13,22
1980-1981	13,20	18,21	18,38	12,23	16,45	21,58	31,74	64,56	49,89	31,94	18,86	13,39
1981-1982	11,72	27,18	21,78	18,55	19,65	26,16	25,26	44,46	75,32	53,07	24,41	15,63
1982-1983	23,16	41,00	43,49	20,59	37,18	17,67	33,10	42,59	42,02	31,97	18,07	11,95
1983-1984	15,74	15,40	14,19	9,34	18,18	12,12	27,47	39,84	35,37	28,43	17,70	12,26
1984-1985	9,66	6,43	6,88	29,53	27,69	11,78	18,83	32,54	36,87	39,76	20,25	14,16

[3] O reservatório de regularização é estudado no Capítulo 9.

[4] Esclarece-se que o curso d'água a que se referem os dados da Tabela 8.1 está localizado na América do Norte, o que justifica os períodos de cheia e estiagem.

EXEMPLO 8.1 *(continuação)*

Solução:

a) Construção da curva de permanência:

As vazões médias mensais fornecidas na Tabela 8.1 variam de um valor mínimo de 6,43 m^3/s a um máximo de 75,32 m^3/s. Para obter, por exemplo, 15 pontos de plotagem, as vazões devem ser divididas em 15 classes de amplitude iguais a 4,59 m^3/s. Arredondando-se o tamanho do intervalo para 4,60 m^3/s, obtêm-se as classes de vazão representadas em ordem decrescente na coluna 1 da Tabela 8.2, com as correspondentes contagens do número absoluto de observações na coluna 2. Na terceira coluna dessa tabela, a contagem é acumulada (nota-se, na última linha, que o total acumulado das observações é igual a 84, o que confere com o total de dados da Tabela 8.1). Na última coluna da Tabela 8.2, a contagem acumulada é transformada em porcentagem: dividem-se os valores da coluna 3 por 84, e multiplicam-se os resultados por 100. Preparada a tabela, a curva de permanência pode, então, ser construída com o lançamento dos valores de vazão iguais aos limites inferiores dos intervalos da 1ª coluna, lançados em ordenada, contra os valores das contagens relativas acumuladas da coluna (4) da Tabela 8.2, lançados em abscissa.

O gráfico da Figura 8.6 representa a curva de permanência procurada: a linha contínua é esboçada de modo a obter a melhor aderência aos pontos.

b) Da análise do gráfico da Figura 8.6, tem-se que o percentual do tempo em que a vazão de 20 m^3/s é igualada ou excedida equivale a, aproximadamente, 60%.

c) Do gráfico da curva de permanência, para o tempo de excedência de 50%, encontra-se o valor da vazão mediana:

$Q_{mediana} = Q_{50} \cong 22\ m^3/s$.

Para obter a vazão média a partir da curva de permanência, emprega-se a Equação (8.1):

$$\bar{Q} = 0{,}025\left(\bar{Q}_0 + \bar{Q}_{100}\right) + 0{,}05\left(Q_5 + Q_{95}\right) + 0{,}075\left(Q_{10} + Q_{90}\right) +$$

$$+ 0{,}10\left(Q_{20} + Q_{30} + Q_{40} + Q_{50} + Q_{60} + Q_{70} + Q_{80}\right)$$

$$\bar{Q} = 0{,}025\cdot(75 + 5) + 0{,}05\cdot(52 + 11) + 0{,}075\cdot(43 + 13) + 0{,}10\cdot(36 + 31 + 26 +$$

$$+ 22 + 19 + 17 + 15) \cong 26\ m^3/s.$$

A vazão média poderia, ainda, ser calculada pela média aritmética de todas as vazões dadas na Tabela 8.1. Assim,

$$\bar{Q} = \sum_{i=1}^{N=84}\left(Q_i/N\right) \cong 26\ m^3/s,$$

que confere com o resultado anteriormente encontrado.

EXEMPLO 8.1 *(continuação)*

Tabela 8.2 – Elementos para a construção da curva de permanência do exemplo 8.1

Classe (m^3/s)	Número de observações	Observações acumuladas	Percentual acumulado
76,00 - 71,40	2	2	2,4
71,40 - 66,80	0	2	2,4
66,80 - 62,20	1	3	3,6
62,20 - 57,60	0	3	3,6
57,60 - 53,00	1	4	4,8
53,00 - 48,40	1	5	6,0
48,40 - 43,80	2	7	8,3
43,80 - 39,20	8	15	17,9
39,20 - 34,60	4	19	22,6
34,60 - 30,00	8	27	32,1
30,00 - 25,40	8	35	41,7
25,40 - 20,80	10	45	53,6
20,80 - 16,20	18	63	75,0
16,20 - 11,60	17	80	95,2
11,60 - 7,00	2	82	97,6
7,00 - 2,40	2	84	100,0

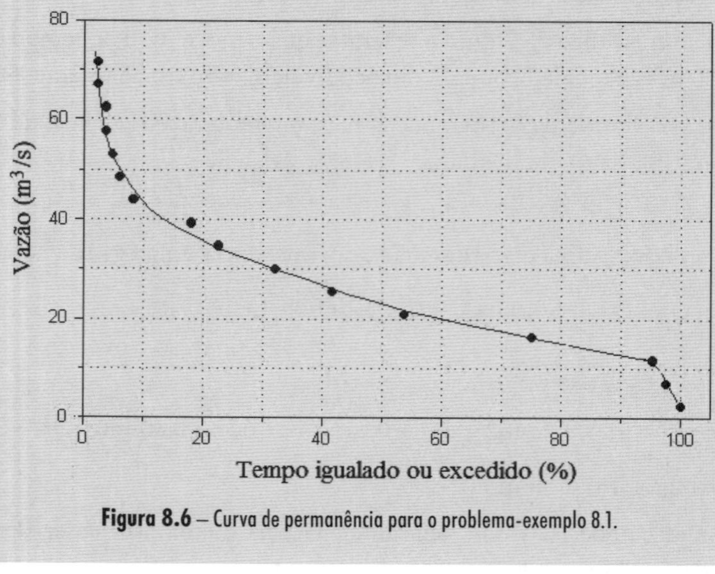

Figura 8.6 – Curva de permanência para o problema-exemplo 8.1.

Exercícios

8.1. Os dados de vazão média mensal (m^3/s) do rio Menominee, a jusante de Koss, no estado do Mississippi (Estados Unidos), são dados na Tabela 8.3, para o período de 1947 a 1976. Com base nesses dados, pede-se:

a) construir a curva de duração (curva de permanência) das vazões;

b) determinar a porcentagem do tempo em que a vazão de 100 m³/s é igualada ou superada;

c) determinar a mediana e a média da vazão média mensal do rio Menominee.

Tabela 8.3 – Vazões médias mensais, para o período de 1947 a 1976, em m³/s

Ano	Out.	Nov.	Dez.	Jan.	Fev.	Mar.	Abr.	Maio	Jun.	Jul.	Ago.	Set.
1947	56,6	76,7	56,8	54,0	53,0	60,1	157,0	164,0	103,0	72,1	55,5	52,7
1948	51,0	59,3	47,1	49,2	35,4	72,5	103,0	82,3	48,5	42,2	45,8	39,6
1949	34,8	56,1	49,2	45,9	47,9	57,4	87,7	84,7	62,0	102,0	51,7	57,2
1950	57,0	57,8	58,6	59,1	57,6	61,1	199,0	243,0	101,0	69,2	65,8	49,0
1951	43,4	48,9	48,4	50,5	44,5	68,0	267,0	171,0	143,0	159,0	93,3	122,0
1952	147,0	117,0	87,0	76,9	75,6	66,5	219,0	94,0	86,7	153,0	97,0	58,6
1953	45,6	50,2	51,9	59,4	62,5	103,0	167,0	133,0	166,0	174,0	87,5	67,0
1954	56,1	53,4	63,6	57,0	66,7	68,5	182,0	184,0	138,0	73,2	61,0	91,1
1955	123,0	84,6	68,5	66,2	61,0	70,5	254,0	108,0	106,0	48,7	56,1	38,0
1956	59,7	63,0	57,4	59,0	54,8	49,7	270,0	108,0	88,4	116,0	83,4	61,5
1957	48,8	53,1	53,6	49,4	46,1	69,7	130,0	93,0	65,0	41,4	36,3	52,3
1958	52,7	73,3	59,8	54,0	51,3	61,8	123,0	65,9	62,0	132,0	47,0	58,5
1959	47,7	68,9	48,4	46,7	43,1	55,0	110,0	105,0	56,7	48,3	78,0	142,0
1960	155,0	122,0	78,2	82,3	71,0	62,4	242,0	373,0	135,0	83,4	72,1	80,8
1961	80,5	102,0	68,2	52,6	49,2	77,0	158,0	186,0	82,5	60,8	53,8	48,9
1962	57,9	67,6	63,1	53,9	52,4	69,2	168,0	168,0	107,0	59,3	52,1	73,8
1963	65,3	54,7	51,4	46,8	43,8	56,1	87,7	120,0	99,1	43,6	40,6	38,0
1964	34,2	35,6	35,7	37,2	33,8	41,8	70,2	131,0	63,2	42,1	56,9	65,1
1965	55,6	69,8	54,2	49,3	44,1	50,9	173,0	361,0	83,6	51,7	45,6	56,2
1966	67,5	76,6	87,2	78,5	66,6	131,0	157,0	117,0	113,0	44,6	63,0	43,5
1967	62,6	63,7	59,2	59,8	64,0	65,2	295,0	133,0	135,0	100,0	66,3	51,6
1968	86,0	108,0	63,3	50,5	58,0	72,6	134,0	108,0	168,0	141,0	78,1	155,0
1969	93,8	90,2	82,7	89,9	90,0	84,4	229,0	157,0	118,0	87,1	51,1	42,6
1970	65,3	68,9	58,2	62,7	51,0	58,8	114,0	109,0	157,0	56,9	46,6	49,1
1971	64,1	122,0	97,5	72,4	64,7	89,4	284,0	155,0	93,3	67,5	51,0	47,0
1972	92,4	88,2	80,2	65,9	56,7	68,5	194,0	254,0	88,6	68,2	108,0	91,0
1973	134,0	138,0	77,2	85,3	73,8	226,0	240,0	290,0	111,0	72,6	80,3	69,0
1974	66,9	82,5	66,3	62,8	65,4	73,4	142,0	107,0	111,0	61,6	86,4	77,8
1975	58,8	106,0	75,5	66,3	66,0	68,4	193,0	209,0	116,0	54,8	41,5	63,2
1976	43,4	69,2	86,3	67,5	69,2	96,9	298,0	147,0	79,1	41,2	36,9	30,3

R: (para 10 pontos de plotagem) **b)** ≅ 26%; **c)** $Q_{mediana} \cong 72$ m³/s; $Q_{média} = 87{,}8$ m³/s.

8.2. Com base nos registros das vazões médias mensais de 1947 a 1976, o curso d'água do problema anterior seria capaz de conduzir a vazão de 50 m^3/s em 90% do tempo?

R: Não, pois $Q_{90} \cong 38$ m^3/s (ou, $Q = 50$ $m^3/s \cong Q_{73} \rightarrow$ a vazão de 50 m^3/s é igualada ou superada em 73% do tempo).

CAPÍTULO 9
REGULARIZAÇÃO DE VAZÃO E PROPAGAÇÃO DE CHEIAS

9.1 GENERALIDADES

Como consequência da variabilidade temporal das chuvas, resultam as variações das vazões nos cursos d'água naturais. Assim, em situações de estiagem ou em condições de chuvas intensas, poderão ocorrer situações de déficit hídrico natural ou de excessos de vazão. No primeiro caso, a vazão do curso d'água natural poderá ser inferior à necessária para o atendimento de determinados usos, enquanto no outro extremo a vazão poderá exceder à capacidade de condução hídrica das calhas naturais e produzir inundações. Para mitigar esses problemas, recorre-se à regularização das vazões.

A técnica conhecida como regularização, ou regulação, das vazões naturais é um procedimento que visa a reduzir a variabilidade temporal da vazão para permitir a melhor utilização dos recursos hídricos superficiais, ou para proteger as populações, os empreendimentos e estruturas contra os efeitos danosos das inundações. Para isso, utiliza-se um reservatório de acumulação d'água que: 1) armazena o excedente nos períodos chuvosos, para permitir a compensação das deficiências hídricas nos períodos de estiagem, exercendo, assim, um efeito regularizador sobre as vazões naturais; ou, 2) promove o amortecimento das ondas de cheia nos períodos de chuvas intensas, permitindo o controle dos níveis d'água e proporcionando certa proteção às áreas situadas a jusante do barramento por reduzir os riscos de inundação.

Com a regularização das vazões por meio da construção da barragem e a formação do reservatório, acaba-se por atender a múltiplos objetivos (variados tipos de usos dos recursos hídricos), destacando-se o atendimento às necessidades de abastecimento urbano ou rural (irrigação), o aproveitamento hidrelétrico (geração de energia), a atenuação dos picos de cheias (combate às inundações), o controle de estiagens, o controle de sedimentos e da poluição difusa, além do favorecimento de atividades de recreação, da produção de peixes e, em certos casos, da navegação fluvial.

Toda vez que o aproveitamento dos recursos hídricos prever a retirada da vazão de dada magnitude de um rio, esta deverá ser confrontada com as vazões naturais do curso d'água. Se as vazões naturais forem significativamente maiores que a retirada, mesmo durante os períodos de estiagem (quando ocorrem as vazões naturais mínimas), não haverá necessidade de regularização de vazão. Nesse caso, somente se justificaria a implantação do reservatório de acumulação para atenuar os efeitos de enchentes a jusante, isto é, para reduzir os efeitos das vazões máximas mediante o controle dos níveis d'água e a redução do transporte de sedimentos. De outro modo, se a vazão a ser retirada for superior à mínima do curso d'água, então será necessário fazer a reservação dos excessos sobre a vazão derivada, para atender àqueles períodos em que as vazões naturais forem menores que as retiradas.

A operação de um reservatório de acumulação d'água que recebe vazões muito variáveis no tempo, quando se deseja retirar uma vazão constante ou não muito variável, é, de fato, um procedimento de regularização de vazão. Os métodos aqui tratados, entretanto, aplicam-se também ao caso inverso, em que o reservatório recebe uma vazão constante e entrega uma vazão variável. É o que ocorre em sistemas urbanos de abastecimento de água, nos quais o reservatório de distribuição d'água recebe a vazão constante da adutora de água tratada e distribui a vazão variável para a rede de abastecimento. Esse último caso, a rigor, corresponderia a um procedimento de "desregularização", mas que pode ser tratado com as mesmas ferramentas de análise utilizadas na regularização. A título de ilustração, a Figura 9.1 representa esquematicamente as duas situações aqui mencionadas.

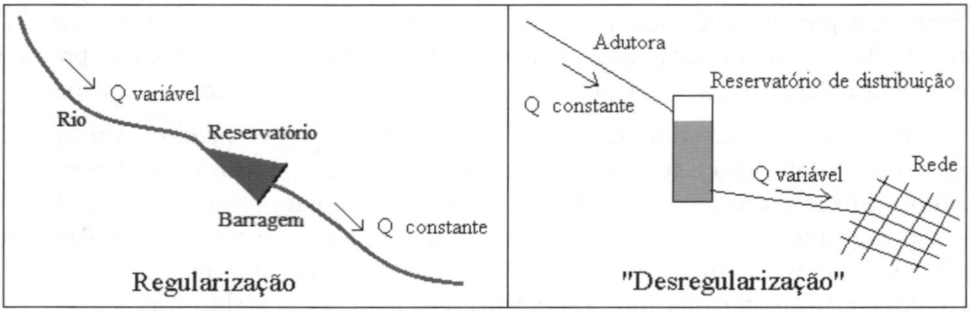

Figura 9.1 – Reservação para regularização de vazão em um curso d'água natural e reservação de água para o atendimento ao consumo variável em uma rede de distribuição de sistema urbano de abastecimento.

Os conceitos que se desenvolvem neste capítulo são básicos para o tratamento de três tipos de problemas. O primeiro considera conhecidas as vazões naturais do curso d'água (vazões de entrada no reservatório) e visa a calcular o volume do reservatório capaz de atender a uma determinada lei das vazões regularizadas (vazões de saída do reservatório). No segundo tipo de problema, é dado o reservatório, e objetiva-se determinar a lei das vazões regularizadas que mais se aproxima da *regularização total*, que corresponde à derivação da vazão média. No último problema, são dados o reservatório e a lei de regularização e o propósito é calcular os volumes de água existente no reservatório em função do tempo.

As soluções dos três problemas mencionados são básicas para o projeto e a operação de reservatórios de regularização de vazões. Aqui, pela limitação de tempo, tratar-se-á apenas do problema do primeiro tipo.

9.2 CURVAS COTA *VERSUS* ÁREA E COTA *VERSUS* VOLUME DO RESERVATÓRIO

Os reservatórios são formados por meio de barramentos implantados em seções adequadamente escolhidas nos cursos d'água naturais. A capacidade de armazenamento do reservatório dependerá dessa escolha e, fundamentalmente, das características topográficas do local e da altura do muro da barragem.

Na construção do barramento para a formação do reservatório de acumulação, a altura do muro é determinada a partir da fixação do volume a ser armazenado, ou da cota do nível d'água que deverá ser atingida. Para isso, nos estudos preliminares são construídos os gráficos da cota do NA *versus* área do espelho d'água e da cota do NA *versus* volume armazenado.

Para o traçado da curva cota *versus* área do espelho d'água, requer-se o emprego de mapa topográfico em escala adequada. Para cada cota referida a um dado nível do espelho d'água, *planimetra-se* a área delimitada pela curva de nível correspondente. Os pares de valores de cota (em metro) e área (em m^2, km^2 ou ha) são lançados em gráfico cartesiano, e uma curva suave é traçada através dos pontos (V. Figura 9.2, com as cotas nas ordenadas e as áreas nas abscissas).

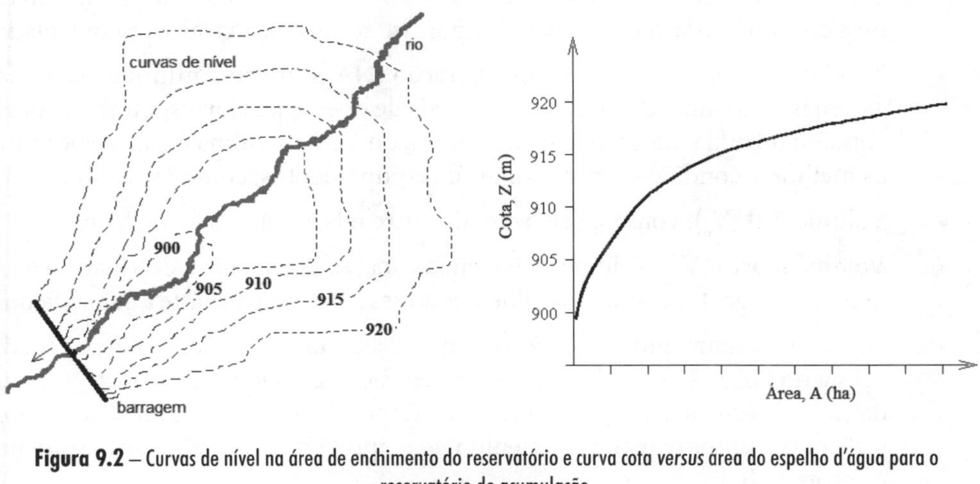

Figura 9.2 – Curvas de nível na área de enchimento do reservatório e curva cota *versus* área do espelho d'água para o reservatório de acumulação.

A curva cota do NA *versus* volume acumulado é o resultado da integração da curva cota *versus* área do espelho d'água. Essa integração pode ser realizada numericamente, somando-se os volumes compreendidos entre curvas de nível consecutivas. Cada volume

ΔVol é obtido, em uma aproximação, multiplicando-se a média das áreas sucessivas pela diferença de cota das duas curvas de nível correspondentes. A título de exemplo, considera-se o barramento ilustrado na Figura 9.2 e as curvas cota *versus* área da mesma figura. Na Figura 9.3, representa-se, em corte vertical, o reservatório de acumulação e o gráfico do volume armazenado até a cota 920 m.

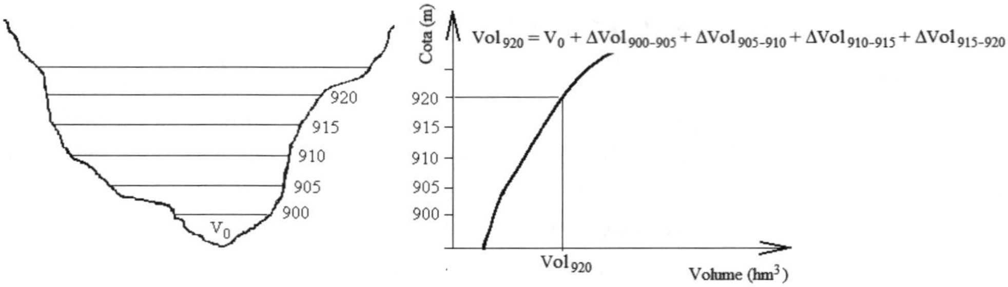

Figura 9.3 – Curva cota *versus* volume em um reservatório de acumulação d'água.

9.3 ZONAS DE ARMAZENAMENTO DE UM RESERVATÓRIO – TERMINOLOGIA

Consideram-se as barragens representadas na Figura 9.4: a primeira com extravasor não controlado; e a segunda com uma comporta de setor (extravasor controlado). Há, nesses casos, diferentes zonas de armazenamento e as seguintes definições:

- Nível d'água máximo normal de operação (NA máx n.o.): cota máxima até a qual as águas se elevam, nas condições normais de projeto. Corresponde à cota da crista vertente, no caso de extravasor não controlado ou de crista livre, ou à cota da borda superior das comportas, no caso de extravasor controlado.
- Nível d'água mínimo normal de operação (NA mín): cota mínima até a qual as águas abaixam, em condições normais de operação. Corresponde à cota do conduto de saída mais baixo da barragem, ou à cota mínima capaz de permitir as melhores condições operacionais de equipamentos, como as turbinas.
- Volume útil (V_u): volume armazenado entre o NA máx n.o. e o NA mín.
- Volume morto (V_m): volume armazenado abaixo do NA mín, destinado a acomodar a carga de sedimentos afluentes ao reservatório, durante a sua vida útil.
- Sobrearmazenamento devido à cheia de projeto do extravasor: volume situado acima do NA máx n.o., devido à sobre-elevação causada pelo amortecimento da cheia de projeto pelo reservatório. Corresponde ao NA máximo *maximorum* (NA máx). O sobrearmazenamento não é aproveitado, pois persiste somente durante a cheia.
- Borda livre: diferença de cotas entre o coroamento da barragem e o NA máximo *maximorum*, suficientemente grande para conter a arrebentação de ondas devidas ao vento.

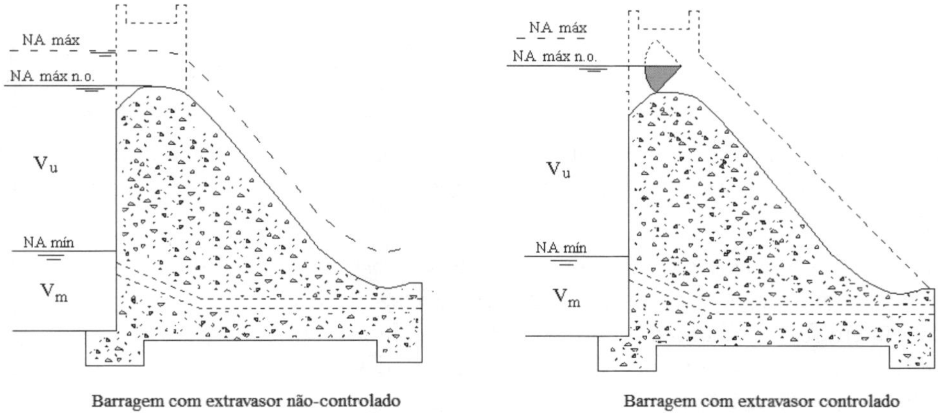

Figura 9.4 – Zonas de armazenamento em reservatório com e sem controle do extravasor.

9.4 CÁLCULO DO VOLUME DO RESERVATÓRIO DE ACUMULAÇÃO

A regularização de vazões por meio de reservatório é efetuada acumulando-se, total ou parcialmente, os deflúvios da enchente, visando a atender às demandas durante o período de estiagem. Tais reservatórios são ditos de acumulação de água e diferem dos reservatórios de distribuição e de atenuação de cheias.

Para se determinar o volume do armazenamento, é aplicada a equação do balanço hídrico, considerando-se a demanda em um período de estiagem prolongado, normalmente denominado período crítico. A equação do balanço hídrico no reservatório, para um dado intervalo de tempo, se escreve como

$$P \cdot A + Q_{in} \cdot \Delta t - E \cdot A - \sum Q_d \cdot \Delta t - Q_{out} \cdot \Delta t - I \cdot A = \Delta Vol \qquad (9.1)$$

em que:

ΔVol = variação do volume do armazenamento (L^3);

A = área do espelho d'água (L^2);

Δt = intervalo de tempo considerado (T);

P = precipitação (L);

Q_{in} = vazões de entrada ou afluentes (L^3T^{-1});

E = perdas por evaporação (L);

ΣQ_d = demandas consuntivas (vazões derivadas) (L^3T^{-1});

Q_{out} = vazão de saída ou de restituição (vazão a jusante do barramento) (L^3T^{-1});

I = perdas por infiltração (L).

Para o período de estiagem, considera-se P = 0. Além disso, para maior simplicidade, as perdas por evaporação podem ser descontadas na vazão afluente.

Define-se *lei de regularização*, representada pela função adimensional y, a relação:

$$y = \frac{Qr}{\bar{Q}} \tag{9.2}$$

em que Qr é a vazão regularizada e $\bar{Q}$ é a vazão média no período considerado.

Conhecida a sequência no tempo das vazões naturais, $Q_{in} = Q(t)$, e dada a lei de regularização y, é possível determinar a *capacidade mínima* do reservatório para atender a essa lei.

A vazão regularizada Qr da Equação (9.2) corresponderá à soma de todas as vazões que saem do reservatório: $Qr = Q_{out} + \Sigma Q_d$. Na análise, em geral, a evaporação é calculada em função da área líquida exposta e de dados climatológicos. As perdas por evaporação podem ser levadas em conta subtraindo-se das vazões naturais os valores calculados, convertidos em m^3/s.

A capacidade mínima do reservatório para atender a uma dada lei de regularização (Cr) é obtida pela diferença entre o volume acumulado necessário para atender àquela lei no período mais crítico de estiagem (Vol_{nec}) e o volume acumulado que aflui ao reservatório no mesmo período (Vol_{af}), isto é:

$$Cr = \left(Vol_{nec} - Vol_{af}\right)_{\text{período crítico}}. \tag{9.3}$$

Considerados vários períodos de estiagem, o mais crítico será aquele que resultar na maior capacidade do reservatório. Assim, deve-se calcular a capacidade do reservatório para vários períodos de estiagem e adotar o maior valor encontrado.

Seja, por exemplo, um ano com hidrógrafa (vazão natural) dada conforme a Figura 9.5. Suponha-se que se queira atender à lei de regularização total: y = 1. Isso significa, conforme a Equação (9.2), que se deseja obter uma vazão regularizada constante e igual à vazão média $\bar{Q}$. Nota-se que, para essa lei de regularização, o período crítico é definido pelos meses de maio a outubro, inclusive.[1]

O volume necessário para manter a vazão $\bar{Q}$ durante os meses de maio a outubro (período crítico) é

$$Vol_{nec} = \int_{mai}^{out} Qr \cdot dt = \bar{Q} \cdot \left(\Delta t_{mai} + \Delta t_{jun} + \Delta t_{jul} + \Delta t_{ago} + \Delta t_{set} + \Delta t_{out}\right),$$

em que Δt_{mai} é o número de segundos do mês de maio, Δt_{jun} é o número de segundos do mês de junho, e assim por diante. A vazão $\bar{Q}$, nesse caso, deve ser dada em m^3/s para encontrar Vol_{nec} em m^3.

O volume afluente acumulado Vol_{af}, isto é, o volume que chega ao reservatório no mesmo período é

$$Vol_{af} = \int_{mai}^{out} Q \cdot dt,$$

ou

[1] Não é necessário que o período crítico esteja todo dentro de um ano civil, como na Figura 9.5. Contudo, a hidrógrafa mostrada é típica de rios perenes.

$$Vol_{af} \cong \bar{Q}_{mai} \cdot \Delta t_{mai} + \bar{Q}_{jun} \cdot \Delta t_{jun} + \bar{Q}_{jul} \cdot \Delta t_{jul} + \bar{Q}_{ago} \cdot \Delta t_{ago} + \bar{Q}_{set} \cdot \Delta t_{set} + \bar{Q}_{out} \cdot \Delta t_{out}.$$

Com os valores de Vol_{nec} e Vol_{af}, a capacidade mínima do reservatório, Cr, é calculada pela Equação (9.3). Essa capacidade mínima corresponderá à área representada em cinza na Figura 9.5.

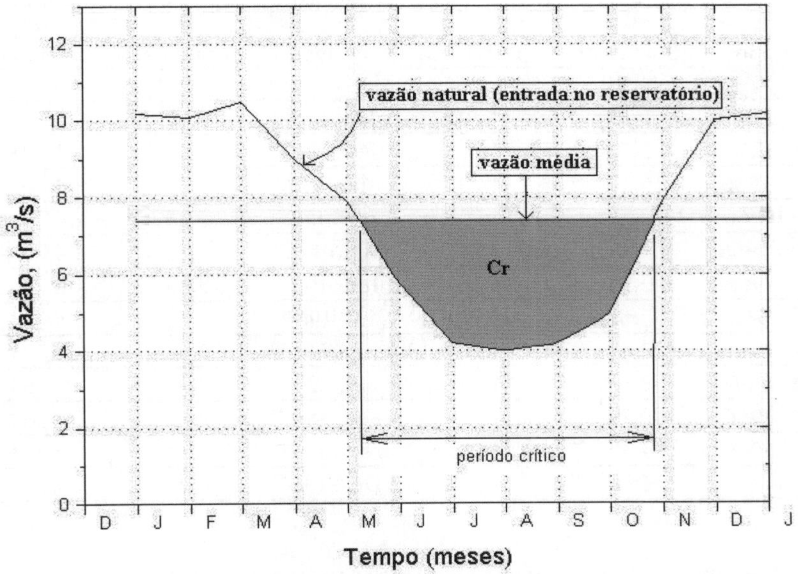

Figura 9.5 – Hidrógrafa de entrada em um reservatório, vazão de regularização e volume do reservatório.

EXEMPLO 9.1

Calcular a capacidade mínima de um reservatório a ser construído no rio X, pela construção de um barramento para atender à lei de regularização y = 1, isto é, à demanda regularizada com $Qr = \bar{Q} = 4{,}703$ m³/s. Para isso, considere as vazões médias mensais para o período de dois anos, conforme a Tabela 9.1.

EXEMPLO 9.1 *(continuação)*

Tabela 9.1 – Vazões afluentes e de regularização em uma seção do rio X, no período de janeiro de 1966 a dezembro de 1967, para o cálculo da capacidade mínima do reservatório de acumulação de água

Período	Q (Afluente) (m^3/s)	Qr (Demanda) (m^3/s)	Período	Q (Afluente) (m^3/s)	Qr (Demanda) (m^3/s)
Jan. 1966	9,13	4,703	Jan. 1967	5,12	4,703
Fev. 1966	5,76	4,703	Fev. 1967	7,97	4,703
Mar. 1966	5,43	4,703	Mar. 1967	8,42	4,703
Abr. 1966	3,74	4,703	Abr. 1967	5,25	4,703
Maio 1966	3,45	4,703	Maio 1967	4,12	4,703
Jun. 1966	2,94	4,703	Jun. 1967	3,83	4,703
Jul. 1966	2,61	4,703	Jul. 1967	3,55	4,703
Ago. 1966	3,65	4,703	Ago. 1967	3,68	4,703
Set. 1966	2,21	4,703	Set. 1967	3,16	4,703
Out. 1966	2,79	4,703	Out. 1967	4,02	4,703
Nov. 1966	4,45	4,703	Nov. 1967	5,23	4,703
Dez. 1966	5,96	4,703	Dez. 1967	6,41	4,703

Solução:

Observa-se, na Tabela 9.1, a existência de dois períodos críticos.

- Primeiro período crítico: abril 1966 a novembro 1966 (inclusive)
- Volume necessário para atender à demanda nesse período crítico:

$$Vol_{nec} = 4,703 \times (30+31+30+31+31+30+31+30) \times 86400 \rightarrow$$
$$\rightarrow Vol_{nec} = 99,147 \times 10^6 \, m^3.$$

- Volume afluente no primeiro período crítico:

$$Vol_{af} = (3,74 \times 30 + 3,45 \times 31 + 2,94 \times 30 + 2,61 \times 31 + 3,65 \times 31 + 2,21 \times 30 +$$
$$+ 2,79 \times 31 + 4,45 \times 30) \times 86400 \rightarrow Vol_{af} = 68,057 \times 10^6 \, m^3.$$

- Capacidade mínima do reservatório no primeiro período crítico:

$$Cr_1 = Vol_{nec} - Vol_{af} \Rightarrow Cr = 31,09 \times 10^6 \, m^3.$$

- Segundo período crítico: maio 1967 a outubro 1967 (inclusive)
- Volume necessário para atender à demanda no segundo período crítico:

$$Vol_{nec} = 4,703 \times (31+30+31+31+30+31) \times 86400 \rightarrow$$
$$\rightarrow Vol_{nec} = 74,766 \times 10^6 \, m^3.$$

EXEMPLO 9.1 *(continuação)*

- Volume afluente nesse período crítico:

$$Vol_{af} = (4,12\times31+3,83\times30+3,55\times31+3,68\times31+3,16\times30+4,02\times31)\times$$
$$\times 86400 \rightarrow Vol_{af} = 59,285\times10^6\ m^3.$$

- Capacidade mínima do reservatório no segundo período crítico:

$$Cr_2 = Vol_{nec} - Vol_{af} \quad \Rightarrow \quad Cr_2 = 15,481 \times 10^6\ m^3.$$

Os cálculos indicam que o período de abril a novembro de 1966 é o mais crítico. Logo, a capacidade mínima do reservatório deverá ser de 31,09 milhões de metros cúbicos.

9.4.1 DIAGRAMA DE MASSA OU DE RIPPL

O diagrama de massa, ou diagrama de Rippl, é definido pela integral da hidrógrafa, isto é, corresponde a um diagrama de volumes acumulados.

Uma hidrógrafa de vazões naturais, como a mostrada na Figura 9.5, dá origem a um diagrama de massa como o da Figura 9.6. Esse diagrama informa que:

i) em um tempo t qualquer, a inclinação da tangente à curva dos volumes acumulados fornece a vazão naquele tempo (vazão instantânea);

ii) o volume acumulado em um dado intervalo de tempo é obtido pela diferença entre as leituras das ordenadas correspondentes aos tempos considerados.

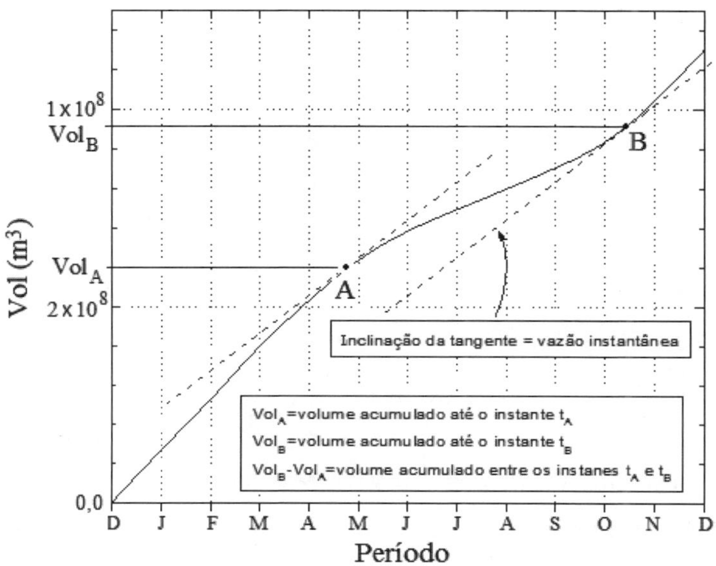

Figura 9.6 – Diagrama de massa correspondente ao hidrograma da Figura 9.5.

Supondo, novamente, que se deseje atender à lei de regularização do tipo y(t) = 1, tem-se um diagrama como o mostrado na Figura 9.7. Neste, incluem-se o volume acumulado afluente e o volume acumulado regularizado. Pode-se observar que a média $\bar{Q}$ (no caso, a vazão regularizada) é dada pela inclinação da reta OP (a integral de um valor constante é uma linha reta, cuja inclinação é igual à constante).

Para regularizar a vazão média $\bar{Q}$, o período crítico é definido pelo intervalo de tempo que se estende de t_I a t_F. Nota-se que, nesse período, a tangente à curva dos volumes afluentes acumulados, que dá a vazão instantânea, tem inclinação sempre menor que a do segmento de reta OP.

Para manter-se a vazão média $\bar{Q}$ durante o intervalo (t_I, t_F), necessita-se do volume Vol_{nec}:

$$Vol_{nec} = \bar{Q} \times (t_F - t_I).$$

Como o diagrama da Figura 9.7 é um diagrama integral, o volume Vol_{nec} fica representado pelo segmento vertical AB = A'B' (a linha IB' é paralela a OP).

O volume que aflui ao reservatório, V_{af}, no período crítico, isto é, no intervalo (t_I, t_F), é:

$$Vol_{af} = \int_{t_I}^{t_F} Q_{af} dt.$$

O volume Vol_{af} é representado pelo segmento A'F na Figura 9.7. Assim, a capacidade do reservatório, $Cr = Vol_{nec} - Vol_{af}$, é representada pela soma dos segmentos δ_1 e δ_2 da Figura 9.7. Isto é,

$$Cr = \delta_1 + \delta_2,$$

que, por sua vez, corresponde ao segmento FB', conforme ilustrado na mesma figura.

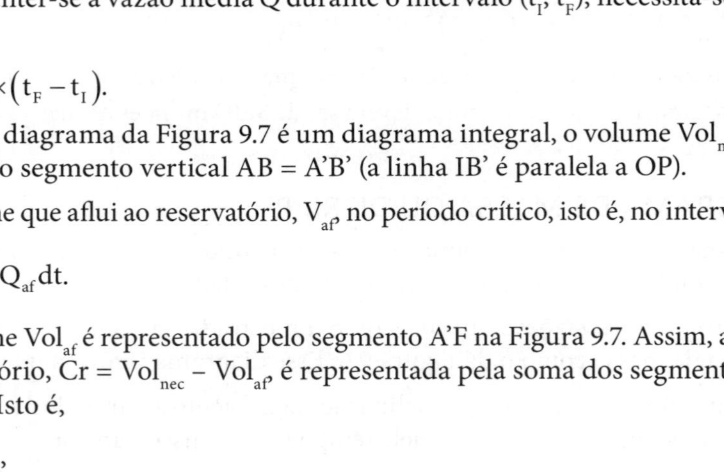

Figura 9.7 – Diagrama de massas para vazão de regularização igual à vazão média.

Neste ponto, convém recordar que, se houver vários períodos críticos, a capacidade mínima do reservatório para atender a uma dada lei de regularização será a maior dentre as calculadas para os diferentes períodos.

EXEMPLO 9.2

Repetir o cálculo da capacidade mínima do reservatório do Exemplo 9.1, utilizando a construção do diagrama de Rippl.

Solução:

Para a demanda regularizada de 4,703 m^3/s, os volumes acumulados correspondentes são representados pela linha cheia da Figura 9.8. Nessa mesma figura, os volumes afluentes acumulados são representados na forma da linha sinuosa.

A capacidade mínima do reservatório pode ser prontamente obtida traçando-se, pelos pontos que identificam o início e o fim do período crítico, duas tangentes à linha sinuosa, paralelas à reta das demandas acumuladas. A distância vertical entre essas paralelas, que corresponde à soma $\delta_1 + \delta_2$, fornece a capacidade mínima do reservatório. No caso,

$Cr = \delta_1 + \delta_2 \cong 30 \times 10^6\ m^3$.

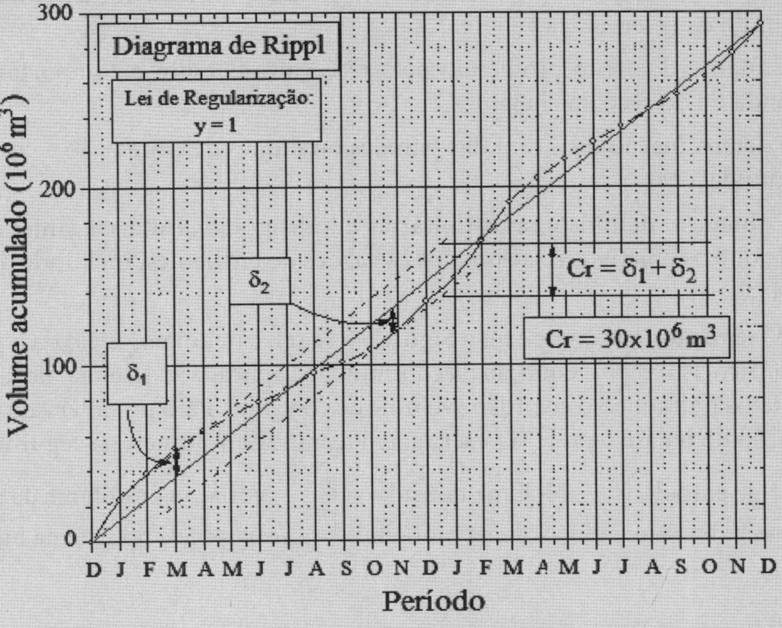

Figura 9.8 – Diagrama de massa ou Rippl para a obtenção da capacidade mínima do reservatório (problema-exemplo 9.2).

Observação:

Pela Figura 9.8, nota-se a ocorrência de um segundo período crítico aproximadamente entre maio e outubro de 1967. Contudo, é fácil perceber que a distância vertical entre as duas tangentes deverá ser inferior à calculada.

9.5 PROPAGAÇÃO DE CHEIA: GENERALIDADES

A propagação de cheia (*flood routing*) é o processo pelo qual o hidrograma do escoamento superficial é gerado em determinada seção a jusante de um "sistema hidráulico" (reservatório, lago, rio ou canal), com base no hidrograma conhecido da cheia em uma seção de montante. Conceitualmente, o processo de propagação de cheia segue o esquema da Figura 9.9.

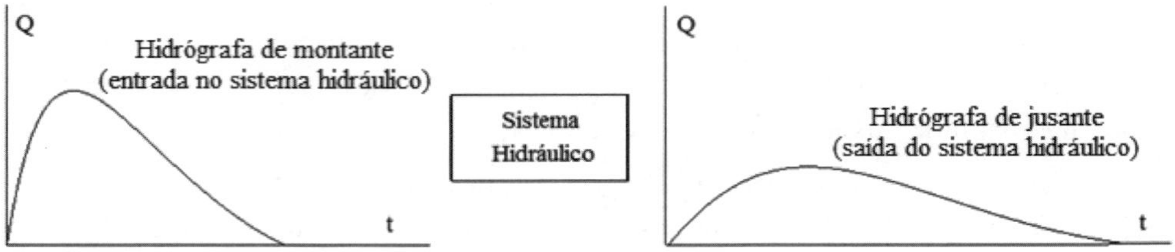

Figura 9.9 – Esquema ilustrativo de um processo de propagação de cheia (*flood routing*).

O cálculo da propagação de cheia tem sido empregado na solução de vários tipos de problemas, entre eles, particularmente, os que envolvem:

- a determinação das dimensões de um vertedor e/ou de um descarregador de fundo de reservatório;
- a análise do efeito produzido pelo reservatório sobre o comportamento da onda ou do pico da cheia;
- a determinação da altura das paredes ou diques de contenção e controle das inundações;
- a obtenção de hidrógrafas unitárias e hidrógrafas unitárias sintéticas, além de outros objetivos relacionados às vazões de enchentes, incluindo a previsão de cheias.

Os três elementos que compõem a Figura 9.9 se relacionam por meio da equação do balanço hídrico, isto é, pela equação da continuidade aplicada ao sistema hidráulico. No caso, o sistema hidráulico constitui o "volume de controle". Para um intervalo de tempo Δt, a equação do balanço pode ser escrita, em termos de volumes, da seguinte forma:

$$\begin{bmatrix} \text{Volume de entrada} \\ \text{no sistema hidráulico} \end{bmatrix} - \begin{bmatrix} \text{Volume de saída} \\ \text{do sistema hidráulico} \end{bmatrix} = \begin{bmatrix} \text{Variação do volume de água} \\ \text{armazenada no sistema hidráulico} \end{bmatrix}$$

ou

$$Q_{in} \cdot \Delta t - Q_{out} \cdot \Delta t = \Delta \text{Vol}, \quad (9.4)$$

em que:

Q_{in} = vazão média de entrada no sistema hidráulico no intervalo de tempo Δt;

Q_{out} = vazão média de saída do sistema hidráulico no intervalo de tempo Δt;

ΔVol = variação do volume de água armazenada no sistema hidráulico no intervalo Δt;

Δt = intervalo de tempo de integração.

Conforme o sistema hidráulico, que pode representar um reservatório ou lago, ou um trecho de canal artificial ou curso d'água natural, o processo de propagação da cheia correspondente será classificado em dois tipos gerais:

i) propagação de cheia (*routing*) em reservatório;

ii) propagação de cheia (*routing*) em canal.[2]

Em qualquer caso, na Equação (9.4), a vazão de entrada (Q_{in}) deve ser conhecida, e a vazão de saída (Q_{out}) deverá ser determinada. Contudo, o volume acumulado instantâneo (Vol) também é desconhecido. Assim, para resolver a equação será necessário:

a) que Q_{out} e Vol sejam relacionados a um parâmetro comum (que é instantaneamente desconhecido, no caso do *routing* em reservatório); ou

b) que Vol seja definido em termos de Q_{out} (caso do *routing* em canal).

Observe-se que a Equação (9.4) poderia ter sido expressa para um intervalo de tempo infinitesimal, situação em que se obteria a equação do balanço de massa na forma diferencial:

$$\frac{\partial \text{Vol}}{\partial t} = Q_{in} - Q_{out}. \tag{9.5}$$

Todavia, para que a Equação (9.5) pudesse ser integrada para produzir Q_{out} em função do tempo, os demais termos deveriam ser conhecidos em qualquer intervalo. Como a solução direta não é possível, a solução numérica é empregada. Assim, na forma de uma aproximação, a Equação (9.4) pode ser reescrita como:

$$\frac{Q_{in_1} + Q_{in_2}}{2} \cdot \Delta t - \frac{Q_{out_1} + Q_{out_2}}{2} \cdot \Delta t = \text{Vol}_2 - \text{Vol}_1. \tag{9.6}$$

As quantidades do primeiro membro da Equação (9.6) referem-se aos volumes de entrada (1º termo) e saída (2º termo) do sistema hidráulico, no intervalo de tempo Δt. Essas quantidades correspondem às áreas hachuradas na Figura 9.10. A variação de volume correspondente, isto é, a diferença entre as áreas hachuradas da Figura 9.10, que é igual à variação de volume do segundo membro da Equação (9.6), pode ser visualizada por meio da superposição dos hidrogramas de entrada e saída, conforme ilustrado na Figura 9.11. Na Figura 9.11, a área hachurada fornece exatamente a diferença de volumes $\Delta\text{Vol} = \text{Vol}_2 - \text{Vol}_1$.

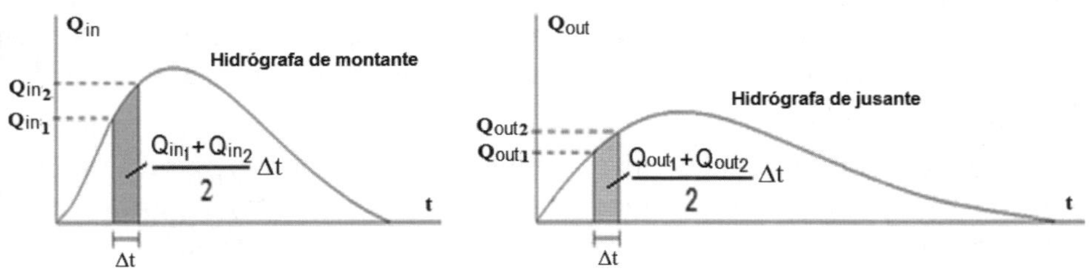

Figura 9.10 – Hidrógrafas e volumes de entrada e saída no sistema hidráulico, no intervalo de tempo Δt.

[2] Utiliza-se, a partir deste ponto, o termo *reservatório* para designar o lago natural ou artificial, da mesma forma que canal será utilizado para se referir tanto ao canal artificial quanto ao curso d'água natural.

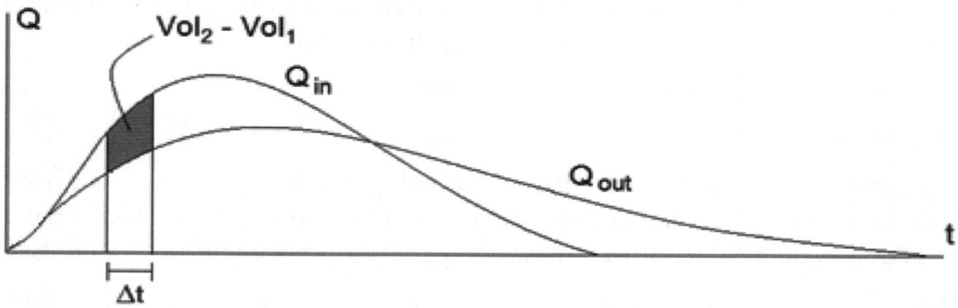

Figura 9.11 – Hidrógrafas de entrada e saída e variação do volume de água acumulado no sistema hidráulico no intervalo de tempo Δt.

De forma alternativa, a Equação (9.6) pode ser rearranjada e reescrita como

$$\frac{Q_{in_1} + Q_{in_2}}{2} + \frac{Vol_1 - Vol_2}{\Delta t} = \frac{Q_{out_1} + Q_{out_2}}{2}, \qquad (9.7)$$

em que os subscritos 1 e 2 referem-se, respectivamente, aos tempos de início e fim do intervalo de *routing* (intervalo de duração Δt). Os métodos de solução da Equação (9.7) em reservatórios e canais são apresentados a seguir, separadamente.

9.5.1 PROPAGAÇÃO DE CHEIA EM RESERVATÓRIO

No caso de um reservatório, o armazenamento Vol pode ser expresso em função da elevação da superfície livre da água, isto é, da cota do nível de água acumulada no reservatório. Uma curva que representa o volume de água armazenada no reservatório em função da cota da superfície livre pode ser obtida a partir da curva da área do espelho d'água em função da cota da superfície livre correspondente. Os procedimentos de obtenção das mencionadas curvas são descritos na sequência.

Conforme brevemente apresentado na seção 9.2, definida a altura do muro da barragem, para a obtenção da curva que relaciona a área do espelho d'água com a cota ou nível d'água, utiliza-se um mapa topográfico em escala adequada. Com base nesse mapa, as áreas do espelho d'água correspondentes a cada elevação de nível deve ser obtida, em geral, por *planimetria*. Isto é, para cada elevação, determinam-se as áreas compreendidas pelas curvas de nível e o muro da barragem, em planta. Os pares de valores da cota do nível d'água, em metros, e da área do espelho d'água correspondente, em m^2, ha ou km^2, são, então, lançados em gráfico cartesiano, e uma curva suave deverá ser esboçada através dos pontos plotados.[3]

A integração da curva cota do nível d'água *versus* área do espelho d'água produzirá os volumes que permitirão o traçado de uma curva descritiva da cota do espelho d'água *versus* volume de água armazenada, como aquela mostrada na Figura 9.3. Essa

[3] Ver Figura 9.2 mostrando, em planta, os níveis a serem atingidos pela água no reservatório (área do espelho d'água variável) e o gráfico da cota do nível d'água (ordenada) *versus* área da superfície livre da água (abscissa).

integração pode ser realizada numericamente, determinando-se os volumes ΔVol entre duas elevações sucessivas. Cada volume ΔVol poderá ser obtido, em uma aproximação, multiplicando-se a média das áreas correspondentes às elevações sucessivas pela diferença de cota dessas elevações. Baseando-se nas Figuras 9.2 e 9.3, e a título de exemplo, considera-se o cálculo do volume armazenado até a cota 910 m, também ilustrado em gráfico de cota *versus* volume na Figura 9.12.

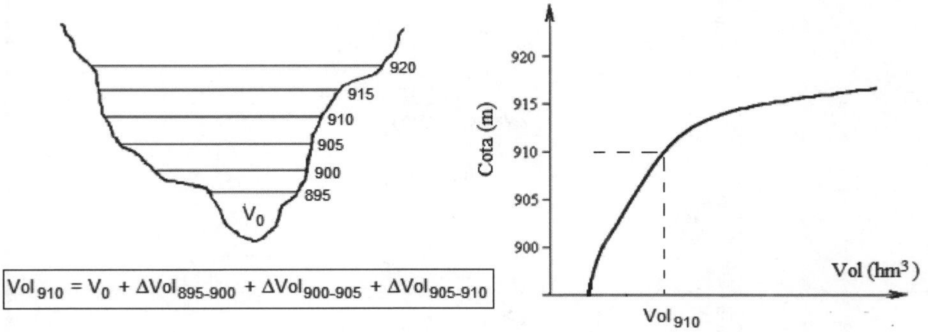

Figura 9.12 – Curva cota do espelho d'água *versus* volume armazenado no reservatório.

Conhecida a curva das cotas do nível d'água em função dos volumes armazenados, para resolver a equação do balanço hídrico, falta descrever o comportamento da vazão de saída do reservatório em função da mesma variável (cota do espelho d'água ou profundidade do reservatório). Com efeito, a vazão de saída do reservatório (vazão vertida, somada, conforme o caso, à vazão liberada através de eclusas, turbinas, descarregadores de fundo etc.) depende da profundidade do nível d'água. Por exemplo, a vazão do descarregador de fundo dependerá da elevação do nível d'água no reservatório, enquanto a vazão do vertedor dependerá da carga sobre a soleira deste e, portanto, também dependerá da elevação do nível d'água:

Carga H no vertedor = Elevação do nível d'água – Elevação da crista do vertedor.

A título de ilustração, para o caso da descarga exclusivamente através do vertedor, as Figuras 9.13(a) e 9.13(b) fazem a representação, respectivamente, das curvas típicas "carga no vertedor *versus* vazão vertida" e "elevação do nível d'água no reservatório *versus* vazão vertida". Nesse caso, a elevação (cota) do nível d'água é igual à elevação (cota) da crista do vertedor somada à carga no vertedor. E, conforme ilustrado nas Figuras 9.12 e 9.13, o volume armazenado e a vazão vertida (vazão de saída) são ambos função da elevação (cota) do nível d'água. Assim, a equação do balanço hídrico (equação da continuidade) permitirá que se estabeleça uma relação entre a vazão conhecida e o nível d'água desconhecido: uma equação, ou uma construção gráfica, permitirá, portanto, a obtenção do valor da elevação do nível d'água em função do tempo; e as cotas dos níveis d'água calculadas poderão ser prontamente convertidas em vazões de saída, a partir da curva do vertedor:

$H = Z - Z_{crista}$ (carga no vertedor)

e

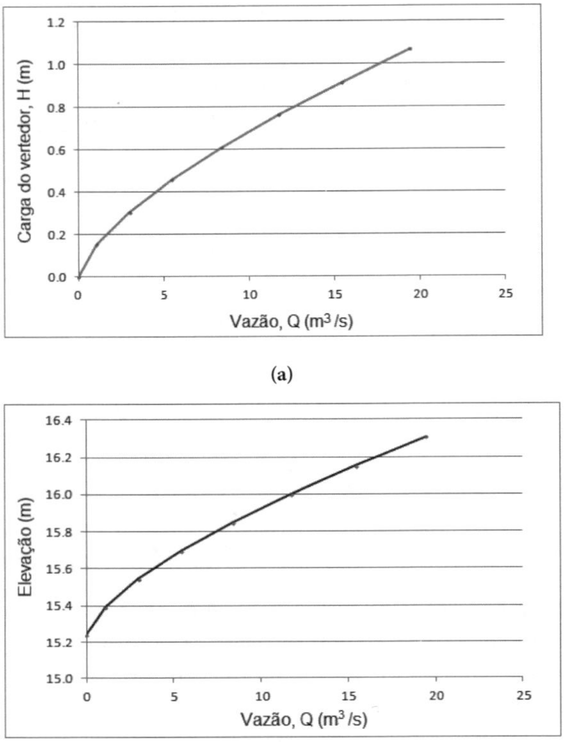

(a)

(b)

Figura 9.13 – Curvas típicas da vazão descarregada pelo vertedor: a) carga no vertedor *versus* vazão vertida; b) elevação do nível d'água no reservatório *versus* vazão vertida.

$Q_{out} = f(H) = g(Z)$.

Para isso, a forma numérica da Equação (9.7) deve ser rearranjada como segue:

$$\left(Q_{in_1} + Q_{in_2}\right) + \left(\frac{2 \cdot Vol_1}{\Delta t} - Q_{out_1}\right) = \left(\frac{2 \cdot Vol_2}{\Delta t} + Q_{out_2}\right) \tag{9.8}$$

No caso da descarga em um vertedor, considerando-se o tempo de partida do *routing* (tempo inicial, t = 0) imediatamente anterior à chegada da onda de cheia, tem-se que $Q_{in1} = 0$ e Q_{in2} conhecido, sendo Q_{out1} e Vol_1 relacionados à elevação do nível d'água na condição inicial, que poderia ser para o nível d'água coincidente com a cota da soleira do vertedor, situação em que $Q_{out1} = 0$. Assim, no tempo inicial, o primeiro membro da Equação (9.8) contém quantidades conhecidas, permitindo o cálculo da soma do 2º membro da equação, $2Vol_2/\Delta t + Q_{out2}$, mas não produz ainda Q_{out2} e Vol_2 separadamente. Mas, para qualquer tempo t, os volumes armazenados, Vol, e as vazões de saída, Q_{out}, são relacionados à elevação do nível d'água no reservatório (ou à cota do NA). Por conveniência de cálculo, pode-se combinar as curvas "cota *versus* volume" (Z *vs.* Vol) e "cota *versus* vazão do vertedor" (Z *vs.* Q_{out}), e construir uma curva estabelecendo a relação entre a elevação (ou cota do nível d'água) e a quantidade $2Vol/\Delta t + Q_{out}$, isto é, curva Z *vs.* $2Vol/\Delta t + Q_{out}$. Assim, para cada intervalo de duração Δt adotado, o 2º membro da Equação (9.8) poderá ser determinado, e, com base na curva mencionada, poder-se-á encontrar a correspondente elevação do nível d'água. Essa elevação, por sua vez, permitirá a obtenção de Vol_2 (a partir da curva cota *vs.* volume armazenado) e de Q_{out2} (a partir da curva cota *vs.* vazão vertida). No passo seguinte do *routing*, Vol_2 e Q_{out2} são utilizados como os valores iniciais no primeiro membro da Equação (9.8) para encontrar Vol_3 e Q_{out3}, e o cálculo é repetido para os períodos sucessivos.

Observação: alternativamente à utilização da curva Z *vs.* $2Vol/\Delta t + Q_{out}$, poderá ser construída uma curva relacionando diretamente a vazão de saída, Q_{out} (ordenada) e a quantidade $2Vol/\Delta t + Q_{out}$ (abscissa), chamada "função auxiliar". Como os valores da abscissa do gráfico de Q_{out} *vs.* $2Vol/\Delta t + Q_{out}$ são conhecidos (corresponde à soma do primeiro membro da Equação (9.8)), obtém-se diretamente Q_{out}.

EXEMPLO 9.3

Propagar a hidrógrafa de entrada em um reservatório, considerando as vazões de entrada fornecidas na Tabela 9.2, em intervalos de 0,5 dia (12 horas). Considerar, ainda, os armazenamentos no reservatório em função da elevação do nível da superfície livre da água, conforme a Tabela 9.3. Dados adicionais:

- equação da vazão no vertedor: $Q = 1{,}66\ L \cdot H^{3/2}$, com Q em m^3/s para L (comprimento da soleira) e H (carga), em metro;
- comprimento da soleira do vertedor, L = 10 m;
- elevação da crista do vertedor, $Z_{crista} = 15$ m.

Tabela 9.2 – Hidrógrafa de entrada no reservatório

t (dia)	0	0,5	1,0	1,5	2,0	2,5	3,0	3,5	4,0
Q (m^3/s)	0	1,98	5,24	10,19	13,59	8,50	4,67	2,27	0

Tabela 9.3 – Volume do reservatório em função da elevação da superfície livre da água

Z (m)	15,00	15,15	15,30	15,45	15,60	15,75	15,90	16,05
Vol (m^3)	284.934	304.670	341.675	386.080	435.419	493.393	557.534	627.842

Solução:

Inicialmente, constrói-se a Tabela 9.4 contendo:

i) os volumes armazenados, Vol, em função das elevações Z (1ª e 2ª colunas preenchidas com dados transcritos da Tabela 9.3);

ii) as vazões vertidas, Q_{out}, em função das elevações (vazões calculadas a partir da equação do vertedor, para a carga $H = Z - Z_{crista} = Z\text{-}15$);

EXEMPLO 9.3 *(continuação)*

iii) os valores da "função auxiliar", ($2Vol/\Delta t + Q_{out}$), em função das elevações. No cálculo da "função auxiliar" (última coluna da Tabela 9.4), emprega-se Δt = 0,5 dia = 43.200 s, por ser esse o valor do intervalo de *routing* a ser adotado para obtenção da hidrógrafa de saída do reservatório.

Tabela 9.4 – Armazenamento, Vol, vazão vertida, Q_{out}, e quantidade $2Vol/\Delta t + Q_{out}$ em função da elevação Z

Z (m)	Vol (m^3)	H (m)	Q_{out} (m^3/s)	$2Vol/\Delta t + Q_{out}$ (m^3)
15,00	284.934	0,00	0,000	13,191
15,15	304.670	0,15	0,964	15,069
15,30	341.675	0,30	2,728	18,546
15,45	386.080	0,45	5,011	22,885
15,60	435.419	0,60	7,715	27,873
15,75	493.393	0,75	10,782	33,624
15,90	557.534	0,90	14,173	39,985
16,05	627.842	1,05	17,860	46,927

Com os dados da Tabela 9.4, é construído o gráfico da elevação (Z) *versus* volume acumulado no reservatório (Vol), conforme mostrado na Figura 9.14. São construídas, ainda, as curvas Z *versus* Q_{out}, Z *versus* $2Vol/\Delta t + Q_{out}$ e Q_{out} *versus* $2Vol/\Delta t + Q_{out}$ mostradas, respectivamente, nas Figuras 9.15, 9.16 e 9.17.

A propagação da hidrógrafa através do reservatório (cálculo do *routing*) é feita com base na Equação (9.8), reescrita para os termos referidos aos instantes "1" e "2":

$$\left(Q_{in_1} + Q_{in_2}\right) + \left(\frac{2 \cdot Vol_1}{\Delta t} - Q_{out_1}\right) = \left(\frac{2 \cdot Vol_2}{\Delta t} + Q_{out_2}\right). \tag{9.9}$$

Os resultados são apresentados na Tabela 9.5, e os valores de cada coluna dessa tabela são conforme o descrito a seguir:

- coluna (1): tempos contados de 0,5 dia em 0,5 dia (Δt = 43.200 s), a partir de t = 0;
- coluna (2): vazões de entrada em função do tempo, Q_{in1} (ordenadas instantâneas da hidrógrafa de entrada);
- coluna (3): soma das vazões de entrada nos tempos 1 e 2 ($Q_{in1} + Q_{in2}$ = soma das vazões sucessivas da coluna 2);

EXEMPLO 9.3 *(continuação)*

- coluna (4): vazões de saída do reservatório, obtidas da equação do vertedor: $Q = 1{,}66 \cdot L \cdot H^{3/2}$, com $H = Z - Z_{crista} = Z - 15$. Essas vazões também poderiam ser obtidas de uma curva de elevação *versus* vazão do vertedor, como aquela mostrada na Figura 9.15, tomando-se a elevação correspondente a $(2Vol/\Delta t + Q_{out})$ da linha anterior;
- coluna (5): armazenamentos instantâneos, Vol_t, obtidos da curva de elevação *versus* volume armazenado (Figura 9.14), entrando-se com o valor da elevação correspondente a $(2Vol/\Delta t + Q_{out})$ da linha anterior;
- coluna (6): Valores de $(2Vol_1/\Delta t - Q_{out1})$, obtidos com os valores das colunas 4 e 5;
- coluna (7): Valores do 2º membro da Equação (9.9), obtidos da soma coluna 3 + coluna 6;
- coluna (8): Elevação do nível d'água, obtida da Figura 9.16 para o valor calculado na coluna 7.

Observação:

Adota-se, para $t_1 = 0$, o nível d'água no reservatório coincidindo com a cota da crista do vertedor (vazão vertida igual a zero no tempo inicial).

EXEMPLO 9.3 *(continuação)*

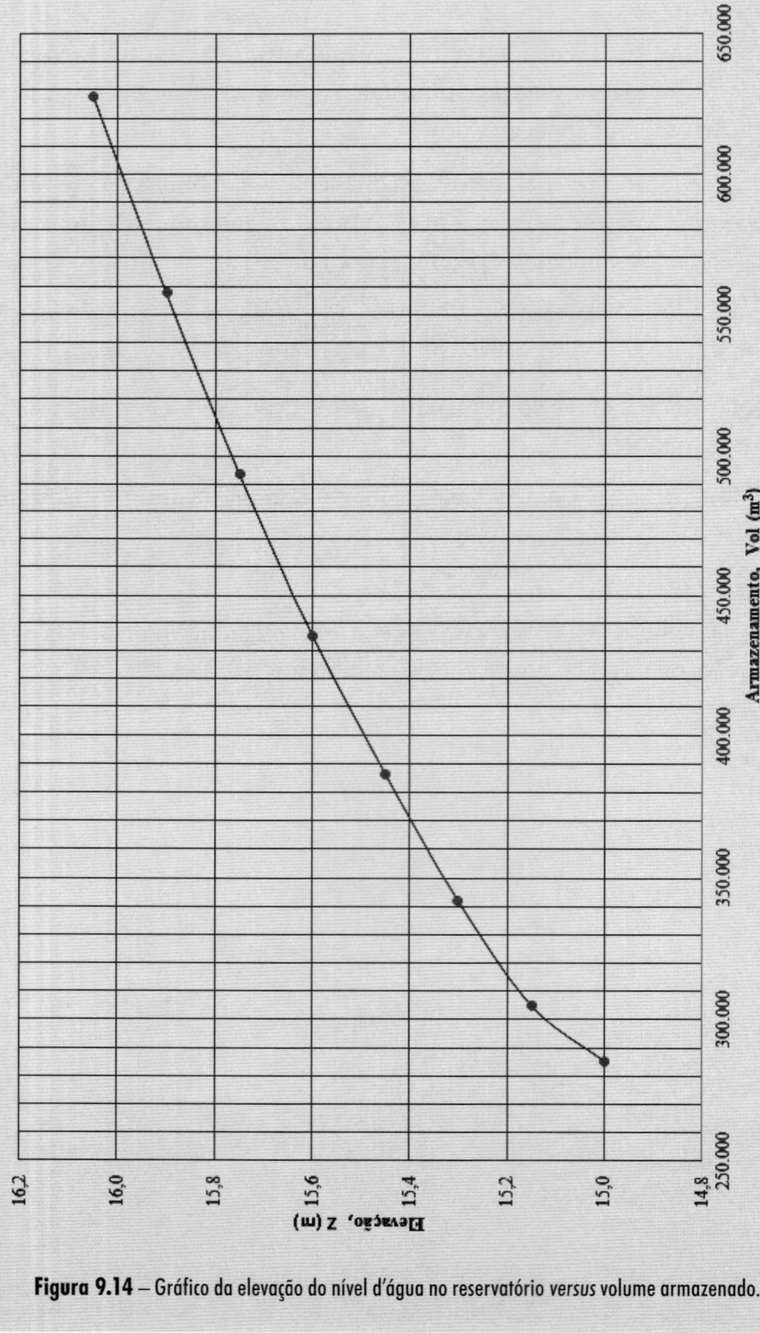

Figura 9.14 – Gráfico da elevação do nível d'água no reservatório *versus* volume armazenado.

EXEMPLO 9.3 *(continuação)*

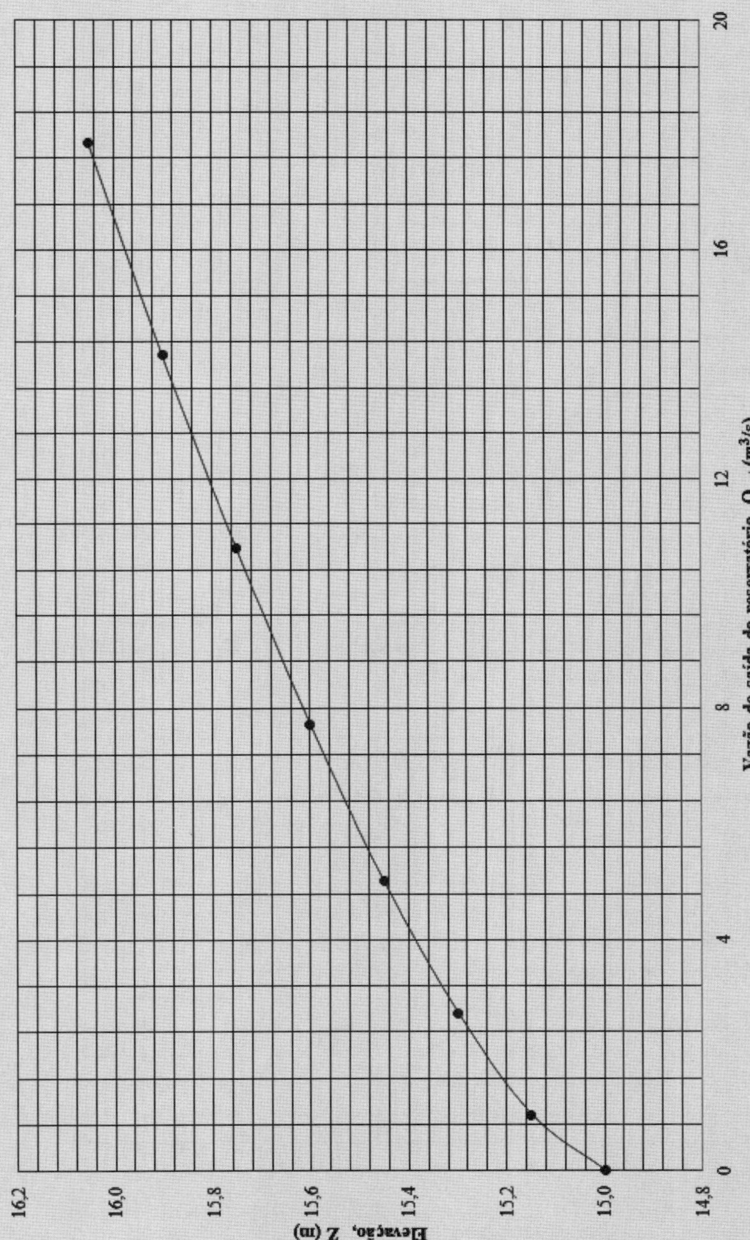

Figura 9.15 – Gráfico da elevação do nível d'água no reservatório *versus* vazão vertida.

EXEMPLO 9.3 *(continuação)*

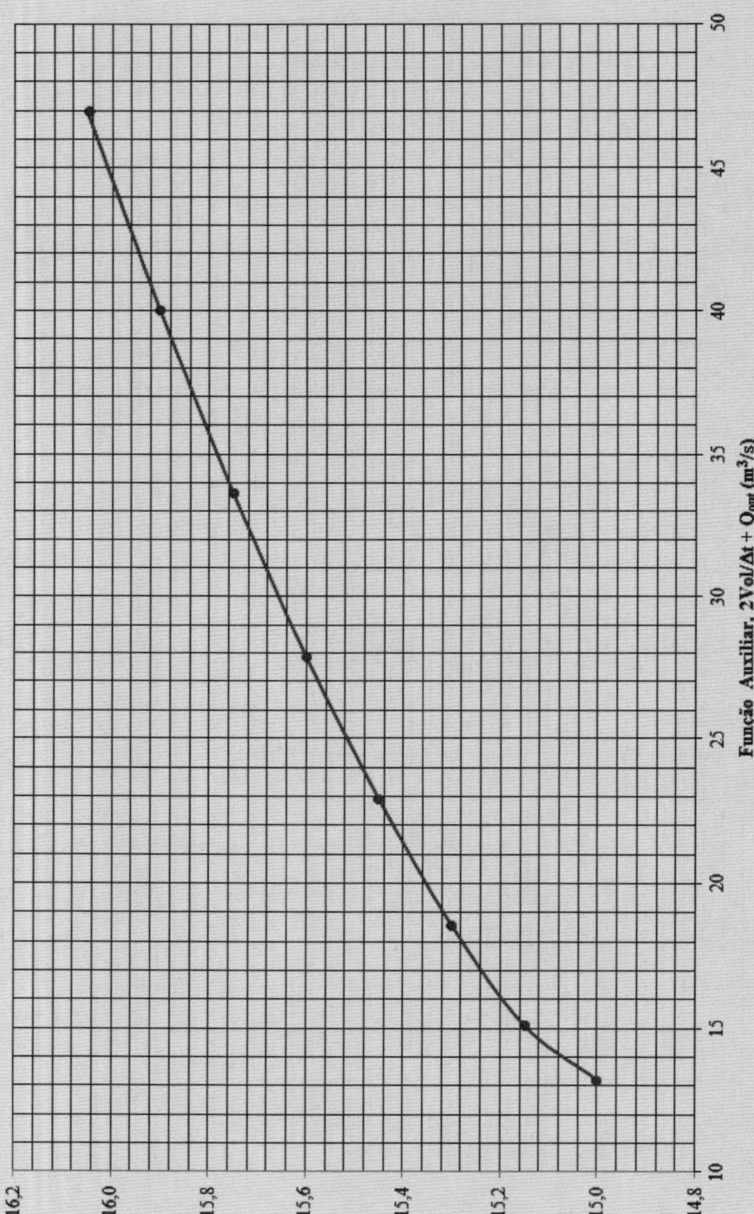

Figura 9.16 – Gráfico da elevação do nível d'água no reservatório *versus* função auxiliar $2Vol/\Delta t + Q_{out}$.

EXEMPLO 9.3 *(continuação)*

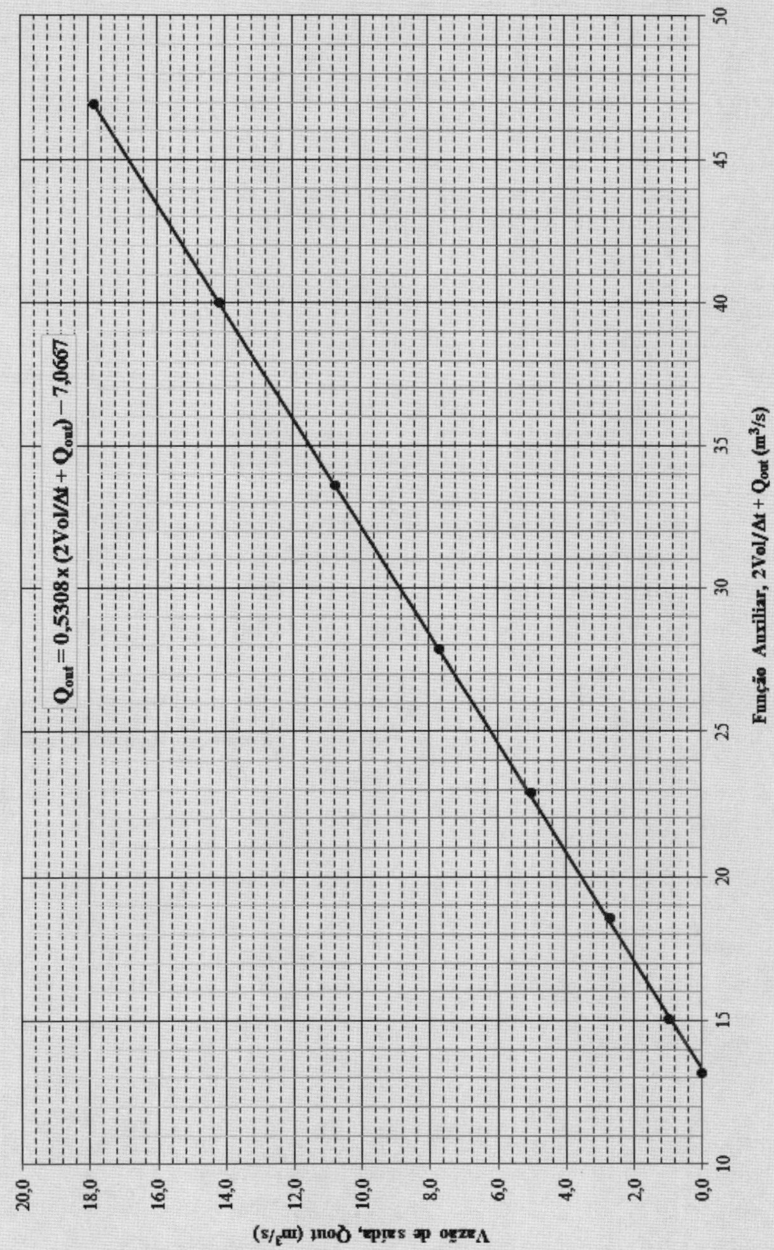

Figura 9.17 – Gráfico da vazão vertida *versus* função auxiliar $2Vol/\Delta t + Q_{out}$.

EXEMPLO 9.3 *(continuação)*

Tabela 9.5 – Cálculo da propagação da cheia no reservatório

(1)	(2)	(3)	(4)	(5)	(6)	(7)	(8)
t	Q_{in}	$Q_{in1}+Q_{in2}$	Q_{out}	Vol	$2Vol_1/\Delta t - Q_{out1}$	$2Vol_2/\Delta t + Q_{out2}$	Z
(dia)	(m³/s)	(m³/s)	(m³/s)	(m³)	(m³/s)	(m³/s)	(m)
Antes da cheia	0	0	0	284.934	13,191	13,2	15,000
0,0	0,00	1,98	0,000	284.934	13,191	15,2	15,150
0,5	1,98	7,22	0,964	305.000	13,156	20,4	15,360
1,0	5,24	15,43	3,586	360.000	13,081	28,5	15,615
1,5	10,19	23,78	8,006	440.000	12,364	36,1	15,810
2,0	13,59	22,09	12,101	517.000	11,834	33,9	15,760
2,5	8,50	13,17	10,998	497.000	12,011	25,2	15,515
3,0	4,67	6,94	6,135	408.000	12,754	19,7	15,335
3,5	2,27	2,27	3,219	352.000	13,078	15,3	15,160
4,0	0,00	0,00	1,062	308.000	13,197	13,2	15,000
4,5	0,00	0,00	0,000	284.934	13,191	13,2	15,000

Na Figura 9.18, são representadas as hidrógrafas de entrada e de saída do reservatório. A hidrógrafa de entrada é construída com os dados do problema, e a de saída é gerada com os valores das vazões da coluna (4) da Tabela 9.5.

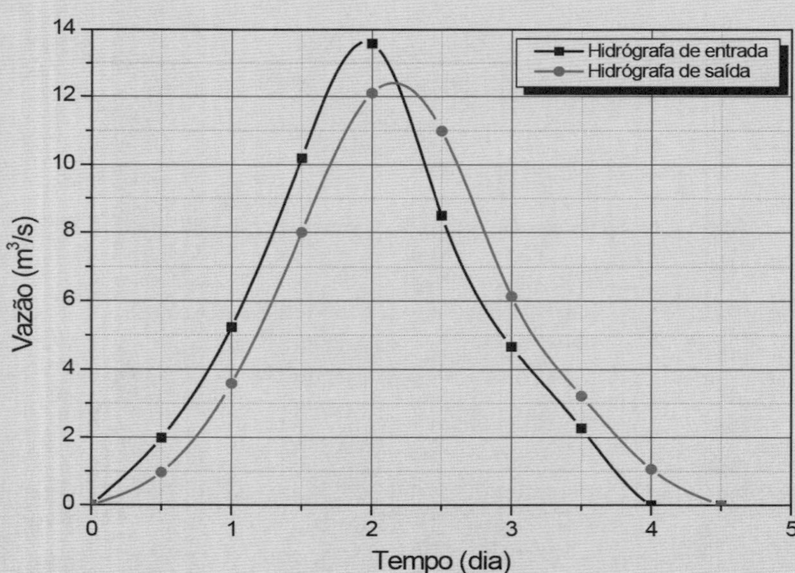

Figura 9.18 – Hidrógrafa de entrada, conforme dados fornecidos no problema, e hidrógrafa de saída do reservatório gerada pelo método da propagação (*flood routing*).

EXEMPLO 9.3 *(continuação)*

Observação: uma alternativa à solução apresentada seria a construção de uma planilha de cálculo, como aquela da Tabela 9.6, sem a necessidade de cálculo das elevações. Para isso, os valores de Q_{out2} são obtidos em função dos valores calculados de $2Vol_2/\Delta t+Q_{out2}$, a partir do gráfico da Figura 9.17, ou por meio de uma equação ajustada.

Tabela 9.6 – Solução alternativa para a propagação da cheia no reservatório do problema-exemplo 9.3

(1)	(2)	(3)	(4)	(5)	(6)	(7)
t	Q_{in}	$Q_{in1}+Q_{in2}$	Q_{out}	Vol	$2Vol_1/\Delta t - Q_{out1}$	$2Vol_2/\Delta t + Q_{out2}$
(dia)	(m^3/s)	(m^3/s)	(m^3/s)	(m^3)	(m^3/s)	(m^3/s)
0,0	0,00	1,98	0,000	284.934	13,191	15,2
0,5	1,98	7,22	0,964	305.000	13,156	20,4
1,0	5,24	15,43	3,586	360.000	13,081	28,5
1,5	10,19	23,78	8,006	440.000	12,364	36,1
2,0	13,59	22,09	12,101	517.000	11,834	33,9
2,5	8,50	13,17	10,998	497.000	12,011	25,2
3,0	4,67	6,94	6,135	408.000	12,754	19,7
3,5	2,27	2,27	3,219	352.000	13,078	15,3
4,0	0,00	0,00	1,062	308.000	13,197	13,2
4,5	0,00	0,00	0,000	284.934	13,191	13,2

9.5.2 PROPAGAÇÃO DE CHEIA EM CANAL – MÉTODO DE MUSKINGUM

O método que define o armazenamento e a vazão de saída em termos da elevação do nível d'água não se aplica no caso da propagação da cheia em canais devido às condições de escoamento variado nos cursos d'água naturais, ou mesmo em canais artificiais sob o efeito das precipitações. Isso porque, para um trecho de um curso d'água com movimento não uniforme, o armazenamento dependerá das vazões de entrada e de saída.

O armazenamento em um trecho de canal sob condições de escoamento variado pode ser decomposto em duas partes, conforme procura ilustrar a Figura 9.19: uma parcela representada pelo prisma abaixo da linha imaginária paralela à linha de fundo do canal, e a outra representada pela cunha de armazenamento acima dessa linha imaginária. O volume armazenado no prisma é proporcional à vazão de saída (Q_{out}); e o volume da cunha é proporcional à diferença entre as vazões de entrada e saída (Q_{in} – Q_{out}).

Assim, nos casos da propagação de cheias em canais naturais ou artificiais, o problema da determinação do armazenamento e da vazão de saída, ambos desconhecidos na Equação (9.4), deve ser resolvido com a consideração de que o armazenamento total está relacionado às vazões de entrada e saída.

Como mostrado na Figura 9.19, a cunha de armazenamento incrementa o volume armazenado durante a fase de ascensão da linha d'água, e reduz esse volume na fase de rebaixamento, para uma mesma vazão de saída. Assim, em um gráfico do armazenamento *versus* vazão de saída, será observado um *loop*, devido ao efeito dessa cunha de armazenamento. Nos procedimentos mais simples, a cunha de armazenamento é desprezada, e o armazenamento no canal é descrito somente em termos da vazão de saída (como no caso do reservatório). Mas, para incorporar o efeito da cunha de armazenamento, o armazenamento de entrada (Vol_{in}) deve ser relacionado à vazão de entrada (Q_{in}), assim como o de saída (Vol_{out}) deve ser relacionado à vazão de saída (Q_{out}). Assim, escreve-se:

$$Vol_{in} = K\ Q_{in}^{n} \tag{9.10}$$

e

$$Vol_{out} = K\ Q_{out}^{n}, \tag{9.11}$$

em que n é um expoente e K é um parâmetro chamado de constante de armazenamento do método da propagação. No método, K representa o tempo de trânsito da onda de cheia até a seção de saída, onde a vazão é Q_{out}.

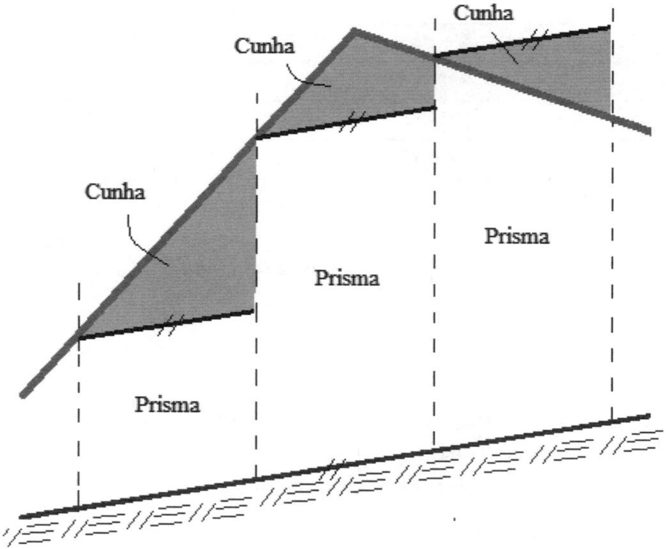

Figura 9.19 – Componentes do armazenamento em canal sob escoamento variado.

Definindo-se X, fator adimensional que leva em conta o efeito relativo (peso) das vazões de entrada e saída sobre o armazenamento, tem-se:

$$Vol = X \cdot Vol_{in} + (1 - X) \cdot Vol_{out}. \tag{9.12}$$

Substituindo as Equações (9.10) e (9.11) em (9.12), tem-se:

$$Vol = K \cdot \left[X \cdot Q_{in}^{n} + (1 - X) \cdot Q_{out}^{n} \right]. \tag{9.13}$$

Diferentes aplicações podem ser feitas com a Equação (9.13). Em geral, adota-se n = 1, caso em que o parâmetro K tem a dimensão de tempo. Para n = 1, a Equação (9.13) se reescreve:

$$Vol = K \cdot \left[X \cdot Q_{in} + (1 - X) \cdot Q_{out} \right]. \tag{9.14}$$

Substituindo-se a Equação (9.14) na Equação (9.9) e rearranjando-se os termos, tem-se:

$$\frac{Q_{in_1} + Q_{in_2}}{2} + \frac{K}{\Delta t}\left[X \cdot Q_{in_1} + (1 - X) \cdot Q_{out_1} \right] - \frac{K}{\Delta t}\left[X \cdot Q_{in_2} + (1 - X) \cdot Q_{out_2} \right] =$$

$$= \frac{Q_{out_1} + Q_{out_2}}{2}. \tag{9.15}$$

Os termos da Equação (9.15) podem ainda ser rearranjados para a equação ser reescrita na forma:

$$Q_{out_2} = C_0 \cdot Q_{in_2} + C_1 \cdot Q_{in_1} + C_2 \cdot Q_{out_1}. \tag{9.16}$$

Nesta forma final, o modelo da Equação (9.16) é conhecido como equação de Muskingum,[4] e os parâmetros adimensionais C_0, C_1 e C_2 são calculados como

$$C_0 = \frac{0,5\Delta t - KX}{K(1 - X) + 0,5\Delta t}; \tag{9.17}$$

$$C_1 = \frac{0,5\Delta t + KX}{K(1 - X) + 0,5\Delta t}; \tag{9.18}$$

$$C_2 = \frac{K(1 - X) - 0,5\Delta t}{K(1 - X) + 0,5\Delta t}, \tag{9.19}$$

de modo que $C_0 + C_1 + C_2 = 1$. Assim, conhecida a hidrógrafa de entrada em todos os tempos (Q_{in} é dado em função do tempo), e fixado o valor da vazão de saída no tempo inicial $t_1 = 0$, isto é, com Q_{out1} conhecido, a Equação (9.16) é resolvida com os valores calculados de C_0, C_1 e C_2, permitindo obter o valor da vazão de saída do trecho no tempo t_2, Q_{out2}. E o processo é repetido tomando-se t_2 como tempo inicial, para obter a vazão de saída no tempo t_3, e assim por diante.

Conforme descrito, para uso da equação de Muskingum, os parâmetros adimensionais C_0, C_1 e C_2 precisam ser calculados, o que exige a determinação prévia dos valores

---

[4] O método ou equação de Muskingum para a propagação da onda de cheia em rios e canais foi desenvolvido em Ohio, nos Estados Unidos, em 1938, pelo U. S. Arm Corps of Engineers (USACE), e aplicado no rio Muskingum.

de K e X. Isso pode ser feito com base nas hidrógrafas reais de entrada e saída do trecho do canal, como é a seguir demonstrado.

9.5.2.1 Determinação das constantes K e X do método de Muskingum

Para a determinação das constantes K e X para um trecho de canal, os armazenamentos representados pela área compreendida entre as hidrógrafas de entrada e saída devem ser calculados em função do tempo (Figura 9.11). Esses armazenamentos são então acumulados e lançados em um gráfico cartesiano em função dos valores que representam o "peso" das vazões, obtidos do cálculo segundo a expressão $\left[X \cdot Q_{in} + (1-X) \cdot Q_{out}\right]$. Repetindo-se o processo para diferentes valores selecionados de X, pode-se pesquisar o melhor valor de X que satisfaz a Equação (9.14). Isto é, com base nesses gráficos, e uma vez que a Equação (9.14) é linear, o valor correto de X será aquele que produz uma linha reta no gráfico de Vol *vs* $\left[X \cdot Q_{in} + (1-X) \cdot Q_{out}\right]$, ou aquele que produz o *loop* mais estreito, como ilustrado na Figura 9.21. E o valor de K será então obtido diretamente da declividade da linha reta.

Os valores de X variam de 0 a 0,5.[5] Em rios, o valor de X está usualmente entre 0 e 0,3, sendo o valor típico 0,2 ou 0,25. Com relação aos valores de K, as análises de muitos problemas envolvendo a propagação de ondas de cheias em trechos de cursos d'água naturais têm mostrado que K corresponde ao tempo requerido para o centro de massa da onda de cheia percorrer a distância entre as seções de montante e jusante do trecho considerado. K é ainda sensivelmente igual ao tempo de viagem do pico da onda de cheia entre as seções de montante e jusante.

EXEMPLO 9.4

As hidrógrafas de entrada e saída do trecho de um pequeno curso d'água natural são fornecidas na Tabela 9.7. Com base nos dados dessa tabela, pede-se:

a) construir o gráfico das hidrógrafas de entrada e saída, identificando os intervalos de aumento e redução do armazenamento no trecho;

b) construir um gráfico que represente a variação do armazenamento ao longo do tempo, identificando os intervalos em que o volume de água armazenada no trecho do canal cresce e decresce;

c) construir o gráfico dos armazenamentos acumulados no trecho do canal, em função do tempo da passagem da onda de cheia;

d) construir os gráficos da variação do armazenamento acumulado em função dos valores que representam o peso das vazões de entrada e saída do trecho do canal, ou seja, gráfico de Vol acumulado *vs* $\left[X \cdot Q_{in} + (1-X) \cdot Q_{out}\right]$, para três diferentes valores de X;

---

[5] Como observação adicional, tem-se que, para o armazenamento em reservatórios, X = 0; e, quando o armazenamento marginal é pleno, X = 0,5.

EXEMPLO 9.4 *(continuação)*

e) determinar os fatores K e X para o trecho do curso d'água.

Tabela 9.7 – Hidrógrafas do problema-exemplo 9.4

t (h)	Q_{in} (m^3/s)	Q_{out} (m^3/s)	t (h)	Q_{in} (m^3/s)	Q_{out} (m^3/s)	t (h)	Q_{in} (m^3/s)	Q_{out} (m^3/s)
0	1,00	1,00	5	10,14	12,42	10	1,22	3,44
1	5,25	1,20	6	6,49	11,16	11	1,00	2,28
2	11,52	3,43	7	4,22	8,83	12	1,00	1,67
3	16,00	7,46	8	2,87	6,57	13	1,00	1,35
4	14,19	11,17	9	1,88	4,77	14	1,00	1,18

Solução:

Inicialmente, constrói-se a Tabela 9.8, contendo, além dos dados iniciais da Tabela 9.7, os cálculos necessários para a construção dos gráficos dos itens (a), (b) e (c), bem como para a geração dos gráficos de obtenção dos parâmetros K e X, conforme requerido no item (d) deste problema-exemplo. Na Tabela 9.8, as colunas representam:

- coluna (1): tempos contados de hora em hora, a partir de t = 0;
- coluna (2): vazões de entrada no trecho do curso d'água em função do tempo, Q_{in} (ordenadas instantâneas da hidrógrafa de entrada);
- coluna (3): vazões de saída do trecho do curso d'água em função do tempo, Q_{out} (ordenadas instantâneas da hidrógrafa de saída);
- coluna (4): diferenças instantâneas entre as vazões de entrada e saída do trecho;
- coluna (5): volumes ΔVol acumulados no trecho do curso d'água em intervalos de tempo Δt, medidos em h·m³/s e calculados segundo a expressão

$$\Delta Vol = 0,5\left(Q_{in1} + Q_{in2}\right)\cdot \Delta t - 0,5\left(Q_{out1} + Q_{out2}\right)\cdot \Delta t,$$

conforme ilustrado nas Figuras 9.10 e 9.11;

- coluna (6): armazenamento Vol acumulado em todo o trecho do curso d'água natural, em função do tempo t, obtido por ΣΔVol (isto é, pela soma ou integração da coluna anterior), medido em h·m³/s;
- coluna (7): valores de $[X\cdot Q_{in} + (1-X)\cdot Q_{out}]$, em m³/s, calculados para X = 0,1;
- coluna (8): valores de $[X\cdot Q_{in} + (1-X)\cdot Q_{out}]$, em m³/s, calculados para X = 0,2;

EXEMPLO 9.4 *(continuação)*

- coluna (9): valores de $[X \cdot Q_{in} + (1-X) \cdot Q_{out}]$, em m³/s, calculados para X = 0,3.

Tabela 9.8 – Elementos de cálculo dos fatores K e X do método de Muskingum da propagação da onda de cheia.

(1)	(2)	(3)	(4)	(5)	(6)	(7)	(8)	(9)
t (h)	Q_{in} (m³/s)	Q_{out} (m³/s)	$Q_{in} - Q_{out}$ (m³/s)	ΔVol (h·m³/s)	Vol (h·m³/s)	$X\,Q_{in} + (1-X)\,Q_{out}$ (m³/s)		
						X = 0,1	X = 0,2	X = 0,3
0	1,00	1,00	0,00	0,00	0,00	1,00	1,00	1,00
1	5,25	1,20	4,05	4,05	4,05	1,61	2,01	2,42
2	11,52	3,43	8,09	12,14	16,19	4,24	5,05	5,86
3	16,00	7,46	8,54	16,63	32,82	8,31	9,17	10,02
4	14,19	11,17	3,02	11,56	44,38	11,47	11,77	12,08
5	10,14	12,42	-2,28	0,74	45,12	12,19	11,96	11,74
6	6,49	11,16	-4,67	-6,95	38,17	10,69	10,23	9,76
7	4,22	8,83	-4,61	-9,28	28,89	8,37	7,91	7,45
8	2,87	6,57	-3,70	-8,31	20,58	6,20	5,83	5,46
9	1,88	4,77	-2,89	-6,59	13,99	4,48	4,19	3,90
10	1,22	3,44	-2,22	-5,11	8,88	3,22	3,00	2,77
11	1,00	2,28	-1,28	-3,50	5,38	2,15	2,02	1,90
12	1,00	1,67	-0,67	-1,95	3,43	1,60	1,54	1,47
13	1,00	1,35	-0,35	-1,02	2,41	1,32	1,28	1,25
14	1,00	1,18	-0,18	-0,53	1,88	1,16	1,14	1,13

a) Na Figura 9.20(a), são representadas as hidrógrafas de entrada e saída do trecho do curso d'água natural. As áreas compreendidas entre as linhas cheia (Q_{in}) e serrilhada (Q_{out}) representam os volumes acumulados no trecho. Essa figura mostra que até o tempo $t \cong 4{,}5$ h a acumulação é crescente, isto é, o trecho do canal está enchendo (vazão de entrada > vazão de saída). A partir desse instante, a acumulação decresce, o que significa que começa o rebaixamento da linha d'água e o consequente esvaziamento do trecho do canal.

b) Na Figura 9.20(b), é feita a representação gráfica dos valores instantâneos das diferenças entre as vazões de entrada e saída, em função do tempo. Como o gráfico anterior, essa figura mostra que o enchimento do trecho do canal ocorre até o tempo $t \cong 4{,}5$ h, a partir do qual se dá o esvaziamento. Como informação complementar, tem-se que a área compreendida pela curva e pelo eixo dos tempos fornece, para cada valor de t, o valor da acumulação no trecho do curso d'água até o tempo considerado.

EXEMPLO 9.4 *(continuação)*

c) O armazenamento acumulado em todo trecho, em função do tempo, é representado Figura 9.20(c), construída com os valores calculados na coluna (6) da Tabela 9.8. A coluna (6) mostra que o volume acumulado (armazenamento) é crescente até aproximadamente t = 4,5 h, decrescendo após esse instante, refletindo novamente as conclusões anteriores.

d) Os gráficos da Figura 9.21 mostram as variações do volume armazenado, Vol (coluna 6 da Tabela 9.8), em função de $[X\ Q_{in} + (1\text{-}X)\ Q_{out}]$, para três diferentes valores de X (colunas 7, 8 e 9 da Tabela 9.8). Analisando os gráficos, conclui-se que o *loop* mais estreito ocorre para X igual 0,2 [Figura 9.21(b)], sugerindo que esse é o valor adequado para a equação de Muskingum. Considerando, então, o gráfico da Figura 9.21(b), obtém-se a declividade da linha reta de tendência: K = 0,25. Portanto, para este problema-exemplo, os parâmetros da equação de Muskingum para o trecho do curso d'água natural são X = 0,2 e K = 0,25 h.

Observação:

Com os valores de X e K determinados no item (d), e com Δt = 1h, podem ser calculados os valores dos parâmetros adimensionais da equação de Muskingum, C_0, C_1 e C_2, cuja soma deve ser igual à unidade. Da Equação (9.17), $C_0 = 0{,}64$; da Equação (9.18), $C_1 = 0{,}79$; e da Equação (9.19), $C_2 = -0{,}43$. Portanto,

$C_0 + C_1 + C_2 = 0{,}64 + 0{,}79 - 0{,}43 = 1{,}00.$ (OK!)

EXEMPLO 9.4 *(continuação)*

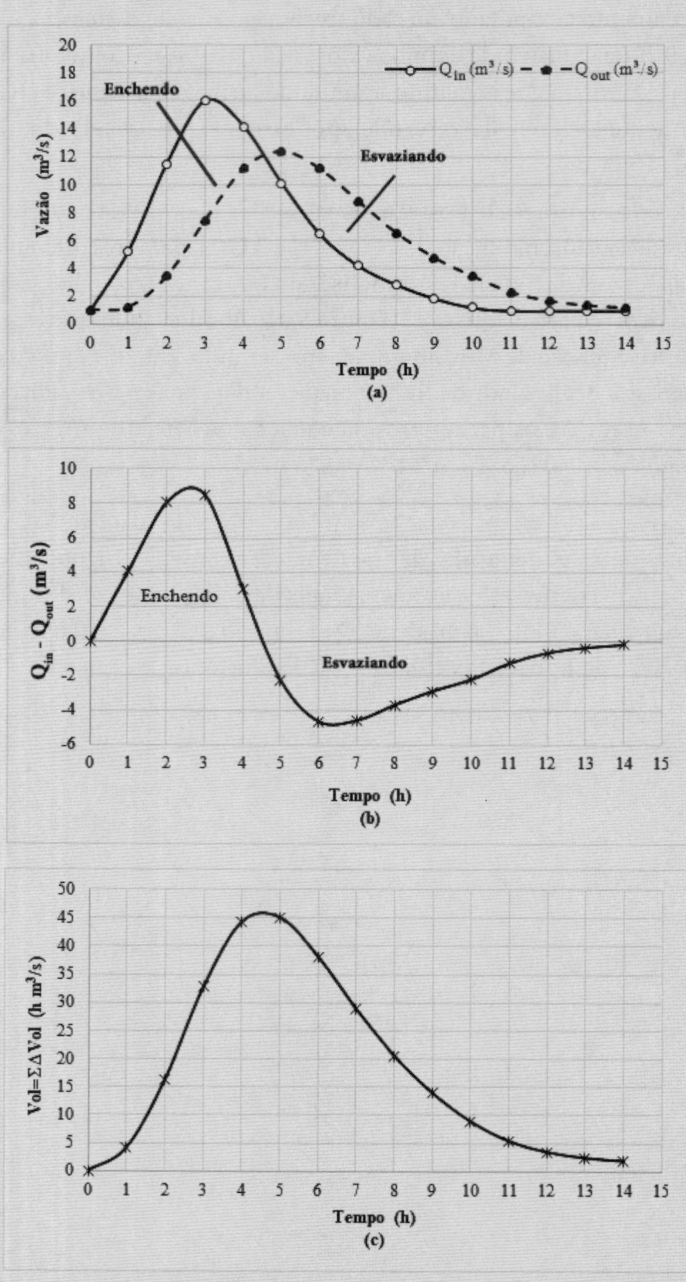

Figura 9.20 – Representação das hidrógrafas de entrada e saída (a), da variação da acumulação de água (b) e do armazenamento total (c), em função do tempo.

EXEMPLO 9.4 *(continuação)*

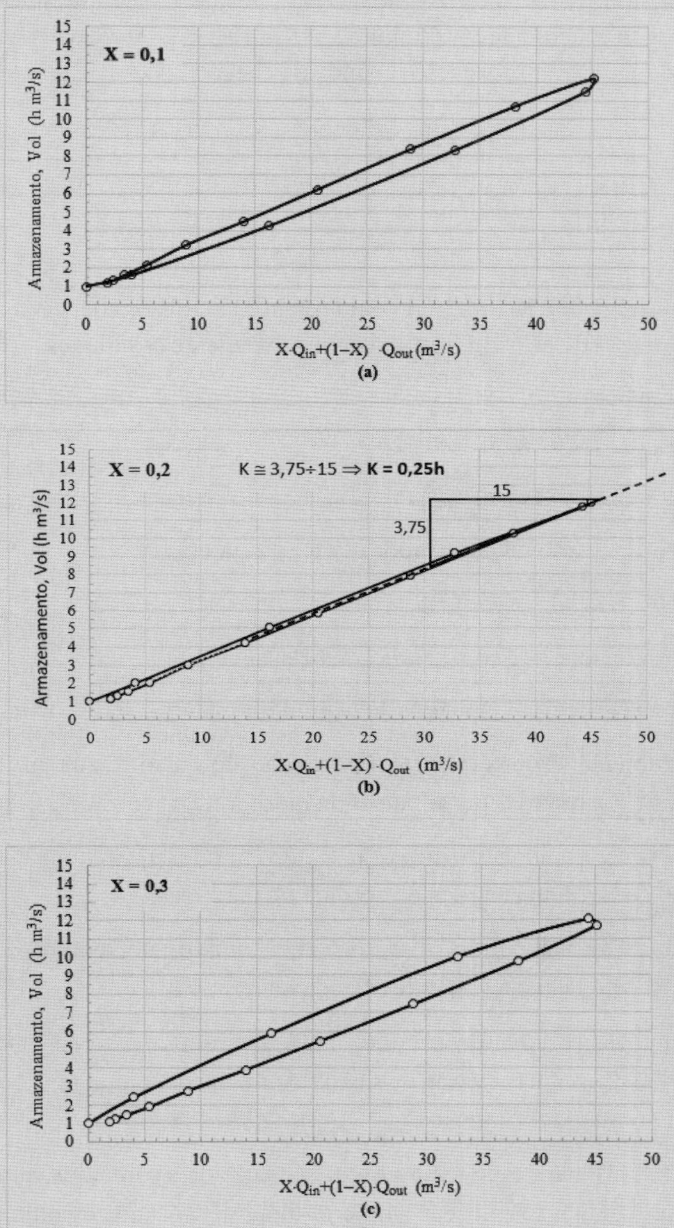

Figura 9.21 – Gráficos do armazenamento em função do peso das vazões para a determinação dos parâmetros X e K do método de Muskingum, para três diferentes valores do parâmetro X.

EXEMPLO 9.5

A hidrógrafa de entrada em um trecho de rio é dada na Tabela 9.8. Sabendo-se que os parâmetros da equação de Muskingum são K = 20 h e X = 0,25, obter a hidrógrafa de saída pelo método a propagação da onda de cheia.

Tabela 9.8 – Hidrógrafa de entrada em um trecho de rio

t (h)	12	24	36	48	60	72	84	96	108	120
Q (m^3/s)	2,83	8,50	19,26	14,16	9,63	7,08	5,10	3,96	3,11	2,83

Solução:

Dados os valores de K e X, e definido o intervalo Δt = 12h, os coeficientes adimensionais da equação de Muskingum são preliminarmente calculados:

- da Equação (9.17), $C_0 = 0{,}05$;
- da Equação (9.18), $C_1 = 0{,}52$;
- da Equação (9.19), $C_2 = 0{,}43$.

Para fazer a propagação da cheia, aplica-se a Equação (9.16):

$$Q_{out_2} = C_0\, Q_{in_2} + C_1\, Q_{in_1} + C_2\, Q_{out_1}.$$

Para realizar os cálculos, é construída a Tabela 9.9:

- coluna (1): tempos contados de 12 em 12 horas em hora, a partir de t = 12 h;
- coluna (2): vazões de entrada no trecho do curso d'água em função do tempo, Q_{in} (ordenadas instantâneas da hidrógrafa de entrada);
- coluna (3): valores do produto $C_0 \cdot Q_{in2}$ obtidos no tempo t + Δt, com $C_0 = 0{,}05$ e Q_{in2} igual à vazão de entrada no tempo t + Δt;
- coluna (4): valores do produto $C_1 \cdot Q_{in1}$ obtidos no tempo t + Δt, com $C_1 = 0{,}52$ e Q_{in1} igual à vazão de entrada no tempo t;
- coluna (5): valores do produto $C_2 \cdot Q_{out1}$ obtidos no tempo t + Δt, com $C_2 = 0{,}43$ e Q_{out1} igual à vazão de saída calculada no tempo t (anterior). Para a partida do método, adota-se $Q_{out1} = Q_{in1} = 2{,}83\ m^3/s$;
- coluna (6): para cada tempo t + Δt, é realizada a soma dos valores calculados nas colunas (3), (4) e (5), cujo resultado é lançado na coluna 6 para se obter Q_{out2}.

Observação: uma exceção é feita para o valor da vazão de saída no instante em t = 12 h (valor de Q_{out1}), que é feito igual a Q_{in1}, como critério de partida do método.

EXEMPLO 9.5 *(continuação)*

Os valores da vazão de entrada (coluna 2), com os valores propagados da onda de cheia (coluna 6) são lançados no gráfico da Figura 9.22, para ilustrar os resultados do método de Muskingum.

Tabela 9.9 – Geração da hidrógrafa de jusante pelo método de Muskingum

(1)	(2)	(3)	(4)	(5)	(6)
t	Q_{in}	$C_0 \times Q_{in2}$	$C_1 \times Q_{in1}$	$C_2 \times Q_{out1}$	Q_{out2}
(h)	(m³/s)	(m³/s)	(m³/s)	(m³/s)	(m³/s)
12	2,83	-	-	-	2,83
24	8,50	0,40	1,48	1,21	3,10
36	19,26	0,92	4,45	1,33	6,70
48	14,16	0,67	10,09	2,87	13,63
60	9,63	0,46	7,42	5,84	13,72
72	7,08	0,34	5,04	5,88	11,26
84	5,10	0,24	3,71	4,83	8,78
96	3,96	0,19	2,67	3,76	6,62
108	3,11	0,15	2,08	2,84	5,06
120	2,83	0,13	1,63	2,17	3,94

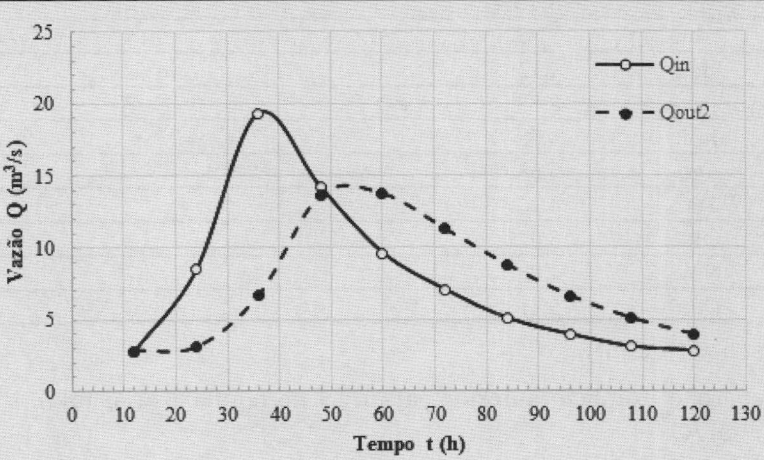

Figura 9.22 – Hidrógrafa de entrada (Q_{in}) e hidrógrafa de saída (Q_{in}) obtida pelo método de Muskingum para um trecho de rio (problema-exemplo 9.5).

Exercícios

9.1. Calcular a capacidade mínima de um reservatório em um curso d'água natural para atender à lei de regularização: $y = Qr/\bar{Q} = 0,75$. Tomar por base as vazões médias mensais referidas aos anos de 1996 e 1997, conforme fornecidas na Tabela 9.2.

Tabela 9.2 – Vazões médias mensais afluentes ao reservatório no período de janeiro de 1996 a dezembro de 1997, para o cálculo da capacidade mínima do reservatório de acumulação de água do exercício 9.1

Período		Vazão, Q (m^3/s)
Ano	**mês**	
1996	Jan.	9,13
	Fev.	5,76
	Mar.	5,43
	Abr.	3,74
	Maio	3,45
	Jun.	2,94
	Jun.	2,61
	Ago.	3,65
	Set.	2,21
	Out.	2,79
	Nov.	4,45
	Dez.	5,96
1997	Jan.	5,12
	Fev.	7,97
	Mar.	8,42
	Abr.	5,25
	Maio	7,12
	Jun.	8,83
	Jun.	4,55
	Ago.	5,68
	Set.	4,16
	Out.	5,02
	Nov.	4,23
	Dez.	5,41

R: $Cr \cong 15 \times 10^6 \, m^3$.

9.2. Repetir o exercício anterior para a lei de regularização total, isto é, para $y = Qr/\overline{Q} = 1$.

R: Rippl: $Cr \cong 43 \times 10^6 \, m^3$; analítico: $Cr \cong 40 \times 10^6 \, m^3$.

9.3. Uma barragem deverá ser construída para atender às necessidades de consumo de uma cidade e, também, para permitir a regularização da vazão no trecho a sua jusante com a manutenção de uma vazão mínima compatível com as necessidades ecológicas e sanitárias do corpo d'água. No gráfico da Figura 9.23 representam-se, para dois anos consecutivos de estiagem severa na bacia, os volumes que seriam acumulados no reservatório da barragem, calculados com base nas vazões naturais médias mensais afluentes à seção do curso d'água onde se planeja construir a barragem. Sabendo-se que os cálculos efetuados pelo engenheiro responsável pelo projeto indicam que o reservatório deverá atender à lei de regularização $y = Qr/\bar{Q} = 0,75$, pede-se:

a) estimar a vazão de regularização Qr, em m³/s;

b) identificar, na Figura 9.23, o(s) período(s) crítico(s) para o cálculo da capacidade mínima do reservatório;

c) estimar, com base no diagrama de Rippl, a capacidade mínima do reservatório para atender à lei de regularização y = 0,75. Observação: 1 hm³ = 1 × 10⁶ m³.

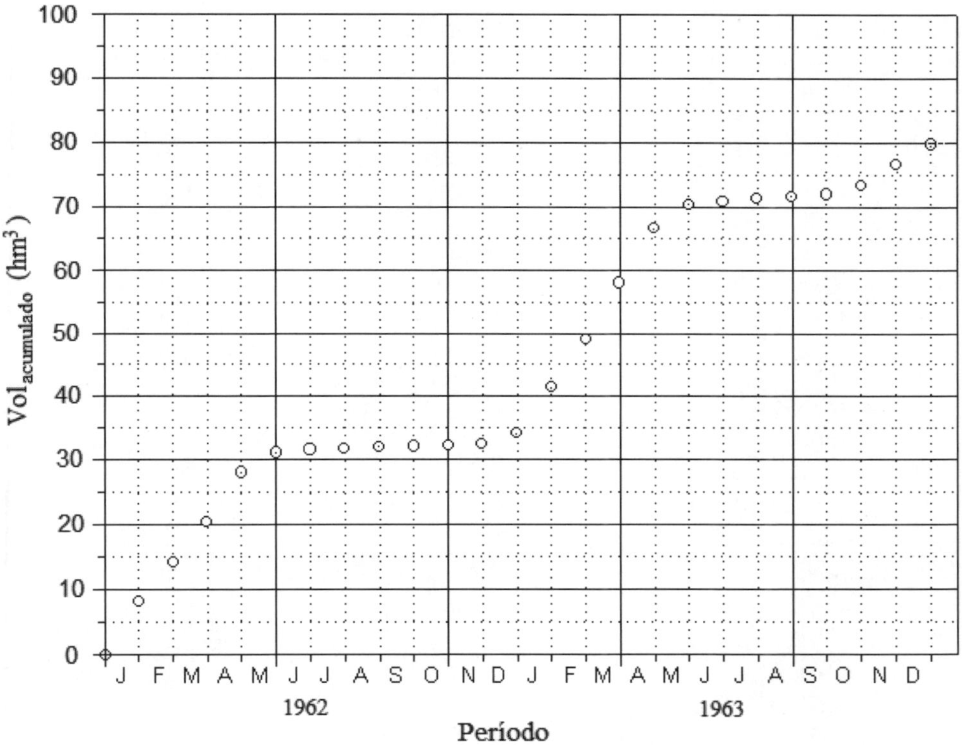

Figura 9.23 – Diagrama de Rippl para o cálculo da capacidade mínima do reservatório de acumulação de água (exercício 9.3).

CAPÍTULO 10
VAZÕES MÍNIMAS

10.1 GENERALIDADES

A água, além de ser um recurso natural essencial à vida, é também fator condicionante do desenvolvimento econômico e do bem-estar social. Em quase todas as atividades humanas, é bem de consumo final ou intermediário. Suporta importantes funções, desde a manutenção da saúde pública, o desenvolvimento econômico e a recreação, até a preservação do equilíbrio ecológico.

Em razão do crescimento demográfico, aliado ao impulso econômico experimentado em muitos países, tem ocorrido um contínuo aumento do consumo da água, com a diversificação do seu uso, sobretudo nas nações em desenvolvimento. Além do consumo humano e da dessedentação animal, entre os usos mais importantes incluem-se a irrigação, a geração de energia elétrica, o abastecimento doméstico e industrial e o controle de cheias.

O uso irracional dos recursos hídricos acaba por gerar conflitos entre os usuários dos diferentes setores, como consequência do fato de a disponibilidade hídrica não ser ilimitada. Além disso, muitos aproveitamentos hídricos produzem alterações significativas nas características espaciais e temporais, tanto na quantidade como na qualidade do escoamento natural, modificando o regime hidrológico dos cursos d'água a jusante do aproveitamento.

As modificações do regime hidrológico são caracterizadas pela redução da vazão média anual, pela diminuição da variação sazonal da vazão, pela alteração da época da ocorrência das vazões extremas (máximas e mínimas) e pela redução da magnitude das cheias. Tais modificações têm como consequência a alteração da velocidade do escoamento e da profundidade da lâmina d'água, além do efeito sobre a capacidade de transporte de sedimentos e a morfologia do leito do rio, fatores que exercem influência significativa sobre a temperatura e a qualidade da água. Em função disso, são afetadas a composição e a estabilidade do *habitat* das espécies aquáticas, com impactos importantes nas comunidades bióticas.

O uso irracional da água reflete-se, assim, quase sempre, na sobre-exploração dos ecossistemas fluviais, produzindo um desequilíbrio entre a utilização e a manutenção das condições que permitiriam o uso contínuo do recurso hídrico, sobretudo para as gerações futuras.

Uma das exigências requeridas para a garantia das funções oferecidas pela água é a manutenção das vazões em níveis mínimos capazes de oferecer estabilidade e suportar o ecossistema aquático. Em outras palavras, a suficiência de um curso d'água natural para prover as exigências para disposição de resíduos líquidos e gasosos, para o abastecimento municipal ou industrial, para irrigação etc., e também para a manutenção das condições satisfatórias aos organismos aquáticos (peixes, principalmente) tem sido avaliada, comumente, em muitos países, em termos de características de vazões mínimas.

É da avaliação dessas vazões mínimas, também chamadas de vazões residuais, remanescentes, ecológicas ou ambientais, que trata o presente capítulo.

10.2 ANÁLISE DE FREQUÊNCIA DAS VAZÕES MÍNIMAS

As vazões mínimas podem ser definidas com base em valores numéricos representativos da quantidade de água que permanece no leito do rio após ocorrerem as retiradas para atender aos usos consuntivos, que são os usos externos em que a derivação da água ocorre para abastecimento público, uso industrial e irrigação, por exemplo, e, em alguns casos, para usos não consuntivos como a geração de energia elétrica e atividades de recreação.

As vazões mínimas são, normalmente, obtidas a partir da análise e do processamento dos dados de descargas diárias observadas na estação fluviométrica. Da análise e processamentos desses dados podem ser construídas as séries anuais e as curvas de frequência das vazões mínimas. Outras vezes, a vazão mínima é obtida das curvas de permanência dessas mesmas vazões diárias. As vazões mínimas também podem ser avaliadas com base nas curvas de recessão dos escoamentos de base que conformam os hidrogramas.

Em locais com ausência de estações fluviométricas, muitas vezes recorre-se a estimativa das vazões mínimas com base em modelos empíricos, gerados a partir de dados de vazões obtidos em bacias de características hidrológicas homogêneas ou semelhantes. Esses modelos, chamados equações de regionalização, são construídos a partir da análise de regressão da vazão mínima (variável independente) em função das características físicas e climáticas da bacia hidrográfica (variáveis dependentes). Mas os modelos de regionalização são geralmente bastante incertos, uma vez que as vazões mínimas são fortemente dependentes da litologia e da estrutura de formação das rochas, e da quantidade de água perdida por evapotranspiração, sendo que nenhuma dessas características pode ser descrita adequadamente por meio de índices transferíveis de uma região para outra, como requerem os modelos, exceto para algumas poucas bacias.

Em estudos envolvendo a poluição hídrica, é importante conhecer as probabilidades de ocorrência das estiagens mais severas. Exemplo disso está no uso do curso d'água para a diluição de despejos urbanos ou industriais, situação que exige a quantificação da capacidade autodepuradora do corpo d'água natural. Também em processos de outorga do direito de uso da água, interessa conhecer o valor da vazão mínima que, por exemplo, suporta o ecossistema aquático. Nesses casos, geralmente, a vazão mínima de interesse é a conhecida $Q_{7,10}$, isto é, a vazão mínima de sete dias sucessivos de estiagem e 10 anos de recorrência.[1]

A análise de frequência é o procedimento mais comum para a quantificação da vazão mínima de dada recorrência. Essa análise é feita mediante a construção da série anual de vazões mínimas, tomando-se por base os registros das vazões diárias em uma estação fluviométrica. As vazões mínimas da série anual podem ser as menores vazões diárias de cada ano de registro, ou as menores vazões médias de 2, 3, 7, 10 ou mais dias consecutivos.

Na análise de frequência das séries de vazões mínimas, os procedimentos adotados são semelhantes àqueles descritos para a análise de frequência de cheias.[2] Uma construção gráfica pode ser feita: a definição da posição de plotagem é semelhante àquela adotada no método de Weibull para as vazões de cheias. A diferença fundamental entre as análises de frequência de vazões máximas e mínimas está na definição do período de retorno: no primeiro caso, o período de retorno era definido pelo inverso da probabilidade de excedência e, agora, no caso das vazões mínimas, ele é definido como o inverso da probabilidade de não excedência. Assim, na análise de frequência da série de mínimas, os procedimentos adotados são como segue:

1. arranjam-se as vazões mínimas da série anual, classificando-as em ordem crescente, isto é, começando pela menor vazão;
2. atribui-se um número de ordem m a cada uma das vazões nessa classificação: a menor vazão terá ordem m = 1, e a maior (a última na classificação) terá ordem m = N, sendo N o número de anos de registros;
3. estimam-se as frequências (probabilidades de não excedência) segundo

$$F(x_0) = P\{x < x_0\} = \frac{m}{N+1}, \tag{10.1}$$

ou os períodos de retorno, pela relação inversa

$$Tr = \frac{1}{F(x_0)} = \frac{N+1}{m}; \tag{10.2}$$

4. constrói-se o gráfico das frequências (ou dos períodos de retorno) em função das vazões correspondentes, em papel de probabilidade (papel aritmético de probabilidade, papel logarítmico de probabilidade ou papel de Gumbel, mais

---

1 No Brasil, em alguns estados, em processos de outorga do direito de uso da água, também se utiliza como vazão de referência a vazão de certa duração ou permanência.

2 Assunto estudado no Capítulo 7, "Previsão de enchentes".

comumente). Em geral, uma curva suave é desenhada em torno dos pontos, permitindo a realização de rápidas interpolações.

EXEMPLO 10.1

As vazões mínimas de sete dias de duração (série anual) obtidas dos registros das vazões diárias em uma estação fluviométrica são fornecidas na Tabela 10.1. Com base nos dados dessa tabela, pede-se:

a) construir a curva de frequência das vazões mínimas de sete dias;

b) determinar:

b_1) a probabilidade de a vazão mínima de sete dias ser inferior a 70 m^3/s;

b_2) o período de retorno da vazão mínima de 100 m^3/s;

b_3) a vazão mínima de sete dias e dez anos de recorrência.

Tabela 10.1 – Série anual de vazões mínimas de sete dias

Ano	$Q_{mín}$ (m^3/s)	Ano	$Q_{mín}$ (m^3/s)	Ano	$Q_{mín}$ (m^3/s)	Ano	$Q_{mín}$ (m^3/s)
1966	86,7	**1974**	92,7	**1982**	99	**1990**	57,2
1967	57,8	**1975**	78,4	**1983**	66,2	**1991**	63,0
1968	73,7	**1976**	89,4	**1984**	88,6	**1992**	105,3
1969	93,8	**1977**	49,4	**1985**	111,6	**1993**	91,8
1970	55,8	**1978**	54,2	**1986**	46,3	**1994**	76,3
1971	61,0	**1979**	49,6	**1987**	85,5	**1995**	56,5
1972	84,2	**1980**	75,5	**1988**	80,1		
1973	123,3	**1981**	83,3	**1989**	55,3		

Solução:

a) As vazões da Tabela 10.1 são, preliminarmente, classificadas em ordem crescente. É atribuído um número de ordem a cada vazão nessa classificação, conforme mostram as colunas 1 e 2 da Tabela 10.2. Na coluna (3) da Tabela 10.2, são lançadas as frequências, em porcentagem, que representam as probabilidades de não excedência, calculadas a partir da Equação (10.1). Nos cálculos pela Equação (1), m é o número de ordem (coluna 2) e N = 30 (número de anos da série). Os valores das vazões e das frequências calculadas são lançados em um gráfico da frequência F, em porcentagem, *versus* a vazão $Q_{mín}$, em m^3/s, em papel de probabilidade (papel aritmético de probabilidade, no caso), conforme a Figura 10.1.

EXEMPLO 10.1 *(continuação)*

Tabela 10.2 – Classificação das vazões mínimas e cálculo da posição de plotagem

(1)	(2)	(3)	(1)	(2)	(3)
$Q_{mín} = Q_7$ (m^3/s)	m	F (%)	$Q_{mín} = Q_7$ (m^3/s)	m	F (%)
46,3	1	3,23	78,4	16	51,61
49,4	2	6,45	80,1	17	54,84
49,6	3	9,68	83,3	18	58,06
54,2	4	12,90	84,2	19	61,29
55,3	5	16,13	85,5	20	64,52
55,8	6	19,35	86,7	21	67,74
56,5	7	22,58	88,6	22	70,97
57,2	8	25,81	89,4	23	74,19
57,8	9	29,03	91,8	24	77,42
61,0	10	32,25	92,7	25	80,65
63,0	11	35,48	93,8	26	83,87
66,2	12	38,71	99,0	27	87,10
73,7	13	41,93	105,3	28	90,32
75,5	14	45,16	111,6	29	93,55
76,3	15	48,39	123,3	N = 30	96,77

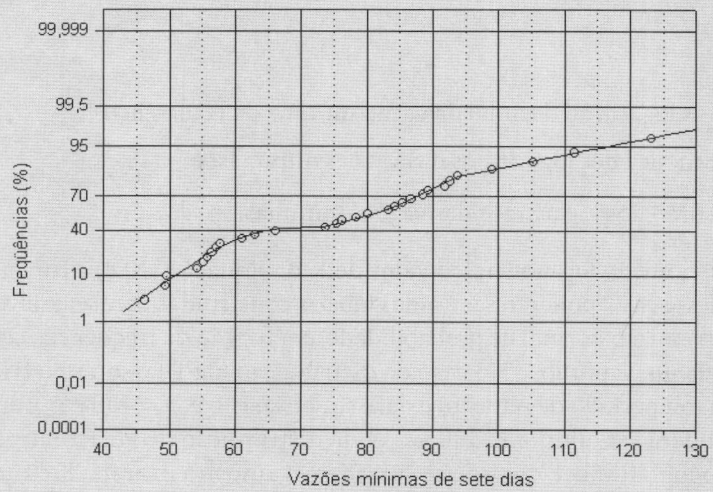

Figura 10.1 – Gráfico de frequência, em %, em função das vazões mínimas de sete dias, em m^3/s, construído em papel aritmético de probabilidade (problema-exemplo 10.1).

EXEMPLO 10.1 *(continuação)*

b) Da Figura 10.1, pode-se obter:

b_1) Para Q = 70 m³/s, F ≅ 42%. Logo, P{Q ≤ 70m³/s} = 42%;

b_2) Para Q = 100 m³/s, F = 89% (leitura feita em planilha eletrônica para maior precisão). Logo, P{Q ≤ 100 m³/s} = 89%, e Tr = 1/P{Q ≤ 100 m³/s}=1/0,89 = 1,12 ano;

b_3) Para Tr = 10 anos, P{Q ≤ Q_{Tr}} = 1/10 = 0,1 → 10%. Portanto, do gráfico, $Q_{7,10} \cong 51$ m³/s.

O mesmo procedimento analítico já apresentado no contexto das vazões de cheias é aplicável às vazões mínimas. A relação linear conhecida como equação de Chow, reproduzida a seguir, é também utilizada no cálculo analítico:

$$Q_{\text{mínTr}} = \overline{Q}_{\text{mín}} + K \cdot s, \qquad (10.3)$$

sendo $\overline{Q}_{\text{mín}}$ a média aritmética da série, s o desvio padrão e K o fator de frequência de Chow (os valores de K são tabelados para algumas distribuições de probabilidade teóricas).

Nas previsões das vazões mínimas, as distribuições de probabilidade que têm se mostrado adequadas são a log-normal, a log-Pearson tipo III e a log-Gumbel (distribuição de valor extremo tipo I aplicada à variada transformada logarítmica). Para esses casos que envolvem a transformada logarítmica das vazões mínimas, a relação de Chow deve ser escrita na forma:

$$y_{Tr} = \overline{y} + K \cdot s_y, \qquad (10.4)$$

sendo:

$y_{Tr} = \log Q_{\text{mínTr}}$ = logaritmo decimal da vazão mínima de recorrência Tr;

$\overline{y}$ = média aritmética dos logaritmos das vazões mínimas; e

s_y = desvio padrão dos logaritmos das vazões mínimas.

Para a distribuição log-normal, o valor de K da Equação (10.4) é função apenas da frequência. Nesse caso, poderão ser usadas tabelas construídas para a variável reduzida z (z = K) da distribuição normal de probabilidade, em função da frequência, como a Tabela 7.2 apresentada no Capítulo 7. No caso da distribuição log-Pearson tipo III, K é função da frequência (ou período de retorno) e da assimetria, isto é, K = K(Tr, g_y): em aplicações práticas, K poderá ser obtido da Tabela 7.4 da distribuição de Pearson tipo III. E para a distribuição log-Gumbel, quando se considera a amostra infinita, K é função apenas da frequência. Para amostras finitas, K passa a ser função da frequência (ou período de retorno) e do tamanho da amostra: K = K(Tr, N). Valores de K utilizáveis com a distribuição log-Gumbel podem ser obtidos da Tabela 7.5 da distribuição de Gumbel.

Cuidado especial deve ser tomado quando do uso das Tabelas 7.2, 7.4 e 7.5 pois, no caso de aplicações com as séries de vazões mínimas, o período de retorno corresponderá à recíproca da probabilidade de não excedência. Para comparação, foi construída a Tabela 10.5 para a distribuição de Pearson tipo III, aplicada aos eventos extremos de vazões mínimas.

EXEMPLO 10.2

a) Utilizando os dados do problema-exemplo 10.1, estabeleça o traçado das curvas de probabilidade e compare os resultados a partir da visualização gráfica, considerando:

a_1) distribuição log-Gumbel (distribuição Tipo I do logaritmo do valor extremo);

a_2) distribuição log-Pearson tipo III.

b) Resolva o item (b) do problema-exemplo 10.1 pelo método analítico, considerando a distribuição log-Gumbel (teórica).

c) Resolva o item (b) do problema-exemplo 10.1, apoiando-se na construção gráfica do item (a) do presente exemplo, considerando a distribuição log-Pearson tipo III.

Solução:

a) A variável hidrológica do Exemplo 10.1 é, inicialmente, convertida na variável transformada (transformação logarítmica): $y = log\, Q_{mín}$. A Tabela 10.3 apresenta os resultados das transformações e da série já classificada em ordem crescente. As frequências associadas são calculadas e dispostas na terceira coluna da Tabela 10.3. Para obter as estatísticas desvio padrão, s_y, e coeficiente de assimetria, g_y, são adicionadas duas outras colunas de cálculo dos quadrados e cubos dos desvios, respectivamente. As estatísticas são resumidamente apresentadas ao final da Tabela 10.3.

Para permitir o traçado gráfico das curvas de frequência, vários níveis de probabilidade são fixados, e as vazões nesses níveis são calculadas segundo a equação de Chow: $y_{Tr} = \overline{y} + K \cdot s_y$.

- Para o caso da distribuição log-Gumbel,

$$F = exp\left\{-exp\left[-\frac{1}{0{,}7797}\left(\frac{y-\overline{y}}{s_y}+0{,}45\right)\right]\right\}, \qquad (10.5)$$

sendo $y = log\, Q_{mín}$ e s_y o desvio padrão da variável transformada. Combinando a equação de Chow com a Equação (10.5), tem-se

$$F = exp\left\{-exp\left[-\frac{1}{0{,}7797}\left(K+0{,}45\right)\right]\right\}, \qquad (10.6)$$

EXEMPLO 10.2 *(continuação)*

Tabela 10.3 – Classificação, cálculo da posição de plotagem das vazões mínimas e elementos de cálculo do desvio padrão e coeficiente de assimetria

	$y = log\,Q_{mín}$	m	F (%)	$(y-\bar{y})^2$	$(y-\bar{y})^3$
	1,666	1	3,23	0,0411689	-0,00835322
	1,694	2	6,45	0,0305394	-0,00533692
	1,695	3	9,68	0,0299292	-0,00517776
	1,734	4	12,90	0,0180857	-0,00243221
	1,743	5	16,13	0,0158148	-0,00198883
	1,747	6	19,35	0,0148469	-0,00180907
	1,752	7	22,58	0,0135568	-0,00157847
	1,757	8	25,81	0,0123401	-0,00137082
	1,762	9	29,03	0,0113538	-0,00120980
	1,785	10	32,25	0,0069143	-0,00057494
	1,799	11	35,48	0,0047806	-0,00033054
	1,821	12	38,71	0,0022681	-0,00010801
	1,867	13	41,93	0,0000010	0,00000000
	1,878	14	45,16	0,0000896	0,00000085
	1,883	15	48,39	0,0001972	0,00000277
	1,894	16	51,61	0,0006674	0,00001724
	1,904	17	54,84	0,0012355	0,00004343
	1,921	18	58,06	0,0027210	0,00014193
	1,925	19	61,29	0,0032296	0,00018354
	1,932	20	64,52	0,0040302	0,00025585
	1,938	21	67,74	0,0048354	0,00033624
	1,947	22	70,97	0,0062333	0,00049213
	1,951	23	74,19	0,0068650	0,00056880
	1,963	24	77,42	0,0089039	0,00084018
	1,967	25	80,65	0,0097215	0,00095851
	1,972	26	83,87	0,0107580	0,00111582
	1,996	27	87,10	0,0161679	0,00205579
	2,022	28	90,32	0,0236994	0,00364844
	2,048	29	93,55	0,0321062	0,00575285
	2,091	N = 30	96,77	0,0494977	0,01101230
Soma:	56,054	---	---	0,382558	-0,002844

Média: $\bar{y} = 1{,}868$

Desvio padrão: $s_y = 0{,}115$

Coeficiente de assimetria: $g_y = -0{,}07$

de onde

$$K = -\{0,45 + 0,7797\, ln[-\ln(F)]\}, \tag{10.7}$$

ou, com Tr = 1/F,

$$K = -\left\{0,45 + 0,7797\, ln\left[-ln\left(\frac{1}{Tr}\right)\right]\right\}. \tag{10.8}$$

EXEMPLO 10.2 *(continuação)*

- Para o caso da distribuição log-Pearson Tipo III, os valores do fator de frequência da equação de Chow são tabelados em função do coeficiente de assimetria, g_y e da frequência.[3]

Os resultados dos cálculos das vazões com a equação de Chow para as distribuições log-Gumbel e log-Pearson Tipo III são apresentados na Tabela 10.4 para várias frequências compreendidas entre 0,01 (1%) e 0,995 (99,5%), que foram consideradas suficientes para se estabelecer o traçado das curvas de frequências.

As vazões obtidas com as distribuições log-Gumbel e log-Pearson Tipo III da Tabela 10.4 são lançadas em gráfico de frequência, com os valores das vazões de mínimas, conforme mostrado na Figura 10.2. Por esta figura, constata-se visualmente uma ligeira superioridade do modelo log-Pearson Tipo III em prever as vazões de recorrências entre 1 e 30 anos.

Tabela 10.4 – Cálculo das vazões mínimas pela equação de Chow

F	Tr (anos)	Log-Gumbel			Log-Pearson Tipo III		
		K	y (equação de Chow)	$Q_{mín} = 10^y$	K	y (equação de Chow)	$Q_{mín} = 10^y$
0,01	100	-1,641	1,6793	47,8	-2,378	1,5946	39,3
0,05	20	-1,305	1,7179	52,2	-1,665	1,6766	47,5
0,10	10	-1,100	1,7415	55,1	-1,289	1,7198	52,5
0,20	5	-0,821	1,7736	59,4	-0,838	1,7717	59,1
0,50	2	-0,164	1,8491	70,7	0,012	1,8694	74,0
0,80	1,25	0,720	1,9507	89,3	0,845	1,9652	92,3
0,90	1,11	1,305	2,0180	104,2	1,274	2,0145	103,4
0,96	1,04	2,044	2,1030	126,8	1,727	2,0665	116,6
0,98	1,02	2,592	2,1661	146,6	2,016	2,0999	125,9
0,99	1,01	3,137	2,2287	169,3	2,274	2,1295	134,8
0,995	1,005	3,679	2,2911	195,5	2,510	2,1567	143,4

b) Uso do modelo log-Gumbel (teórico)

- Cálculo da probabilidade de a vazão mínima de sete dias ser inferior a 70 m³/s:

da equação de Chow, para $y_{Tr} = log\,70 = 1{,}845$

$$y_{Tr} = \overline{y} + Ks_y \rightarrow 1{,}845 = 1{,}868 + K \cdot 0{,}115 \rightarrow K = -0{,}20$$

[3] Valores do fator de frequência da distribuição de Pearson tipo III são apresentados no Capítulo 7, "Previsão de Enchentes".

EXEMPLO 10.2 *(continuação)*

Da Equação (10.6), F = 0,484. Portanto, P{Q ≤ 70 m³/s} ≅ 48%.

- Cálculo do período de retorno da vazão de 100 m³/s:

da equação de Chow, para y_{Tr} = *log* 100 = 2,000

$y_{Tr} = \bar{y} + Ks_y \rightarrow 2{,}000 = 1{,}868 + K \cdot 0{,}115 \rightarrow K = 1{,}148.$

Da Equação (10.6), F = 0,879. Logo, P{Q ≤ 100 m³/s} = 87,9%, e Tr = 1/P{Q ≤ 100 m³/s} = 1/0,879 = 1,14 anos.

- Cálculo da vazão mínima de sete dias e dez anos de recorrência:

para Tr = 10 anos, F = P{Q≤Q_{Tr}} = 1/10 = 0,1 → 10%. Da Equação (10.7), para F = 0,1, K ≅ -1,100. Com a equação de Chow,

$y_{Tr} = \bar{y} + Ks_y = 1{,}868 - 1{,}100 \times 0{,}115 \rightarrow y_{Tr=10} = 1{,}7415.$

Portanto, do gráfico, $Q_{7,10} \cong 10^{1,7415}$ = 55,1 m³/s (como já havia sido obtido na Tabela 10.4).

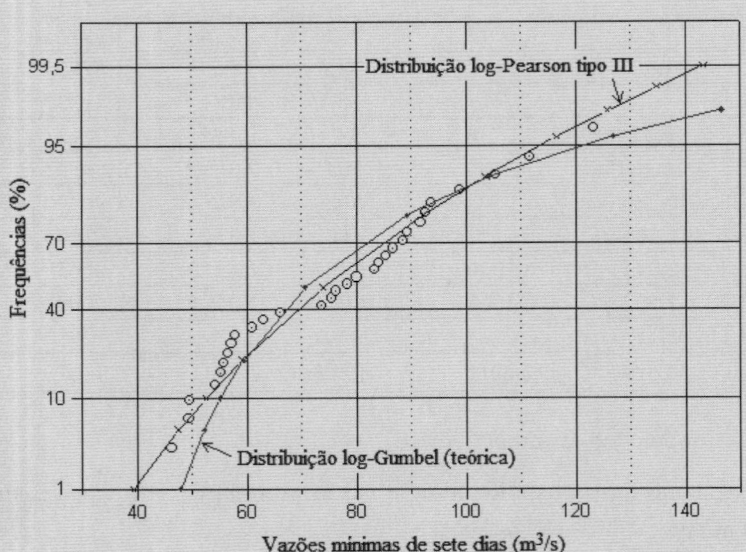

Figura 10.2 – Curvas de frequência das vazões mínimas de sete dias em papel aritmético de probabilidade – valores da série de vazões mínimas de sete dias e vazões segundo as distribuições log-Pearson tipo III e log-Gumbel.

c) Uso do modelo log-Pearson tipo III

- Cálculo da probabilidade de a vazão mínima de sete dias ser inferior a 70 m³/s:

EXEMPLO 10.2 *(continuação)*

do gráfico da Figura 10.2, para $Q_{mín}$ = 70 m³/s, F ≅ 41%. Portanto, P{Q ≤ 70 m³/s} ≅ 41%.

- Determinação do período de retorno da vazão de 100 m³/s:

do gráfico da Figura 10.2, para $Q_{mín}$ = 100 m³/s, F = 88%. Logo, Tr = 1/F = 1/0,88 = 1,14 ano.

- Determinação da vazão mínima de sete dias e dez anos de recorrência:

para Tr = 10 anos, F = P{Q≤Q_{Tr}} = 1/10 = 0,1 → 10%. Do gráfico da Figura 10.2 para a distribuição log-Pearson Tipo III, para F = 10%, $Q_{mín}$ = $Q_{7,10}$ ≅ 52,5 m³/s (resultado que já havia sido obtido na Tabela 10.4).

Tabela 10.5 – Fator de frequência, K, para a distribuição de Pearson tipo III (Tr aplicável às mínimas)

g = coef. de assimetria	Tr = período de retorno (anos)										
	100	20	10	5	2	1,25	1,11	1,04	1,02	1,01	1,005
	F = probabilidade de não excedência (%)										
	1	5	10	20	50	80	90	96	98	99	99,5
3,0	-0,667	-0,665	-0,660	-0,636	-0,396	0,420	1,180	2,278	3,152	4,051	4,970
2,9	-0,690	-0,688	-0,681	-0,651	-0,390	0,440	1,195	2,277	3,134	4,013	4,909
2,8	-0,714	-0,711	-0,702	-0,666	-0,384	0,460	1,210	2,275	3,114	3,973	4,847
2,7	-0,740	-0,736	-0,724	-0,681	-0,376	0,479	1,224	2,272	3,093	3,932	4,783
2,6	-0,769	-0,762	-0,747	-0,696	-0,368	0,499	1,238	2,267	3,071	3,889	4,718
2,5	-0,799	-0,790	-0,771	-0,711	-0,360	0,518	1,250	2,262	3,048	3,845	4,652
2,4	-0,832	-0,819	-0,795	-0,725	-0,351	0,537	1,262	2,256	3,023	3,800	4,584
2,3	-0,867	-0,850	-0,819	-0,739	-0,341	0,555	1,274	2,248	2,997	3,753	4,515
2,2	-0,905	-0,882	-0,844	-0,752	-0,330	0,574	1,284	2,240	2,970	3,705	4,444
2,1	-0,946	-0,914	-0,869	-0,765	-0,319	0,592	1,294	2,230	2,942	3,636	4,372
2,0	-0,990	-0,949	-0,895	-0,777	-0,307	0,609	1,302	2,219	2,912	3,605	4,398
1,9	-1,037	-0,984	-0,920	-0,788	-0,294	0,627	1,310	2,207	2,881	3,553	4,223
1,8	-1,087	-1,020	-0,945	-0,799	-0,282	0,643	1,318	2,193	2,848	3,499	4,147
1,7	-1,140	-1,056	-0,970	-0,808	-0,268	0,660	1,324	2,179	2,815	3,444	4,069
1,6	-1,197	-1,093	-0,994	-0,817	-0,254	0,675	1,329	2,163	2,780	3,388	3,990
1,5	-1,256	-1,131	-1,018	-0,825	-0,240	0,690	1,333	2,146	2,743	3,330	3,910
1,4	-1,318	-1,168	-1,041	-0,832	-0,225	0,705	1,337	2,128	2,706	3,271	3,828
1,3	-1,383	-1,206	-1,064	-0,838	-0,210	0,719	1,339	2,108	2,666	3,211	3,745
1,2	-1,449	-1,243	-1,086	-0,844	-0,195	0,732	1,340	2,087	2,626	3,149	3,661
1,1	-1,518	-1,280	-1,107	-0,848	-0,180	0,745	1,341	2,066	2,585	3,087	3,575
1,0	-1,588	-1,317	-1,128	-0,852	-0,164	0,758	1,340	2,043	2,542	3,022	3,489
0,9	-1,660	-1,353	-1,147	-0,854	-0,148	0,769	1,339	2,018	2,498	2,957	3,401
0,8	-1,733	-1,388	-1,166	-0,856	-0,132	0,780	1,336	1,993	2,453	2,891	3,312
0,7	-1,806	-1,423	-1,183	-0,857	-0,116	0,790	1,333	1,967	2,407	2,824	3,223
0,6	-1,880	-1,458	-1,200	-0,857	-0,099	0,800	1,328	1,939	2,359	2,755	3,132
0,5	-1,955	-1,491	-1,216	-0,876	-0,083	0,808	1,323	1,910	2,311	2,686	3,041
0,4	-2,029	-1,524	-1,231	-0,855	-0,066	0,816	1,317	1,880	2,261	2,615	2,949

0,3	-2,104	-1,533	-1,245	-0,853	-0,050	0,824	1,309	1,849	2,211	2,544	2,856
0,2	-2,178	-1,586	-1,258	-0,850	-0,033	0,830	1,301	1,818	2,159	2,472	2,763
0,1	-2,252	-1,616	-1,270	-0,846	-0,017	0,836	1,292	1,785	2,107	2,400	2,670
0,0	-2,326	-1,645	-1,282	-0,842	0	0,842	1,282	1,751	2,054	2,326	2,576
-0,1	-2,400	-1,673	-1,292	-0,836	0,017	0,846	1,270	1,716	2,000	2,252	2,482
-0,2	-2,472	-1,700	-1,301	-0,830	0,033	0,850	1,258	1,680	1,945	2,178	2,388
-0,3	-2,544	-1,726	-1,309	-0,824	0,050	0,853	1,245	1,643	1,890	2,104	2,294
-0,4	-2,615	-1,750	-1,317	-0,816	0,066	0,855	1,231	1,606	1,834	2,029	2,201
-0,5	-2,686	-1,774	-1,323	-0,808	0,083	0,856	1,216	1,567	1,777	1,955	2,108
-0,6	-2,755	-1,797	-1,328	-0,800	0,099	0,857	1,200	1,528	1,720	1,880	2,016
-0,7	-2,824	-1,819	-1,333	-0,790	0,116	0,857	1,183	1,488	1,663	1,806	1,926
-0,8	-2,891	-1,839	-1,336	-0,780	0,132	0,856	1,166	1,448	1,606	1,733	1,837
-0,9	-2,957	-1,858	-1,339	-0,769	0,148	0,854	1,147	1,407	1,549	1,660	1,749
-1,0	-3,022	-1,877	-1,340	-0,758	0,164	0,852	1,128	1,366	1,492	1,588	1,664
-1,1	-3,087	-1,894	-1,341	-0,745	0,180	0,848	1,107	1,324	1,435	1,518	1,581
-1,2	-3,149	-1,910	-1,340	-0,732	0,195	0,844	1,086	1,282	1,379	1,449	1,501
-1,3	-3,211	-1,925	-1,339	-0,719	0,210	0,838	1,064	1,240	1,324	1,383	1,424
-1,4	-3,271	-1,938	-1,337	-0,705	0,225	0,832	1,041	1,198	1,270	1,318	1,351
-1,5	-3,330	-1,951	-1,333	-0,690	0,240	0,825	1,018	1,157	1,217	1,256	1,282
-1,6	-3,388	-1,962	-1,329	-0,675	0,254	0,817	0,994	1,116	1,166	1,197	1,216
-1,7	-3,444	-1,972	-1,324	-0,660	0,268	0,808	0,970	1,075	1,116	1,140	1,155
-1,8	-3,499	-1,981	-1,318	-0,643	0,282	0,799	0,945	1,035	1,069	1,087	1,097
-1,9	-3,553	-1,989	-1,310	-0,627	0,294	0,788	0,920	0,996	1,023	1,037	1,044
-2,0	-3,605	-1,996	-1,302	-0,609	0,307	0,777	0,895	0,959	0,980	0,990	0,995
-2,1	-3,656	-2,001	-1,294	-0,592	0,319	0,765	0,869	0,923	0,939	0,946	0,949
-2,2	-3,705	-2,006	-1,284	-0,574	0,330	0,752	0,844	0,888	0,900	0,905	0,907
-2,3	-3,753	-2,009	-1,274	-0,555	0,341	0,739	0,819	0,855	0,864	0,867	0,869
-2,4	-3,800	-2,011	-1,262	-0,537	0,351	0,725	0,795	0,823	0,830	0,832	0,833
-2,5	-3,845	-2,012	-1,250	-0,518	0,360	0,711	0,771	0,793	0,798	0,799	0,800
-2,6	-3,889	-2,013	-1,238	-0,499	0,368	0,696	0,747	0,764	0,768	0,769	0,769
-2,7	-3,932	-2,012	-1,224	-0,479	0,376	0,681	0,724	0,738	0,740	0,740	0,741
-2,8	-3,973	-2,010	-1,210	-0,460	0,384	0,666	0,702	0,712	0,714	0,714	0,714
-2,9	-4,013	-2,007	-1,195	-0,440	0,390	0,651	0,681	0,683	0,689	0,690	0,690
-3,0	-4,051	-2,003	-1,180	-0,420	0,396	0,636	0,660	0,666	0,666	0,667	0,667

Exercícios

10.1. Considere os dados do problema-exemplo 10.1 e estabeleça o traçado da curva log-normal de probabilidade empregando:

a) o papel aritmético de probabilidade;

b) o papel logarítmico de probabilidade.

10.2. Repita o exercício anterior utilizando um único papel de probabilidade e discuta a qualidade do ajuste frente aos dados da série plotados no mesmo gráfico.

10.3. Com os dados do problema-exemplo 10.1, admitindo-se que as frequências das vazões mínimas se comportem segundo uma distribuição log-normal de probabilidade, determine:

a) a probabilidade de a vazão mínima de sete dias ser inferior a 70 m^3/s;

b) o período de retorno da vazão mínima de 100 m^3/s;

c) a magnitude da vazão mínima de sete dias e dez anos de recorrência.

R: a) P = 42,1%; **b)** Tr = 1,14 ano; **c)** $Q_{7,10}$ = 52,6 m^3/s.

10.4. Repetir o exercício anterior, considerando o comportamento das frequências das vazões mínimas segundo a distribuição log-Gumbel.

R: a) P = 48,2%; **b)** Tr = 1,14 ano; **c)** $Q_{7,10}$ = 55,2 m^3/s.

CAPÍTULO 11
ÁGUA SUBTERRÂNEA – HIDRÁULICA DE POÇOS

11.1 INTRODUÇÃO

Neste capítulo, são estudados os escoamentos da água através de meios porosos, dando-se particular ênfase à modelagem matemática da hidráulica de poços pela sua crescente importância no abastecimento rural e urbano.[1]

Os meios porosos através dos quais ocorre o escoamento da água podem ser naturais ou artificiais. Os naturais são, fundamentalmente, as aluviões, que são depósitos granulares de cascalho, areia e argila que se formam junto às margens ou na foz dos rios, oriundos de erosões e transportados pelas correntes de água, e as rochas compactas fissuradas que resultam de movimentos tectônicos (ações mecânicas) ou de ações químicas, como a dissolução do carbonato de cálcio nas formações calcárias. Já os meios porosos artificiais são os aterros, dos quais têm especial importância as barragens de terra.

11.2 CONCEITOS DE HOMOGENEIDADE E ISOTROPIA

Os conceitos de *homogeneidade* e *isotropia* são fundamentais para o estudo teórico e a compreensão do escoamento da água em meio poroso.

Diz-se que um meio poroso é *homogêneo* quando, em qualquer ponto do seu interior, a resistência ao escoamento, em relação a uma dada direção, é a mesma. Mas, dadas as irregularidades existentes nos meios porosos naturais, é necessário definir a escala de homogeneidade. Como exemplo, um material aluvionar com grãos de cerca de 1 mm

---

[1] Adverte-se que não se aprofundam os estudos sobre a interação entre as duas fases, líquida e sólida, por ser esse assunto mais ligado à mecânica dos solos.

de diâmetro poderá ser considerado homogêneo à escala do decímetro quadrado (dm^2). Já um maciço rochoso só seria homogêneo se a escala considerada fosse da ordem de 100 vezes a maior dimensão dos blocos.

Um meio poroso é *isótropo* (ou *isotrópico*) quando a resistência ao escoamento, ou outra propriedade física, é a mesma em todas as direções que se considerem. Em verdade, a maioria dos meios porosos naturais são *anisotrópicos* (ou *não isótropos*). Com efeito, no caso de rochas fissuradas, as fissuras de origem tectônica, isto é, as fendas resultantes de deformações da crosta terrestre devido às forças internas, são, em geral, orientadas segundo direções paralelas, perpendiculares às compressões que lhes deram origem. Essas rochas têm o aspecto de paralelepípedos cortados por fissuras paralelas, que constituem a direção mais favorável ao escoamento, caracterizando, assim, o meio como *anisótropo*. Nas rochas fissuradas, a resistência ao escoamento, ou a condutividade hidráulica, dependerá da geometria das fissuras e do material de enchimento delas. Nas formações sedimentares, a intercalação das camadas de diferentes características e o próprio peso das camadas permitem, no seu conjunto, maior facilidade ao escoamento no sentido horizontal, sendo por isso, da mesma forma, *anisótropos*. No entanto, esses meios poderão ser considerados *homogêneos*, desde que se estabeleça, como comentado anteriormente, uma escala de homogeneidade suficientemente grande.

Do ponto de vista do armazenamento e da condução da água, os meios porosos constituídos por material granular são física e geometricamente caracterizados por vários parâmetros, que serão tratados na seção 11.5.

11.3 ÁGUA SUBTERRÂNEA

11.3.1. ORIGEM

Conforme abordagem feita no estudo do ciclo hidrológico (Capítulo 1), a água subterrânea tem origem na infiltração das águas pluviais e na sua percolação, que se faz através das camadas permeáveis do solo, das falhas existentes nas estratificações, das fendas e discordâncias das camadas geológicas etc. No subsolo, essas águas de infiltração constituem verdadeiros reservatórios que se movimentam sob gradientes de pressão (Figura 11.1).

Embora este seja o conceito universalmente aceito, nem sempre foi assim. Como curiosidade, apresentam-se algumas teorias que já foram aceitas em tempos remotos, mesmo antes de Cristo, para explicar a ocorrência da água subterrânea.

Desde Tales de Mileto (624 a.C.–546 a.C., aproximadamente), o entendimento dos filósofos naturais era de que as águas das precipitações não seriam suficientes para explicar a formação dos rios e as nascentes. Para o filósofo grego Platão (427 a.C.–347 a.C.), seguindo um conceito pré-socrático, haveria um abismo (ou tártaro) no fundo do oceano, estendendo-se sob a terra. Para explicar o ciclo hidrológico e o fato de o nível do oceano manter-se constante, por mais água que para ele afluísse, a justificava era que a água penetraria terra adentro, a partir do abismo subterrâneo, para ser sorvida pelo solo. Acreditava-se, portanto, na "teoria da caverna subterrânea", de onde ocorreria um processo de filtração ascendente das águas do oceano, que daria origem às surgências (ABAS, 2001; NAGHETTINI, 2012).

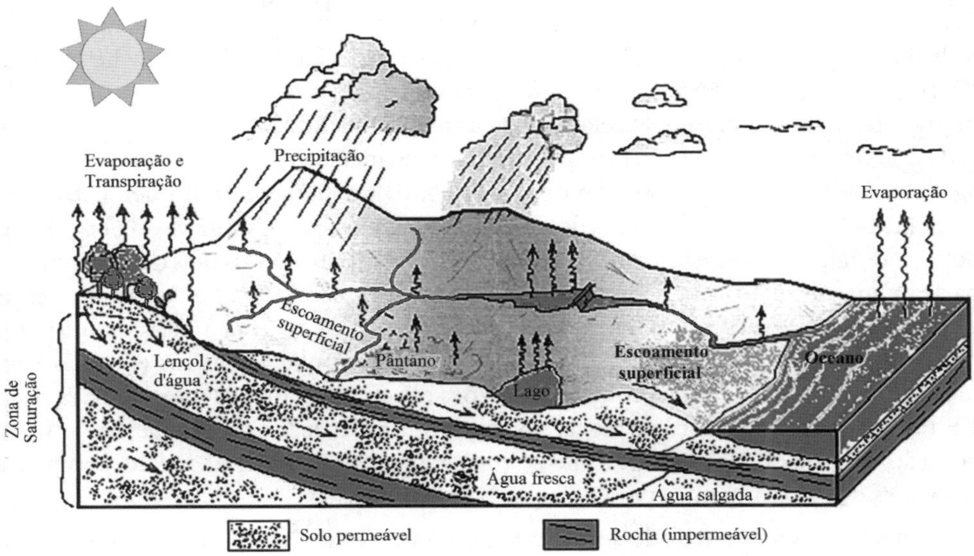

Figura 11.1 – Ciclo hidrológico: ocorrência e movimentação da água subterrânea (adaptada de JONES *et al.*, 1963, p. 5)

Aristóteles (384 a.C.–322 a.C.) considerou os fenômenos da evaporação e condensação. Sobre a origem das águas subterrâneas, explicou que se formariam nas montanhas, pois somente nas alturas se observam os mananciais que brotam da terra. Para ele, as zonas montanhosas agiam como enormes esponjas que absorviam as águas das precipitações atmosféricas, assim como aquelas provenientes da condensação do vapor subterrâneo, formado pelas águas da "caverna", e dos vapores superficiais que se elevam às montanhas.

Mesmo na Antiguidade, a teoria da caverna subterrânea formulada pelos filósofos gregos, que acreditavam que as águas dos rios que chegam ao mar retornavam subterraneamente e brotavam para formarem novas correntes superficiais, chegou a ser contraposta por alguns filósofos, que afirmavam que as fontes e as nascentes dos rios resultariam da chuva e da condensação do vapor no interior da terra, o que permitiria que os rios caudalosos nascessem nas montanhas mais altas (ABAS, 2001). Todavia, prevaleceram as ideias daqueles com mais autoridade.

Para explicar a origem das águas subterrâneas, um enorme vazio científico se formou desde Aristóteles, embora alguns considerem que Marcos Vitrúvio, no século I a.C., teria explicado conceituamente o ciclo hidrológico, a partir da consideração de que a precipitação que cai sobre a terra infiltra no solo para gerar os rios e as fontes de água nas regiões mais planas. Bem mais tarde, o filósofo e matemático francês René Descartes (1596 d.C.–1650 d.C.) ainda admitia o conceito da caverna subterrânea que recebia as águas do mar, que, aquecidas, evaporariam e condensariam nas camadas do subsolo, dando origem à água subterrânea.

Uma descrição mais precisa foi feita no século XVI, com Leonardo da Vinci e Bernand Palissy, de forma independente. E a ciência definitivamente "desvendou" o ciclo hidrológico pouco antes do início do Século das Luzes. Foi no século XVI e início do XVII que novas considerações foram feitas em torno da possibilidade de a origem dos mananciais estar diretamente relacionada às águas de chuva, sem, contudo, qualquer prova ou demonstração científica que superasse as ideias dos filósofos de que todas as águas que formam os rios provêm do oceano, até que Pierre Perrault demostrou que a quantidade de chuva seria mais do que suficiente para gerar a vazão do Sena. Pouco depois, o padre e cientista francês Edme Mariotte (1620–1684), que dedicou grande parte de sua vida aos estudos da física,[2] confirmou as evidências de Perrault e apresentou a comprovação científica da teoria hoje aceita, por meio de uma análise quantitativa mais rigorosa, a partir de medições que comprovaram que as chuvas em uma bacia hidrográfica são capazes de produzir as vazões observadas nos cursos d'água. E coube a Edmond Halley, membro da Royal Society e amigo de Isaac Newton, estimar a evaporação da água do mar Mediterrâneo e constatar que esta poderia, de fato, compensar as vazões dos rios afluentes para fechar o balanço hídrico.

Posteriormente, a partir do século XIX, grandes avanços na hidrologia subterrânea foram realizados por Henry Darcy (1803–1858) e por Jules Dupuit (1804–1866). E novos impulsos ocorreram em razão dos trabalhos de Adolph Thiem (1836–1908), Philipp Forchheimer (1852–1933), Charles V. Theis (1900–1987) e Charles E. Jacob (1914–1970), principalmente.

11.3.2 IMPORTÂNCIA E DISTRIBUIÇÃO DA ÁGUA SUBTERRÂNEA

Com base em um simples balanço, pode-se concluir que a água subterrânea corresponde a menos de 1% da água presente no globo terrestre. Embora o percentual pareça insignificante, é importante destacar que, de acordo com a Agência Nacional de Águas e Saneamento Básico (ANA), de toda a água existente no planeta, menos de 3% se encontra na forma de água doce, que é a necessária para suprir as necessidades do homem e dos ecossistemas de água doce. Dessa porcentagem, 69% estão armazenados em geleiras e nas calotas polares, 30% são águas subterrâneas e somente 1% constitui as águas superficiais que formam os rios e lagos naturais e artificiais. Assim, pode-se dizer que a água subterrânea responde por aproximadamente 97% do volume global da água doce disponível ou utilizável, o que mostra a sua importância para o uso humano. Em muitas regiões, a água subterrânea constitui a principal, senão a única, forma de aproveitamento pelo homem.[3]

---

[2] Mariotte descobriu as leis dos choques entre corpos elásticos e estabeleceu a lei física dos gases, que leva seu nome, junto com o nome do físico Boyle.

[3] É por meio da prospecção geofísica que a ocorrência da água subterrânea é conhecida. Já a sua obtenção para fins de aproveitamento doméstico, industrial, ou para irrigação, é assunto tratado com mais profundidade no estudo da captação e do aproveitamento da água subterrânea, nas disciplinas de saneamento dos currículos das engenharias civil, sanitária e ambiental, ou em disciplinas das engenharias agronômica, rural e afins.

Apresentada a importância fundamental da água subterrânea, faz-se, a seguir, um breve estudo da sua distribuição nas formações geológicas situadas abaixo da crosta terrestre.

A parte superior da crosta, denominada zona de fratura da rocha, é normalmente porosa até certa profundidade. Seus poros ou aberturas podem estar total ou parcialmente cheios de água.

A camada superior do solo, onde os espaços intergranulares estão parcialmente ocupados pela água, é denominada *zona de aeração*. À camada situada imediatamente abaixo se denomina *zona de saturação* (Figura 11.2). Por efeito da capilaridade, a água se eleva acima do nível da zona de saturação, formando a água capilar (ou *franja capilar*). A altura da elevação capilar depende da dimensão dos interstícios dos grãos do solo e pode atingir valores desde 60 cm a 3 m nas argilas, ou apenas alguns milímetros de altura em areia grossa.

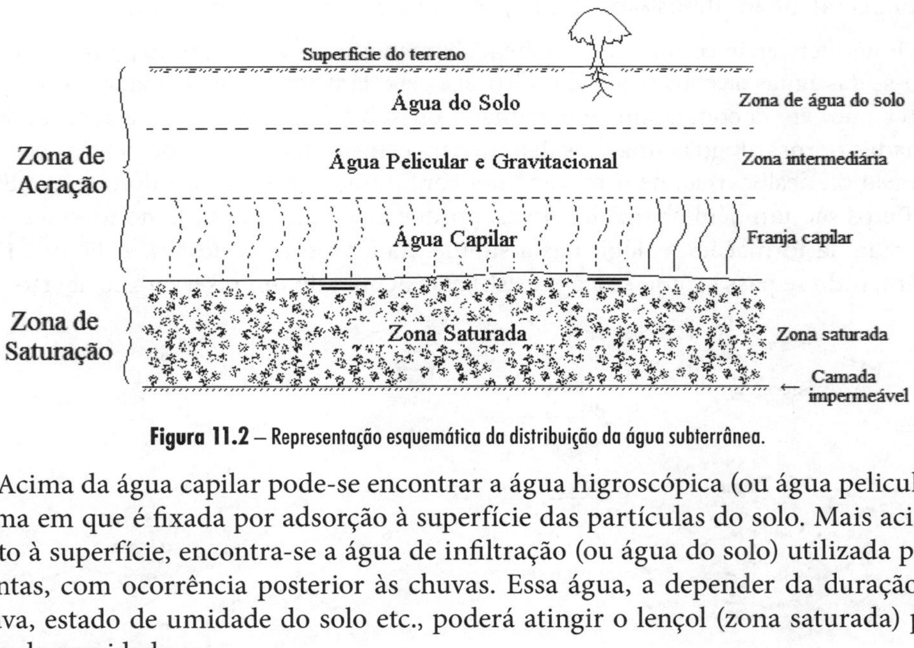

Figura 11.2 – Representação esquemática da distribuição da água subterrânea.

Acima da água capilar pode-se encontrar a água higroscópica (ou água pelicular), forma em que é fixada por adsorção à superfície das partículas do solo. Mais acima, junto à superfície, encontra-se a água de infiltração (ou água do solo) utilizada pelas plantas, com ocorrência posterior às chuvas. Essa água, a depender da duração da chuva, estado de umidade do solo etc., poderá atingir o lençol (zona saturada) pela ação da gravidade.

Para fins de aproveitamento hídrico, a *zona de saturação* é a mais importante. Ela pode ser considerada como um vasto reservatório, ou um conjunto de reservatórios naturais, cuja capacidade de armazenamento é definida pelo volume total dos vazios da fase sólida (poros existentes nas rochas ou interstícios dos grãos do solo). Na zona saturada, como o próprio nome indica, os poros se encontram completamente cheios de água.

A espessura da zona de saturação é variada, sendo função de uma série de fatores. Para determinar essa espessura, requer-se o conhecimento da geologia local, da disponibilidade de poros nas formações geológicas, da capacidade de recarga e do movimento da água, que ocorre desde as áreas de recarga[4] até as zonas de descarga, de onde a água subterrânea emerge para alimentar rios e lagos, ou jorra sob pressão de poços artesianos.

11.4 AQUÍFEROS

Os *aquíferos* são formações ou camadas geológicas que contêm água no seu interior (zona saturada) em quantidade suficiente para permitir o seu *aproveitamento econômico.* Assim, uma unidade geológica será considerada aquífero quando, possuindo poros cheios de água, permitir que a água se escoe pelos espaços intergranulares até poços ou fontes, com vazão de saída capaz de, por exemplo, suprir as necessidades do sistema de abastecimento de água de uma comunidade. Por esse conceito, diferem de outro tipo de armazenamento encontrado nos espaços livres das rochas (às vezes também denominados aquíferos), como nas rochas calcárias, onde a água pode se mover livremente através das fendas ou cavernas, que são características destas rochas.[5]

Em geral, os aquíferos são classificados em confinados e não confinados.

Os aquíferos não confinados, também chamados aquíferos *livres* ou *freáticos*,[6] originam-se das águas de chuva, que se infiltram e percolam através das camadas permeáveis do terreno, até encontrarem uma camada ou substrato impermeável. Saturando as camadas porosas logo acima do substrato impermeável, a água pode permanecer em repouso ou deslocar-se, de acordo com a configuração geométrica do terreno. Esses aquíferos são também chamados *livres*, porque a água que se situa no topo da parte saturada da formação geológica está submetida à *pressão atmosférica* (Figura 11.3). Assim, tudo se passa como se a água estivesse ocupando um reservatório aberto.

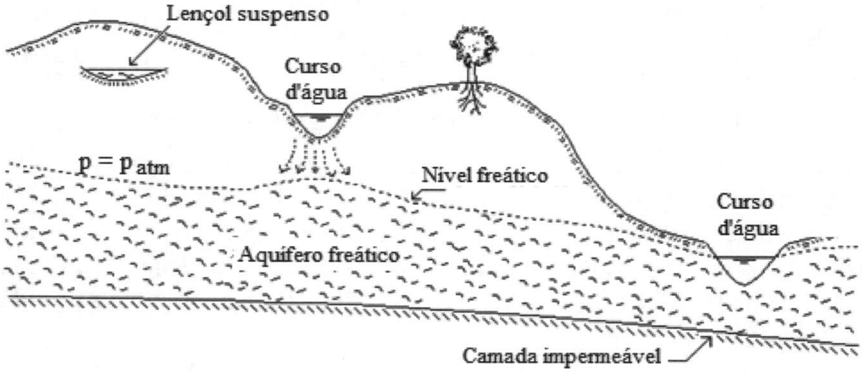

Figura 11.3 – Representação esquemática da ocorrência do aquífero freático e sua inter-relação com cursos d'água: em um caso, recebendo a alimentação do curso d'água (típico de região árida cortada por rio perene) e, em outro, alimentando as nascentes do curso d'água (comum em regiões montanhosas).

---

4 As áreas de recarga são locais da superfície terrestre que possibilitam a infiltração e percolação da água em direção à zona saturada.

5 Nesses casos de rochas calcárias, as águas superficiais podem passar subitamente por essas formações, formando verdadeiros rios subterrâneos que, por sua vez, podem aflorar bruscamente, passando a compor as correntes superficiais.

6 O termo *freático* vem da palavra grega *phreatos*, que significa poço, pelo fato de que é desse lençol que se abastecem os poços comuns.

Para qualquer camada que se considere dentro do aquífero livre ou freático, a carga hidráulica em tal camada será igual à profundidade medida a partir do nível estático (também chamado de nível freático). Assim, quando um poço é perfurado em um aquífero freático, o nível d'água dentro dele atingirá o nível estático do aquífero. O poço que retira a água do lençol freático é chamado, por consequência, de *poço freático* (Figura 11.4).

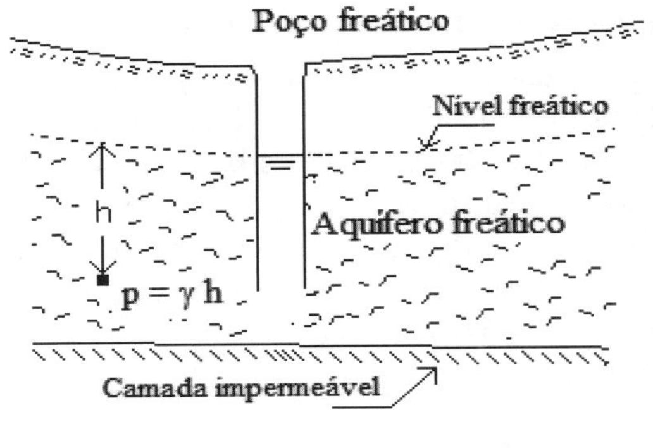

Figura 11.4 – Representação do poço freático e da carga hidráulica em um ponto do lençol.

Os poços freáticos são também chamados de poços ordinários, comuns ou domésticos. Em geral, são rasos e de grandes diâmetros, escavados até profundidades compreendidas entre 3 e 20 metros, com diâmetros entre 1 e 2 metros.[7] A vazão que eles são capazes de fornecer é relativamente pequena, o que sugere sua utilidade apenas para consumo humano ou uso doméstico, e raramente para uso industrial e irrigação. Embora a água possa ser de boa qualidade, há inúmeros registros de ocorrência de água salobra e, mesmo, contaminada.

O aquífero é dito *confinado*, ou *artesiano*,[8] quando se situa entre camadas impermeáveis. Em consequência, a água nele armazenada está submetida à pressão superior à atmosférica. Nos aquíferos confinados, a água provém, geralmente, das infiltrações ocorridas em regiões distantes, de cotas mais elevadas, das águas de chuva e do derretimento da neve nas serras, bem como das águas de formação de brejos, lagos, rios etc.

Os poços que retiram água de um aquífero artesiano são chamados de *poços artesianos*. Nestes, a água ascende até atingir o nível da linha piezométrica. Se essa linha estiver acima do terreno, o poço será jorrante. Caso contrário, estando a piezométrica abaixo do nível do terreno, a água não jorrará. É interessante observar que, em algumas regiões, o poço é considerado artesiano apenas quando jorra espontaneamente; quando não jorrante, costuma-se caracterizá-lo como semiartesiano (é necessário um equipamento de bombeamento para que a água seja retirada).

---

[7] Atualmente, podem ser encontrados poços freáticos tubulares (pequenos diâmetros) perfurados mecanicamente até profundidades bem maiores.

[8] O termo *artesiano* deriva do nome Artois, que é uma região da França onde são frequentes as ocorrências desse tipo de aquífero.

O lençol artesiano é alcançado por meio de poços tubulares, que têm pequeno diâmetro (geralmente entre 6 e 10 polegadas), podendo estar a pequenas profundidades, como algumas dezenas de metros, ou maiores, até centenas de metros. Ao se fazer a perfuração, podem ser encontrados vários lençóis sobrepostos, com distintas capacidades de armazenamento e diferentes qualidades da água. Quando se atinge um rico lençol artesiano, a água normalmente é suficiente para o abastecimento de bairros residenciais inteiros, indústrias e, até mesmo, para uso na irrigação. Em geral, essa água é de boa qualidade, embora, nos casos de poços profundos, possa apresentar-se como salobra.

Na Figura 11.5, apresenta-se um esquema que permite visualizar a classificação dos dois tipos principais de aquíferos. A figura ilustra o fato de que, no aquífero não confinado (livre ou freático), a piezométrica coincide com o nível d'água atingido em um poço nele perfurado, pois à superfície livre corresponde, sempre, pressão igual à atmosférica. A figura mostra, ainda, que, para o aquífero confinado, o poço nele perfurado poderá ser jorrante ou não jorrante, a depender da posição relativa da superfície piezométrica em relação à superfície do terreno.

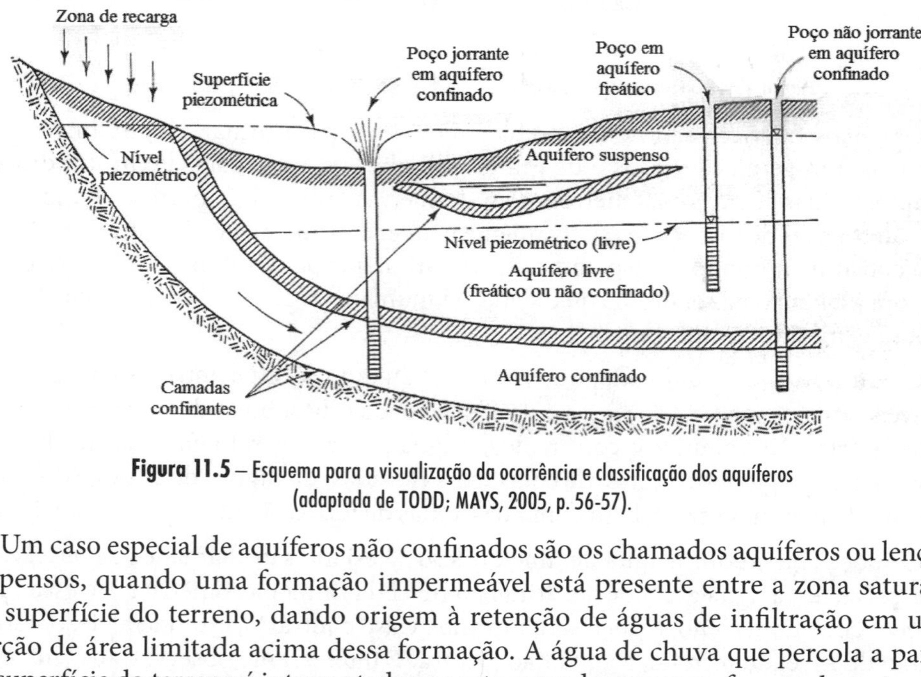

Figura 11.5 – Esquema para a visualização da ocorrência e classificação dos aquíferos (adaptada de TODD; MAYS, 2005, p. 56-57).

Um caso especial de aquíferos não confinados são os chamados aquíferos ou lençóis suspensos, quando uma formação impermeável está presente entre a zona saturada e a superfície do terreno, dando origem à retenção de águas de infiltração em uma porção de área limitada acima dessa formação. A água de chuva que percola a partir da superfície do terreno é interceptada por esta camada suspensa, formando assim um corpo de água subterrânea de extensão limitada.

Há também um caso especial de aquíferos confinados, que ocorre quando uma das camadas que limita o aquífero é semipermeável, o que permite que o aquífero possa perder ou receber água através dessa camada. O fenômeno é denominado *drenança*,[9] e o aquífero correspondente é dito *semiconfinado*.

---

[9] Tradução técnica do termo *leakage*, em inglês.

11.5 PROPRIEDADES DOS AQUÍFEROS E PARÂMETROS QUE CARACTERIZAM A RELAÇÃO SOLO-ÁGUA

Os aquíferos desempenham duas diferentes funções: a de *reservação* e a de *condução* da água. Assim, os poros, em seu conjunto, comportam-se ora como um reservatório, ora como um conduto que transporta a água entre dois pontos submetidos a um gradiente hidráulico. A água contida em um aquífero se desloca, consequentemente, em condições de escoamento hidráulico semelhantes às de um "reservatório em marcha".

A eficiência de um aquífero como fonte de suprimento de água depende das propriedades intimamente ligadas às duas funções que ele desempenha. As propriedades relacionadas com a capacidade de reservação são a *porosidade* e a *produção específica* (ou *suprimento específico*), enquanto as propriedades associadas à função de condução da água são a *condutividade hidráulica* (ou *permeabilidade*) e a *transmissividade*. Definem-se, a seguir, estes e alguns outros parâmetros importantes.

a) Porosidade

A porosidade, **n**, é a porcentagem de vazios (poros) existentes no material, isto é, é a razão entre o espaço vazio (volume dos poros, V_p) e o volume total de uma formação considerada (V_t), expressa em porcentagem:

$$n = \frac{\text{volume dos vazios}}{\text{volume total}} \times 100\%,$$

ou

$$n = \frac{V_p}{V_t} \times 100\%. \tag{11.1}$$

O volume total, V_t, é dado pela soma do volume dos poros (vazios), V_p, com o volume dos grãos, V_g, isto é, $V_t = V_p + V_g$.

Quando um material se encontra saturado, todos os seus vazios ficam preenchidos com água. Desse modo, o volume de água de saturação é obtido multiplicando-se a porosidade pelo volume do material, isto é,

$$(\text{volume de saturação}) = n \times (\text{volume do material}). \tag{11.2}$$

A porosidade depende do tamanho, da forma, do grau de uniformidade e da arrumação dos grãos que compõem o material.

Quando a granulometria do material é uniforme, a porosidade é maior que em se tratando de partículas de tamanhos diferentes, pois, nesse caso, as menores ocupam os vazios deixados pelas maiores. Vê-se, pois, que existe alguma ligação da porosidade com aquilo que é conceituado como coeficiente de uniformidade.

De um modo geral, considera-se:

- porosidade grande, $n > 20\%$

  argila $\cong 45\%$

areia $\cong$ 35%

pedregulho $\cong$ 25%

pedregulho e areia $\cong$ 20%

- porosidade média, 5% < n < 20%

arenito $\cong$ 15%

calcário denso $\cong$ 5%

- porosidade pequena, n < 5%

quartzito, granito $\cong$ 1%

Observação:

Valores médios de porosidade de uma série de materiais são apresentados na coluna (2) da Tabela 11.1. O coeficiente de porosidade médio é determinado em ensaios de laboratório realizados com amostra do solo do aquífero, adequadamente coletada de acordo com procedimento rotineiro.

b) Produção específica ou suprimento específico (ou porosidade efetiva)

Embora a porosidade informe sobre a quantidade de água que o aquífero é capaz de armazenar, ela não representa a quantidade de água que ele poderá fornecer, pois a ação da gravidade é incapaz de retirar de um material toda a sua água da saturação: uma parcela dessa água ficará retida nos interstícios devido à atração molecular da película que envolve os grãos.

A *produção específica*, ou *porosidade efetiva*, Pe, de um material granular é justamente a porcentagem de sua água de saturação que se liberta pela ação da gravidade:

$$Pe = \frac{\text{Volume de água drenado livremente da amostra saturada}}{\text{Volume da amostra}} \times 100\%,$$

ou

$$Pe = \frac{V_d}{V_t} \times 100\% \qquad (11.3)$$

O volume drenado, V_d, corresponde à parcela do volume de vazios ocupada pela água circulável (removível) sob a ação da gravidade. Assim, Pe mede a porcentagem do volume de um solo disponível para o armazenamento temporário da água.

Para calcular a produção específica, coloca-se o material seco em um cilindro de fundo afunilado e provido de torneira (inicialmente fechada), que, em seguida, é saturado. Abrindo-se totalmente a torneira, a água começa a escoar com vazão decrescente, até formar um escorrimento em gotas. Quando as últimas gotas se distanciarem muito umas das outras no tempo, mede-se o volume de água liberada sob a ação da gravidade. Dividindo-se esse volume de água liberada sob a ação da gravidade pelo volume total, tem-se:

Pe = (volume libertado) ÷ (volume total) × 100%

Pelos valores lançados nas colunas (2) e (3) da Tabela 11.1, observa-se, que a argila, que tem a maior porosidade média (em torno de 45%), possui produção específica de somente 3%. A principal razão para justificar este fato está associada ao diminuto tamanho dos grãos e, consequentemente, dos poros da argila que retêm grande parcela de água de saturação.

c) Retenção específica

A retenção específica, Re, também expressa em porcentagem, é a parcela da água de saturação que não consegue se libertar da unidade de volume do material saturado, sob a ação da gravidade. É, portanto, a diferença entre a porosidade e a produção específica do material. Ou

$$n = Pe + Re. \qquad (11.4)$$

A retenção específica é tanto maior quanto menor for o tamanho das partículas, pois, assim, maior será a superfície total de tais partículas e, consequentemente, maior também será a ação molecular de retenção da água.

d) Coeficiente de permeabilidade – experiência de Darcy

A propriedade interligada com a função de condução da água do aquífero é a *permeabilidade*, K, definida pela "capacidade de o meio poroso transmitir a água". A grandeza que informa sobre essa capacidade do meio poroso transmitir a água é o *coeficiente de permeabilidade*, que, por definição, representa "a quantidade de água que, na unidade de tempo, passa pela seção do material de área unitária, quando a perda de carga por unidade de comprimento (perda de carga unitária) corresponde à unidade". Essa definição deriva da própria equação de Darcy.

Na Tabela 11.1, apresentam-se valores médios do coeficiente de permeabilidade K de diferentes materiais, com a porosidade e a produção específica.

Tabela 11.1 – Valores médios de algumas propriedades ligadas às funções de reservação e de condução dos aquíferos

(1)	(2)	(3)	(4)
Materiais	**Porosidade, n (%)**	**Produção específica, Pe (%)**	**Coeficiente de permeabilidade, K (m/dia)**
Argila	45	3	0,04
Areia	35	25	35
Pedregulho	25	22	200
Pedregulho e areia	20	16	80
Arenito	15	8	30
Calcário denso	5	2	0,04
Quartzito, granito	1	0,5	0,004

Da hidráulica, sabe-se que o movimento da água de um ponto a outro do aquífero ocorrerá quando existir uma diferença de carga entre esses pontos. A experiência de Darcy[10] (1856) mostrou que, no escoamento laminar da água em um meio poroso, a velocidade aparente é proporcional à perda de carga unitária: $V \propto i$. Ou,

$$V = K \cdot i, \tag{11.5}$$

em que:

V = velocidade média aparente da água através do material;

K = coeficiente de permeabilidade; e

i = perda de carga unitária (adimensional).

Portanto, o coeficiente de permeabilidade K tem dimensão de velocidade.[11]

A vazão através de uma seção de área A transversal ao escoamento é $Q = V \cdot A$. Ou

$$Q = K \cdot i \cdot A \tag{11.6}$$

sendo a perda de carga unitária (gradiente hidráulico) i dada por

$$i = -\frac{\partial h}{\partial x}. \tag{11.7}$$

O coeficiente de permeabilidade K pode ser medido em laboratório com o uso de um permeâmetro, cujo princípio de operação é como representado na Figura 11.6. Esse permeâmetro, que reproduz a experiência de Darcy, permite a obtenção da perda de carga unitária, i, a partir da leitura dos piezômetros, h_1 e h_2, cujas tomadas de pressão encontram-se separadas pela distância L. Assim,

$$i = (h_1 - h_2) / L.$$

Observação: o coeficiente de permeabilidade é função das propriedades do fluido e do meio poroso. Essa dependência pode ser mostrada rapidamente recorrendo-se à equação de Navier-Stokes, da mecânica dos fluidos para o escoamento laminar entre duas placas paralelas, que é uma equação correspondente à de Hagen-Poiseuille. A mencionada equação pode escrita na forma

$$i = -\frac{dh}{dx} = \frac{12\mu Q}{\gamma A b^2}, \tag{11.8}$$

em que:

μ = viscosidade dinâmica do fluido;

γ = peso específico do fluido;

b = distância entre as placas; e

A = área da seção transversal ao escoamento, cuja vazão é Q.

---

[10] Henry Philibert Gaspard Darcy (1803–1858), engenheiro francês.

[11] Escreve-se $[K] = [V] = LT^{-1}$; e lê-se "dimensão de K = dimensão de V" = LT^{-1}.

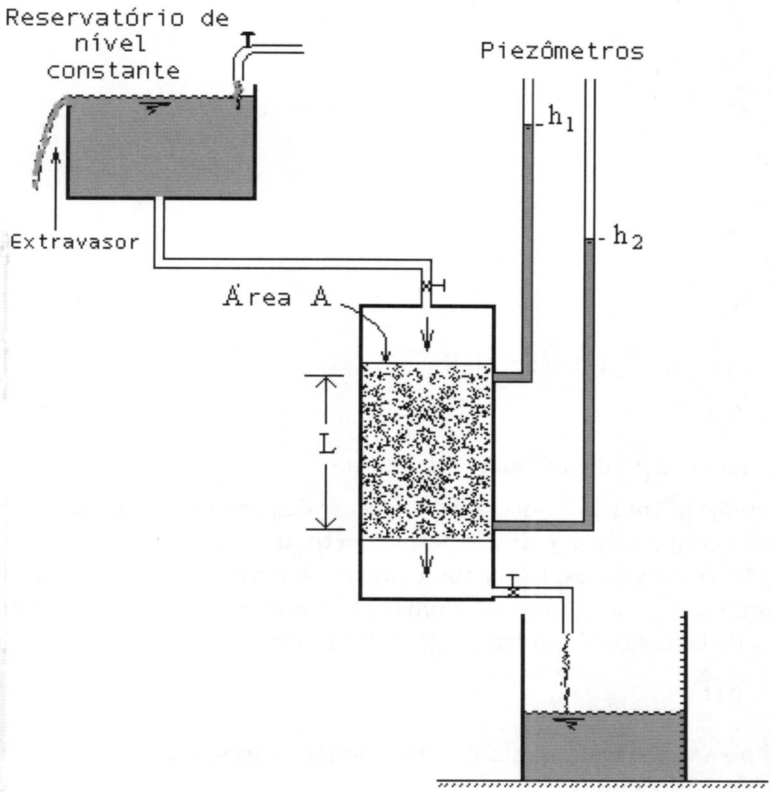

Figura 11.6 – Esquema ilustrativo da experiência de Darcy – permeâmetro de carga constante (adaptada de PASHKOV; DOLQACHEV, 1985, p. 275).

Como, segundo Darcy, $i = Q/(K \cdot A)$, resulta

$$K = \frac{\gamma \cdot b^2}{12\mu} = \frac{g \cdot b^2}{12\nu}. \tag{11.9}$$

com $\nu = \mu/\rho$ = viscosidade cinemática do fluido.

De maneira alternativa, essa demonstração poderia ser feita com o uso da fórmula universal para a perda de carga no escoamento laminar (também conhecida como equação de Darcy-Weisbach). Por esta equação,

$$i = f\frac{1}{d}\frac{V^2}{2g}, \tag{11.10}$$

em que f é o fator de atrito e d é um diâmetro característico dos poros.

Para o regime laminar, f = c/Re, sendo c uma constante e Re o número de Reynolds do escoamento: Re = ρVd/μ = Vd/ν. Daí, a expressão para a perda unitária se reescreve como:

$$i = \frac{cV\nu}{2gd^2},$$

ou

$$V = \frac{2g \cdot d^2}{c \cdot \nu} i, \tag{11.11}$$

de onde

$$K = \frac{2g}{\nu} \frac{d^2}{c} = K_0 \frac{2g}{\nu}. \tag{11.12}$$

Na Equação (11.12), o termo K_0,

$$K_0 = d^2/c = c' \cdot d^2, \tag{11.13}$$

representa a *permeabilidade intrínseca*.

A medição em laboratório do coeficiente de permeabilidade K pode ser feita, ainda, com o emprego de um permeâmetro de carga variável, particularmente para solos argilosos. Esquematicamente, o permeâmetro de carga variável é representado na Figura 11.7. Com base no esquema dessa figura, aplicando-se a lei de Darcy para um tempo genérico t, tem-se:

$$Q(t) = K \cdot A \cdot h(t)/L. \tag{11.14}$$

Como a vazão instantânea é proporcional à variação da carga no tempo,

$$Q(t) = a \cdot (-dh/dt), \tag{11.15}$$

pode-se escrever:

$$-a \frac{dh}{dt} = K \cdot A \cdot \frac{h}{L} \quad \text{ou} \quad \frac{dh}{h} = -K \frac{A}{a \cdot L} dt.$$

Integrando deste o tempo t_1, em que $h = h_1$, até um instante $t_2 = t_1 + \Delta t$, em que $h = h_2$, ou seja,

$$\int_{h_1}^{h_2} \frac{dh}{h} = -K \frac{A}{a \cdot L} \int_{t_1}^{t_2} dt,$$

obtém-se

$$ln \frac{h_2}{h_1} = -K \frac{A}{a \cdot L} \Delta t,$$

que permite obter o coeficiente de permeabilidade:[12]

$$K = \frac{a \cdot L}{A \cdot \Delta t} ln \frac{h_1}{h_2}, \tag{11.16}$$

[12] Valores médios de K para alguns tipos de materiais são dados na Tabela 11.1.

ou

$$K = \frac{2,303a \cdot L}{A \cdot \Delta t} log \frac{h_1}{h_2}. \qquad (11.16a)$$

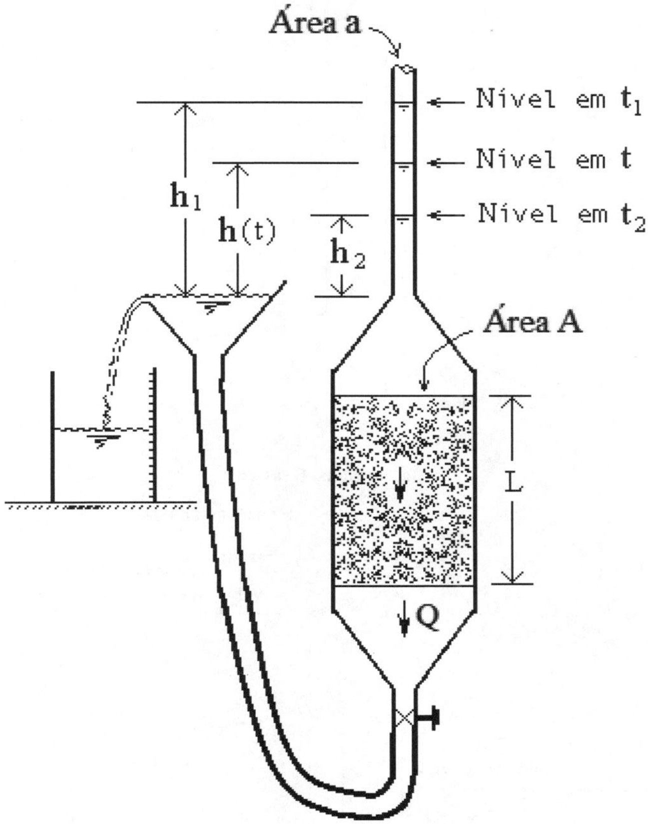

Figura 11.7 – Esquema ilustrativo do funcionamento do permeâmetro de carga variável.

e) Armazenamento específico e coeficiente de armazenamento

O volume de água liberado por um aquífero, que se caracteriza pela sua produção específica, é mensurado por meio do seu *coeficiente de armazenamento*, S, que representa a parcela de água libertada por um prisma vertical de base unitária e com a mesma altura do aquífero, quando a altura piezométrica é reduzida de um comprimento unitário, como procura ilustrar a Figura 11.8. O coeficiente de armazenamento S é adimensional.

O coeficiente de armazenamento S expressa, assim, a capacidade de armazenamento útil de um aquífero, por unidade de área horizontal. Nos lençóis freáticos, S aproxima-se do valor da produção específica (ou porosidade efetiva). Valores médios típicos desse parâmetro em aquíferos freáticos estão compreendidos na faixa $0,01 < S < 0,35$, enquanto em aquíferos artesianos, na faixa $7 \times 10^{-5} < S < 5 \times 10^{-3}$.

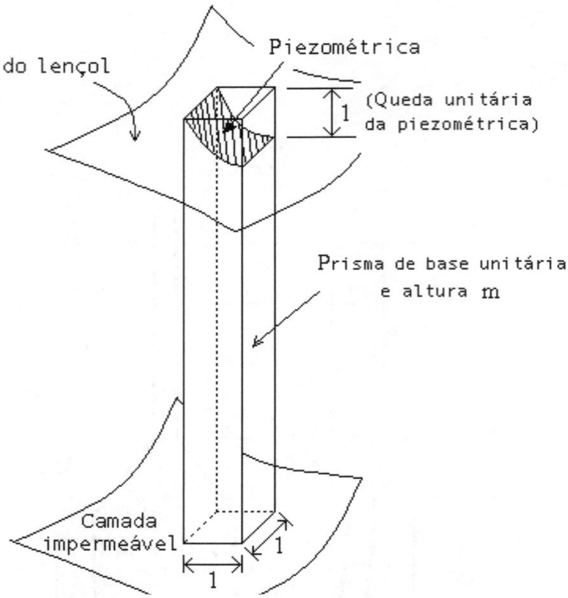

(a) aquífero freático

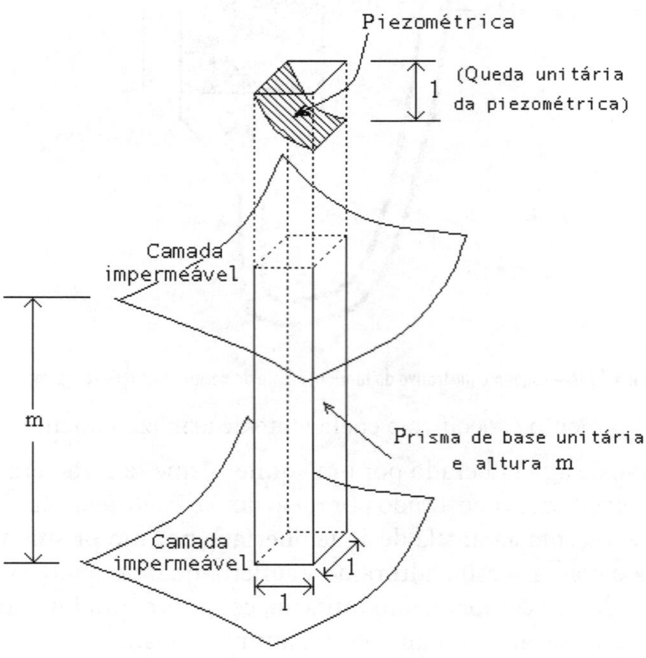

(b) aquífero artesiano

Figura 11.8 – Visualização dos prismas de base unitária para a definição dos coeficientes de armazenamento em aquíferos freático (a) e artesiano (b) (adaptada de TODD; MAYS, 2005, p. 59).

- Armazenamento específico, Se

O *armazenamento específico*, Se, representa o volume de água que pode ser liberado da unidade de volume do aquífero, correspondente ao rebaixamento unitário da altura piezométrica. Tem como dimensão [Se] = L^{-1} e pode ser relacionado ao coeficiente de armazenamento S segundo as expressões:

- Para aquíferos freáticos:

$$S = m \cdot Se + Pe \cong Pe. \tag{11.17}$$

- Para aquíferos artesianos:

$$S = m \cdot Se, \tag{11.18}$$

sendo m a espessura do aquífero.

f) Coeficiente de transmissividade

O *coeficiente de transmissividade* do aquífero, T, é dado pelo produto do coeficiente de permeabilidade, K, pela espessura m de uma camada do material, isto é,

$$T = K \cdot m, \tag{11.19}$$

e tem como dimensão, [T] = L^2T^{-1}. O coeficiente T é geralmente expresso em $m^3/(h \cdot m)$, ou $m^3/(dia \cdot m)$.

Para um aquífero de espessura m, pode-se escrever para a vazão que atravessa uma seção de altura m e largura w (equação de Darcy):

$$Q = K \cdot A \cdot i = (K \cdot m) \cdot w \cdot i = T \cdot w \cdot i. \tag{11.20}$$

Dessa equação, define-se T como a vazão que escoa através de uma seção vertical do aquífero com largura de 1 metro, quando a perda de carga unitária é igual à unidade. A Figura 11.9 procura ilustrar a relação entre os coeficientes de transmissividade e permeabilidade.

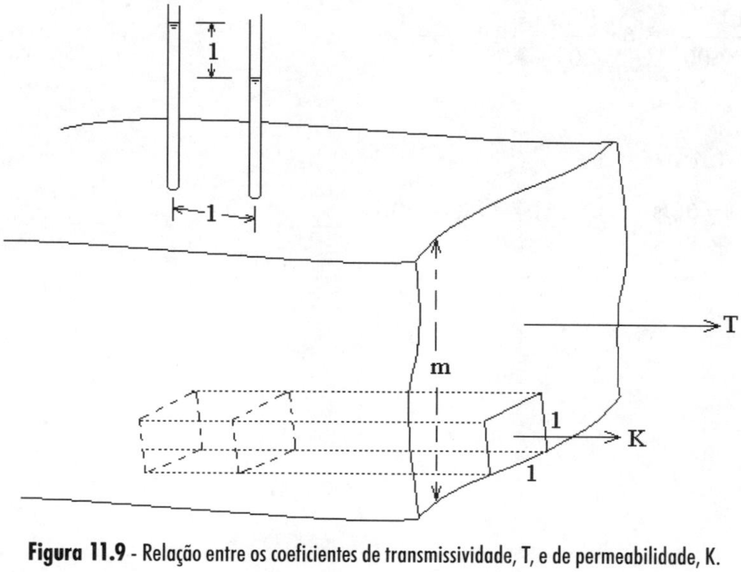

Figura 11.9 - Relação entre os coeficientes de transmissividade, T, e de permeabilidade, K.

EXEMPLO 11.1

Um lençol freático, constituído de areia com coeficiente de permeabilidade igual a 40 m/dia, tem espessura média de 3,6 m. Dois poços perfurados nesse lençol, afastados entre si de 20 m e situados ao longo de uma mesma linha de corrente, permitiram que se constatasse um desnível de 1,20 m na superfície do lençol, conforme indicado na Figura 11.10. Com base nessas informações, calcular:

a) a vazão de escoamento do lençol, por metro linear de largura;

b) o comprimento mínimo que deverá ter uma galeria de infiltração, instalada transversalmente às linhas de corrente, de modo a se poder captar a vazão de 6L/s, supondo-se que se aproveite totalmente a água em escoamento.

Solução:

a) Da equação de Darcy,

$$Q = K \cdot A \cdot i.$$

Como A = m·w, então

$$Q = K \cdot m \cdot w \cdot i.$$

Ou,

$$q = \frac{Q}{w} = K \cdot m \cdot i.$$

Conhecidos K = 40 m/dia = 40/(24 × 3.600) m/s, m = 3,6 m e i = 1,2/20 m/m, vem

$$q = \frac{40}{24 \times 3600} \times 3,6 \times \frac{1,2}{20} = 1 \times 10^{-4} \frac{m^3}{s \cdot m},$$

ou

$$q = 0,1 \text{ L/(m·s)}.$$

b) para Q = 6L/s $\Rightarrow$ L = Q/q = 6/0,1 $\therefore$ L = 60 m.

EXEMPLO 11.1 *(continuação)*

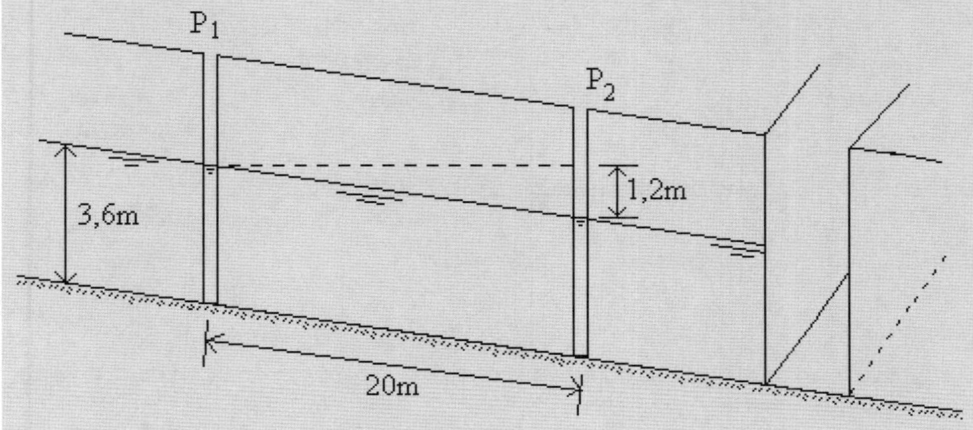

Figura 11.10 - Esquema para o problema-exemplo 11.1.

EXEMPLO 11.2

Estabelecer a expressão da vazão, por unidade de largura, para o escoamento horizontal em um aquífero artesiano em direção a uma vala, sendo m a espessura média do aquífero e K o coeficiente de permeabilidade (ver Figura 11.11).

Solução:

Da equação de Darcy,

$Q = K \cdot A \cdot i.$

Como A = m·w,

$i = \Delta H / \Delta x,$

$$q = \frac{Q}{w} = K \cdot m \cdot \frac{\Delta H}{\Delta x},$$

ou

$$q = T \cdot \frac{\Delta H}{\Delta x}.$$

EXEMPLO 11.2 *(continuação)*

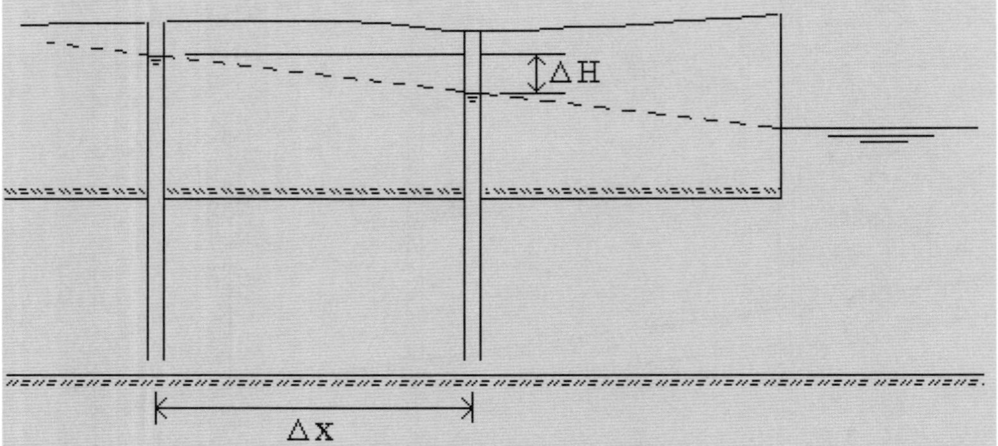

Figura 11.11 – Esquema para o problema-exemplo 11.2.

11.6 HIDRÁULICA DE POÇOS

Nesta seção, o tratamento dado ao problema da hidráulica subterrânea é fundamentalmente voltado para o seu aproveitamento.

A captação da água subterrânea pode ser feita longitudinalmente, por meio de galerias, como no caso do problema-exemplo 11.1, ou radialmente, por meio de poços. Esta última forma de captação se caracteriza por provocar um escoamento que se processa radialmente no interior do maciço poroso que contém o lençol d'água subterrâneo.

A captação feita por meio de poços pode ser realizada: a) com o aproveitamento do aquífero freático, que é o primeiro a ser encontrado quando se faz uma escavação e que, conforme já visto, contém a água no interior do maciço poroso, sujeita à pressão atmosférica; ou b) com o aproveitamento do aquífero artesiano, onde a pressão da água é superior à atmosférica por se encontrar confinada entre camadas impermeáveis. De acordo com o aquífero que se utiliza como fonte de suprimento, o poço é, então, denominado freático ou artesiano.

A título de ilustração, na Figura 11.12, apresenta-se um poço freático sofrendo a ação de um bombeamento com a vazão constante Q. Nesta figura, nota-se que, na vizinhança do poço, o nível d'água do lençol freático apresenta-se rebaixado. A primeira quantidade de água retirada por meio do bombeamento é proveniente do armazenamento existente no aquífero em volta do poço. À medida que o bombeamento prossegue, uma quantidade maior de água procedente de regiões cada vez mais afastadas é removida, produzindo-se depressões no nível d'água do aquífero, que constituem o que se denomina cone de depressão.

A profundidade de um poço de captação varia de acordo com a situação do aquífero em relação à superfície do solo.

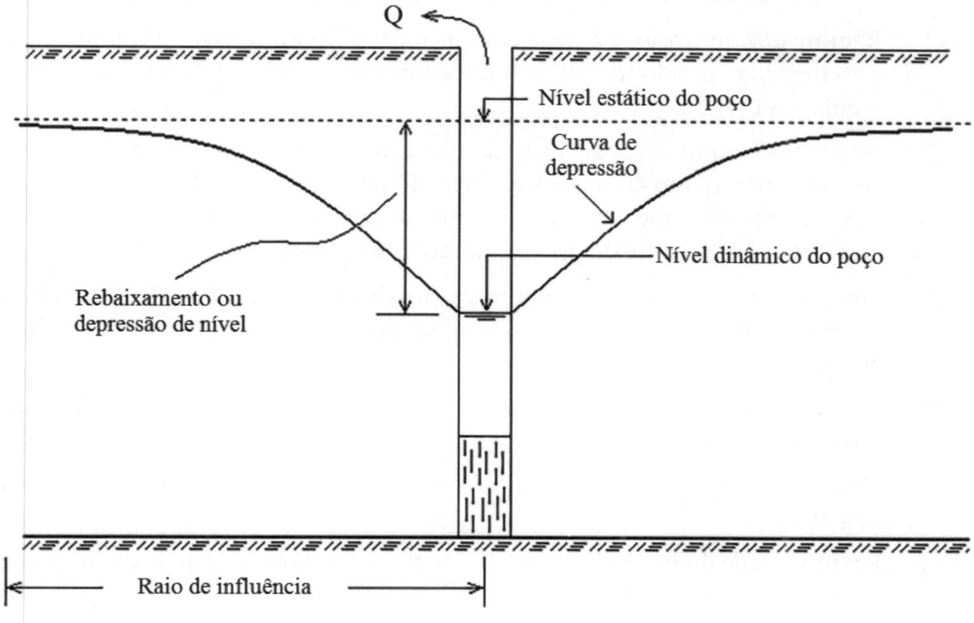

Figura 11.12 – Rebaixamento e curva de depressão devido ao bombeamento em poço freático.

11.6.1 TERMINOLOGIA

Na hidráulica de poços, é utilizada a terminologia:

a) Nível estático do poço: é o nível de equilíbrio da água no poço quando este não está sob a ação de bombeamento nem sob a influência de bombeamento anterior, tampouco sob a influência da ação de bombeamento que se processa (ou se processou) nas suas imediações.

   Observações quanto ao nível estático:

   i) nos poços freáticos, o nível estático corresponde ao nível do lençol;

   ii) nos poços artesianos, o nível estático situa-se sempre acima do nível do lençol e, mesmo, acima do nível do terreno quando o poço é jorrante.

b) Nível dinâmico do poço: é o nível da água no poço quando este está sendo bombeado, ou sofrendo a ação de um bombeamento anterior ou de um bombeamento nas suas imediações.

   Observações:

   i) em qualquer poço (freático ou artesiano), o nível dinâmico fica abaixo do nível estático, tanto mais quanto maior for a vazão de bombeamento;

ii) o nível dinâmico de maior importância é o que corresponde à vazão de projeto (vazão a ser fornecida pelo poço). Sua determinação constitui um dos aspectos importantes a considerar na hidráulica de poços.

c) Regime de equilíbrio: é aquele em que o nível dinâmico fica estacionário depois de determinado tempo de bombeamento, por tornar-se a vazão do poço igual à da bomba.

d) Regime não equilibrado: é o que se inicia com o bombeamento, prosseguindo com o abaixamento do nível dinâmico até ser atingido o regime de equilíbrio. Cessado o bombeamento, reinicia-se um novo regime não equilibrado, que dura até a recuperação total do poço, quando é novamente atingido o nível estático.

e) Tempo de recuperação: é o tempo decorrido desde quando é cessado o bombeamento até o instante em que o nível dinâmico, que vai sempre subindo, atinge a posição do nível estático.

f) Profundidade do nível estático: é a distância medida a partir da superfície do terreno até o nível estático do poço.

Observação: no caso de poço jorrante, a profundidade do nível estático será negativa.

g) Profundidade do nível dinâmico: é a distância que se mede do nível do terreno até o nível dinâmico do poço.

h) Depressão, abaixamento ou rebaixamento de nível: é a diferença de cota entre o nível estático e o nível dinâmico do poço.

i) Superfície de depressão: nos poços freáticos, é a superfície que resulta da depressão de nível do lençol em decorrência de bombeamento. Sua forma aproximada é a da superfície lateral de um tronco de cone invertido, cuja base menor é a seção do poço na posição do nível dinâmico.

Observações:

i) nos poços artesianos, a superfície de depressão é imaginária e constitui o lugar geométrico dos pontos piezométricos que sofrem depressão em decorrência de bombeamento;

ii) a superfície de depressão é função da vazão de bombeamento.

j) Curva de depressão: é a curva que se obtém da interseção da superfície de depressão com um plano vertical que passa pelo eixo do poço.

Os dois ramos da curva de depressão são geralmente assimétricos, assimetria que é mais acentuada no plano vertical paralelo ao deslocamento da água subterrânea, sobretudo em lençóis freáticos.

Observação: é possível traçar a curva de depressão de um poço, desde que sejam abertos outros poços com ele alinhados e que em todos seja determinado o nível dinâmico de equilíbrio, por ocasião do bombeamento no poço em estudo.

k) Zona de influência: é a zona abrangida pela superfície de depressão de um poço. É tanto maior quanto maior for a vazão de bombeamento.

Observação: qualquer outro poço que seja aberto na zona de influência ficará com seu nível deprimido, em decorrência do bombeamento do primeiro; quanto mais próximo ficar um poço do outro, maior será a depressão.

11.6.2 BOMBEAMENTO EM POÇOS FREÁTICOS E ARTESIANOS

Conforme visto, de acordo com o aquífero do qual se promove o bombeamento da água, o poço pode ser denominado freático ou artesiano. O bombeamento produz as depressões do nível d'água do aquífero (ou da superfície piezométrica, em caso de artesiano), constituindo o chamado "cone de depressão". O raio desse cone, denominado *raio de influência*, é uma função da vazão de bombeamento, e também varia com o tempo de bombeamento. O raio de influência, bem como a depressão de nível, cresce com o tempo de bombeamento, em taxas decrescentes, até que a capacidade de recarga do aquífero se equilibre com a vazão de bombeamento.

11.6.3 REGIME DE EQUILÍBRIO

O cone de depressão para de crescer quando se estabelece uma situação de equilíbrio: a vazão de bombeamento iguala-se à capacidade de recarga do poço.

Thiem, estudando as variações do cone de depressão dentro do regime de equilíbrio, estabeleceu as expressões que correlacionam essas variações com a vazão de bombeamento dos poços freáticos e artesianos. As fórmulas de Thiem, adiante demonstradas, pressupõem que a granulometria do aquífero é invariável, bem como a sua espessura, e que o poço atinge o limite inferior do aquífero (caso em que é denominado *poço completo*). As fórmulas de Thiem admitem, ainda, que a água no aquífero se desloca em regime laminar segundo linhas radiais, que têm por centro o eixo do poço.

11.6.3.1 REGIME DE EQUILÍBRIO EM POÇO FREÁTICO

A Figura 11.13 representa um poço freático completo durante bombeamento sob vazão constante e contém os elementos necessários para a obtenção da equação de Thiem.

Na ilustração, o regime é o de equilíbrio: o rebaixamento **s** é invariável no tempo. Em volta do poço, o aquífero mostra-se rebaixado em forma de funil (cone de depressão).

A obtenção da curva que traduz o rebaixamento do lençol dentro da zona de influência do bombeamento pode ser feita com base na equação de Darcy. Para isso, considera-se uma superfície cilíndrica imaginária, situada à distância genérica **r** do eixo do poço, através da qual escoa a água bombeada do aquífero. Para essa superfície, pode-se escrever:

$$Q = V \cdot A = K \cdot i \cdot A \quad \begin{cases} i = dh/dr \\ A = 2\pi\, r \cdot h \end{cases} \quad \rightarrow \quad Q = 2K\pi\, r \cdot h \frac{dh}{dr}$$

$$\therefore\ Q\frac{dr}{r} = 2K\pi\, hdh. \qquad (11.21)$$

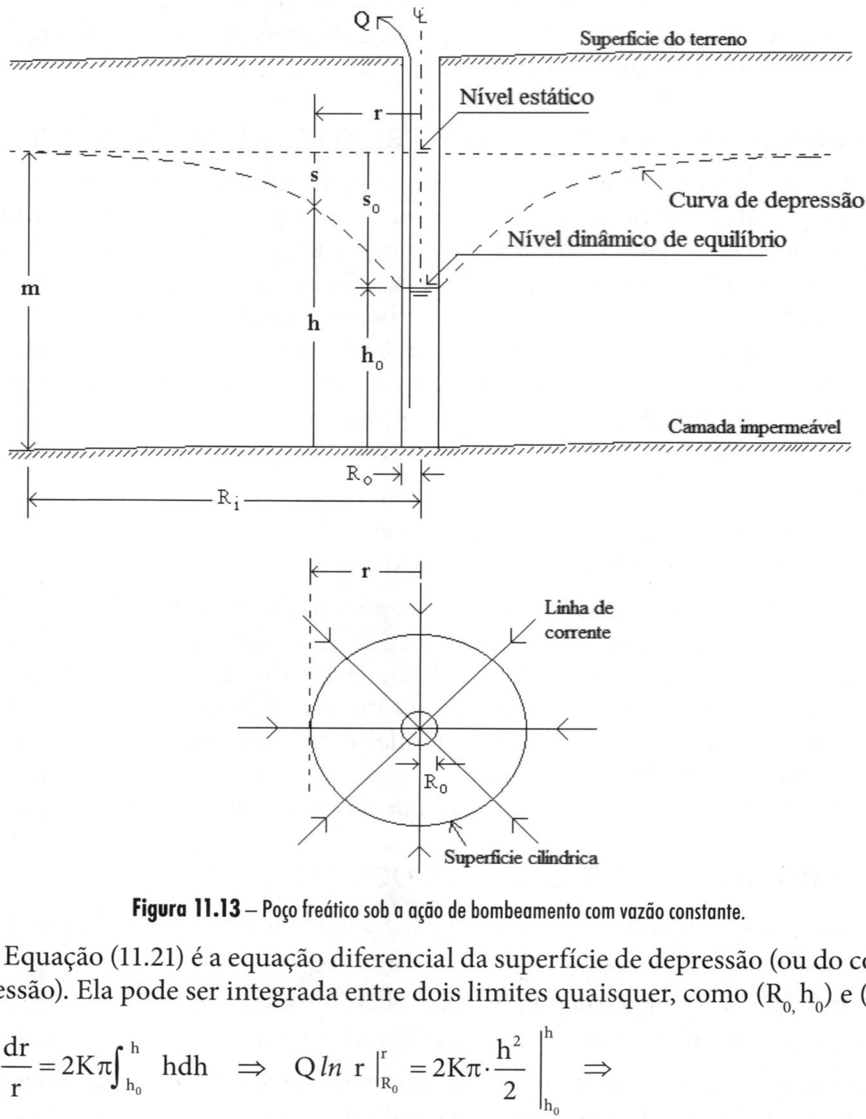

Figura 11.13 – Poço freático sob a ação de bombeamento com vazão constante.

A Equação (11.21) é a equação diferencial da superfície de depressão (ou do cone de depressão). Ela pode ser integrada entre dois limites quaisquer, como ($R_{0,}$ h_0) e (r, h):

$$Q\int_{R_0}^{r}\frac{dr}{r}=2K\pi\int_{h_0}^{h} hdh \quad\Rightarrow\quad Q\,ln\ r\,\Big|_{R_0}^{r}=2K\pi\cdot\frac{h^2}{2}\Bigg|_{h_0}^{h} \quad\Rightarrow$$

$$Q\,ln\left(\frac{r}{R_0}\right)=2K\pi\left(\frac{h^2}{2}-\frac{h_0^{\ 2}}{2}\right)$$

$$\therefore\ Q=\frac{K\pi}{ln\left(r/R_0\right)}\left(h^2-h_0^{\ 2}\right)\cong\frac{K\pi}{2{,}303\,log\left(r/R_0\right)}\left(h^2-h_0^{\ 2}\right). \qquad (11.22)$$

A Equação (11.22) pode, ainda, ser escrita em termos das depressões de nível, s. Para tal, faz-se $h = m - s$ e $h_0 = m - s_0$:

$$Q = \frac{K\pi}{ln\left(r/R_0\right)}\left[\left(m-s\right)^2-\left(m-s_0\right)^2\right] \cong \frac{K\pi}{2{,}303\,log\left(r/R_0\right)}\left[\left(m-s\right)^2-\left(m-s_0\right)^2\right]. \quad (11.23)$$

- Expressão para o raio de influência, R_i, em aquífero freático

  Para obter uma expressão para o raio de influência R_i, a Equação (11.21) é integrada desde (R_0, h_0) até (R_i, m):

$$Q = \frac{K\pi}{ln\left(R_i/R_0\right)}\left(m^2-h_0{}^2\right) = \frac{K\pi}{ln\left(R_i/R_0\right)}\left[m^2-\left(m-s_0{}^2\right)\right],$$

ou

$$ln\left(\frac{R_i}{R_0}\right) = \frac{K\pi}{Q}\left[m^2-\left(m-s_0\right)^2\right] = \frac{K\pi}{Q}\left(2m-s_0\right)\cdot s_0$$

$$\therefore \; ln\,R_i = ln\,R_0 + \frac{K\pi}{Q}\left(2m-s_0\right)\cdot s_0, \quad (11.24)$$

expressão que permite obter R_i a partir de valores conhecidos de R_0, Q, K, m, s_0.

- Expressão para o coeficiente de permeabilidade, K, em aquífero freático

  Considere-se o bombeamento do poço freático com a vazão Q, e os rebaixamentos s_1 e s_2 no regime de equilíbrio, medidos nos poços de observação PO_1 e PO_2 (Figura 11.14). A integração da Equação (11.21) entre os limites (R_1, h_1) e (R_2, h_2) permite escrever:

$$Q = \frac{K\pi}{ln\left(R_2/R_1\right)}\left(h_2{}^2-h_1{}^2\right),$$

ou

$$K = \frac{Q\cdot ln\left(R_2/R_1\right)}{\pi\left(h_2{}^2-h_1{}^2\right)} = \frac{Q\cdot ln\left(R_2/R_1\right)}{\pi\left[\left(m-s_2\right)^2-\left(m-s_1\right)^2\right]} \cong \frac{2{,}303\;Q\cdot log\left(R_2/R_1\right)}{\pi\left[\left(m-s_2\right)^2-\left(m-s_1\right)^2\right]}, \quad (11.25)$$

que é a expressão de cálculo do coeficiente K em aquífero freático, com base nos rebaixamentos em dois poços de observação (que funcionam como piezômetros).

Caso o poço PO_1 se confunda com o poço sendo bombeado, a distância R_1 passa a ser o raio do poço R_0, e a depressão s_1 transforma-se na depressão do nível dinâmico de equilíbrio s_0 para a vazão Q. Nesse caso, calcula-se K segundo a expressão

$$K = \frac{2{,}303\;Q\cdot log\left(R/R_0\right)}{\pi\left[\left(m-s\right)^2-\left(m-s_0\right)^2\right]}, \quad (11.26)$$

na qual R e s são referidos ao poço único de observação.

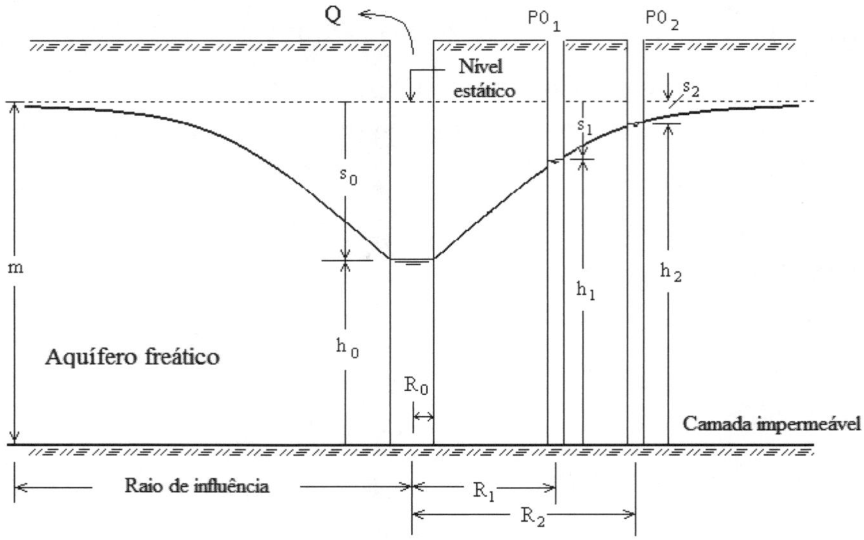

Figura 11.14 – Bombeamento de poço freático – obtenção do coeficiente de permeabilidade com base nas leituras em dois poços de observação.

Observações:

i) os valores do coeficiente de permeabilidade K são geralmente mais precisos quando definidos pelas determinações relativas a dois poços de observação, já que ocorre uma perda de carga na entrada do poço bombeado. Todavia, a utilização de um só poço de observação em vez de dois é mais cômoda e econômica. Essa observação aplica-se também para o caso de poços em aquíferos artesianos;

ii) a boa prática sugere a obtenção de um coeficiente de permeabilidade médio, $\overline{K}$. Para isso, são necessários vários *piezômetros* (poços de observação) dispostos como na Figura 11.15. No caso de utilização de quatro piezômetros, recomenda-se que eles sejam dispostos com os seguintes afastamentos: o primeiro, a 1 m do eixo do poço bombeado; o segundo, a 2 m do primeiro piezômetro; o terceiro, a 5 m de afastamento do segundo; e o quarto, a 10 m do terceiro piezômetro.

Aplicando-se sucessivamente a Equação (11.25) para os pares de piezômetros **i e j** (1 e 2, 1 e 3, 1 e 4, 2 e 3, 2 e 4, 3 e 4), pode-se determinar vários valores de $K_{i,j}$ que permitem a obtenção do coeficiente de permeabilidade médio. Para os quatro piezômetros do esquema da Figura 11.15,

$$\overline{K} = \frac{1}{6}\left(K_{1,2} + K_{1,3} + K_{1,4} + K_{2,3} + K_{2,4} + K_{3,4}\right). \qquad (11.27)$$

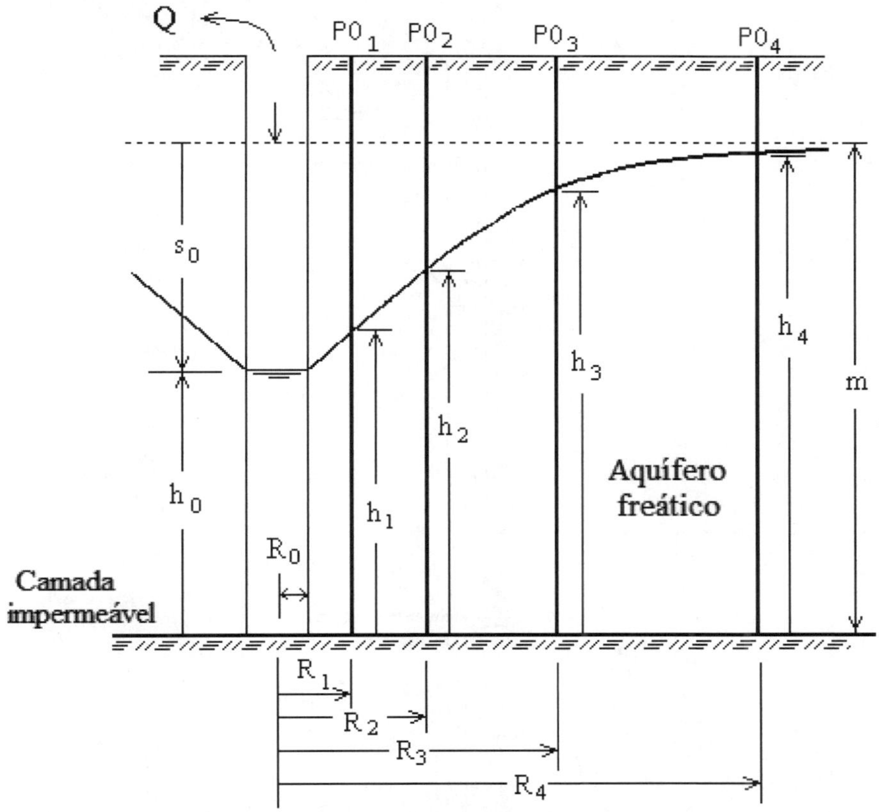

Figura 11.15 – Esquema ilustrativo do uso de quatro poços de observação para a obtenção de um coeficiente de permeabilidade médio do aquífero.

Generalizando, para N de poços de observação,

$$\bar{K} = \frac{1}{\dfrac{N!}{2!(N-2)!}} \sum K_{i,j} \,. \tag{11.28}$$

11.6.3.2 Regime de equilíbrio em poço artesiano

A Figura 11.16 representa, agora, um poço artesiano durante o bombeamento com uma vazão constante Q, em regime de equilíbrio: o rebaixamento da superfície piezométrica, em cada posição r, mantém-se invariável no tempo. O cone de depressão representado na figura constitui, na verdade, uma superfície imaginária (embora esta superfície possa ser materializada por meio da instalação de piezômetros cravados no aquífero: os piezômetros permitem a obtenção dos níveis virtuais acima do aquífero, de modo semelhante ao do poço freático).

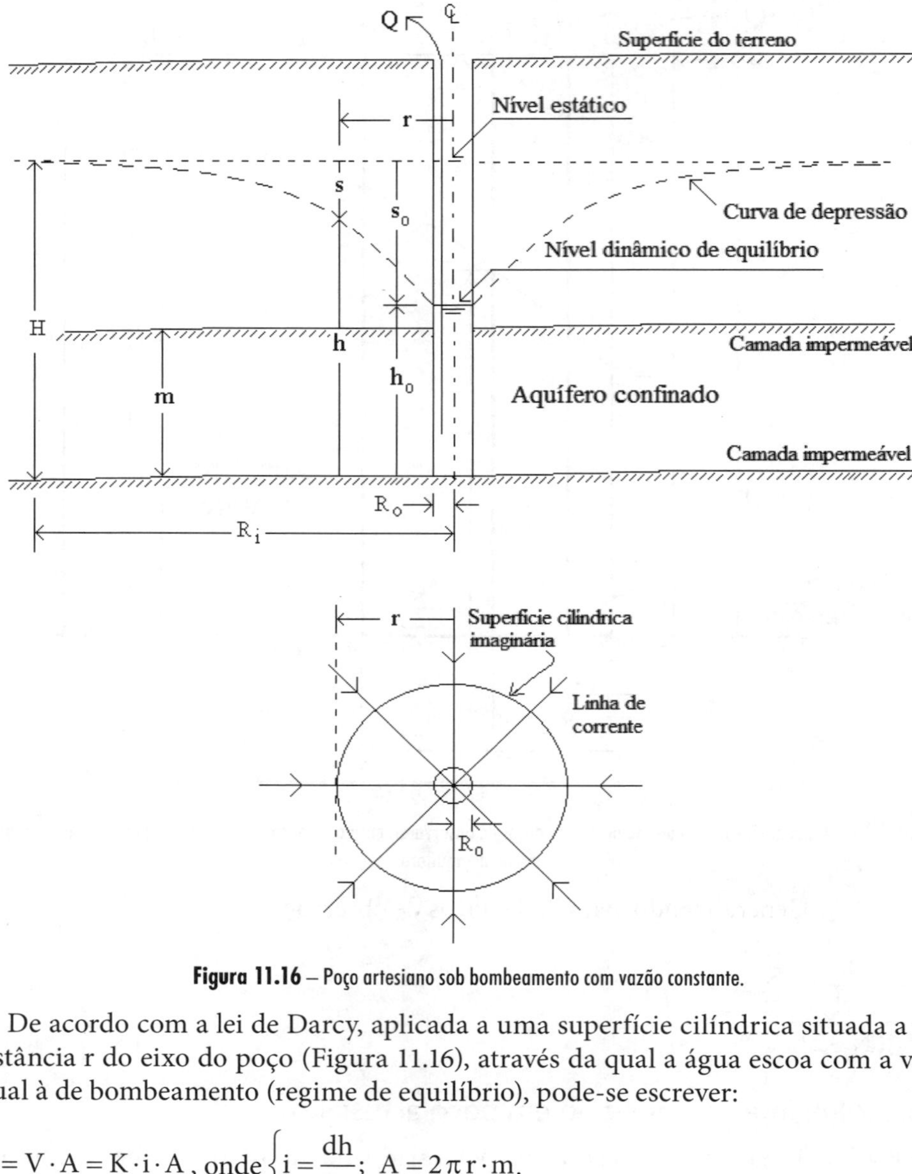

Figura 11.16 – Poço artesiano sob bombeamento com vazão constante.

De acordo com a lei de Darcy, aplicada a uma superfície cilíndrica situada a uma distância r do eixo do poço (Figura 11.16), através da qual a água escoa com a vazão igual à de bombeamento (regime de equilíbrio), pode-se escrever:

$$Q = V \cdot A = K \cdot i \cdot A \text{, onde} \left\{ i = \frac{dh}{dr};\quad A = 2\pi r \cdot m. \right.$$

Logo,

$$Q = 2k\pi mr\frac{dh}{dr},$$

ou

$$Q\frac{dr}{r} = 2k\pi m \cdot dh. \tag{11.29}$$

Se a Equação (11.29) é integrada entre os limites do poço, (R_0, h_0), e uma região que sofre a influência do bombeamento, (r, h), tem-se

$$Q\int_{R_0}^{r}\frac{dr}{r} = 2k\pi\cdot m\int_{h_0}^{h} dh \quad \Rightarrow \quad Q\,ln\left(\frac{r}{R_0}\right) = 2K\pi\cdot m\left(h - h_0\right).$$

Em termos das depressões da superfície piezométrica,

$h_0 = H - s_0$; $h = H - s$ $\;\rightarrow\;$ $h - h_0 = s_0 - s$.

Daí,

$$Q = \frac{2K\pi\ m}{ln\left(r/R_0\right)}\left(s_0 - s\right) \cong \frac{2K\pi\ m}{2{,}303\,log\left(r/R_0\right)}\left(s_0 - s\right). \tag{11.30}$$

A Equação (11.30) é a conhecida equação de Thiem para aquíferos artesianos.

- Expressão para o raio de influência, R_i, em aquífero artesiano

  Para a Equação (11.29), integrada entre os limites (R_0, h_0) e (R_i, H):

$$Q = \frac{2K\pi\ m}{ln\left(R_i/R_0\right)}\left(H - h_0\right).$$

Mas $H - h_0 = s_0$, que corresponde ao rebaixamento do nível dinâmico de equilíbrio. Logo,

$$Q = \frac{2K\pi\ m}{ln\left(R_i/R_0\right)}s_0, \tag{11.31}$$

expressão que mostra que a vazão que se pode extrair de um poço artesiano é proporcional ao desnível $s_0 = (H - h_0)$. Essa equação, todavia, só é aplicável para desníveis (depressões) relativamente fracos e inferiores a $1/4 \times (H-m)$, isto é, para $s_0 < (H-m)/4$.

A expressão para o raio de influência, com base na Equação (11.31), dá:

$$ln\frac{R_i}{R_0} = \frac{2K\pi m}{Q}s_0 \quad \Rightarrow \quad R_i = R_0 \times exp\left(\frac{2K\pi m}{Q}s_0\right). \tag{11.32}$$

- Expressão para o coeficiente de permeabilidade, K, em aquífero artesiano

  Na Figura 11.17 representam-se o poço artesiano sob bombeamento e dois poços de observação (piezômetros), PO_1 e PO_2, que distam R_1 e R_2 do eixo do poço bombeado. Os rebaixamentos da superfície piezométrica correspondentes aos poços PO_1 e PO_2 são, respectivamente, $s_1 = H-h_1$ e $s_2 = H-h_2$, sendo H a altura do plano de carga estático referida à camada impermeável inferior do aquífero artesiano.

  Para a Equação (11.29) integrada entre os limites (R_1, h_1) e (R_2, h_2) obtém-se:

$$Q = \frac{2K\pi\ m(h_2 - h_1)}{ln(R_2/R_1)} = \frac{2K\pi\ m(s_1 - s_2)}{ln(R_2/R_1)} = \frac{2K\pi\ m(s_1 - s_2)}{2,303\,log(R_2/R_1)} \tag{11.33}$$

pois $(h_2 - h_1) = (H - s_2) - (H - s_1) = (s_1 - s_2)$.

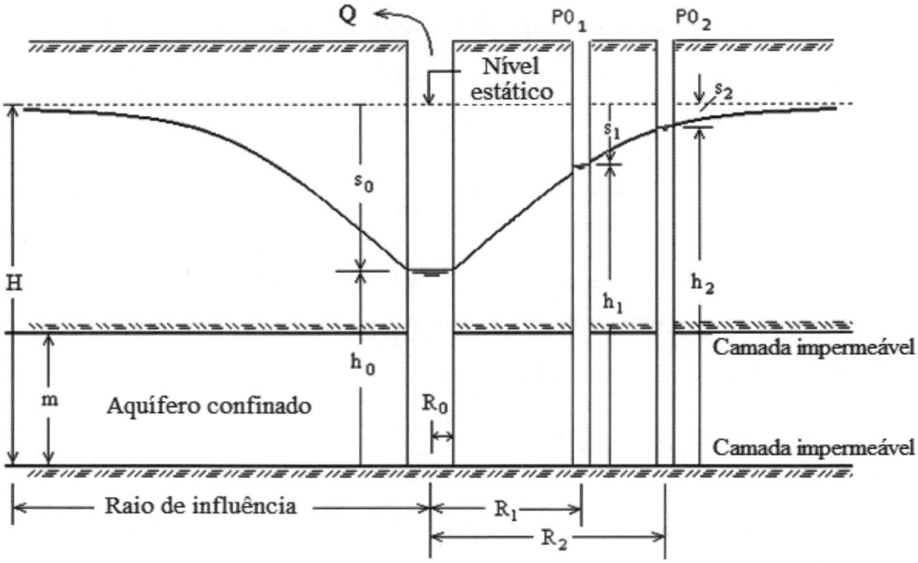

Figura 11.17 – Bombeamento de poço artesiano – obtenção do coeficiente de permeabilidade com base nas leituras em dois poços de observação.

Explicitando em termos de K:

$$K = \frac{Q \cdot ln(R_2/R_1)}{2\pi\ m(s_1 - s_2)} = \frac{2,303\ Q \cdot log(R_2/R_1)}{2\pi\ m(s_1 - s_2)}, \tag{11.34}$$

que é a expressão para o cálculo do coeficiente de permeabilidade K do aquífero artesiano com base nos rebaixamentos em dois poços de observação.

Novamente, aqui são válidas as mesmas observações feitas no estudo da permeabilidade do aquífero freático. São válidas, também, as Equações (11.27) e (11.28) para a obtenção de um coeficiente de permeabilidade médio quando se utilizam vários poços de observação.

11.6.4 INTERFERÊNCIA DE POÇOS

A interferência de dois poços ocorre quando, estando ambos submetidos ao bombeamento, suas zonas de influência coincidem parcialmente. Na prática, para que não haja interferência entre dois poços que funcionarão simultaneamente com a mesma vazão Q, procura-se determinar a distância mínima que deve existir entre eles. Para tanto, utilizam-se as equações de Thiem para obter o raio de influência R_i, na forma das Equação (11.24) ou (11.32), conforme o aquífero seja freático ou artesiano. Para que um poço não esteja localizado na região de influência do outro, a distância mínima entre eles será então $2 \times R_i$. Se os poços se distanciarem um do outro de um valor inferior a $2 \times R_i$, forçosamente haverá interferência.

11.6.5 REGIME NÃO EQUILIBRADO

O regime não equilibrado (regime não permanente), que se inicia com o bombeamento, caracteriza-se pelo rebaixamento do nível dinâmico e termina quando o regime de equilíbrio é atingido: o nível d'água do poço, inicialmente no nível estático, estabiliza-se no nível dinâmico de equilíbrio sob a vazão de bombeamento constante.

Para escoamentos permanentes, admitindo-se a água incompressível e a estrutura do aquífero indeformável, pode ser mostrado que o *laplaciano* da carga hidráulica é nulo: $\nabla^2 h = 0$ (aquífero de espessura e permeabilidade constantes). Ou, em coordenadas cartesianas,

$$\frac{\partial^2 h}{\partial x^2} + \frac{\partial^2 h}{\partial y^2} = 0.$$

Em coordenadas polares,

$$\frac{\partial^2 h}{\partial r^2} + \frac{1}{r}\frac{\partial h}{\partial r} = 0.$$

Na realidade, ao se iniciar a explotação da água de um aquífero artesiano, uma parcela importante da alimentação do poço provém da descompressão da água na zona de redução de pressão e de compactação do estado saturado. Essa ação atinge gradualmente as regiões mais afastadas do local de bombeamento na medida em que se prolonga no tempo o processo de extração da água. Em um aquífero de extensão infinita, as condições de equilíbrio não poderão ser atingidas em um tempo finito.

Para as condições de escoamento não permanente (regime não equilibrado) em um aquífero compressível, a aplicação da equação da continuidade a um volume de controle concêntrico com um poço produz a equação diferencial

$$T\ \nabla^2 h = S\,\partial h/\partial t. \tag{11.35}$$

Em coordenadas cilíndricas,

$$\frac{\partial^2 h}{\partial r^2} + \frac{1}{r}\frac{\partial h}{\partial r} = \frac{S}{T}\frac{\partial h}{\partial t} \tag{11.36}$$

em que S = coeficiente de armazenamento, adimensional; T = coeficiente de transmissividade, $[T] = L^2\,T^{-1}$; e h é a carga hidráulica ($h = z + p/\gamma$), $[h] = L$.

A Equação (11.36) pode, ainda, ser escrita em termos do rebaixamento s ($s = H - h$, para o aquífero artesiano). Assim:

$$\frac{\partial^2 s}{\partial r^2} + \frac{1}{r}\frac{\partial s}{\partial r} = \frac{S}{T}\frac{\partial s}{\partial t}. \tag{11.37}$$

- Fórmula de Theis

O resultado da integração da equação (11.37), que exprime o rebaixamento da superfície piezométrica em um poço de observação situado à distância r do ponto de bombeamento (Figura 11.18), em função do tempo, conhecido como fórmula de Theis,[13] é obtido da analogia entre o escoamento da água subterrânea e a condução de calor, considerando as condições iniciais e de contorno:

$$\begin{aligned} &\text{(i)} \quad s(r,0) = 0 \\ &\text{(ii)} \quad s(\infty,t) = 0 \\ &\text{(iii)} \quad \lim_{r\to 0} r\frac{\partial s}{\partial r} = -\frac{Q}{2\pi T} \end{aligned} \tag{11.38}$$

A clássica solução apresentada por Theis é do tipo:

$$s = H - h = \frac{Q}{4\pi T}\int_u^\infty \frac{e^{-u}}{u}\,du, \tag{11.39}$$

ou

$$s = \frac{Q}{4\pi T} W(u), \tag{11.40}$$

em que:

$$W(u) = \text{função do poço} = \int_u^\infty \frac{e^{-u}}{u}du, \tag{11.41}$$

sendo

$$u = \frac{r^2 S}{4Tt}. \tag{11.42}$$

Os valores de W(u) podem ser encontrados pelo desenvolvimento da série convergente:

$$W(u) = \int_u^\infty \frac{e^{-u}}{u}du = -0{,}5772 - \ln u + u - u^2 + \frac{u^3}{3\cdot 3!} - \frac{u^4}{4\cdot 4!} + \cdots \tag{11.43}$$

Com base nessa série, podem ser construídas tabelas de valores da função do poço W(u) em função da variável u, definida pela Equação (11.42). Uma tabela muito utilizada é a Tabela 11.2 de Wenzel.

[13] Fórmula obtida por Charles Vernon Theis em trabalho desenvolvido para o U. S. Geological Survey, em 1935, apoiando-se na literatura existente para a transferência de calor, com o auxílio matemático de C. I. Lubin.

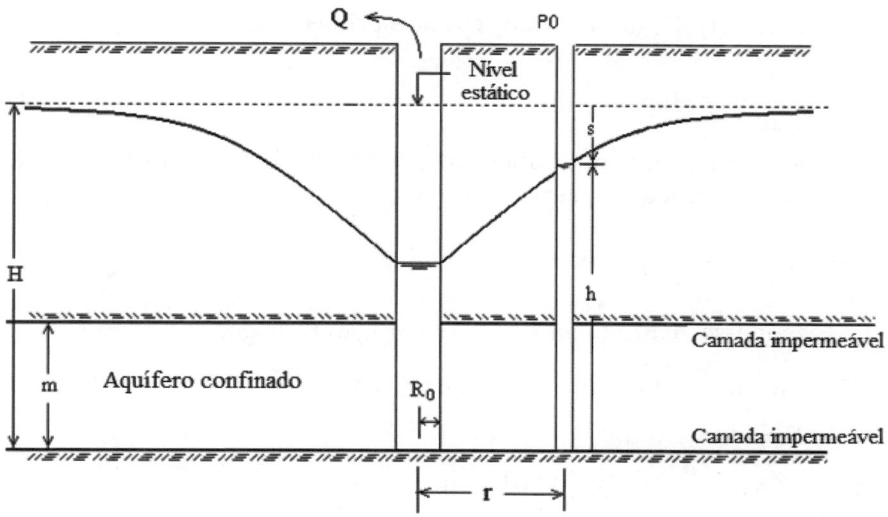

Figura 11.18 – Poço artesiano submetido a bombeamento sob vazão constante e rebaixamento s observado em poço de observação localizado à distância r do eixo do poço bombeado.

Tabela 11.2 – Tabela de Wenzel (1942) para os valores da função do poço, W(u), em termos de u*

u	1,0	2,0	3,0	4,0	5,0	6,0	7,0	8,0	9,0
× 1	0,219	0,049	0,013	0,0038	0,00114	0,00036	0,00012	0,000038	0,000012
$\times 10^{-1}$	1,82	1,22	0,91	0,70	0,56	0,45	0,37	0,31	0,26
$\times 10^{-2}$	4,04	3,35	2,96	2,68	2,48	2,30	2,15	2,03	1,92
$\times 10^{-3}$	6,33	5,64	5,23	4,95	4,73	4,54	4,39	4,26	4,14
$\times 10^{-4}$	8,63	7,94	7,53	7,25	7,02	6,84	6,69	6,55	6,44
$\times 10^{-5}$	10,95	10,24	9,84	9,55	9,33	9,14	8,99	8,86	8,74
$\times 10^{-6}$	13,24	12,55	12,14	11,85	11,63	11,45	11,29	11,16	11,04
$\times 10^{-7}$	15,54	14,85	14,44	14,15	13,93	13,75	13,60	13,46	13,34
$\times 10^{-8}$	17,84	17,15	16,74	16,46	16,23	16,05	15,90	15,76	15,65
$\times 10^{-9}$	20,15	19,45	19,05	18,76	18,54	18,35	18,20	18,07	17,95
$\times 10^{-10}$	22,45	21,76	21,06	20,84	20,66	20,66	20,50	20,37	20,25
$\times 10^{-11}$	24,75	24,06	23,65	23,36	23,14	22,96	22,81	22,67	22,55
$\times 10^{-12}$	27,05	26,36	25,95	25,66	25,44	25,26	25,11	24,97	24,86
$\times 10^{-13}$	29,36	28,66	28,26	27,97	27,75	27,56	27,41	27,28	27,16
$\times 10^{-14}$	31,66	30,97	30,56	30,27	30,05	29,87	29,71	29,58	29,46
$\times 10^{-15}$	33,96	33,27	32,86	32,58	32,35	32,17	32,02	31,88	31,76

$^{*}u = r^2S/(4Tt)$

- Fórmula de Theis modificada por Jacob

Estudos realizados por C. E. Jacob (1940) em torno da equação de Theis (Equação 40) para o regime não equilibrado levaram-no a concluir que, para valores suficientemente pequenos de u, pode-se considerar, com boa aproximação, a Equação (11.43) limitada aos seus dois primeiros termos:

$$W(u)=\int_u^\infty \frac{e^{-u}}{u}du \cong -0,5772-ln\,u. \tag{11.44}$$

Assim, para um tempo suficientemente longo (o que equivale a u pequeno), Jacob reescreveu a equação de Theis na forma aproximada:

$$s=\frac{Q}{4\pi T}W(u)\cong\frac{Q}{4\pi T}(-0,5772-ln\,u). \tag{11.45}$$

Fazendo-se −0,5772 = *ln* x, tem-se x = 0,56147. Logo,

$$-0,5772-ln\,u=ln\,0,56147-ln\,u=ln(0,56147/u).$$

Então,

$$s=\frac{Q}{4\pi T}ln\frac{0,56147}{u}=\frac{Q}{4\pi T}\frac{log(0,56147/u)}{log\,e}=\frac{2,303}{4\pi}\frac{Q}{T}log\frac{0,56147}{u}.$$

Lembrando que $u=r^2S/(4Tt)$, vem

$$s=\frac{0,183Q}{T}log\left(\frac{4\times 0,56147\times T\times t}{r^2\times S}\right)$$

ou

$$s=\frac{0,183Q}{T}\;log\frac{2,25\;T\;t}{r^2S}. \tag{11.46}$$

A Equação (11.46) é a *fórmula de Theis simplificada por Jacob* para o rebaixamento em um poço de observação à distância r do poço sob bombeamento. A fórmula é válida para t suficientemente grande (ou u pequeno). Na prática, para u < 0,01, os valores da Equação (11.46) são praticamente idênticos aos da Equação (11.39).

11.6.6 DETERMINAÇÃO DOS COEFICIENTES DE TRANSMISSIVIDADE E ARMAZENAMENTO COM BASE NA FÓRMULA DE THEIS SIMPLIFICADA

- Processo tempo-abaixamento

  As características de um aquífero podem ser determinadas a partir do levantamento de um conjunto de pares de valores do rebaixamento e tempo correspondente, (s_i, t_i), sendo o tempo contado a partir do início do bombeamento. Esse método de determinação das características do aquífero é conhecido como processo tempo-abaixamento.

  Para uma representação gráfica conveniente, os rebaixamentos observados em função do tempo são plotados em papel *monolog*: os valores dos rebaixamentos

s são lançados em ordenada, na escala aritmética, e os valores dos tempos de observação **t** em abscissa, na escala logarítmica. Para grandes períodos de duração (que implica em pequenos valores de u), os dados dispõem-se segundo uma reta.

Com efeito, reescrevendo-se a Equação (11.46),

$$s = \frac{0,183Q}{T} \log t + \frac{0,183Q}{T} \log \frac{2,25\ T}{r^2 S}, \tag{11.47}$$

que é do tipo y = ax + b. Pela Equação (11.47), a declividade da reta em gráfico de **s** *versus log* **t** é igual a 0,183Q/T. O coeficiente de transmissividade pode ser calculado a partir de dois pares de valores de **s** e **t**, situados sobre a reta s = f(*log* t):

- para o instante t_1, $s_1 = \frac{0,183Q}{T} \log t_1 + \frac{0,183Q}{T} \log \frac{2,25\ T}{r^2 S}$
- para o instante t_2, $s_2 = \frac{0,183Q}{T} \log t_2 + \frac{0,183Q}{T} \log \frac{2,25\ T}{r^2 S}$.

Fazendo-se $s_2 - s_1$, tem-se o resultado

$$s_2 - s_1 = \frac{0,183Q}{T} \log \frac{t_2}{t_1}$$

e

$$T = \frac{0,183Q}{s_2 - s_1} \log \frac{t_2}{t_1}. \tag{11.48}$$

Se, por conveniência, é escolhido $t_2 = 10t_1$,

$$T = \frac{0,183Q}{s_2 - s_1}. \tag{11.48.1}$$

Na Figura 11.19, são representados os rebaixamentos s_1 e s_2 no poço de observação, correspondentes aos instantes t_1 e t_2 como indicado.

O coeficiente de armazenamento também pode ser estimado com base em construção gráfica de **s** *versus log* **t** (ou de **s** *versus* **t**, em papel *monolog*). Por exemplo, no gráfico em papel *monolog* (Figura 11.20), extrapola-se a tendência linear para obter o tempo t_0 correspondente ao rebaixamento s = 0. Assim, com base na Equação (11.46), para s = 0 (rebaixamento nulo), tem-se

$$\frac{2,25Tt_0}{r^2 S} = 1,$$

uma vez que Q≠0. Conhecido o coeficiente T, pode-se escrever

$$S = \frac{2,25Tt_0}{r^2}. \tag{11.49}$$

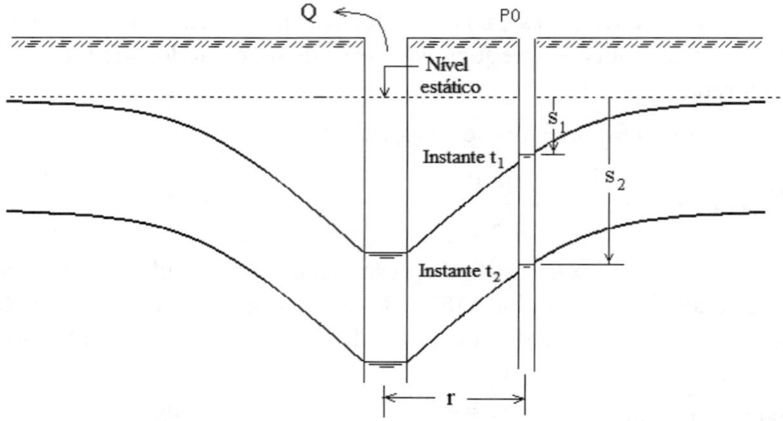

Figura 11.19 – Rebaixamentos observados em um poço de observação em dois instantes sucessivos.

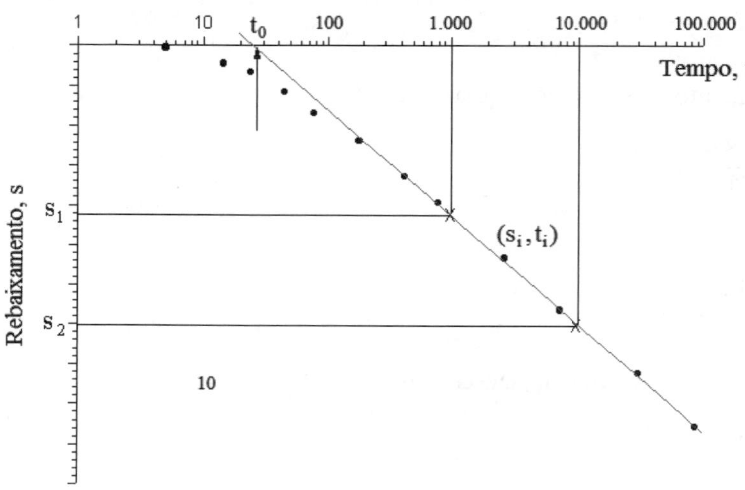

Figura 11.20 – Construção da curva rebaixamento *versus* tempo em papel *monolog* para a obtenção dos coeficientes de transmissividade, T, e armazenamento, S.

Pela sua simplicidade, as Equações (11.48) e (11.49), devidas a Jacob, constituem uma ferramenta útil para a determinação das características do aquífero. Em uma alternativa à construção gráfica, pode-se também empregar a análise de regressão para obter os coeficientes T e S, contanto que se utilizem valores suficientemente grandes de t que garantam $u < 0{,}01$.

11.6.7 DETERMINAÇÃO DOS COEFICIENTES DE TRANSMISSIVIDADE E ARMAZENAMENTO COM BASE NA FÓRMULA GERAL DE THEIS

Quando o tempo de duração do bombeamento não é suficientemente longo para permitir a definição da assíntota logarítmica (V. Figura 11.20), deve-se fazer uso da expressão geral de Theis, dada pela Equação (11.39) ou Equação (11.40).

Para essa condição, Theis desenvolveu um método gráfico baseado na proporcionalidade entre **W(u)** e **s** e entre **u** e **r²/t**:

$$s = \frac{Q}{4\pi T} W(u) \quad \Rightarrow \quad W(u) = C_1 \cdot s$$

$$u = \frac{r^2}{t}\frac{S}{4T} \quad \Rightarrow \quad u = C_2 \cdot \frac{r^2}{t} \tag{11.50}$$

O método consiste em comparar a curva descritiva do comportamento de W(u) em função de u, chamada "curva-tipo", traçada em papel *log-log* (papel *bi-log*), com a curva experimental de s em função de r^2/t, desenhada na mesma escala. Assim, ao término do teste de bombeamento, com os pares de valores dos rebaixamentos em função do tempo obtidos no poço de observação, procede-se da seguinte forma:

a) em papel *log–log* transparente, plotam-se os pares de valores de **s** e $\mathbf{r^2/t}$, em que r é a distância entre os eixos dos poços de observação e de bombeamento, e t é o tempo em que é medido o rebaixamento s;

b) em papel *log–log* opaco, lançam-se os pares de valores de **W(u)** e **u**, isto é, constrói-se a "curva tipo" (observar que o tamanho de cada "ciclo" do papel *log-log* deve ser igual ao correspondente do gráfico anterior);

c) em seguida, sobrepõem-se os dois gráficos (naturalmente, com o papel transparente sobre o papel opaco), mantendo-se os eixos W(u) e s(t) paralelos. Ajusta-se o papel transparente até que a maioria dos rebaixamentos observados caia sobre a "curva tipo" (observar que os eixos correspondentes devem manter-se paralelos durante o deslocamento em busca do melhor ajuste);

d) seleciona-se um ponto arbitrário (não necessariamente sobre a "curva tipo") e anotam-se, para esse ponto, os valores de u e W(u) do papel opaco, e os correspondentes r^2/t e s do papel transparente. Esses pontos são designados por u_0 e $W_0(u)$, e $(r^2/t)_0$ e s_0;

e) finalmente, calculam-se os coeficientes de transmissividade, T, e armazenamento, com o uso das Equações (11.40) e (11.42) e das coordenadas determinadas:

$$T = \frac{Q}{4\pi s_0} W_0(u) \tag{11.51}$$

e

$$S = \frac{4T\, u_0}{\left(r^2/t\right)_0}. \tag{11.52}$$

Cumpre observar que os métodos de Theis e Jacob aplicam-se, a rigor, a aquíferos artesianos. A sua utilização em aquíferos livres (poços freáticos) poderá fornecer valores aceitáveis se os rebaixamentos de nível forem pequenos relativamente à espessura do lençol.

EXEMPLO 11.3

Ao lado de um poço artesiano (A) com 8 pol (200 mm) de diâmetro foi instalado um poço de observação (B). Posta uma bomba a funcionar no poço (A) com vazão constante de 120 m^3/h, o nível dinâmico no poço de observação sofreu os rebaixamentos indicados na Tabela 11.3. Sabendo-se que a distância entre os eixos dos poços A e B é de 110 m, determinar pelo processo de tempo-abaixamento:

a) os coeficientes de transmissividade e armazenamento do aquífero; e

b) a depressão de nível do poço (A) para uma vazão de projeto de 180 m^3/h.

Tabela 11.3 – Valores de depressão do nível de água no poço de observação (B)

Tempo (min)	Depressão (cm)	Tempo (min)	Depressão (cm)	Tempo (min)	Depressão (cm)
1,0	4,3	9,0	29,3	50,0	54,0
2,0	10,2	10,0	31,2	60,0	57,2
3,0	14,3	12,0	32,8	80,0	60,5
4,0	18,0	15,0	36,2	100,0	64,4
5,0	22,7	20,0	40,3	120,0	67,3
6,0	23,5	25,0	43,7	240,0	78,0
7,0	25,2	30,0	45,9		
8,0	26,8	40,0	50,8		

Solução:

Dados: $R_0 = 100$ mm $= 0{,}1$ m

$r = 110$ m

$Q_b = 120\ m^3/h$

Rebaixamento s, em função do tempo, conforme a Tabela 11.3.

Pede-se:

a) coeficientes de transmissividade (T) e armazenamento (S);

b) s_p = ? para Q = 180 m^3/h (de projeto).

Calcula-se, inicialmente, o coeficiente de transmissividade, T:

- para $t = t_1 \rightarrow s = s_1 = \dfrac{0{,}183Q_b}{T} \log \dfrac{2{,}25Tt_1}{r^2S}$;

EXEMPLO 11.3 *(continuação)*

- para $t = t_2 \rightarrow s = s_2 = \frac{0{,}183Q_b}{T} log \frac{2{,}25Tt_2}{r^2S}$;
- $s_2 - s_1 = \frac{0{,}183Q_b}{T} log \frac{t_2}{t_1} \rightarrow T = \frac{0{,}183Q_b}{s_2 - s_1} log \frac{t_2}{t_1}$.

Na reta traçada no papel *monolog* (Figura 11.21) escolhe-se t_1 e t_2. Por simplicidade, tomando-se t_2 = 10 t_1 (*log* t_2/t_1 = 1),

$$\begin{cases} t_1 = 10 \text{ min} \rightarrow s_1 = 30{,}0 \text{ cm} \\ t_2 = 100 \text{ min} \rightarrow s_2 = 64{,}5 \text{ cm} \end{cases} \rightarrow s_2 - s_1 = 34{,}5\text{cm} = 0{,}345\text{m}.$$

Logo,

$$T = \frac{0{,}183Q_b}{s_2 - s_1} = \frac{0{,}183 \times 120}{0{,}345} \Rightarrow T = 63{,}65 \frac{m^3/h}{m}.$$

Pode-se, agora, determinar o coeficiente de armazenamento, S:

- com base no modelo matemático aproximado, para s = 0 → $t = t_0$,

$$s = 0 = \frac{0{,}183Q_b}{T} log \frac{2{,}25Tt_0}{r^2S} \Rightarrow \frac{2{,}25Tt_0}{r^2S} = 1 \Rightarrow S = \frac{2{,}25Tt_0}{r^2},$$

que é a Equação (11.49) anteriormente obtida. Do gráfico da Figura 11.21, construído em papel *monolog*, encontra-se $t_0 \cong$ 1,4min = 0,02333h. Então,

$$S = \frac{2{,}25Tt_0}{r^2} = \frac{2{,}25 \times 63{,}65 \times 0{,}02333}{110^2} \Rightarrow S = 0{,}000276.$$

Obtidos os valores de T e S, emprega-se a equação de Theis simplificada por Jacob para estimar o rebaixamento no poço para a vazão de projeto de 180 m³/h:

$$s_p = \frac{0{,}183Q_{projeto}}{T} log \frac{2{,}25Tt}{r_p{}^2S} = \frac{0{,}183 \times 180}{63{,}65} log \frac{2{,}25 \times 63{,}65 \times t}{0{,}1^2 \times 0{,}000276}$$

$$s_p = 3{,}9925 + 0{,}5175 \, log \, t.$$

Atribuindo-se valores crescentes a t, a partir de t = 2 h, constrói-se a Tabela 11.4. Por esses resultados, pode-se tomar, por segurança,

$$s_p \cong 5{,}0m.$$

EXEMPLO 11.3 (*continuação*)

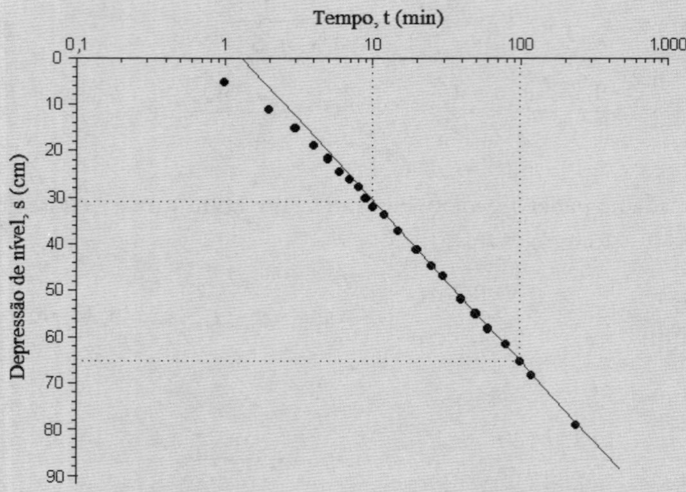

Figura 11.21 – Curva rebaixamento *versus* tempo, em papel *monolog*, construída com os dados da Tabela 11.3, para a obtenção dos coeficientes de transmissividade, T, e de armazenamento, S.

Tabela 11.4 – Evolução da depressão de nível em função do bombeamento

Tempo (h)	Depressão, s_p (m)	Tempo (h)	Depressão, s_p (m)	Tempo (h)	Depressão, s_p (m)	Tempo (h)	Depressão, s_p (m)
2	4,15	12	4,55	22	4,69	32	4,77
4	4,30	14	4,59	24	4,71	34	4,79
6	4,40	16	4,62	26	4,73	36	4,80
8	4,46	18	4,64	28	4,74	38	4,81
10	4,51	20	4,67	30	4,76	40	4,82

Exercícios

11.1. Um poço está sendo utilizado para rebaixar o nível do lençol freático. Sabe-se que o aquífero tem 20 metros de espessura média, permeabilidade K = 15 m/dia e armazenamento S = 0,005. Estimar o valor do rebaixamento a 7 m de distância do poço bombeado ao final de um dia de bombeamento ininterrupto. Dado: vazão de bombeamento, Q = 2.725 m^3/dia.

R: s = 5,72 m.

11.2. Um poço é bombeado por um período muito longo com uma taxa de 74 L/s de um aquífero confinado. Atingido o regime de equilíbrio, uma diferença de elevação da superfície piezométrica de 1,42 m é observada em dois piezômetros localizados às distâncias de 6 m e 46 m do poço bombeado. Calcule a transmissividade do aquífero.

R: T = 60,8 m^2/h.

11.3. Para o abastecimento de água de uma cidade, estão previstos três poços artesianos, cada um devendo fornecer a vazão de 36 m^3/h. Determinar a menor distância que deve existir entre eles para que não haja interferência mútua. Considere os seguintes dados: coeficiente de permeabilidade, K = 0,13 m/h; espessura média do lençol, m = 19,20 m; depressão do nível dinâmico de equilíbrio para a vazão dada, s_0 = 15,70 m; diâmetro do poço, d_0 = 150 mm.

R: 140 m.

11.4. Para a determinação dos coeficientes de transmissividade (T) e armazenamento (S) de um aquífero confinado, foi realizado um teste de bombeamento sob vazão de 2,0 m^3/min. Em um poço de observação, cujo eixo dista do eixo do posto bombeado de 110 m, foram medidos os rebaixamentos ao longo do tempo, conforme a Tabela 11.5. Calcular T e S pelo método do tempo-rebaixamento.

Tabela 11.5 – Valores da depressão do nível d'água no poço de observação

Tempo (min)	Depressão (cm)	Tempo (min)	Depressão (cm)	Tempo (min)	Depressão (cm)
1	4,3	8	26,8	30	45,9
2	10,2	9	29,3	40	50,8
3	14,3	10	31,2	50	54,0
4	18,0	12	32,8	60	57,2
5	22,7	15	36,2	80	60,5
6	23,5	20	40,3	100	64,4
7	25,2	25	43,7	120	67,3
				240	78,0

R: T = 1,06 m^2/min; S = $2,76 \times 10^{-4}$.

11.5. Durante um teste em um aquífero livre, foram obtidos os valores do rebaixamento em função do tempo em um poço de observação localizado a 20 m do poço bombeado mostrados na Tabela 11.6. Estimar os coeficientes de transmissividade e armazenamento do aquífero, sabendo-se que a vazão de bombeamento é de 31,2 L/s.

Tabela 11.6 – Valores da depressão do nível d'água no poço de observação

Tempo (min)	Rebaixamento (m)	Tempo (min)	Rebaixamento (m)	Tempo (min)	Rebaixamento (m)
4,5	0,025	26,5	0,180	258,0	0,530
7,5	0,050	36,0	0,220	408,0	0,620
8,5	0,055	64,0	0,300	488,0	0,640
16,0	0,110	97,0	0,370	513,0	0,650
24,0	0,170	162,0	0,450		

R: T = 0,814 m^2/min; S = $5,3 \times 10^{-2}$.

11.6. Um aquífero foi ensaiado com a vazão de bombeamento do poço, Q = 0,050 m^3/s. Em um poço de observação, cujo eixo dista 100 metros do eixo do poço bombeado, registraram-se os rebaixamentos da Tabela 11.7 ao longo do tempo de ensaio:

Tabela 11.7 – Valores dos rebaixamentos em um poço de observação em função do tempo de bombeamento

Tempo	Rebaixamento	Tempo	Rebaixamento	Tempo	Rebaixamento
5 s	2,0 mm	5 min	0,29 m	1 h	0,58 m
1 min	0,12 m	10 min	0,37 m	2 h	0,66 m
2 min	0,19 m	20 min	0,45 m	12 h	0,87 m
3 min	0,23 m	30 min	0,50 m	24 h	0,95 m

a) Determinar os coeficientes de transmissividade e armazenamento do aquífero.

b) Caso se deseje rebaixar o lençol de 1,5 m a uma distância de 20 metros do local de exploração, bombeando-se a mesma vazão, quanto tempo seria necessário esperar desde o início do bombeamento?

R: a) T = 117,6 m^2/h; S = $1,76 \times 10^{-4}$; **b)** t ≅ 59 h.

11.7. Uma vazão constante de 4 L/s é extraída de um poço artesiano. O rebaixamento em um poço de observação situado à distância de 150 m do poço de extração foi medido como mostra a Tabela 11.8.

Tabela 11.8 – Valores dos rebaixamentos em um poço de observação em função do tempo de bombeamento

Tempo (min)	0	10	15	30	60	90	120
Rebaixamento (m)	0	0,16	0,25	0,42	0,62	0,73	0,85

Obter os coeficientes de transmissividade e de armazenamento do aquífero a partir de construções gráficas:

a) com a construção da curva tipo e uso da expressão geral de Theis;

b) com a fórmula simplificada de Jacob;

c) Discutir os resultados.

Dado: gráfico da função do poço na Figura 11.22

R: a) T = 3,5 m^2/h; S = $6,0 \times 10^{-5}$; **b)** T = 1,86 m^2/h; S = $4,3 \times 10^{-5}$; **c)** mesmo para t = 120 min, o valor de u é grande (u > 0,01), o que significa que a equação simplificada de Jacob não é aplicável.

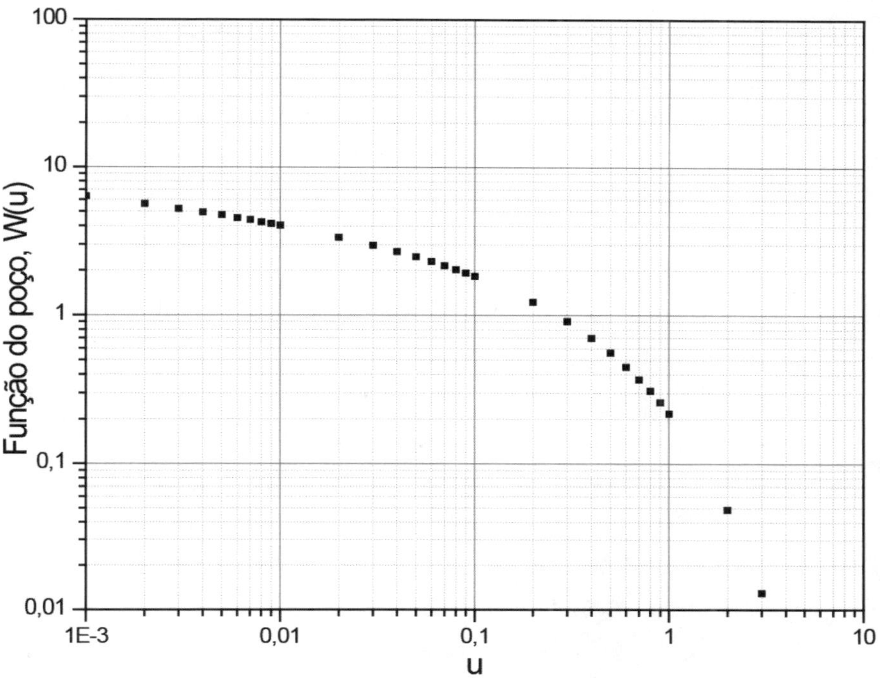

Figura 11.22 – Função do poço – curva tipo.

11.8. Uma vazão constante de 3,14 L/s é extraída de um poço artesiano em um aquífero com coeficientes de transmissividade e armazenamento T = 0,0025 m^2/s e S = 0,0010, respectivamente. Calcular o rebaixamento num poço de observação distante 100 m do poço bombeado, decorrido um intervalo de tempo, contado a partir do início do bombeamento, de:

a) 1.000 s;

b) 10.000 s;

c) 100.000 s.

R: a) 0,022 m; **b)** 0,182 m; **c)** 0,404 m.

11.9. Para os mesmos dados de vazão, transmissividade e armazenamento do exercício anterior, obter os rebaixamentos após decorrido um intervalo de tempo de 10.000 s, para dois outros poços de observação distantes do poço de extração de:

a) 10 m.

b) 200 m.

R: a) 0,633 m; **b)** 0,070 m.

REFERÊNCIAS

ABAS (ASSOCIAÇÃO BRASILEIRA DE ÁGUAS SUBTERRÂNEAS). **Boletim informativo.** ago. 2001, n. 117.

American Society of Civil Engineers - ASCE. **Design and construction of sanitary and storm sewers.** Manuals and Reports of Enginnering Practice, 37. New York, 1969.

AMORIM, M. C. de; ROSSATO, L.; TOMASELLA, J. Determinação da evapotranspiração potencial do Brasil aplicando o modelo de Thornthwaite a um sistema de informação geográfica. **Revista Brasileira de Recursos Hídricos - RBRH**, v. 4, n. 3, jul./set., pp. 83-90. 1999.

BARBOSA, S. E. da. **Análise de dados hidrológicos e regionalização de vazões da bacia do rio do Carmo**. Dissert. de Mestrado: UFOP. Progr. de Pós-Grad. em Eng. Ambiental. Ouro Preto, 2004.

BEARD, L. R. **Statistical Methods in Hydrology**. U.S. Army Engineer District, Corps of Engineers, Sacramento, California, 1962.

BRASIL. MINISTÉRIO DO MEIO AMBIENTE. AGÊNCIA NACIONAL DE ÁGUAS. **Água no mundo**. Brasília, [s.d.].

BRASIL. MINISTÉRIO DO MEIO AMBIENTE. AGÊNCIA NACIONAL DE ÁGUAS. CONSELHO EMPRESARIAL BRASILEIRO PARA O DESENVOLVIMENTO SUSTENTÁVEL. **Água: fatos e tendências**. Brasília, 2009.

CETESB (COMPANHIA DE TECNOLOGIA DE SANEAMENTO AMBIENTAL). **Drenagem urbana - Manual de projeto**. São Paulo: Convênio CETESB/ASCETEB, 1986.

CHOW, V. T.; MAIDMENT, D. R.; MAYS, L. W. **Applied hydrology**. McGraw-Hill. New York, 1988.

DAKER, A. **Captação, elevação e melhoramento da água**. A água na agricultura. Vol. 2. 6. ed. Rio de Janeiro: Livraria Freitas Bastos, 1983.

FEDERAL HIGHWAY ADMINISTRATION. U. S. DEPARTMENT OF TRANSPORTATION. **Hydrology**. 1984. Disponível em: https://www.fhwa.dot.gov/engineering/hydraulics/pubs/hec/hec19.pdf.

FENDRICH, R.; OBLADEN, N. L.; AISSE, M. M.; GARCIAS, C. M. **Drenagem e controle da erosão urbana**. Curitiba: Editora Universitária Champagnat, 1997.

GARCEZ, L. N.; ALVAREZ, G. A. **Hidrologia**. São Paulo: Edgar Blucher, 1988.

GARCEZ, L. N. **Elementos de engenharia hidráulica e sanitária**. 2. ed. Reimpressão. São Paulo: Edgar Blucher, 1974–1976.

GREEN, W. H.; AMPT, G. Studies of soil physics. Part I: The Flow of Air and Water through Soils. **Journal of Agricultural Science**, v. 4, n. 1, p. 1-24, 1911.

GRIBBIN, J. E. **Introdução a hidráulica, hidrologia e gestão de águas pluviais**. Tradução da 4. ed. norte-americana. São Paulo: Cengage Learning, 2014.

GUPTA, R. S. **Hydrology and hydraulic systems**. Englewood Cliffs, NJ: Prentice Hall, 1989.

HAAN, C. T. **Statistical methods in hydrology**. Iowa, Iowa State University Press, 1977.

HAMMER, M. J. **Water and wastewater technology**. John Wiley & Sons, 1986.

HORACIO, J. **River sinuosity index: geomorphological characterisation**. Technical note 2. Centro Ibérico de Restauración Fluvial – CIREF & Wetlands International, 2014.

HORTON, R. E. Analyses of Runoff-Plat Experiments with Varying Infiltration Capacity. **Transaction American Geophysical Union**, pp. 575-577. 1942.

HWANG, N. H. C. **Fundamentos de sistemas de engenharia hidráulica.** Trad. Archibald Joseph Macintyre. Rio de Janeiro: Prentice-Hall do Brasil, 1984.

HYDROLOGIC ENGINEERING CENTER. Hydrograph Analysis. **Hydrologic Engineering Methods for Water Resources Development**. Vol. 4. U. S. Army Corps of Engineers. Davis, California, 1973.

JONES, P. B.; WALKER, G. D; HARDEN, R. W.; MCDANIELS, L. L. **The development of the science of hydrology**. Texas Water Commission. Circular n. 63-03. April, 1963.

JOHNSTONE, D.; CROSS, W. P. **Elements of applied hydrology.** New York: The Ronald Press Company, 1949.

KOHLER, M. A.; NOREDENSON, T. J. & FOX, W. E. Evaporation from pans and lakes. U.S. **Weather Bureau Research**, 1955. 21 p. (paper 38).

LEME, F. P. **Engenharia do saneamento ambiental**. Rio de Janeiro: LTC – Livros Técnicos e Científicos Editora, 1984.

LEMOS, P. (org.). **Água e cultura. Inventário de fontes de água da região de Ouro Preto.** Ouro Preto: Livraria e Editora Graphar, 2015.

LENCASTRE, A. **Hidráulica geral**. Edição Luso-Brasileira. Coimbra: Hidroprojecto, 1983.

LINSLEY, R. K.; FRANZINI, J. B. **Engenharia de recursos hídricos.** Trad. e adaptação Luiz Américo Pastorino. São Paulo: EDUSP: McGraw-Hill do Brasil, 1978.

LINSLEY, R. K.; FRANZINI, J. B. **Water-resources engineering**. 3. ed. McGraw-Hill International Editions, 1979. (Civil Engineering Series)

LINSLEY, R. K.; KOHLER, M. A; PAULHUS, J. L. H. **Hydrology for engineers**. New York, McGraw-Hill, 1975.

MEIN, R. G.; LARSON, C. L. **Modeling infiltration component of the rainfall-runoff process**. Bull. 43, Water Resources Research Center. Minneapolis: University of Minnesota, set. 1971.

NAGHETTINI, M. **História do ciclo hidrológico.** Nov. 2012. Disponível em: https://www.researchgate.net/publication/233992966. Acesso em: 24 jul. 2021.

OCCHIPINTI, A. G.; SANTOS, P. M. **Relações entre as precipitações máximas de um dia e de 24 horas na cidade de São Paulo.** São Paulo: Instituto de Astronomia, Geofísica e Ciências Atmosféricas da Universidade de São Paulo (IAG/USP), 1966.

PASHKOV, N. N.; DOLQACHEV, F. M. **Hidráulica y máquinas hidráulicas**. Trad. V. A. Merchevski. Moscou: Mir, 1985.

PFAFSTETTER, OTTO. **Chuvas intensas no Brasil.** Departamento Nacional de Obras de Saneamento. Ministério do Interior, 1957.

PINTO, N. L. S.; HOLTZ, A. C. T.; MARTINS, J. A.; GOMIDE, F. L. S. **Hidrologia básica**. São Paulo: Edgard Blucher, 1976.

PONTIUS, F. W. (technical editor). Source Water Quality Management, by Robert H. Reinert and John A. Hroncich. In: **Water quality and treatment – A handbook of community water suplies**, 4th edition, Chapter 4. American Water Works Association, (1990).

RAMOS, F.; OCCHIPINTI, A. G.; VILLA NOVA, N. A.; REICHARDT, K.; CLEARY, R. **Engenharia hidrológica.** Col. ABRH de Recursos Hídricos. Vol. 2. Rio de Janeiro: ABRH: Editora da UFRJ, 1989.

RIGHETTO, A. M. **Hidrologia e recursos hídricos**. Projeto REENGE. São Carlos: EESC/USP, 1998.

SEMADS (SECRETÁRIA DE ESTADO DE MEIO AMBIENTE E DESENVOLVIMENTO SUSTENTÁVEL – ESTADO DO RIO DE JANEIRO). **Enchentes no estado do Rio de Janeiro: uma abordagem geral**. Projeto Planágua Semads/GTZ de cooperação técnica Brasil-Alemanha – Vol. 8, 2001.

SHERMAN, L. K. Streamflow from rainfall by the unit-graph method. **Eng. News Record**, vol. 108, p. 501-504, 1932.

SNYDER, F. F. **Synthetic unit graphs**. Trans. American Geophysical Union, 1938, p. 447-454.

SPERLING, M. von. **Estudos e modelagem da qualidade da água de rios**. Editora UFMG. Belo Horizonte, 2007.

TODD, D. K.; MAYS, L. W. **Groundwater hydrology**. 3. ed. New YorK: John Wiley & Sons, 2005.

TUCCI, C. E. M. (org.). **Hidrologia: ciência e aplicação.** Porto Alegre: Editora da Universidade Federal do Rio Grande do Sul (UFRGS): Associação Brasileira de Recursos Hídricos (ABRH); São Paulo: Editora da Universidade de São Paulo (EDUSP), 1993.

TUCCI, C. E. M.; PORTO, R. L. L.; BARROS, M. T de. (orgs.). **Drenagem urbana.** Porto Alegre: Editora da Universidade Federal do Rio Grande do Sul (UFRGS): Associação Brasileira de Recursos Hídricos (ABRH), 1995.

UNESCO (UNITED NATION EDUCATIONAL, SCIENTIFIC AND CULTURAL ORGANIZATION). **Managing water under uncertainty and risk.** The United Nations World Water Development Report 4. Volume 1. Paris, 2012.

USDA (UNITED STATES DEPARTMENT OF AGRICULTURE). **Urban hydrology for small watersheds**. TR 55, jun. 1986.

USGS (UNITED STATES GEOLOGICAL SURVEY). DEPARTMENT OF INTERIOR. **Estimating basin lagtime and hydrograph timing indexes used to characterize stormflows for runoff-quality analysis**. Scientific Investigations Report, 2012–5110, 2012.

USGS - UNITED STATES GEOLOGICAL SURVEY. **Water-Loss Investigations: Lake Hafner Studies. Technical Report**. Geological Survey Professional Paper 269. US Governmente Printing Office. Washington, 1954.

U.S. SOIL CONSERVATION SERVICE. **National Engineering Handbook**, section 4, *Hydrology*. U. S. Dept. of Agriculture. Washington, D. C., 1972.

VIESSMAN JR., W.; LEWIS, G. L. **Introduction to hydrology**. 4. ed. Harpercollins College Div., 1995.

VILLELA, S. M.; MATTOS, A. **Hidrologia aplicada**. São Paulo: McGraw-Hill, 1975.

WILKEN, P. S. **Engenharia de drenagem superficial.** São Paulo: Companhia de Tecnologia de Saneamento Ambiental (CETESB), 1978.

WMO (WORLD METEOROLOGICAL ORGANIZATION). **Guide to hydrological practices. Vol I: Data acquisition and processing.** N. 168. Secretariat of the World Meteorological Organization. Geneva, Switzerland, 1981.

WMO (WORLD METEOROLOGICAL ORGANIZATION). **Guide to hydrological practices - Vol. II: Analysis, forecasting and other applications**. N. 168 4. ed. Secretariat of the World Meteorological Organization. Geneva, Switzerland, 1983.

ZAHED Fº, K.; MARCELLINI, S. S. Precipitações máximas. In: TUCCI, C. E. M.; PORTO, R. L. L.; BARROS, M. T de. (orgs.). **Drenagem urbana.** Porto Alegre: Editora da Universidade Federal do Rio Grande do Sul (UFRGS): Associação Brasileira de Recursos Hídricos (ABRH), 1995.

GRÁFICA PAYM
Tel. [11] 4392-3344
paym@graficapaym.com.br